# 干旱风沙区风蚀监测与防治技术实践

◎左 忠 著

中国农业科学技术出版社

**图书在版编目（CIP）数据**

干旱风沙区风蚀监测与防治技术实践 / 左忠著 .—北京：中国农业科学技术出版社，2017. 12

ISBN 978-7-5116-3468-9

Ⅰ. ①干… Ⅱ. ①左… Ⅲ. ①沙漠带-区域生态环境-综合治理-研究-宁夏 Ⅳ. ①X321. 243. 02

中国版本图书馆 CIP 数据核字（2017）第 322042 号

**责任编辑** 李冠桥
**责任校对** 贾海霞

**出 版 者** 中国农业科学技术出版社
北京市中关村南大街 12 号 邮编：100081
**电 话** (010)82109705(编辑室) (010)82109702(发行部)
(010)82109709(读者服务部)
**传 真** (010)82106625
**网 址** http://www.castp.cn
**经 销 者** 各地新华书店
**印 刷 者** 北京建宏印刷有限公司
**开 本** 710mm×1 000mm 1/16
**印 张** 20
**字 数** 418 千字
**版 次** 2017 年 12 月第 1 版 2018 年 9 月第 2 次印刷
**定 价** 85. 00 元

## 资助项目

国家退耕还林工程生态效益监测（宁夏）项目
宁夏回族自治区全产业链创新发展课题“宁夏多功能林业分区域研究与示范”
宁夏回族自治区全产业链创新发展课题“宁夏贺兰山东麓酿酒葡萄产品质量与产地环境影响评价”（QCYL-2018-06）
2013年、2014年、2015年中央财政林业科技示范推广项目联合资助

为宁夏农林科学院成立60周年（1958—2018年）献礼！

# 作者简介

左忠，男，硕士，1976年生，宁夏回族自治区盐池人，宁夏农林科学院荒漠化治理研究所副研究员，主要从事土壤风蚀监测与荒漠化防治技术研究。先后主持国家、宁夏回族自治区各类项目20余项，参与各类研究与示范项目60余项。先后获国家科技进步二等奖1项，宁夏回族自治区科技进步一等奖1项，二等奖3项，三等奖多项。出版专著2部，参编专著多部，发表学术论文30余篇，制定地方标准5项，获实用新型专利6项，发明专利1项，登记成果4项。曾通过日本国际协力组织（JICA）渠道赴日本技术进修半年。

# 内容简介

本书是以宁夏干旱风沙区生态农业及退化沙地植被构建、恢复与利用研究为主线，以干旱风沙区生态环境治理与退化植被构建及利用、宁夏中部干旱带典型景观地貌风蚀特征与防治关键技术研究，在实践与示范的基础上集成总结的综合性技术专著。全书共分理论探讨、监测方法、技术研究和实践应用4个篇幅，共10章内容。系统地阐述了国内外防沙治沙主要理论机理、监测方法，以及宁夏中部干旱带各种立地类型、空间内地表风蚀特征、主要问题与防治技术、实践应用等。是长期以来通过参与宁夏中部干旱带各项生态治理、产业开发、监测研究工作中系统总结的一部理论与实践相结合的技术专著。同时，本书也是作者与同事、同行们多年深耕于干旱风沙区生态环境治理与生态农业技术领域的集中展示，既是个人多年来工作的总结，也是多个团队集体劳动的结晶。

# 主要参与人员

**技术咨询：** 蒋　齐　王　兵　王彦辉　陈卫平

**野外调查：** 潘占兵　王东清　余　殿　张安东
郭富华　鄂海霞　王建红　杜建民
许　浩　何建龙　周　源　张　欢
周景玉　张广才

**应用实践：** 尤万学　潘占兵　蔡进军　魏永新
郭富华　俞立民　王立明　夏晓波
郭永忠　王宗华　冯立荣　季文龙

**数据收集：** 牛　艳　潘占兵　郭富华　董丽华
温淑红　鄂海霞　李　娜　高红军
张安东　李　龙　刘　敏　夏晓波
冯立荣　王宗华　季文龙　田　龙

**数据测算：** 朱继平　高红军　许　扬　王建红
牛　艳　彭期定

**文献检索：** 温学飞　董丽华　李　倩　安堂堂

**测试化验：** 牛　艳　王彩艳　吴　燕　赵丹青
王红梅

**全文统稿：** 温学飞　张安东

**文稿校正：** 牛　艳　李　倩　刘超男

**全程野外调查、监测研究、生产实践、整理分析与书稿撰写：** 左　忠

# 自　序

我国是世界上受沙化危害最严重的国家之一，沙化土地约占国土总面积的17.93%。北方沙化区自然生态环境脆弱，干旱、风沙、人口不断增长和水资源短缺，导致该区域沙尘暴灾害频发，水土流失加重，土地生产力日益降低，生物多样性低下，生态安全受到严重威胁，与人民群众日益增长的对生态文明之间的需求矛盾也日益凸显。

良好的生态环境是人类赖以生存的物质基础和基本前提，也是一个国家、一个民族最大的生存资本和社会财富。党的十八大强调，着力推进绿色发展，把资源消耗、环境损害、生态效益纳入经济社会发展评价体系。2005 年，时任浙江省省委书记的习近平同志在浙江安吉天荒坪镇余村考察时，首次提出了“绿水青山就是金山银山”的科学论断。经过多年的实践检验，习近平总书记后来再次全面阐述了“两座山论”，即“我们既要绿水青山，也要金山银山。宁要绿水青山，不要金山银山，而且绿水青山就是金山银山”。这句话从不同角度阐明了发展经济与保护生态二者之间的辩证统一关系，既有侧重又不可分割，构成有机整体。“金山银山”与“绿水青山”这“两座山论”，正在被海内外越来越多的人所知晓和接受。习总书记在国内国际很多场合，以此来阐明生态文明建设的重要性，为美丽中国指引方向。

2001 年，我国著名森林生态学家蒋有绪院士提出，要研究可靠的方法论和建立合适的机制来评价森林对国家可持续发展的贡献。那么，绿水青山如何能够成为金山银山，到底值多少金山，多少银山？回答这些问题，就需要一套科学合理、广泛适用、符合我国林情的理论方法体系，来评估森林生态系统服务功能到底能给人们带来多少价值，作为最公平的公共产品，我们能够得到多少福祉。因此开展以风蚀为主题的生态环境效益监测与评价，符合中国北方大部分省区实际生产与人民生活的需要，也是准确掌握和量化不同生态工程价值的必要措施，符合社会发展需求。

自 2003 年以来，宁夏农林科学院荒漠化治理研究所承担了农业部“发展生态农业治理沙漠化土地”项目后，就着手以沙质旱作农田免耕技术为突破口，开始对宁夏中部干旱带各类自然地貌、立地类型等开展风蚀监测、防治技术研究与实践。监测研究表明：流动沙地和翻耕农田均是当地沙尘主要来源。TOPSIS 法综合分析表明，沙质旱作传统翻耕农田是供试 5 种典型景观地貌中最易受风蚀影响的地貌类型，是当地主要沙尘来源，应成为当地防沙治沙重点对象。而实行以压沙覆盖、天然草场封育、灌木林地营建则可有效增加地表覆盖、提高下垫面的粗糙度和抗风蚀性能。因此，治沙不仅仅是传统意义上人们简单理解的栽树、种草、扎草方格问题，还应特别注重沙质旱作农田、退化草场的有效保护。技术实用于北方沙化土地综合治理与风蚀防治监测研究技术领域。

"绿水青山就是金山银山"。干旱风沙区土壤风蚀问题虽然是历史上人类与大自然斗争的主要自然灾害，但人类关于对风蚀问题的监测与防治才仅仅有 500 年左右的历史，但此项艰巨的使命必将与人类历史长期共存。关于生态工程建设、生态产业建设生态文明建设必将长期伴随着风蚀监测与防治工作成为全球大部分干旱风沙区人民群众长期要面对的重要生态环境问题。在我国北方干旱风沙区由于历史上在生态问题上的过度透支，这一环境问题表现得尤为明显。因此，必须立足长远、科学规划、抓准核心、关键突破、重点防治，必须处理好产业开发、人口增长、全球干旱、粮食生产、人地矛盾、水资源短缺、生态文明建设等与土壤沙化之间的关系，缓解环境压力，力争将此类生态问题解决到让人民群众满意的程度，逐步回归山川秀美的历史原貌。因此，担负的历史使命任重而道远。

本书是多年来与我共同工作的项目组共同努力的结果，是集体智慧的结晶。在此对每位参与各野外监测、数据分析、文献检索和科研管理的可恭可敬的领导们、同事们、同行们致以真诚的感谢！向大量参考文献的原创者致以诚挚的敬意！感谢每位劳动者的无私奉献！

# 前　言

土壤风蚀沙化是北方旱区农业可持续发展最突出的问题之一，是导致干旱、半干旱地区土地退化的主要原因之一，是一个长期的、历史的沉重问题，人类与风沙的斗争与综合利用关系将长期共存。对自然环境和社会发展的影响十分巨大，研究工作已越来越引起国际社会的高度重视。研究土壤风蚀问题发生、发展规律，提出控制措施及有关技术对策参数，是近几年来土壤风蚀研究的热点问题，监测与研究方法也日新月异。因此，对传统技术与历史数据的及时更新、了解和充分掌握该技术领域最新动态符合行业发展需求。

本书是以宁夏干旱风沙区生态农业及退化沙地植被构建、恢复与利用研究为主线，以干旱风沙区生态环境治理与退化植被构建及利用、典型景观地貌风蚀特征与防治关键技术研究与实践的基础上集成总结的综合性技术专著。该书的出版对于开展生态功能评价，拓展研究干旱、半干旱荒漠化地区土壤风蚀动态监测与控制技术领域，指导相关研究的科技工作者和专业人士从事土壤风蚀研究和防治土壤风蚀的研究与生产实践、技术培训、援外交流等均具有重要的应用价值。同时，对开展基于生态保护、生态建设与生态文明的生态环境可持续发展产业活动与决策也具有一定的指导意义。

本书面向广大林业科技工作者、林业技术人员和农林业院校相关专业师生的参考用书。在编写过程中，参阅了大量的相关文献和资料，在此谨对相关作者和编者表示诚挚的感谢。

对于书中错误和疏漏之处，敬请同行专家和读者指正。

# 目　　录

# 第一章　风沙运动规律

## 第一节　沙粒运动机理

风是塑造地貌形态的基本营力之一，也是沙粒运动的动力基础。对于确定某一种风的可能搬运沙粒数量来说，风速是最重要的，它是风沙流研究中的重要参数之一。但是，几乎所有搬运沙粒的风，无论是在风洞还是野外，全是湍流（紊动）的。大气作湍流运动时，各点的流速大小和方向将是随时间脉动的，表现出一定的阵性。因此，在讨论近地层大气的风速时，是用一定时间间隔的平均风速代替瞬时风速。用平均风速来研究风沙问题是一种常见而又方便的处理方法，易于把握风速的总体变化趋势。对这一方面的研究已取得了大量的成果，如地形对气流速度的影响；输沙量与风速之间的关系和沙粒粒径与起沙风速之间的关系等。但由于气流的紊动性，在研究风沙问题时，如果不考虑风速的脉动特征，将使部分信息受损，对风沙现象的描述也不够细致和准确，得到的结果往往与实际情况有一定的偏差。Butterfield 等用热线风速仪和能够连续记录的积沙仪研究了恒定和非恒定两种紊流条件下输沙率与风速脉动（at time-scales of seconds）之间的关系，发现输沙率与近地表的风速波动具有很好的相关性。如果将这些观测数据平均后，这种波动性将会消失。

### 一、风沙起动机理

起沙初期，地表侵蚀能力一般较大，气流中沙物质不断得到补充，由于风力侵蚀，地表沙粒定向运动而产生了动能，导致颗粒间总体按照风力运动的方向不停碰撞并产生运动的沙粒，带动更多的沙粒产生定向运动，当此类风蚀现象产生并稳定一段时间后，风沙流结构形成了相对饱和且稳定的结构，输沙能力减少，产生侵蚀与积沙并存的风蚀状态。

沙面受到阻力而迫使风向短期内抬升时，迎风面则形成聚风效应，气流密度增大，沙粒间不断碰撞，输沙能力显著增强，风沙流瞬间为不饱和，表现为地表侵蚀。相反，当夹沙气流流经背风面时，气流迅速下沉，密度降低，输沙能力减少，表现为沙粒沉降，即积沙现象。生产中开展的固、输、阻、拉等人为定向的治沙措施，使沙粒的运动按照人类预期的方式进行，实现防治与利用并举，则是这一原理的具体应用。在野外风蚀观测中利用陷进诱捕法开展地表风蚀监测，也是充分利用了该原理。

Rasmussen 等研究发现，持续 240s 的紊流可使摩阻速度变化幅度达 10%。紊流脉动将引发沙粒振动，使其易于起动。Nickling 等发现沙尘的传输速度与紊流尺度关系甚密。据已有研究结果表明，风速脉动幅度可达 2.5m/s，风速脉动越显著，采用平均风速分析风沙问题所隐含的误差将越大。特别是基于平均风速的输沙方程计算结果与实际情况吻合欠佳，具体应用时需要进行校正，为风沙工程设计带来了不少困难。据已有的研究表明，风速脉动与输沙率波动之间有很好的相关性。

在不考虑细颗粒的粒间黏结力时，研究在理想情况下某一区域内的泥沙在风力吹扬下是否会发生起动，需要看在上风方向是否有跃移物质进入本区，即起动条件可以划分为流体起动条件和冲击起动条件。

在流体起动条件下，颗粒在不同流体中的受力机制没有本质上的区别，只有程度上的差异。在冲击起动条件下，却由于风中跃移颗粒的冲击作用而大幅度降低。在黄河下游及河口地区，许多用于固堤的疏松土带来的风沙污染往往与施工车辆和当地农民大车羊群的扰动有关。同时，在干旱风沙区，翻耕农田、干旱或过度放牧引起的退化草场也是风沙起动主要的物质源。

## 二、风沙输移机理

大量的实测资料表明：近地面的跃移运动是风沙输移的主要方式。据凌裕泉及吴正利用高速摄影的观察结果，风沙颗粒在跃移过程中冲击力可超过重力的几百倍至几千倍，拖曳力可大于或等于重力，而上举力仅为沙粒重量的几十分之一至几百分之一。这与颗粒在水流中的输移是不同的。在水流中，颗粒在推移阶段主要受拖曳力和上举力的作用，待流速进一步加强，颗粒就进入悬移阶段，接受流体的紊动扩散的作用了。沙粒在运动过程中不断地与其他沙粒发生碰撞，由于碰撞时动量的交换瞬时完成，其冲力远大于重力、气流曳力和沙粒间的摩擦力，因此在这一瞬间仅考虑碰撞引起的速度的变化。在两次碰撞之间，每个沙粒在曳力和重力的作用下运动。与风沙输移颗粒的受力机制相对应的是，跃移阻力也成为风沙运动的主要阻力来源（图 1-1）。

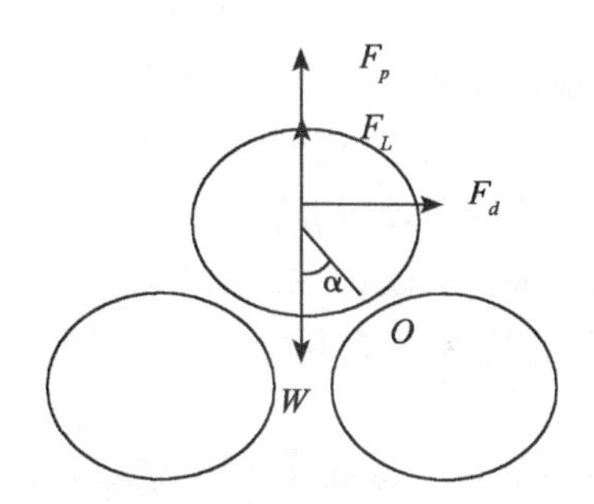


**图 1-1　风沙起动颗粒的受力分析**（陈东，et al. 1999）

根据沙粒在上述不同过程的受力特点，其运动分解为受冲力支配的瞬时碰撞过程和受曳力和重力控制的非瞬时飘移过程，从而建立了对沙粒—沙粒以及沙粒—气流两种作用分别处理的离散颗粒动力学模型。

巴格诺尔德在风洞实验中发现，当沙粒起动以后，由于跃移颗粒的碰撞，风速稍许低于流体起动条件时床面沙粒仍会保持运动，对于>0.1mm 的泥沙颗粒来说，因密度（或比重）和粒径的不同，起始运动所需的风速（临界风速）是不一样的。对于密度相同的泥沙颗粒，临界起动风速将随粒径而变化，遵循平方根律（$U_{*t} \propto \sqrt{d}$）。这个关系已得到反复证实，而且受颗粒形状等因素的影响很小，但细粒泥沙（<0.1mm）并不遵循上述规律。当下垫面仅由细小颗粒组成时，随着颗粒粒径的减小，流体起动值反而越来越大，这是由于更细的颗粒一方面受到附面层流层的隐蔽作用，同时易从大气中吸附水分使粒间产生一定黏结力所致，地表最易遭受风力吹蚀的松散泥沙是粒径为 0.1mm 左右的粉细沙，太粗太细均不易为风力所驱动。

## 三、沙粒起动运移

风沙流的形成依赖于空气与沙质地表两种不同密度的物理介质的相互作用。风吹经疏松的沙质地表（实际上缺乏物理黏粒）时，由于风力作用使沙粒脱离地表进入气流中而被搬运，导致沙地风蚀的发展，产生风沙运动，出现风沙流。因此，为了防治风蚀和风沙运动沉积流沙，造成风沙危害，弄清沙粒脱离地表（起动）的过程和物理机制相当重要。

当地表风速大于起动风速时，沙粒进入气流形成风沙流。必须指出，由于大气紊动性，即使在很短的时间间隔内，沙子运动的方向、速度也是不断变化的。

然而偏离却不大，即在较短时间间隔内，风沙流具有一定的主方向和平均速度。在风力的作用下，沙子沿地表输移，单个沙粒运动有着不同的形式。最大的沙粒沿地表蠕动或滚动。中粒径沙或部分细沙脱离地表，在气流中以抛物线形式运动，称为跃移。悬移沙粒与地面碰撞重新弹起完成运动轨道，或者撞击消耗自己大部分能量，迫使其他沙粒蠕移、跃移或悬移。粉细沙及尘脱离地表在气流中运动；不与地面接触，直到气流发生变化使其降落于地表，这种运动方式称为悬移。

跃移沙子受重力作用而下落，虽然不断与其他沙粒发生碰撞，之后又被弹起，但是仍然有不少沙粒在能量消耗殆尽时，落到床面成为蠕移沙粒。与此同时，床面的部分蠕移沙粒受到较大的冲击而迅速跃起，成为跃移沙粒。两者相互矛盾，构成了风沙运动内部的基本过程。当跃起量大于下落量时，更多的沙粒被风带走，床面逐渐被吹蚀；当下落量大于跃起量时，沙粒逐渐堆积到床面；当两者总量达到平衡时，形成稳定的床面形态。

冯·卡曼曾经估算过较细的沙土颗粒自地表面外移以后，在空气中持续的 t 及所能够达到的距离 L。

$$t=\frac{40\varepsilon\mu^2}{\rho_s^2 g^2 d^4} \qquad 式（1-1）$$

$$L=\frac{40\varepsilon\mu^2 u}{\rho_s^2 g^2 d^4} \qquad 式（1-2）$$

式中，$\rho_s$ 为颗粒密度；g 为重力加速度；$\mu$ 为空气的动力学黏度；$d$ 为粒径；$u$ 为平均风速；$\varepsilon$ 为湍流交换系数。假定比较强劲的风其 $\varepsilon$ 值在 $10^4 \sim 10^5 cm^2/s$ 之间，就得到表 1-1 的结果。

**表 1-1 沙土颗粒在风力吹扬下（平均风速 15m/s）所能达到的距离及高度**

| 粒径（mm） | 沉积速度（cm/s） | 在空中悬浮的持续时间 | 运行距离 | 悬浮高度 |
|---|---|---|---|---|
| 0.001 | 0.008 3 | 0.95~9.5a | $4.5\times10^5 \sim 1.5\times10^6$km | 7.75~77.5km |
| 0.01 | 0.824 | 0.83~8.3h | 45~450km | 78~775m |
| 0.1 | 82.4 | 0.3~3s | 4.5~45m | 0.78~7.75m |

注：玛林娜，1941；引自吴正，1987

引起土壤颗粒在风流中开始移动的风速称为起动风速（或称临界风速）。起动风速有两种：一是流体起动风速（或称静态阈值），它是完全凭借风力的直接作用使土壤颗粒开始运动的最小风速；二是冲击起动风速（或称动态阈值），它是当有来自上风向跃移颗粒撞击的辅助作用时，地表土壤颗粒开始运动的最小风速。起动风速的大小取决于地表及土壤的实际状况。一般情况下，冲击起动风速大约是流体起动风速的80%。运动的土壤颗粒是从气流中获取动量，因此，颗粒是在一定的风力条件下才开始移动。起动风速与颗粒粒径、地表性质和土壤含水率等多种因素有关。根据拜格诺的研究，任何高度 z 处的起动风速 $v_t$ 与粒径 d 具有如下关系（麻硕士，et al. 2010）：

$$Vt = 5.75A\sqrt{\frac{\sigma - \rho}{\rho}gd \cdot \tan\frac{z}{Z_0}}$$

式中，$A$ 是风力作用系数，对粒径大于 0.1mm 的颗粒取 0.1；$\sigma$ 及 $\rho$ 分别为颗粒与空气的密度；$g$ 为重力加速度；$Z_0$ 为地表空气动力学粗糙度，是风速等于零的高度。

研究表明，对于粒径大于 0.1mm 的石英颗粒来说，起动风速是与粒径的平方根呈正比的。

## 第二节　风沙流结构特征的相关理论

### 一、拜格诺理论

由于自然条件错综复杂，地表状态千差万别，使得通过野外直接观测来研究土壤风蚀碰到了许多预想不到的困难。因此，利用风洞来进行土壤风蚀的实验研究，早已受到风沙物理和土壤风蚀研究者的极大重视。20 世纪 30—40 年代，拜格诺利用室内沙风洞对风沙运动进行了广泛的实验研究；50—40 年代，W. S. 切皮尔（1950—1963 年）曾多次利用室内回型风洞及野外轻便土壤风蚀风洞，对影响土壤风蚀的因子如表面空气动力学粗糙度（以下简称粗糙度）和干团聚体结构、容重，以及影响土块结构及土壤风蚀度的水稳定性结构等土壤特性进行了一系列的实验研究，得出无植被干扰下影响土壤风蚀诸因子的一系列规律：

土壤表面粗糙度常数随风速、易风蚀部土壤颗粒大小、形状及容重而变化。一般在环境条件比较稳定的情况下，只要该土壤表面的粗糙度常数在该地的较大风速下达到临界值，那么在通常的风速下，就不会发生风蚀。这就是风蚀防治的根据。

土壤风蚀量随易风蚀部分（颗粒或团块）容重的平方根而变化。且与其当量直径（等于 $\frac{d\sigma}{256}$，$\sigma$ 是直径为 d 的分散土粒或团聚体的容重）的平方根呈反比。

土壤风蚀度和直径<0.02mm 及>0.84mm 的水稳定性颗粒的百分比呈反比。

## 二、兹纳门斯基理论

依据兹纳门斯基研究表明，近地表气流层沙子分布性质——风沙流的结构决定着沙子吹蚀和堆积过程。兹纳门斯基通过风洞实验，分析了风沙流结构特征与沙子吹蚀和堆积过程的关系，发现在不同速度下，地面 0~10cm 气流层中沙子的分布具有如下重要特点。

（1）第一层的沙量随着速度的增加而减少。

（2）不管速度如何，第二层的沙量保持不变，等于地面 0~10cm 层总沙量的 20%。

（3）平均沙量（10%）在 3~4cm 层中搬运，这一高度也保持不变，并不以速度为转移。

（4）较高层气流（从第三层起）中的沙量随着速度的增加而增加。

根据上述特点，他提出了采用 $Q_{max}/\bar{Q}$ 的比值（用 S 表示）作为风沙流结构的指标（$Q_{max}$为气流中 0~1cm 层的沙量），称为风沙流的结构数，并以此作为判断风蚀过程的方向性。在非堆积搬运情况下，S 值对所有的粗糙表面平均等于 2.6；在部分沙粒从风沙流中跌落堆积的情况下，平均 S 值增大，达到 3.8。

## 三、吴正理论

吴正、凌裕泉根据野外沙质地表的观测资料，查明地表为 10cm 气流层内的风沙流结构有以下基本特征。

（1）在各种风速和沙量条件下，高程与含沙量（%）对数尺度之间都具有良好的线性关系，表明含沙量随高度成指数规律递减。

（2）随着风速的增加，下层气流中沙量（%）相对减少，相应地增加了上层气流中搬运的沙量。

（3）在同一风速条件下，随着总输沙量增大，增加了下层气流搬运的沙量，上层沙量相应减少。

为了说明风沙流的结构特征与沙子吹蚀、搬运和堆积的关系，吴正引用了特征值 $\lambda$，作为判断的指标。风沙流结构特征值 $\lambda$ 为：

$$\lambda = \frac{Q_{2\sim10}}{Q_{0\sim1}}$$

式中，$Q_{0\sim1}$ 为 0～1cm 高度气流层内搬运的沙量，g/min 或%；$Q_{2\sim10}$ 为 2～10cm 高度气流层内搬运的沙量，g/min 或%。

λ 值与沙子吹蚀、搬运和堆积的关系是：

①平均情况下，λ 值接近于 1（为方便起见，就令 λ ＝1），表示这时由沙面进入气流中的沙量和从气流中落入沙面的沙量，以及气流上、下层之间交换的沙量接近相等，或相差不大，沙子在搬运过程中，无吹蚀变无堆积现象发生。

②当 λ <1 时，表明沙子在搬运过程中向近地表层贴紧，下层沙量增大很快，增加了气流能量的消耗，从而造成有利于沙粒从气流中跌落堆积。

③当 λ >1 时，表明下层沙量处于未饱和状态，气流尚有较大搬运能力。在沙源充分时，有利于吹蚀；对于无充分沙源的光滑坚实下垫面来说，乃是标志着形成所谓非堆积搬运的条件。

需要指出的是，由于自然条件下引起吹蚀、堆积过程发展和 λ 值的因素是极其错综复杂的。因此，它只能用来定性地标识和判断沙子吹蚀、搬运和堆积过程发展的趋势。

## 四、其他学者理论

我国学者董光荣等利用野外采集的原状土样做的草原土壤风蚀风洞实验的初步结论有：

一般退化草场的风蚀率，在连续 11 级大风（无沙源）条件下，仅 $10^{-3}$g/（$cm^2$ · min）；而前方有沙源（定供）的条件下，可达 $10^{-2}$～$10^{-1}$g/（$cm^2$ · min）。对稍湿的退化草场及沙砾质荒滩吹蚀率略低一些，但量级基本相同。这是一个十分巨大的数值，如按美国农田最大容忍风蚀率 12. 5t（年 · $hm^2$）计算，实验结果将是此标准的 10～100 倍。

土壤风蚀量与指示风速值呈近似 3 次方关系，而挟沙风比纯气流风蚀量大 4 倍（粉沙质壤土）和 5 倍（固定风沙土）以上。

一般退化草场风蚀过程的顺序是：坑蚀、掏蚀、沟蚀和片蚀，形成不同沙漠化草场景观；而沙砾质荒滩，由于直接吹蚀、掏蚀和潜蚀，主要是产生不同程序的粗化。

陈广庭指出，输沙率即使在同一风速下，同一地点，由于沙子表面的结构不同而有很大差别。野外经验告诉我们，起沙风初起时的输沙率一般较大，当风速风向稳定一段时间后，沙面形成了相对稳定的结构，同样风速下的输沙率逐渐减少；而当风向转换或沙地表面受到扰动时，风沙流强度急剧增加，另外，当沙波纹的改造结束时，风沙流的强度逐渐降低。在风洞中，沙波纹形成时，也可看到类似的风沙流强度增加现象。而当沙子表面的沙波纹重新形成时，输沙率急剧减小。

气流爬坡时，地形的逐渐升高起到了聚风的效应，气流流线加密，风速在逐渐加大，气流的输沙能力也在逐渐加大，如果这时气流所通过的是疏松的流沙，风沙流可能随时获得补充，获得能量进入运动状态的沙多于停积的沙，对地面来说，为地面（沙）物质的风蚀过程。相反，夹沙气流下坡时，地形起到扩散气流的作用，流线扩散，风速减小，气流的输沙能力减小，气流所携带的沙子因重力作用大量停积（堆积）。

当气流携带的沙量不能随时得到补充时，气流的输沙能力可能大过它所实际携带的沙量，这时，风沙流为不饱和风沙流通过地面时，随时保持着对地面的风蚀能力。相反，风沙流遇到障碍产生湍流或因粗糙度增大等突然减速因素，风沙流立即进入饱和甚至过饱和状态，沙物质脱离风沙流，发生停积。

## 主要参考文献

包慧娟，李振山.2004. 风沙流中风速纵向脉动的实验研究［J］. 中国沙漠，24（2）：244-247.

陈东，曹文洪，傅玲燕，等.1999. 风沙运动规律的初步研究［J］. 泥沙研究，（6）：84-89.

陈广庭.2004. 沙害防治技术［M］. 北京. 化学工业出版社.

董光荣，李长治，金炯.1987. 关于土壤风蚀风洞试验的某些结果［J］. 科学通报，32（4）：297-301.

贺大良.1993. 输沙量与风速关系的几个问题［J］. 中国沙漠，13（2）：14-18.

贺大良，等.1988. 地表风蚀物理过程风洞实验的初步研究［J］. 中国沙漠，8（1）：18-29.

李振山，倪晋仁.2001. 挟沙气流输沙率研究［J］. 泥沙研究，1：1-10.

李振山，倪晋仁.2003. 风沙流中风速脉动的实验测量［J］. 应用基础与工程科学学报，11（4）：352-360.

李振山 . 1999. 地形起伏对气流速度影响的风洞实验研究 [J]. 水土保持研究，6 (4)：75-79.

凌裕泉，吴正 . 1980. 风沙运动的动态摄影实验 [J]. 地理学报，35 卷 2 期 .

刘贤万 . 1995. 试验风沙物理与风沙工程学 [M]. 北京：科学出版社 .

麻硕士，陈智 . 2010. 土壤风蚀测试与控制技术 [M]. 北京：科学出版社 .

慕青松，苗天德，马崇武 . 2004. 对均匀沙流体起动风速研究 [J]. 兰州大学学报 (自然科学版)，40 (1)：21-25.

倪晋仁，李振山 . 2002. 挟沙气流中输沙量垂线分布的实验研究 [J]. 泥沙研究，1：30-35.

孙其诚，李静海 . 2000. 鼓泡流化床中气泡行为的模拟 [J]. 化工冶金，21 (2)：216-218.

孙其诚，王光谦 . 2001. 模拟风沙运动的离散颗粒动力学模型 [J]. 泥沙研究，(4)：12-18.

吴正 . 1987. 风沙地貌学 [M]. 科学出版社 .

吴正 . 2003. 风沙地貌与治沙工程学 [M]. 北京：科学出版社 .

杨具瑞，方铎，毕兹芬，等 . 2004. 非均匀风沙起动规律研究 [J]. 中国沙漠，24 (2)：248-251.

臧英 . 2003. 保护性耕作防治土壤风蚀的试验研究 [D]. 北京：中国农业大学 .

张克存，屈建军，董治宝，等 . 2006. 风沙流中风速脉动对输沙量的影响 [J]. 中国沙漠，(3)：336-340.

Basil F, Nielsan K F. 1962. Movement of soil particles in saltation [J]. Canadian Journal of Soil Science, 42: 81-86.

Butterfield G R. 1991. Grain transport rates in steady and unsteady turbulent airflow [J]. Acta Mechanica, Suppl. 1: 97-122.

Butterfield G R. 1998. Transitional behavior of saltation: wind tunnel observation of unsteady wind [J]. Journal of Arid environments, 39: 377-394.

Butterfield R G. 1999. Application of thermal anemometry and high-frequency measurement of mass flux to aeolian sediment transport research [J]. Geomorphology, 29: 31-58.

Lyles L, Krauss R K. 1971. Threshold velocities and initial particle motion as influenced by air turbulence [J]. American Society of Agricultural Engineering,

Transaction，20：880-884.

Nicking W G. 1983. Grain size characteristics of sediment transported during dust storm [J]. Journal of Sedimentary Petrology，53：1011-1124.

Ouyang Jie，Li Jinghai. 1999. Particle motion resolved discrete model for simulating gas solid fluidization [J]. Chemical Engineering Science，54 (13)：2077-2083.

Rasussen K. 1989. Some aspects of flow over coastal dunes. In Gimmingham C H，Ritchie W，Willetts B B，et al. (Eds) Symposium：coastal sand dunes. Royal Society of Edinburgh Proceedings，96.

Skidmore E L. 1986. Soil erosion by wind. In El-Baz F，Hassan M H A. (Eds) Physics of desertification. Martinus Nijhoff Publishers，Dordrecht，261-273.

# 第二章　风蚀监测技术

## 第一节　风速监测技术

### 一、风速及其相关特征监测

风蚀问题是一个综合的自然地理过程，由于气候、植被、水分、地形地貌等多种因子的差异以国内外许多学者从不同角度研究出许多风蚀及人类活动的影响，更体现了土壤风蚀的复杂性。交替出现的土垄和垄沟以及其他覆盖物给气流挟带的沙粒提供了堆积场所。因此，人工沙障、防护林带、树篱、围栏或其他类似的工程措施，都可在其下风和上风靠近地表的若干距离内降低风速，增强抗风蚀能力，减缓风蚀。观察表明，土地翻耕之后的风蚀量在 7～12 级风力之间是未翻耕时土地风蚀量的 14. 8 倍。植被、土块和聚积物为地表提供了覆盖物，则可以保护土壤表面免遭风蚀。风蚀过程一般可分为三个阶段：颗粒起动、颗粒输送和颗粒沉积。当风作用于地表，其作用力达到一定程度时，即吹蚀风速大于土壤可蚀性颗粒起动风速时才能诱导地表土壤可蚀性颗粒进入气流中随风移动，从而发生风蚀现象。

1. 风速测定

风速是表示风力大小的一个数量指标，是研究风力侵蚀必备因素之一。在气象风速预报上常用几级风力来表示，研究中则主要以速度单位（m/s）表示。风速和风力等级有密切相关性，为更好的表述不同立地类型风力侵蚀特征，阐明监测风速与气象预报中风力等级间相关性。风速虽然一般具有明显的阵发性和即时性，但不同立地类型由于不同地表覆被物对过境风速的直接作用，对不同高度风速的干扰强度是不尽相同的，一般会表现在对不同高度风速比的影响上。在测定风沙结构的同时，分别采用手持风速仪和风速梯度仪测得距离地表以上 50cm、200cm 不同高度风速，重复观测 10 次左右。

2. 风的速度脉动特征分析

风的速度脉动特征可以用阵性度表示（吴正，et al. 1987）：

$$g = \frac{u_{max} - u_{min}}{u} \quad 式（2-1）$$

式中，$u$ 为观测层内的风速，m/s。

3. 防风效益测定

防护林的防风效益主要是通过风速削减的程度来度量，即防护林前或林后的风速差与林前初始风速的比值（郑波，et al. 2016）。

防风效益=（旷野平均风速-待评价区域平均风速）/旷野平均风速×100%

式（2-2）

4. 地表抗风蚀性能测算

利用风蚀速率进行表述。风蚀速率是指单位时间、单位面积上的吹蚀量，公式为：

$$R_d = \frac{W_d}{s \times t} \quad 式（2-3）$$

式中，$R_d$为风蚀速率，$W_d$为吹蚀量，$s$ 是样品的吹蚀面积，$t$ 为吹蚀时间。

5. 气流能量损耗及损耗率特征测定

与清洁气流相比，挟沙气流由于运动沙粒的影响会损耗一部分能量，这部分能量就是气流用于输移沙粒的能量，也可近似地认为是沙粒从气流中所获得的能量。气流在单位体积内损耗能量（$\Delta E$）可由同一高度清洁气流流速（$U'$）和挟沙气流流速（$U$）的平方差与空气密度的乘积表示，即

$$\Delta E = \rho（U^2 - U^2） \quad 式（2-4）$$

6. 气压场梯度测定

土壤风蚀是大气与地表的一种动力过程。风是土壤风蚀的最直接动力，土壤风蚀的强弱主要由风能所决定。根据能量计算原理，风能大小的表达式为：

$$E = \frac{1}{2}mv^2 \quad 式（2-5）$$

式中，$E$ 为风能；$m$ 为空气质量；$v$ 为风速。

由式（2-5）可知，风蚀能力主要取决于风速，二者呈正相关。然而，风速的大小取决于空气流压场的形势变化及气压梯度的大小。

7. 沙粒起动风速

对于颗粒在风中的移动来说，移动不同大小的颗粒需要不同的起动风速已被

广泛认识。若移动粒径逐渐增大的颗粒，需要逐渐增大气流流速。对于一定的风速，则有一个最大可移动颗粒尺寸。拜格诺从理论上探讨了起动风速问题，并对作用于地表最高部位颗粒的拖曳阻力与环绕颗粒支持轴的位移量建立了关系式，从而得到起动风速的表达式为：

$$v_t = A\sqrt{\frac{\sigma - \rho}{\rho}gd} \qquad \text{式 (2-6)}$$

式中，$v$ 为起动风速，$\sigma$ 为颗粒密度；$\rho$ 为空气密度；$g$ 为重力加速度；$A$ 为经验常数。

当 $d$ 大于 0.2mm 时，$A$ 为 0.1；当 $d$ 小于 0.2mm 时，$A$ 值反而增大；当 $d$= 0.08mm 时，$v$ 的平均值开始增加。因此，当颗粒直径小于 0.08mm 时，移动颗粒就需要有较大的风力。大小颗粒混合的土壤中，对于混合颗粒中的优势颗粒，拜格诺使用了“初始起动值”的概念，而对混合颗粒中的最粗颗粒，则使用了“最终起动值”的概念。

8. 集沙效率

采用 Wim 等的方法来监测集沙效果，集沙效率 $\eta$ 定仪为：

$$\eta = \frac{m_{trap}/w_{trap}}{m_{tray}/w_{tray}} = \frac{m_{trap} \cdot w_{tray}}{m_{tray} \cdot w_{trap}} \qquad \text{式 (2-7)}$$

式中，$m_{trap}$ 为集沙仪收集到的沙量（kg）；$m_{tray}$ 为实验前沙盘中的盛沙量（kg）；$w_{trap}$ 为集沙仪进口处的宽度；$w_{tray}$ 为沙盘的宽度。

集沙效率是指由集沙仪测到的输沙量与实际输沙量之比，可以定义为由集沙仪测到的输沙量与实际输沙量之比。集沙效率可分为总集沙效率和集沙效率垂直分布两个方面。各类集沙仪测得的输沙量垂线分布的上段基本一致，且都符合指数分布规律，表明在输沙量垂线分布的上段集沙效率较高。RasmissenMikkelsen 和 Butterfield 研究指出，多种集沙仪的集沙效率在近床面区都小于 70%，而离开近床面区集沙效率迅速提高，集沙仪具有足够的测量精确度，Jones 和 Willetts 发现集沙仪在排气良好的情况下进沙口附近床面不发生刮蚀现象，但沙面仍在降低，因而会漏测蠕移物质沙粒。综合上述观点，可以近似地认为由各种集沙仪测得的输沙量垂线分布的上段都符合实际情况，在近床面区偏离实际情况。这样就可以通过比较近床面区的实测输沙量与上段输沙量确定的分布在近床面区的外延计算值的偏离程度来衡量集沙仪对近床面区输沙量的影响，进而反映各种集沙仪的集沙效率，即

$$A = \frac{q_m - q_c}{q_m} \qquad 式（2-8）$$

式中，$A$ 为集沙效率指标；$q_m$ 和 $q_c$ 分别为近床面区实测输沙量和上段输沙量分布所决定的指数函数在近床面区的预测值。

在采用 $A$ 值讨论集沙效率之前需要明确在不受集沙仪影响的情况下，所测量的输沙量垂线分布计算出的 $A$ 值的大小，也就是说需要知道集沙效率为100%的情况下的 $A$ 值，由于各类垂直集沙仪的集沙效率都小于100%，因此，$A$ 值实际上无法由现有输沙量垂线分布资料得到。文献指出，某一测量断面的输沙量垂线分布与穿越测量断面后沙粒沿水平向的降落量分布相似，并且二者在形成机理方面也存在着内在相似性，因而可用测量断面附近的沙粒降落量分布与远离测量断面的沙粒降落量分布之差异来衡量实测输沙量分布的底部（近床面区）与上部之间的差异，即可以表示 $A$ 值的大小。$A$ 值随着气流摩阻速度和沙粒粒径的增大而减小，且 $A$ 值全部大于零。说明在相似的风速和沙粒条件下，由实测输沙量资料计算的 $A$ 值越大，对应的集沙效率越高。

## 二、下垫面的粗糙度监测

1. 粗糙度 $Z_0$

下垫面的粗糙度是反映不同地表固有性质的一个重要物理量，是表示地表以上风速为零的高度，是风速等于零的某一几何高度随地表粗糙程度变化的常数。而朱朝云、丁国栋等则认为，下垫面的粗糙度是衡量治沙防护效益最重要的指标之一。按照下垫面粗糙度的公式定义，只要同时测得监测区域内不同高度风速差，就可根据公式推出供试样地的下垫面的粗糙度。测定任意两高度处 $Z_1$，$Z_2$ 及它们对应的风速 $V_1V_2$，设 $V_2/V_1=A$ 时，则得方程：

$$\log z_0 = \frac{\log z_2 - A\log z_1}{1-A} \qquad 式（2-9）$$

$$A = \frac{v_{200}}{v_{50}} \qquad 式（2-10）$$

例如，当 $Z_2=200$，$Z_1=50$，将若干平均风速比代入方程，则求得下垫面粗糙度 $Z_0$。地表粗糙度对风蚀的影响。地面如果粗糙可以降低风速，避免风蚀。比如，坚硬的土块和聚积物、土垄和垄沟，活的或死的植物体等，都可改变近地表风速，增加地表粗糙度，防止地面风蚀。

2. 摩阻速度 $u^*$

摩阻速度 $u^*$ 的确定：$u^*$ 同样可以通过测定任意两个高程上的风速，根据公式来确定（即由直线的斜率得出）：

$$u^* = \frac{v_{200} - v_{50}}{5.75 \times \lg\frac{200}{50}} \qquad \text{式（2-11）}$$

知道了 $z_0$ 和 $u^*$，有了风速随高度变化的轮廓方程，就可以根据地面气象站的风资料推算近地层任一高度的风速，或进行不同高度的风速换算，实用意义很大。

输沙率是评价土壤风蚀程度的重要物理量，同时也是风作用下沙尘和风沙流结构研究中一个重要参数，对于风沙活动而言，跃移占主导形式，输沙率主要计算地表 0~20cm 的高度输沙率；对于风尘活动而言，悬移占主导形式，输沙率应计算某悬移高度的输沙率。

3. 摩阻风速与风速的转化关系

由于摩阻风速 $U$ 可以通过测定任意两个高度上的风速获得即

$$U = \frac{u_2 - u_1}{5.75lg\ h_2 - lg\ h_1} \qquad \text{式（2-12）}$$

根据野外风沙观测和风洞实验获得不同高度的风速，利用计算相隔一个高度的两个不同高度的风速，按照获得这两个高度决定的摩阻风速从而得到某一特定下垫面或轴线风速情况下的多个摩阻风速对这些摩阻风速进行平均即得到该下垫面或轴线风速情况下的摩阻风速 $U$。

## 三、沙粒起动风速的测定

风是由于空气气压在水平方向分布的不均匀，从高气压区向低气压区流动面形成的。这里的气压是指在一个给定区域内，空气分子在该区域施加的压力大小。一般来说，某个区域的空气分子存在越多，这个区域的气压就越大。因此，也可以说风是气压梯度力作用的结果。

风既有方向又有大小，即风向和风速。不同的季节和时间就会有不同的风向，给地表带来不同的影响。每年强度较大的风对地表土壤的风蚀也最大，此时的风向常称为主导风向。要理解风的成因，先要弄清两个关键的概念，即空气和气压。空气的构成包括氮分子（约占空气总体积的 78%）、氧分子（约占 21%）、水蒸气和其他微量成分。所有空气分子以很快的速度移动着，彼此之间迅速碰撞，并和地平线上任何物体发生碰撞。而气压的变化，有些是由风暴引起的，有些是由地表受热不均引起的，有些是在一定的水平区域上，大气分子被迫从气压相对较高的地带流向低气压地带引起的。

1. 实验目的

沙粒起动风速的测定，有助于了解测试地区沙粒的起动风速，明确该区在什么样的风速下风沙才会发生运动，其强度将会如何；此外，通过测定可以掌握沙粒起动风速测定的方法。

2. 实验原理

当风力逐渐增大到某一临界值以后，地表沙粒开始脱离静止状态而进入运动状态，这个是使沙粒开始运动的临界风速为沙粒起动风速。对于某一区域的沙粒来说，因其沙粒机械组成、地表粗糙程度、湿润状况等因子的不同，起动风速也不同。沙粒起动风速是确定风沙运动发生与否及其强度的重要判据。为此，可以根据野外观测沙粒是否发生运动来确定沙粒的起动风速。

3. 实验仪器及设备

瞬时风速仪、模板、胶水、白纸。

4. 实验步骤

（1）风沙地的仿真制备。在已备好的一块模板上，喷上胶，均匀地撒上一层沙子制成平整的仿真地面，在选择好的地段将仿真地面埋入沙中，使其与地面无缝隙连接，并在其上撒上薄层沙子，然后在紧挨仿真地面的背风向地面平铺一块醒目的白纸。

（2）沙粒起动风速的测定。在野外用瞬时风速仪观察风速的变化，并时刻注意仿真床面和白纸上沙粒的动态。随着风力的逐渐增大，当发现仿真床面有个别沙粒开始运动或白纸上有沙粒出现时，记录下此时瞬时风速仪所测定出的风速，则该风速即为沙粒的起动风速。一般地，为了更准确地描述沙粒的起动风速，需要进行多次平行测定，而后求其算术平均值即可得出该状态下的起动风速。

根据大量风的实测资料可以看出，在风的时程曲线中，瞬时风速包含两部分：一是长周期部分，其值常在 10min 以上；二是短周期部分，只有几秒左右。实际应用中常把风分成平均风（稳定风）和脉动风（阵风脉动）来加以分析。平均风是在给定的时间间隔内把风力看成不随时间而改变的量，可认为其作用性质相当于静力。脉动风是由于风的不规则性引起的，它的强度随着时间的变化而随机变化其作用性质按动力来分析。

风对农牧业生产和人们的生活有直接影响。风速适度对改善农田、草场环境条件起着重要作用。近地层热量交换、地表蒸发和空气中的二氧化碳、氧气等授粉和繁殖，又可作为分布广泛、用之不竭的风能资源而开发利用。当然，风也会产生消极作用，既能传播病原体，蔓延植物病害，又能给部分植物害虫提供长距离迁产量，特别是会对地表造成土壤风蚀、沙丘移动，从而严重威胁人们赖以生存的环境。因此准确掌握起沙风速，是开展防沙治沙工作的前提和基础。

## 四、沙障设置与固阻沙效应的测定

1. 实验目的

（1）掌握沙障的设置要点和设置关键技术。

（2）通过测定，了解沙障设置前后沙面输沙率和风沙流结构的变化；确定沙障的固阻沙效应。

2. 实验原理

沙障是用各种材料（如麦秸、稻草、芦苇、黏土和砾石等）在地表组成干扰风沙流运行的障碍，通过增加地表粗糙度，改变其上的风速廓线，从而减弱贴地面层风速，降低实际风力作用的有效性，控制风蚀。沙障类型及设置材料的选择是根据防护目的，因地制宜。沙障设置时需要考虑诸多因素，如孔隙度、沙障间距、规格、与主风向的夹角、设置部位等。沙障设置后，会改变地表风沙流的运行状况和地表的蚀积状况，从而使得沙障设置前后地表形态、输沙能力均会发生一系列变化。通过野外设置和测定，可以掌握其变化状况，有助于了解沙障的固阻沙效应。本实验以常见的麦草为主要原料，介绍麦草沙障的设置技术和其固阻沙效应。

3. 实验设备及材料

铁锹、麦秸（稻草或芦苇）等材料、风速仪、集沙仪。

4. 操作步骤

（1）麦草沙障的设置。

麦草沙障设置规格：根据设置地区的风力大小和方向而定，在单向风地区可以垂直风向设置带状麦草沙障；在风向随季节变化不定的地区，要扎制格状的草方格沙障。草方格规格大小最常见 1m×1m。本实验中主要介绍麦草方格沙障的设置技术。

麦草方格沙障部位设置：在平坦沙地可以灵活放大草方格规格；在迎风坡，因地形的倾斜，沿等高线的草带要加密，原则上沙障间距 $L \leqslant h_c/\sin\alpha$（L 为草带间距；$h_c$为草带出露高度；α 为地形坡度）。在地形坡度超过 30°的落沙坡上，不适宜和不需要扎设麦草方格沙障。

麦草方格沙障方法步骤：

①用麦秸、稻草扎制草方格前需将材料上撒一些水，使之较湿润，为的是提高材料的柔性，以免扎制时折断。

②扎制前将材料切成 60cm 长的段，整齐地排放在事先计划好的地上，之前可以在地上划出计划好的网格位置线或打出位置线。扎制材料要垂直“线”排放，并置中间位置于线上。然后用平头铁锹沿“线”用力将材料压入流沙中，这就形成了一道沙障草带。使用的平头铁锹要钝一些，目的是将材料压入沙中，而不是要切断材料。

③从中间对折压入沙中的材料长度为 30cm，要求埋入沙中一半，为 12~15cm，向麦草带培沙，用脚将麦草两侧的沙踩实，并用铁锹将中间的沙向草带下刮一刮，使草方格间提前形成碟形凹槽，有利于沙障内地面稳定。这时草的露出高度为 13~15cm。

（2）麦草方格沙障固阻沙效应测定。

①风速测定。选择典型大风日，进行麦草方格沙障设置前后的风速和输沙率测定。风速测定时，须同时在同一坡面上未设沙障的对照段与已设沙障的实验段同时开展 0.5m 和 2.0m 两个高度上风速的测定，测定仪器使用三杯轻便风速风向表或自记风速仪。

②输沙率测定。在风速测定的同时，使用集沙仪收集测定风速下的沙粒，然后称重计算其单位时间内的输沙率。

## 第二节　地表风蚀量监测方法

土壤是人类赖以生存和发展的重要资源。土壤对于人类的重要性，不仅在于土壤本身，还在于土壤对大气质量和水体质量的影响。因此，土壤是维护全球生态环境平衡的重要因素之一。土壤的形成是一个十分缓慢的过程，厚度为 1cm 的表土自然形成需要 100~400 年，期间要经历气候、地形、母质、生物等多种因素的相互影响和相互作用。

### 一、诱捕法监测

利用诱捕法（图 2-1），在各观测地内选择平整且保证具有原始地被物覆盖的基础上，同时放置口径相同的集沙容器，放置时将容器口与地表持平，并且把容器周围的空隙填平，尽量使其保持原状，待有风蚀现象时容器对过境沙粒进行收集。期间及时观察容器内沙粒沉降情况。当集沙量体积接近容器容积一半时及时收集该容器的沙粒，并称其质量，累加记录后对比监测不同立地类型土壤风蚀量。

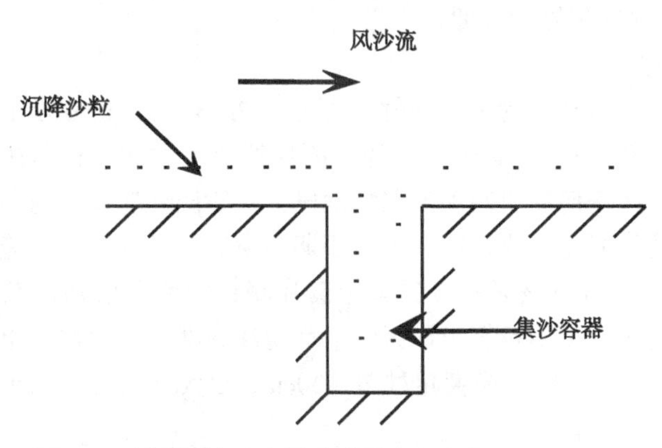


**图 2-1　诱捕测定法主要试验原理**（左忠，et al. 2010）

放置时间一般为 3—5 月风沙主要危害季节，可以按照 30d 左右时间放置、回收，也可以在风前放置，风后回收。将收集到的沙粒带回室内，分析沙尘粒径和集沙量。回收时将未被人或动物影响或破坏的样品收回称其质量。有降水过程而未风干的样品要将带有泥水的样品一同回收，烘干处理。每处理重复 3~6 个，取其平均数。其中集沙量可用感量 0.01g、0.001g 的天平称质量。

## 二、集沙槽监测

集沙槽设置：在风沙区针对不同的植被模式和树种，设置集沙槽，监测单位面积、一定时间的集沙量，集沙槽质地为混凝土预制件或玻璃板材料。

集沙槽数量：每个植被恢复类型和树种分别设立 3 个固定集沙槽。

集沙槽规格：规格为 3m×0.5m×0.5m。

集沙槽布设：为防止槽内产生二次风蚀，影响集沙效果，集沙槽长度走向最好与当地主风向垂直，将混凝土预制件或玻璃板埋设在与地表同一水平面上。

## 三、测针布设与量测

1. 技术原理

测针法是利用细长光滑的金属杆件——测针（或测钎），插入地面，观测测针出露的高度（或长度）和经过某一风蚀期后出露高度，前后两次的高差即为该期的风蚀深度。要求测针尽可能细小光滑，且有一定强度，不易被弯曲或折损，以减小阻力和避免拦挂污物。测针长度一般几十厘米，有人用测针时还附带一个金属圆片，中心开一小孔，串在测针上，能够自由上下移动（测定风积厚度应用最广泛），这样量测较方便。

2. 监测方法

测钎为一个光滑细长的金属杆件，直径约 2mm，长 20cm 以上，并配一中心开孔（孔直径大于 2mm）的圆形测片，测片外径尺寸 50mm 套在测钎上。测钎可以设置在积沙区任何需要观测的典型地段，一般测钎埋设均与地面垂直，使套结的测片能与地面紧密贴合。当一个风积期结束后，量测被积沙掩埋的测片深度（与坡面垂直深），再与该区布设的多个套片测钎的埋深值相比较，就可确知积沙厚度的空间变化，也不难算出该区的平均积沙深度。一般耕层土壤沙粒含量达 50%，即转为沙土；当覆沙厚度超过 20~30cm，已无法耕种；出现前所未有的流沙覆盖，即进入沙漠化。

3. 布设维护

测针布设多采用方格网状排列，这主要是为了检查和计算方便。网格的大小一般根据测区面积大小和观测要求确定。当测区面积很大时，也可分片布设，即根据地表侵蚀状况分成等级区（由有经验人员划区），每一等级区中布设 2~3 块；若测区面积不大，也可全区布设。当要观测每次起沙风的风蚀时，布设在典型地段并有 2~3 个重复；若作为宏观年风蚀深测量，可将网格放大，测针适当布置稀些。一般测针间距在 5~10m 较好，距离过大容易丢失；距离过小，一方面会影响气流，另一方面工作量将会增大。

4. 分析计算

布设好测针后，应立即测量每根针出露高度，并绘成平面布设图，编号记录测量数据。待风蚀期结束后（或每场风后），重新测量一次，前后两次测量值之差，即为该期风蚀深。鉴于布设为等距方格网状，可用算术平均法求得该期平均风蚀深，再换算成风蚀模数。

## 四、风蚀桥监测法

中国科学院兰州沙漠研究所为避免测针本身导致气流改变而影响测量精度，他们将测针法改进为风蚀桥法。测量“桥面”与地面的平均高差及前后两次的高差变化，也可算出风蚀深度。

风蚀桥是由断面监测仪改进后用于测定某一区域风蚀深度的桥形仪器。风蚀桥的桥面为宽2cm、长100cm、厚度2~3mm的金属件；两端“桥腿”可为直径2~5mm、长30~40cm的钢支柱，且桥腿长度的一半要打入地面以下。桥要求细小光滑，尽可能地不要扰动气流，保持风沙流以原状掠过桥下，桥面上刻有测量用控相距离（10cm），在每一控相距离线上测定风蚀前后两次桥面到地面点的高度差，就能得出平均风蚀深度，若再测出桥腿打入该地面物质的容重，就能算出当地风蚀模数。

由风蚀桥的测验原理可知，要提高测量精度，在固定风蚀桥时要与优势风向相垂直且将桥腿打入地下时尽量减小对周围土体的扰动、测量板尺读数至毫米以下、建立多点测量等都是必要的。

由此看出，无论测针法还是风蚀桥法，一般多用于风蚀严重的典型区域，且可观测短时期甚至一场起沙风的风蚀深度，若配合观测其他风蚀要素，意义十分重要。若要长期观测，除应防止人畜毁坏外，还要设立明显标志。

## 五、风蚀深度调查

1. 调查原理

对于某一具体的调查地区，受大气环流和地势、地貌等影响，会形成风向较稳定的侵蚀性优势风，则该地区为风蚀区域。在经受若干年不断地侵蚀后，土地表层细颗粒（或土壤细颗粒）被吹蚀，移至很远的下风方位堆积下来，于是在风蚀区地表土层中细粒物质含量在下降或表土层减薄，而堆积区出现沙积或明沙覆盖。

2. 调查参照物

风蚀区域土地表面的剥蚀下降速率可通过对比调查得知。对比调查的参照物有古代留下的历史文物建筑，如庙宇、寺院、村舍等，还有一些生长的树木（如沙区的沙枣等乔木、灌木等），甚至是古墓、古桥及其他历史古迹。若能确知这些参照物的年代，不难算出风蚀强度。因而，风蚀深调查法也称为历史古迹对照法，它多用于较长时期的平均风蚀调查。

3. 调查内容与步骤

风蚀深度调查。由于风蚀受下垫面状况影响，不同的部位会有不同的侵蚀深度。因而，风蚀深度调查要采用多点调查，再用面积加权算出某地平均侵蚀深度。风蚀深度调查的关键是确定原地面的高程，即某一特定时期，某地面的高度是多少。这就需要调查这些古代历史文物的基础部分变化（出露）的痕迹。如庙宇等建筑物的墙基或其他台、墩基础，在建设时都与地面保持一致，或略低于原地面，而今这些基础建筑已出露地面一定高度，这个高差应该是风蚀的结果。如若有树木作参照物，在树木栽植或种植后，由于植物的生长特性，根系开始在土壤内生长扩展，尤其表层土体内根系发育更快，这是因为树木要利用表层土壤水分、养分。在风蚀区域，植物基部的根系会逐渐出露于地表，随侵蚀年限增加出露根系范围增大，出露高度也越大，这个基部根系出露的高度即为最小的风蚀深度。需要注意的是，气流在运动的过程中遇到障碍物后会绕道而行，于是在迎风面侵蚀减弱（视障碍物大小而变化），两侧紧邻地段会有所增强。此外，在有些耕作区受耕犁方向制约，地面出现风蚀沟槽和残留的垄脊，这个槽脊高差也可作为面状风蚀深度的参考。有了诸多风蚀深度观测点的调查数据，先把各测点绘在平面图上，然后依据优势风方向绘出方格网，最好能使调查区域每一方格网中均有一调查值，这样量算每一调查点周围面积，与调查值相乘后累加，再用调查区面积去除，即得该区平均风蚀深度；除以年限，得年平均风蚀深度。

## 六、降尘缸监测法

集尘缸是一个特制的收集大气中悬浮尘土等固相微粒的容器。我国目前使用的集尘缸为一个平底圆柱形玻璃缸，内口径为150mm±5mm，高为300mm，缸重为2~3kg，这样不致被风吹翻。集尘缸使用前必须清洗干净，再加入少量蒸馏水，以防尘粒飘出，用玻璃盖遮盖移至观测场，放置后拿去玻璃盖开始收集沙尘，并记录时间（月、日、时、分）。由于我国夏秋多雨，加水量可适当少些，一般为50~70mL；冬春少雨可加水至100~200mL；冬季北方气温通常在0℃以下，为防止加入水结冰，还需要加入乙二醇防冻剂60~80mL，以保证在任何天降状况下的收集观测。

由于大气中尘粒分布随高度变化，近地表层量多变化快，并常受区域多因素影响（尤其人为生产活动），代表性差。因此我国环保部门规定，集尘缸的安装高度应距离地面为5~12m，为工作方便一般情况下均取6m高度。此外，在同一收集点应有3个重复，即将3个集尘缸同时安置在约1.0$m^2$的方形架板上，排列成边长为50cm的正三角形。

## 七、集沙盘监测法

Bagnold最早使用埋设于地表的集沙盘来收集风蚀蠕移物。Deploey用了一系列高60cm直径16cm的圆盘来收集风蚀沉积物质。Gupta等、Young等使用金属盒来收集被风吹起的细粒物质。然而，采用集沙盘法取放设备对地表造成扰动是该法的最大弱点，究竟怎样使收集装置与地表贴合一直是集沙盘法改进过程中的关键问题，张华等根据收集风蚀物的容器尺寸特别订制了托盘，试验前先将托盘埋在样地中，再将容器埋入。之后每次收集容器中的风蚀物时就可避免对地面的再次扰动。虽然此法由于地表素流作用可能使收集到的风蚀物少于实际值，但成本低，操作简单，可应用于范围较大、地形较复杂的地区，实现土壤风蚀的动态监测。然而，集沙盘中的物质来源具有不确定性，还有待于深入研究。

## 八、元素示踪法

自从 20 世纪 60 年代初 Menzer 研究了 Sr 与土壤流失量之间的关系后，放射性核素应用于土壤侵蚀的研究逐步发展起来。随降水或尘埃沉降到地面的放射性核素被土壤和有机质强烈吸附，在土壤表层聚集且难以被水淋溶。通过测定并对比非侵蚀区域内可作为观测区背景值的核素输入量和被侵蚀区域内土壤剖面中的核素量，能够得出核素在地表水平断面和垂直剖面上的空间分布形态，从而得到区域侵蚀或沉积的规律。

Rogowsk 等在 1965 年率先应用 Cs 法研究土壤侵蚀，发现了土壤侵蚀量与 Cs 流失量之间的指数关系。核爆产物 Cs 的半衰期为 30. 2 年，较适宜进行中长时期及多年平均的土壤侵蚀量估算。使用此方法能够判定颗粒侵蚀与沉积特征及侵蚀泥沙的来源，还可以对土壤侵蚀的空间变化、不同层次的形成年代、土壤迁移的空间分配进行研究、该法投资少、周期短，因而在早期被应用到水蚀研究中直到 20 世纪 90 年代，才开始有使用 Cs 测定土壤风蚀的研究报道。在我国，濮励杰等以新疆库尔勒地区为例，首次运用 C 示踪分析法对我国西部风蚀地区土壤侵蚀的强度与区域分布进行了研究，分别计算出该地区荒地、耕地、草地等土地利用类型的土壤侵蚀模数平均值。其后 Yan 等使用 Cs 法研究了青藏高原的土壤风蚀，严平等以青海共和盆地为研究区探讨了 Cs 法应用在风蚀研究中的可能性，初步查明了该地区 Cs 的空间和剖面分布特征，确定了区域 Cs 背景值，建立了风蚀速率的 Cs 评估模型，估算出上壤风蚀速率等。刘纪远等运用 Cs 示踪技术，研究了蒙古高原西北——东南向的塔里亚特——锡林郭勒样带 7 个典型景观类型采样点的风蚀速率及变化特征。

但 Cs 法去也有其局限性：Cs 最早沉降发生在 1954 年，因此不可能测算更早年代沉积；其空间变异性较大且背景值的测定有一定难度。因此仅适用于测量一定年限内较小区域的风蚀状况。除 Cs 法之外，还有 $pb_{ex}$ 、Be 等元素示踪、稀土元素——中子活化分析技术（REE-NAA）及使用磁性示踪剂等示踪法研究土壤侵蚀，但都限于水蚀方面，这些方法应用于风蚀的情况还鲜有报道。

## 九、全站仪定位监测技术

以小区域测量学为主要技术理论，利用水准仪、经纬仪、全站仪与 GPS 等定位仪相结合。通过在待监测区域建立固定控制点，准确掌握初始水平线数据，开展定点监测。同时，结合 ArcGIS、Google Erath 等大尺度、专业化软件组合使用，动态监测待评价区域各主要控制点位内地表水准线、地貌等动态变化，分析和评价地表蚀积程度和地貌、植被等变化规律。利用土壤侵蚀评价标准，分析和评价监测区域内单位时间地表侵蚀程度。

## 十、风蚀圈监测法

与风蚀盘方法类似，利用风蚀圈法测表层土壤的风蚀量。风蚀圈需手工制作，由两个高 2cm、内径 20cm 的 PVC 管和通风透气的尼龙纱布嵌套而成，通过测定风蚀前后土样重量的变化来实现土壤风蚀量测定，遵循的是差减法原理，得出所测量时间范围内单位面积的风蚀量。

利用环刀法测量需放置风蚀圈的表层土壤容重，然后按照风蚀圈直径估算每个圈内放置土壤重量，按照预放置风蚀圈数目估算出所需的总土壤重量，将需测定的土壤带回实验室，混合均匀。利用烘干法测定当时土壤含水率 $W_1$。按照估算的每个风蚀圈中土壤重量 $M_1$，称重后分别装入袋中；测定区域在不同位置（去除边际效应）按照风蚀圈大小挖一个深 2cm，直径 20cm 小坑，将坑中取出的土壤移走，然后将风蚀圈放入，尽量使周围土壤与风蚀圈齐平，保证风蚀圈测定值的准确性和代表性，然后将提前称重的土壤全部放入，使圈中土壤与圈持平，边沿上土壤通过毛刷刷入圈内，完成风蚀圈的放置。注意：使风蚀圈中的土壤与大田自然土壤形成一个上下贯通的整体。

取样时，将风蚀圈从土中取出，用毛刷刷去风蚀圈外围和尼龙布下部附着的土壤，将圈中土壤带回实验室称重 $M_2$，然后将放置在同一位置的风蚀圈中土壤混匀，用铝盒取适量土样，利用烘干法测风蚀后土壤含水率 $W_2$，风蚀后干土重量为 $M_2\times(1-W_2)$，则测定时段的风蚀圈中风蚀量为 $M$，计算方法参考公式（2-13）、式（2-14），然后根据需要进行计算：

$$M = M_1 \times (1 - W_1) - M_2 \times (1 - W_2) \qquad \text{式（2-13）}$$

$$M_s = \frac{M}{\pi \times (d/2)^2} \qquad 式（2-14）$$

式中，$M_s$ 为单位面积的风蚀量，$kg/m^2$；$d$ 为风蚀圈内径，cm。

上述监测方法各有利弊，但需要特别指出的是，利用诱捕法、集沙槽法、集沙仪法等通过收集过境流沙开展风蚀监测，虽然方法简单，对监测设备、监测技术和监测条件要求也不高，还可以尽可能的回收过境流沙，但由于监测过程中，过境流沙只是野外流动过程中被收集而来的物质源，无法准确说明流沙来源，无法将收集到的沙样与原始地貌建立相互对方关系，也无法说明所获得的流沙样口是风蚀样还是沉积样，因此为后期分析评价地表土壤侵蚀模数带来了不小的难度。如果按照容器口或集沙槽大小折算地表土壤侵蚀模数，计算出的数据明显比实际发生的大。但由于该方法简单实用，也可以间接真实地反映待监测地貌风沙蚀积情况，特别是严重风蚀的区域，实际生产与研究中，常被人使用。

### 十一、土壤紧实度监测法

土壤紧实度也可间接反映地表受风蚀的难易程度，一般采用便携式土壤紧实度仪测定。便携式土壤紧实度仪既可直接测量土壤紧实度（kg 和 kPa），又可以随时将测量时每次采样的数据存储到主机上，接口可与计算机连接将数据导出，软件具有存储功能，内置 GPS 定位系统，可实时显示测量点的位置信息（经纬度），并可利用此定位数据在计算机中绘制土壤紧实度分布图。

土壤紧实度结构：由主机、不锈钢测量杆、GPS 接收机、电池、软件、数据线组成。

工作原理：当对系统施加压力后，探头尖端与土壤接触，并感受到压力，系统将这一压力信号采集，并通过内置的标定曲线，将压力转化成土壤紧实度，也就是压强值。同时系统内置的采集器可以将数据存储起来，通过标准接口可以将数据下载到计算机上。

## 第三节　集沙仪监测方法

### 一、国外集沙仪发展历史

集沙仪是一种用于研究风沙流结构及土壤风蚀的重要仪器，按照收集原理可分为主动式和被动式，被动式多用于风洞内，而主动式室内外都可以使用，由于使用方便，被大量使用。最早是一位叫拜格诺（Bagnold，1954）提出并使用，后经兹纳门斯基改进成垂直长口形集沙仪。到了20世纪40年代，Bagnold设计的集沙仪被Chepil设计成旋转式，可以随风向自由转动，采集不同侵蚀风向的风蚀量。到了20世纪80年代，Merva和Peterson对Chepil改进的Bagnold集沙仪又作了一些设计调整，改进了的集沙仪不但可以随侵蚀风向自由旋转，还可以将吹进的气体排出，使气流和土壤颗粒可以自由进入。20世纪90年代，Shao等人根据Bagnold设计的集沙仪，增加了主动排气装置，即在排气口处增加了一个真空泵，可以将集沙仪内部的气体抽出，提高了集沙仪的集沙效率。1986年，Fryrear设计制作了BSNE集沙仪，该集沙仪具备了排气、旋转导向功能，采集口可实时对准风蚀方向，满足在野外进行风蚀试验研究的需要。

德国人Kuntze、Beinhauer等人在1989年设计制作了SUSTRA（Suspension Sediment Trap）集沙仪最初由德国风蚀研究项目（German Wind Erosion Reserch Project）研制，并由德国UGT生产成为风蚀观测的专业仪器设备，用于监测自然界的风沙运动趋势和土壤风蚀作用、土壤沙化与荒漠化监测、土壤有机质（SOC）剥蚀等。SUSTRA风蚀观测系统带有自动风向控制的沙尘采集系统收集随风扬起的沙尘，并即时通过电子天平对收集到的沙尘进行称重，数据采集器自动记录收集沙尘的时间和采集的沙尘量（电子天平称重获得），同时利用外接的气象单元，同步监测记录风蚀过程中的风速、风向、温湿度和太阳辐射等气象因子。该集沙仪同样具有排气和旋转导向的功能，基本满足野外风蚀观测的需求。但由于造价昂贵、垂直空间可监测的数据数量有限，在中国市场曾有相当数量的销售，但实用性、使用率十分有限。

## 二、国内集沙仪发展历史

在国内近些年来，关于集沙仪研究一直未中断过。夏开伟设计了全自动高精度集沙仪；李长治等设计了平口式集沙仪；SHAO等设计了由真空泵驱动的垂直集成集沙仪；董治宝等设计制作了主要适用于风洞实验研究的WITSEG多路集沙仪；李振山等设计了用于测量风沙流中输沙量垂线分布的垂直点阵集沙仪；付丽宏等设计了旋风分离式沙尘集沙仪；顾正萌等设计了新型主动式竖直集沙仪；宋涛等设计了反向对冲式集沙仪。王东清、左忠在多年的应用改进基础上，申请了一种具有分层结构的可调式旋转集沙仪实用新型专利，它可以利用风力驱动尾翼使其摆动旋转，使集沙仪进沙口始终对着来风的方向，可同时监测不同高度集沙量，具有结构简单、拆装方便、维护简单等优点，便于拆装、运输、保管。刘海洋设计一种具有自组网功能的全自动多通道无线集沙仪，实现了每 5s 对最多 6 个测点，以及单测点 8 路土壤风蚀量的循环采集、无线传输和实时处理，并绘制各测点处的风沙流结构变化曲线图等。

## 三、集沙仪对集沙效率基本要求

集沙效率是衡量集沙仪优劣的最重要的特征，其与设计、风速、沙粒粒径分布和采集时间有关，精确的集沙仪必须满足等动力性、高效率性和非选择性。等动力性是指集沙仪进沙口的风速等于没有安装集沙仪时的自然风速。高效率性是指集沙仪能够尽可能多地采集到风蚀量，非选择性是指集沙仪能够等效率地采集到不同大小的颗粒。在土壤风蚀研究中，当集沙仪应用于风蚀采样时，由于集沙仪自身对风的阻挡，造成进沙口风速常常低于风场的自然风速，集沙仪进沙口风速的降低必然会降低采样效率。因此，集沙仪应首先满足等动力性原则，然后对高效率性和非选择性进行评价，以便最终获得性能完善的集沙仪。

## 四、存在的主要问题

集沙仪从开始研究到现在，已经出现了很多不同类型的产品，其分析方法和技术手段越来越先进，这些集沙仪各有其独特的优点，为风蚀研究提供了重要的测试手段，但是仍然有许多问题需要解决。从现阶段看，集沙仪可分为可拆装式的手动集沙仪和可自动称重的自动集沙仪两种类型。目前国内外常用的集沙仪以人工取沙称量方法为主，在取沙和称量过程中，会造成部分集沙量损失，影响测量和研究结果的准确性；同时，由于不能实时记录集沙量数据，给研究起沙过程中不同阶段的沙粒运移特性带来诸多不便。

自动集沙仪虽可以在一定程度上降低人的劳动强度，但是在野外风蚀试验中，一般风速较大，风速对传感器的影响也逐渐显现出来，尤其在强风、低温天气时，风速对传感器的扰动更加明显，在一定程度上影响了数据的精确程度，造成集沙仪的集沙效率降低。

野外测定风蚀量的方法有：集沙仪法、测钎法和诱捕陷阱法等，其中，集沙仪法是应用相对比较广泛的一种方法。然而，一个主要技术问题是，集沙仪收集的沙物质量一般只是反映竖直断面上的风沙流分布状况及不同土壤类型抗风蚀能力大小。采用集沙仪收集到的沙物质颗粒，虽然可通过对比分析不同监测地貌沙物质丰富程度，监测分析评价待评价区域抗风蚀性能，但由于风沙流物质来源的不确定性，很难与土壤风蚀模数建立起相互对应关系，用土壤侵蚀模数或相关指标统一评价地表抗风蚀性能。如何将竖直断面上所收集的沙物质量转换到平面上，计算出平面上单位面积的风蚀量，因此估算结果的精度还是存在一定的不足，今后还需进一步不断地深入研究并做修正。此外，由于收集到的物质是混合样品，对于“偶然”收集到的植物枯枝落叶、小昆虫、大粒径石粒等特殊异物，是按照风沙物统一计量还是舍弃，未有统一规定和标准，均从一定程度上影响了评价准确性。

由此可见，随着科技水平的不断提高，集沙仪也由最初的简单的集沙容器，越来越向电子的，可实时处理、传输数据的，可自动集录的高精度、自动化方向发展，较大程度提高了测试精度，提高了自动化程度，可以满足不同客户的监测技术需求，但为保证各类研究的顺利进行，相关研究设备、行业标准等仍然需要继续补充完善和细化。

## 第四节　地表侵蚀量监测与估算方法

### 一、风力侵蚀的计算方法

1. 风蚀气候侵蚀力计算方法

基于气候条件对土壤风蚀综合效应的认识，Chepil 等提出了体现气候条件对风蚀综合作用程度的风蚀气候侵蚀力问题，并提出用一个能代表和反映风蚀气候侵蚀力的风蚀气候因子指数去估算一系列气候条件下的土壤风蚀量，即风蚀气候因子指数 C，开创了风蚀气候侵蚀力或风蚀气候因子研究的先河。Chepil 等给出的风蚀气候因子指数计算公式为（Chepil W S，et al. 1962）：

$$C = 386 \times \frac{u^3}{\left[3.16 \sum_{i=1}^{12} \left(\frac{P_i}{1.8T_i + 20}\right)^{\frac{10}{9}}\right]^2} \quad \text{式（2-15）}$$

式中，$u$ 为 9.1m 高处的月平均风速（m/s）；$P_i$ 为月平均降水量（mm）；$T_i$ 为月均温（℃）；$C$ 为风蚀气候因子指数。

用风蚀气候因子指数代表风蚀气候侵蚀力问题及其计算公式提出后就得到共识，但按式（2-15）计算，干旱地区的风蚀气候因子指数将趋于无穷大，使得该公式的应用有着较大的局限性。为此，1979 年联合国粮农组织（FAO）对干旱条件下风蚀气候因子可能成为一个很大值的问题以不同的方式予以处理，将风蚀气候因子的计算公式修改为（FAO，et al. 1979）：

$$C=\frac{1}{100}\sum_{i=1}^{12}u^3\times\left(\frac{ETP_i-Pi}{ETP_i}\right)d$$ 式（2-16）

式中，$u$ 为2m高处月平均风速（m/s）；$P_i$为月降水量（mm）；$d$ 为月天数；$ETP_i$为月潜在蒸发量（mm）。联合国粮农组织给出的公式中：水分条件的影响较Chepil公式的影响小。

之后，Skidmore引进风速概率密度函数处理水分条件对风蚀气候侵蚀力的影响，又提出了一个新的风蚀气候侵蚀力的计算模型（Skidmore E L，et al. 1986）：

$$CE=\rho\int[u^2-(u_t+\gamma/\rho\partial^{\ 2})]^{\frac{3}{2}}f(u)\,du$$ 式（2-17）

式中，$CE$ 为风蚀气候侵蚀能（J/m$^2$）；$\rho$ 为大气密度（kg/m$^3$）；$u$ 和 $u_t$分别是风速和临界风速（m/s）；$\gamma$ 为吸附水的黏聚力（N/m$^2$）；$\partial$为常数。利用式（2-3）计算出的风蚀侵蚀能，经过换算能得到风蚀气候因子指数。

2. 风蚀气候侵蚀力变化

采用粮农组织（FAO）对风蚀气候因子的计算公式，计算了风蚀气候侵蚀力因子指数，其中潜在蒸发量（$ETP_i$）可采用程天文的气温相对湿度公式求得：

$$ETP_i=0.19\ (20+T_i)^2\ (1-r_i)$$ 式（2-18）

式中，$T_i$为月平均气温（℃）；$r_i$为月相对湿度（%）。

3. 土壤风蚀量估算

半个多世纪以来，许多学者对气流和风沙活动进行了研究，提出了各种各样的表示方法，如输沙势、最大可能输沙量和输沙率公式等。输沙势是衡量区域风沙活动强度及风沙地貌演变的重要指标，也是目前风沙活动强度计算、应用最为广泛的方法，表示潜在的输沙能力。输沙率是指单位时间通过单位床面宽度的沙粒质量，国内学者在前人研究基础上，通过实验修正了Bagnold输沙率公式，提出最大可能输沙量概念，表示输沙率的理论极限值，并给出计算公式，但两者皆无法验证且无法直观表示区域风沙活动强度。蚀积量和蚀积强度是阐明风成地貌发育以及防治风沙灾害的基础，可以直观地表示区域风沙活动强度，但目前风沙蚀积量的计算较多采用输沙率间接计算，误差较大。

（1）蚀积量计算方法。安志山对测钎的出露高度按照以下公式进行处理：

$$h=h_1-h_2$$ 式（2-19）

式中，$h$ 为测量周期内蚀积深度（cm）；$h_1$ 为沙下测钎深度（cm）；$h_0$ 为沙下测钎初始深度（cm）。

运用Table Curve 2D v 5.01软件，采用最小二乘法对h进行函数拟合f（x），用决定系数（$R^2>0.98$）控制，用MATLAB对f（x）进行积分，求出风沙蚀积量Q（$cm^3/m^2$）。当Q >0时，表示风沙堆积；Q <0，表示风蚀；Q =0，表示蚀积平衡。

研究区域的蚀积状况取决于该研究区域内沙物质的输入和输出。假定研究区域在某一时间段内风沙物质的输入量为$M_O$，输出量为$M_e$，则该区域沙物质蚀积状况可以表示为：

$$W_e = M_o - M_e \quad \text{式（2-20）}$$

式中，$W_e$为特定时段内风沙蚀积量（$cm^3$）；$M_o$为特定时段内风沙物质输入量（$cm^3$）；$M_e$为特定时段内风沙物质输出量（$cm^3$）。

当$W_e>0$，物质输入量大于输出量，为风积区；当$W_e<0$，物质输入量小于输出量，为风蚀区；当$W_e=0$，物质输入量等于输出量，为风沙蚀积平衡区。

输沙势是衡量区域风沙活动的重要标志，应用较广，而蚀积量是表明区域内风沙物质在时段内的输入与输出。

参考Fryberger输沙势公式和凌裕泉的最大可能输沙量的计算公式。假设：

$$Q=\sum \alpha\ (v-v_t)^b \times f \times t \quad \text{式（2-21）}$$

式中：$Q$为蚀积量，特定时间段内单位面积蚀积量（$cm^3/m^2$）；$v$为大于临界启动值的风速（m/s）；$v_t$为临界启动风速，这里取5.9m/s，高度12m；$f$为对应时间段内大于临界启动风速的频数；$t$为测量时间间隔（min）；$a$，$b$为待定常数。

最大可能输沙量是指当沙源充足，沙面平坦裸露时，气流充分作用于流沙表面所具有对沙物质的最大可能搬运能力，指输沙量的理论极限值。其计算公式为：

$$Q=\sum 0.895\times\ (v-v_t)^{1.9} \times f \times t \quad \text{式（2-22）}$$

式中，$Q$为最大可能输沙量（$m^3/m$）；$f$为对应时间段内大于临界启动风速的频数；$t$为测量时间间隔（min）。

最大可能输沙量、模型预测值和野外实测值之间关系特征与输沙势相同，即存在同期波动特征，但最大可能输沙量与模型预测值之间的波动趋势更相近，主要原因是两者均依据气象数据进行计算。进一步分析三者回归方程可知，模型预测值与野外实测值之间的回归方程决定系数较最大可能输沙量回归方程大，可见相比最大可能输沙量，模型预测值能够更加准确地表示平坦沙质地表蚀积量。

（2）土壤侵蚀量计算。按照退耕还林工程建设效益监测评价（GB/T 23233—2009），关于土壤侵蚀量计算，给出了如下方法。

土壤流失减少率

=（治理前流失量-治理后流失量）/治前流失量×100%　式（2-23）

或土壤流失（沙化）减少率

=（治理前流失面积或沙化面积-治理后流失面积或沙化面积）/

治理前流失面积或沙化面积×100%　式（2-24）

治理度，计算见式（2-25）：

治理度=已治理面积/治理面积×100%　式（2-25）

林草覆盖率，计算见式（2-26）：

林草覆盖率=有林草地总面积/土地总面积×100%　式（2-26）

（3）粒度对比分析法估算风蚀量。土壤表层沙粒粒径是间接反映评价区域风蚀程度很重要的物理量。董治宝等认为，土壤风蚀过程是可蚀性颗粒的损失和原地表不可蚀性颗粒的聚集过程，因而风蚀量的多寡必然会反映在风蚀地表可蚀性颗粒和不可蚀性颗粒的相对含量变化上。因此，提出了粒度对比分析法，并用其估算了内蒙古后山地区的土壤风蚀量和风蚀模数。

所用公式为：

$$q = (\frac{p_1}{p_0} - 1) \times D \times \gamma_0 \quad 式（2-27）$$

式中，$q$ 风蚀量；$D$ 为风蚀粗化层厚度；$\gamma_0$为土壤容重；$p_1$，$p_0$ 分别为风蚀前后，即粗化层下部及粗化层中不可蚀颗粒的百分含量。随后李晓丽等使用粒度对比分析法和插钎法对内蒙古阴山北部四子王旗土壤风蚀量进行测试分析，发现在研究区的条件下，粒度对比分析法可应用于测定风蚀量。周丹丹等采用此法对巴音温都尔沙漠表层土壤粒度特征进行了分析并估算了风蚀量，得出粒度对比分析法基本可满足该研究需要的结论。但该法的研究应用较少，仍需进一步验证。

（4）风蚀量估算。高君亮采用北京林业大学丁国栋教授建立的土壤风蚀模型式（2-28）至式（2-31），应用该模型能够较好地将集沙仪收集的沙物质量从竖直断面上转换到平面上，进而计算出平面上单位面积的风蚀量。

$$D = \frac{q}{H \cdot \rho} \quad 式（2-28）$$

$$L = \frac{H}{\sin\alpha}$$ 式（2-29）

$$h = \frac{D \cdot L}{M} t = \frac{q}{M \cdot \rho \cdot \sin\alpha} \cdot t$$ 式（2-30）

$$Q = S \cdot \rho \sum h_i$$ 式（2-31）

式中，$q$ 为某一级别风速下的输沙率［g/（cm・min）］；$D$ 为沙丘前移距离（m）；$H$ 为沙丘高度（m）；$\rho$ 为沙物质密度（g/cm$^3$）；$L$ 为沙丘背风坡平均长度（m）；$\alpha$ 为背风坡坡角（°）；$M$ 为沙丘迎风坡平均长度（m）；$t$ 为年内某一级别风速出现的累计时间（min）；$h$ 为年内某一级别风速下的累积风蚀深度（cm）；$Q$ 为年内风蚀量（t）；$S$ 为研究区域面积（m$^2$）；$h_i$ 为某一级别风速年内累积风蚀深度（cm）。

（5）防风固沙量估算。同理，高君亮通过公式（2-31）计算出风蚀量后，参照《荒漠生态系统服务评估规范》（LY/T 2006—2012）中的公式（2-32）和式（2-33）来分别计算防风固沙的物质量和价值量。

$$G_{固沙} = A_{有植被}(Q_{无植被} - Q_{有植被})$$ 式（2-32）

式中，$G_{固沙}$ 为固沙量（t）；$A_{有植被}$ 为有植被覆盖或者结皮的区域面积（km$^2$）；$Q_{无植被}$ 为无植被覆盖区域面积的单位面积输沙量（t/km$^2$・年）；$Q_{有植被}$ 为有植被覆盖区域面积的单位面积输沙量（t/km$^2$・年）。

$$V_{固沙} = C_{固沙} G_{固沙}$$ 式（2-33）

式中，$V_{固沙}$ 为荒漠生态系统固沙的总价值（元）；$C_{固沙}$ 为单位重量沙尘清理费用或沙尘造成的经济损失（元/t）；$G_{固沙}$ 为总固沙量（t）。

4. 年风蚀强度的测算

姚洪林选用了克拉瓦洛维克年风蚀强度测算公式，对多伦县风蚀地貌及风蚀量进行了评价研究。

公式如下：

$$Ep = T \times v \times De \times Y \times XT \times F$$ 式（2-34）

式中，Ep 为年风蚀量；T 为温度系数，T=（t/10）+0.1，t 为年平均温度；v 为年平均风速（m/s）；De 为无雪覆盖时期的年平均风日数；Y 为土壤抗蚀系数（沙为 2.0，最抗蚀土壤为 0.25，其他为 2.0~0.25）；Xa 为汇水区结构系数（耕地或裸地为 0.9~1.0，荒地为 1.0，森林地为 0.05）；F 为汇水区面积（km$^2$）。

## 二、防风固沙功能价值评估

生态系统服务功能是指生态系统与生态过程所形成及所维持的人类赖以生存的自然环境条件与效用，也指人类直接或间接从生态系统功能中获取的利益。目前，以生态系统服务功能为核心的系统评估是全球生态学和经济学研究的前沿领域与热点。20 世纪 70 年代，国外一些科学家开始开展关于生态系统服务功能及其价值评估的工作，并取得了大量的研究成果。代表性的研究，如 1997 年 Constanza 等人在《Nature》上发表的全球生态系统服务功能价值的评估，将生态系统服务功能划分为 17 类，使得生态系统服务功能价值评估得到了全世界相关科研人员广泛的关注和研究。国内关于生态系统服务功能的研究开展的相对较晚，但是在近十年来得到了迅猛发展。众多学者及研究人员对不同区域范围，不同类型生态系统的服务功能进行了大量研究，其中包括区域生态系统、森林生态系统、草地生态系统、荒漠生态系统、湿地生态系统、农田生态系统、流域生态系统等。防风固沙功能是荒漠生态系统服务功能之一，植被作为荒漠生态系统中一种重要的自然资源，具有明显的防风固沙功能。

研究中价值量的估算选取的指标体系包括农业、牧业、交通运输业等。所涉及的指标分别为：减少农田经济损失价值、减少草地经济损失价值、保持土壤肥力的价值、减少泥沙淤积灾害价值、减少交通运输经济损失价值。

减少农田经济损失价值（市场价值法）。

$$V_1 = B \times G_{固沙} \div (H \times \rho \times 1\,000) \qquad 式（2-35）$$

式中，$V_1$为减少农田经济损失价值（元/年）；$G_{固沙}$为防风固沙量（t/年）；$B$ 为土地的年平均收益［元/（$hm^2$·年）］；$H$ 为土壤层厚度（m）；$\rho$ 为土壤容重（$g/cm^3$）。

土地年均收益按照当地 2009 年的10 000元/（$hm^2$·年）计，土壤层厚度按当地平均土壤厚度 0.25m 计，土壤容重按 1.35$g/cm^3$计。

减少草地经济损失价值（市场价值法）。

$$V_2 = G_{固沙} \div (H \times \rho \times 10\,000) \times C \times P \qquad 式（2-36）$$

式中，$V_2$为减少草地经济损失价值（元/年）；$G_{固沙}$为防风固沙量（t/年）；H 为土壤层厚度（m）；$\rho$ 为土壤容重（$g/cm^3$）；$C$ 为草地单位面积的理论载畜量（只/$hm^2$）；$P$ 为羊的平均价格（元/只）。

保持土壤肥力的价值（市场替代法）。

$$V_3 = G_{固沙}\left( \sum_{i=1}^{3} \frac{P_i S_i}{K_i} + P_c S_c \right) \qquad 式（2-37）$$

式中，$V_3$为保持土壤肥力价值（元/年）；$G_{固沙}$为防风固沙量（t/年）；$i=1$，2，3 分别代表 $N$、$P$、$K$；$S_i$ 为土壤中 i 类养分的含量；$P_i$ 为化肥市场价格（元/t）；$K_i$ 为化肥中 i 类养分的含量（%）；$S_c$ 为土壤中有机质的含量；$P_c$ 为有机质市场价格（元/t）。

减少泥沙淤积灾害价值（影子工程法）。

$$V_4 = G_{固沙} \times 24\% \times C \quad 式（2-38）$$

式中，$V_4$为减少泥沙淤积功能的价值（元/年）；$G_{固沙}$为防风固沙量（t/年）；C 为单位清淤成本（元/t）。据统计，土壤侵蚀流失的泥沙中淤积于湖泊、渠道、河流、水库的比例取 24%；单位清淤成本平均为 2.5 元/t。

减少交通运输经济损失价值（影子工程法）。

$$V_5 = G_{固沙} \div \rho \times C \quad 式（2-39）$$

式中，$V_5$为减少交通运输经济损失的价值（元/年）；$G_{固沙}$为防风固沙量（t/年）；$\rho$ 为沙物质容重（$g/cm^3$）；$C$ 为单位清理流沙成本（元/$m^3$）。

由上可知，关于地表风蚀量、蚀积量、输沙量、土壤侵蚀量、年风蚀强度等物理指标，实际上均是地表风蚀量、风蚀强度的间接反映和不同称呼。对于准确估算，必须结合多样布点、持续监测、综合评估等。同时应与现代地理信息系统、气象、地貌等资料有机结合，方可较准确反映某区域风蚀量与强度，单一依靠某些公式，必须经过长期实践检验，方可为间接分析评价提供部分数据参考。但由于综合、持续监测需要有大量人力物力投入。因此，对概况的评价上述指标，也不失为可供参照的监测方法。

## 三、地表抗风蚀性能综合评价

采用 TOPSIS 法进行分析，首先将指标同趋势化，消除不同指标不同纲量及其数量级的差异对评价结果的影响，然后在此基础上对数据进行归一化处理。去除不利或者低优的指标，保留最优的指标进行数据统计，找出有限方案中最优方案和最劣方案，分别计算各评价方案与最优和最劣方案的距离，获得各评价方案与最优方案的相对距离，以此作为评价各方案优劣的依据。方法简便实用。

（1）同趋势化，即将所有指标均变成高优指标（越大越优），如果为低优指标，则取其倒数（$1/X_{ij}$）将其转换。

（2）令 $X_{ij}$为第 $i$ 评价对象，第 $j$（高优）指标的个体值，采用公式（2-40）对每一个体值进行变换。

$$a_{ij}=\frac{x_{ij}}{\sqrt{\sum_{i=1}^{n}X_{ij}^{2}}}$$ 式（2-40）

式中，$a_{ij}$为每一个评价对象的指标值，$i=1$，2…，n，$j=1$，2…，m。

（3）获得现有评价对象的第$j$指标的$a_{ij}$最大值$a_{j\max}$与最小值$a_{j\min}$。

（4）分别计算各评价对象的最优方案欧氏距离$D_i^+$与最劣方案欧氏距离$D_i^-$，见公式（2-41）。

$$\begin{cases}D_i^{+}=\sqrt{\sum_{j=1}^{m}\left[w_j(a_{ij}-a_{j\max})\right]^{2}}\\ D_i^{-}=\sqrt{\sum_{j=1}^{m}\left[w_j(a_{ij}-a_{j\min})\right]^{2}}\end{cases}$$ 式（2-41）

其中，$w_j$为每一个指标所占权重，每个对象的所有指标和为1。

（5）计算各评价对象与最优方案的相对接近程度，见公式（2-42）。

$$C_i=\frac{D_i^{-}}{D_i^{+}+D_i^{-}}$$ 式（2-42）

（6）按$C_i$大小将各评价对象排序，$C_i$值越大，表示综合效益越高。

## 第五节　沙粒粒径分析与评价方法

在干旱半干旱地区，频繁而强烈的土壤侵蚀，造成土壤颗粒和养分损失，破坏土体结构，是风蚀荒漠化发生和发展的重要原因。因此，土壤是解析风蚀荒漠化过程的一个重要因子，土壤结构的量化描述和表达也已成为相关研究的热点问题。粒径分级是土壤结构研究的基本内容，直接决定了不同粒径土壤颗粒的含量。

### 一、中国土粒分级标准

**表2-1　中国土粒分级标准**（熊毅，et al. 1990）

| 粒径名称 | 粒径（mm） |
| --- | --- |
| 石　块 | >3 |
| 石　砾 | 3~1 |

（续表）

| 粒径名称 | | 粒径（mm） |
| --- | --- | --- |
| 沙　　粒 | 粗沙粒 | 1～0.25 |
| | 细沙粒 | 0.25～0.05 |
| 粉　　粒 | 粗粉粒 | 0.05～0.01 |
| | 中粉粒 | 0.01～0.005 |
| | 细粉粒 | 0.005～0.002 |
| 黏　　粒 | 粗黏粒 | 0.002～0.001 |
| | 细黏粒 | <0.001 |

按照中国土粒分级标准（表2-1），按照不同粒径，将各类土粒分为石块、石砾、沙粒、粉粒和黏粒5种，其中沙粒包括粗沙粒（1～0.25mm）、细沙粒（0.25～0.05mm）2类，粉粒包括粗粉粒（0.05～0.01mm）、中粉粒（0.01～0.005mm）、细粉粒（0.005～0.002mm）3类。沙粒和粉粒均是研究风蚀主要对象，而粉粒、黏粒则是沙尘空气污染主要物质源。

## 二、林业行业标准土壤机械组成分级

按照林业行业标准《森林生态系统长期定位观测方法》（LY/T 1952—2011），将土壤粒径分为砂土、壤土、黏土，其中与风蚀监测研究关系最密切的为砂土和壤土。具体分级方法为，将采集的土样平铺在遮阴处风干，然后放入土壤筛中按粒径大小分级，并记录每级土样的重量，将粒径≤0.25mm的土样利用比重法、吸管法或激光粒径粒形分析仪继续按粒径大小分级。

土壤机械组成分类标准见表2-2。

1. 石砾含量

根据石砾面积所占剖面面积的百分比，分级如下：

少量：≤20%。

中量：20%<含量≤50%。

多量：50%含量≤70%。

粗骨层：含量>70%。

2. 根量

根据根系在剖面上的密集程度分为五级。

盘结：根量>50%。

多量：25%<根量≤50%。

中量：10%<根量≤25%。

少量：根量≤10%。

无根系：土体中无根系出现。

**表 2-2　土壤粒径分级标准（国家林业局，LY/T 1951—2011）**

| 命名组 | 名称 | 颗粒组成 | | |
|---|---|---|---|---|
| | | 砂粒（1mm~0.05mm）含量百分比（%） | 粗粉粒（0.05mm~0.01mm）百分比（%） | 粘粒（<0.01mm）含量百分比（%） |
| | 粗沙粒 | >70 | | |
| 沙土 | 细沙粒 | 60<含量≤70 | — | |
| | 面沙土 | 50<含量≤60 | | |
| | 沙粉土 | >20 | >40 | ≤30 |
| | 粉土 | ≤20 | | |
| 壤土 | 粉壤土 | >20 | ≤40 | |
| | 黏壤土 | ≤20 | | |
| | 砂黏土 | >50 | — | >30 |
| | 粉黏土 | | | 30<含量≤35 |
| 黏土 | 壤黏土 | — | | 35<含量≤40 |
| | 黏土 | | | >40 |

3. 土壤侵入体

砖块、瓦块、塑料、煤渣等土壤中掺杂的其他物质。

4. 新生体

在土壤形成过程中，由于水分的上下运动和其他自然作用，使某些矿物盐类或细小颗粒在土壤内某些部分聚集，形成的土壤新生体，一般包括盐结皮、盐霜、锈斑、锈斑铁盘、铁锰结核、假菌丝、石灰结核、眼状石灰斑等。

应明确记载新生体的类型、颜色、大小、数量和分布情况等。

5. 碳酸钙

在野外用 1∶3 盐酸滴入土壤，根据有无泡沫或产生的泡沫强弱予以记录。

6. pH 值

在与外用混合指示剂在瓷盘上进行速测。

## 三、沙粒粒径分析方法

小于 1cm 的粒径，推荐使用激光粒度分析仪，对试验采集到的沙粒样品进行粒径组成分析。较大颗粒建议采用筛选分级法。

## 四、沙粒粒径与起动风速之间的关系

参照吴正等（表 2-3）对沙粒粒径与起动风速研究结果可知，风蚀环境中当地表 2m 高度风速达到或小于 4. 0m/s 时，就可能产生起沙现象，因此多数沙粒均极易被风蚀而产生起沙现象。

**表 2-3　沙粒粒径与起动风速值（吴正，et al. 2003）**

| 沙粒粒径（mm） | 起动风速（离地 2m 高处）（m/s） |
| --- | --- |
| 0. 10~0. 25 | 4. 0 |
| 0. 25~0. 50 | 5. 6 |
| 0. 50~1. 00 | 6. 7 |
| >1. 00 | 7. 1 |

## 五、分形维数理论在土壤颗粒分级中的应用

测定不同粒径土壤颗粒含量及其变化特征是描述土壤结构，表征风蚀荒漠化发生程度的基本方法，这种方法虽然简单，但烦琐且不直观。与传统的土壤结构描述方法相比，土壤分形指标实现了复杂空间尺度土壤结构的定量表达，可以更加有效地指示土壤容重、孔隙、肥力、空间变异性和退化程度等土壤特征，还能够积极反映不同植被、土地利用类型对土壤质地和质量的影响，且对于风蚀荒漠化过程具有重要指示意义。

现阶段，土壤分形特征研究的核心是土壤颗粒分形维数。土壤体积分形维数与土壤颗粒组成密切相关，因此粒径分级是影响土壤体积分形维数测定的重要因素。粒径分级越详细，保留的土壤颗粒组成信息越丰富，土壤体积分形维数的测算也越精确。众多学者从不同角度提出了多种土壤颗粒分形维数计算模型，但基本类型一般包括 3 种：基于土壤颗粒数量的分形维数、基于土壤颗粒质量的分形维数和基于土壤颗粒体积的分形维数，其中，随着激光衍射土壤粒度分析技术的不断发展，土壤颗粒的体积分布状况已经可以较为精确快速地测得。

分形维数可以概括是没有特征尺度的自相似结构。分形维数的大小能够用于说明自相关变量空间分布格局的复杂程度；分形维数越高，空间分布格局简单，空间结构性好；分形维数低意味着空间分布格局相对复杂，随机因素引起的异质性占有较大的比重。根据激光粒度分析仪测得的土壤粒径体积分布数据，采用土壤体积分形维数模型计算土壤分形维数。

体积分形维数计算公式如下（吴旭东，et al. 2016）：

$$\frac{V}{V_T}=\left(\frac{R}{\lambda_V}\right)^{3-D} \qquad \text{式（2-43）}$$

式中，$V$ 为粒径小于 R 的全部土壤颗粒的总体积（%）；$V_T$ 为土壤颗粒总体积（%）；$R$ 为两筛分粒级 $R_i$ 与 $R_{i+1}$ 间粒径平均值（mm）；$\lambda_V$ 为数值上等于最大粒径数（mm）；$D$ 为分形维数。

测试中可将采集风沙土样品去除动植物残体、大块砾石后，再采用30%（质量浓度）$H_2O_2$（过氧化氢）溶液去除有机物质，采用$N_a$HMP（六偏磷酸钠）溶液浸泡使土粒分散。土壤粒度特征的测定采用英国 Malvern 公司生产的 MS-2000 型激光粒度分析仪，该仪器利用激光衍射技术测定土壤粒径体积分布，其测量范围为 0. 02~2 000μm，重复测量误差小于 2%。国内丹东、珠海等也生产相关测试设备。

# 第六节　沙地植被调查监测技术

## 一、生态位理论在干旱风沙区植被修复中的应用

1. 生态位概念及研究进展

生态位（ecological niche）是研究植物种群和群落生态的重要理论问题，是指一个种群在自然生态系统中，在时间空间上所占据的位置及其与相关种群之间的功能关系与作用，是一个物种所处的环境以及其本身生活习性的总称。生态位理论是生态学中最重要的基础理论和核心思想之一，在生态学研究的诸多领域被广泛应用，并对生态学的许多核心问题做了成功的解释。每个物种都有自己独特的生态位，借以跟其他物种区别。早在 1894 年密执安大学的 Streere 在解释鸟类物种分离而居于菲律宾各岛现象时对“生态位”就很感兴趣。1904 年 Grinnell 指出，每种动物都倾向于以几何级数增长并只受有限食物的限制，并指出在同区系内，没有两个物种具有完全一样的生态位。1934 年 Gause 发现，竞争可导致一个

物种完全取代另一个物种。1949 年 Hutchinson 和 Deevey 指出，相同生态需求的两个物种在同一区域内不能形成稳定的种群。20 世纪 50 年代后期，Hutchinson 提出基础生态位（fundamental niche）和现实生态位（realized niche）概念，而且认为一个动物的潜在生态位在某一特定时刻是很难完全占有的。1958 年 Macarthur 认为，为了共存，每个物种必须在它们很繁盛时，对自身增长的抑制超过对其他物种的抑制。这充分表明，在一个群落内，竞争是普遍存在的，既存在种间的竞争，也存在种内的竞争。自 20 世纪 90 年代以来，生态位概念在生态学界受到前所未有的关注，是继 20 世纪 70 年代生态位理论研究热之后的第二个发展高潮，已成为现代生态学的核心内容之一。王刚等应用集合概念定义生态位；Colinvaux（1986）提出“物种生态位”概念。刻画生态位的数量指标，即所谓的生态位测度（niche metrics），如生态位宽度（niche breadth）、生态位重叠（niche over lap）、生态位体积（niche volume）及生态位维数（niche dimension）等。

2. 生态位主要特征参数

在自然界中常常见到对环境要求很相似的两个物种大多不能长期共存。因为，对食物或生活资源而竞争迟早会导致竞争力弱的物种部分灭亡或被取代，这种现象被称为竞争排斥原理。在运用生态位理论进行生态学机理分析的过程中，一个十分重要的问题就是生态位参数的定义及其测度的问题。能够刻画生态位特征的参数有很多种，但较为常用的指标主要有 2 个：生态位宽度和生态位重叠。一般生态位较宽的植物，对环境适应性、生存力强。生态位重叠可以作为植物种间生态学相似性的测度。目前，生态位理论已广泛地应用于物种间关系、生物多样性、群落结构及演替、种群进化和生物与环境关系等方面，并取得了丰硕的成果，其中森林、草原群落生态研究的较多。

（1）生态位宽度。生态位宽度（niche breadth）也称为生态位广度或生态位大小。简单来说，生态位宽度就是被一个有机体单位所利用的各种各样不同资源的总和。生态位宽度可以作为植物对环境资源多样性的测度，反映不同植物的生态适应幅度。在没有任何竞争者或其他敌害的情况下，一个有机体单位所利用的整体资源，或生物群落中能够为某一物种所栖息的理论最大空间，即为物种的基础生态位。而一个群落中任何实际的有机体单位或物种并不可能利用它的全部基础生态位，因为它的活动往往被它的竞争者和它的捕食者所削弱，使它的实际生态位通常是基础生态位的一个子集（subset）。基础的和实际的生态位之间的差别，或者由于竞争者引起的生态位的改变，反映了种间竞争（以及捕食）的结果。

生态位宽度的计算，可以由 Levin 的公式进行定量计算：

$$B_i = \sum_{j=1}^{r} P_{ij}\log(P_{ij}) \qquad 式（2-44）$$

式中，$B_i$ 为种 $i$ 的生态位宽度，$P_{ij}$为种 $i$ 对第 $j$ 个资源的利用占它对全部资源利用的频度，$P_{ij}=n_{ij}/N_{ij}$，而 $N_{ij}=\sum n_{ij}$，$n_{ij}$为物种 $i$ 在资源梯度级 $j$ 的重要值，也可以用样方代表资源位，$r$ 为样方数。

第某个物种的生态位宽度，可以由 Schoener（1974）模型计算：

$$B_s = Y_i^2/[A^2\sum_j(P_{ij}/\alpha_j)^2] \qquad 式（2-45）$$

式中，$B_s$ 为第 $S$ 物种的生态位宽度；$A$ 为所有可利用的资源状态多度之和；$\alpha_j$ 是可利用的资源状态 $j$ 的多度；其余字母意义同前。该公式的优点是考虑到了资源的可利用性，但它也有两点不足：①如果不能按照生物本身所能区分的程度进行资源状态划分，$B_s$ 值就会有所改变（Feinsinger et al，1981）；②$B_s$ 缺乏适当的生物学意义（Hurlbert，1978）。

（2）生态位重叠。生态位重叠（niche overlap 或 niche diversity）指的是生态位之间的重叠现象，它涉及资源分享的数量，关系到两个物种的生态位可以相似到多大程度而仍然可以共同生存，或相互竞争的物种究竟能有多么相似才能稳定地共同生活在一起。因而生态位重叠是两个物种在其与生态因子联系上的相似性。一般来说，竞争物种的数目增加时，最大允许生态位重叠应该减低，这种重叠的减低是接近于一种衰减指数（damped exponential）；然而，成对的物种常沿着两个或多个生态位维度显示出中等的生态位重叠。

采用 Pianka 生态位重叠指数，计算公式为：

$$Q_{ik} = \frac{\sum_{j=1}^{r} P_{ij}P_{ki*}}{\sqrt{\sum_{j=1}^{r} P_{ij}^2 \sum_{j=1}^{r} P_{kj*}^2}} \qquad 式（2-46）$$

式中，$Q_{ik}$为物种 $i$ 与物种 $k$ 的重叠度指数，其他符号含义同上。样地全部物种间生态位重叠值的总平均值=样地内全部物种间生态位重叠值总数/总种对数。

生态位重叠并不一定导致竞争，除非资源供应不足。事实上，生态位重叠和竞争之间经常可能是一种相反的关系，广泛的重叠实际上可能与减少竞争相关联。在群落的同生境中，某物种生态位很少与别的物种的生态位完全孤立开来，生态位之间通常会发生不同程度的重叠现象，这表明一部分资源和空间是被共同利用的，在这一重叠部分，必然发生生态位间的竞争和排斥作用，根据种的竞争力的强弱，形成全面的实际生态位。

（3）生态位分异。对环境资源的不同利用使得不同物种同时存在于同一区域，这种现象被称为生态位分异（niche differentiation），生态位的占据是处于连续演替系列中的群落对环境不断适应和不断改进的过程。

3. 生态位理论在宁夏中部干旱带退化生态系统修复研究中的应用

干旱风沙区由于严酷的自然生产条件，特别受降水与土壤水分因素的制约，再加上人工补植、补播、耕作、放牧、引种和土地利用方式的改变等各类修复与利用活动的干扰，一般均会造成局部或大面积植物优势种的不断更迭，因此形成了干旱风沙区特有的植物种类及植被动态变化现象。比如近些年在宁夏大面积发展的退耕还林工程、封山禁牧工程、天然林保护工程、生态移民工程，以及压砂瓜产业、贺兰山东麓酿酒葡萄产业、扬黄灌溉工程、农业综合开发工程、风力、太阳能发电工程、大范围工业基地建设工程等，均会对原本简单脆弱的生态系统带来质的联动反应，这其中对原有植被种类的影响表现得尤为明显。具体来说，就是对某些原有植被生态位的影响，造成植物种类短期内演替变化。因此开展此类研究，对充分了解不同植物种类生态位变化规律、动态掌握植被演替规律、达到综合开发与利用相结合的目的就显得非常必要。

然而，自20世纪90年代以前，宁夏中部干旱带由于历史上长期的过度放牧、耕作、采挖甘草等造成严重的天然草场退化现象，以甘草（*Glycyrrhiza uralensis Fisch*）、苦豆子（*Sophora alopecuroides* L）、牛心朴子［*Cynanchum hancockianum*（Maxim.）Al. Iljinski］、骆驼蓬（*Peganum harmala* L.）等退化草场为代表的指示植被在各县市植物种类、频度和生物量组成中，占有绝对的比例。但随着各类生态修复措施的不断增强，以柠条为代表的人工林在当地由于物种特有的适应性，种间的竞争能力显著高于其他当地优势植物种，在生态位宽度上占有显著的物种优势。因此，短期内迅速成为当地主要人工植被，而由于对干旱和水分匮缺的艰难适应，甘草、苦豆子、牛心朴子、骆驼蓬在物种竞争中逐步减少或消失，导致目前的“中国甘草之乡”很难找到野生的、成片的、具有可供保护和开发的野生种质资源。因此，认识和了解各类物种生态位，准确判断不同物种动态演替规律，是干旱风沙区生态修复工程的前提。

## 二、生物多样性调查分析

生物或物种多样性（bio-diversity or species diversity）：常用的计算公式有

Simpson 多样性指数和 Shannon-Wiener 多样性指数等。

1. Simpson 多样性指数

该指数基于概率论，由 Simpson 于 1949 年提出并广泛用于群落学研究。其计算公式为：

$$SP = N(N-1) / \sum_{i=1}^{S} ni(ni-1) \quad \text{式（2-47）}$$

式中，$SP$ 为 Simpson 多样性指数；$N$ 为群落全部个体总数；$ni$ 为第 i 个种的个体数；$s$ 为种数。该公式的意义是当从包含 $N$ 个个体 $S$ 个种的样方中随机抽取两个个体并不在放回，如果这两个个体属于同种的概率大，则认为该样方的多样性低，反之则高。

2. Shannon-Wiener 多样性指数

Shannon-Wiener 多样性指数是以信息论范畴的 Shannon-Wiener 函数为基础的。很多学者的研究表明，在常用的几种测定物种多样性的方法中，以该指数对于测定植物群落物种多样性较为合适有效。其公式为：

$$SW = \sum_{i=1}^{s} pi\log2pi \quad \text{式（2-48）}$$

为了计算方便可以将公式转换为：

$$SW = 3.321\,9(lgN - \frac{1}{N}\sum_{i=1}^{S} ni\lg ni) \quad \text{式（2-49）}$$

式中，$pi$ 为第 $i$ 个种的个体总数的十分数；其他参数意义与 Simpson 指数相同。

3. Mclntosh 和 Hurburt 指数

Mclntosh 指数和 Hurburt 用种间相遇概率来表示的多样性指数也较为常用。Mcintosh 指数公式为：

$$Dmc = \frac{N - \sum ni^2}{N - \sqrt{N}} \quad \text{式（2-50）}$$

Hurburt 种间相遇概率公式为：

$$PEI = \sum_{i=1}^{s} \left(\frac{ni}{Ni}\right)\left(\frac{N - ni}{N - 1}\right) \quad \text{式（2-51）}$$

4. 群落生态优势度（Ecological Dominance）

生态优势度是群落水平的综合指数，它把群落作为一个整体，而把各个种的重要值总结为一个合适的度量值，通过测定群落中的优势种的比重来表示群落的组成结构特征。有学者（odum，1972）建议用 Simpson 多样性指数来测定群落的生态优势度。

5. 群落均匀度（Community Evenness）

是指取样样地中各个种的多度和均匀度，是作为群落多样性直属的辅助指标来反映群落结构特征的一个指标。一般情况下，稳定的群落均匀度较高。我国学者依据物种均匀度一般意义，组建了均匀度计算公式：

$$Js = [(s-\beta)(\alpha-1)\alpha+\beta(\beta+1)\alpha] / \sum_{i=1}^{s} ni(ni-1) \qquad \text{式（2-52）}$$

若样地中的总体个数为 $N$，种数为 $s$，则式中，$\beta$ 为 $N$ 被 $s$ 整除以为余数；$\alpha$ 为（$N$-$\beta$）/$s$；$ni$ 为第 $i$ 个种的个体数。

## 三、植物调查规范

1. 目的与要求

通过调查研究，对植物群落作综合分析，找出群落本身特征和生态环境的关系，以及各类群落之间的相互联系。

2. 用品与材料

（1）测量仪器。指南针、经纬仪、气压高度表、测绳、计步器。

（2）调查测量设备。钢卷尺、剪刀、标本夹、采集杖、各种表格、记录本、标签。

（3）文具用品。彩笔、铅笔、橡皮、小刀、米尺、绘图薄、资料袋等。

（4）采集工具。铁铲、枝剪、土壤袋、标本夹、标本纸、放大镜、昆虫采集箱。

3. 内容与方法

（1）取样数目。如果群落内部植物分布和结构都比较均一，则采用少数样地；如果群落结构复杂且变化较大、植物分布不规则时，则应提高取样数目。

（2）取样技术。包括无样地取样技术：指不规定面积的取样，如点四分法。有样地取样技术：指有规定面积的取样，如样方法最小面积调查法、样线法。

①样方法。是在一块样地单位上选定样点，将仪器放在样点的中心，水平向正北 0°，东北 45°，正东 90°引方向线，量取相应的长度。则四点可构成所需大小的样方。

样方的范围：选择具有代表性的小面积统计植物种类数目，并逐步向外围扩大，同时登记新发现的植物种类，直到基本不再增加新种类为止。

面积扩大的方法如下。

a. 从中心向外逐步扩大法：通过中心点 0 作两条互相垂直的直线。在两条线上依次定出距离中心点的位置。将等距的四个点相连后即可得到不同面积的小样方。在这些小样地中统计植物种数。

b. 从一点向一侧逐步扩大法：通过原点作两条直角线为坐标轴。在线上依次取距离原点的不同位置，各自作坐标轴的垂线分别连成一定面积的小样地。统计植物种数。

c. 成倍扩大样地面积法：按照方法逐步扩大，每一级面积均为前一级面积的 2 倍。

记录方法：以面积大小为 x 轴，以种数为 y 轴，填入每次扩大面积后所调查的数值。并连成平滑曲线。则曲线上由陡变缓之处相对应的面积就是群落的最小面积。

植物群落调查所用的最适样方大小：乔木层惯用样方大小为（10×10）$m^2$～（40×50）$m^2$ 灌木层为（4×4）$m^2$～（10×10）$m^2$，草本层为（1×1）$m^2$～（3×3.3）$m^2$。

样方数目：乔木为 2 个；灌木为 3 个；草本为 5 个。

②样线法。样线的设置：主观选定一块代表地段，并在该地段的一侧设一条线（基线）。然后沿基线用随机或系统取样选出待测点（起点）。沿起点分别布线进行调查。

样线的长度和取样数目：草本为 6 条 10m 样线；灌木为 10 条 30m 样线；乔木为 10 条 50m 样线。

样线的记录：在样线两侧 0.5m 范围内记录每种植物的个体数（N）。

③四分法（中心点四分法，中点象限法）。样点选定：在选定调查地块之后，在调查地块内随机布点（样点）。每个调查地段的取样点理论值至少要 20 个点。

## 第七节 林地生态功能监测与效益评价方法

### 一、土壤保育价值评价

地表植被是土壤养分的主要来源之一。植被根系能够固定土壤，改善土壤结构，降低土壤的裸露程度，能够增加地表粗糙程度，减弱风的强度和携沙能力，降低风速，阻截风沙。减少因风蚀水蚀而导致的土壤流失和风沙危害；植被凭借强壮且呈网状的根系截留大气降水，减少或免遭雨滴对土壤表层的直接冲击，有效地固持了表层土体，降低了地表径流对土壤的冲蚀，使土壤流失量大大降低。而且植被的生长发育及其代谢产物不断地在土壤中产生物理及化学影响，参与土体内部的能量转换与物质循环，加速了地表成土过程，增加了地表养分物质，促进了环境生物多样性、土壤微生物环境活动等生态循环过程，使土壤肥力提高。为此，评价植被保育土壤功能选用两个指标，即固土指标和保肥指标，以反映该区域植被保育土壤功能价值。

1. 固土指标

（1）年固土量。林分年固土量公式为：

$$G_{固土}=A\cdot(X_2-X_1)\cdot F \quad 式（2-53）$$

式中，$G_{固土}$为实测林分年固土量（t/年）；$X_1$为林地土壤侵蚀模数［t/（$hm^2$·年）］；$X_2$为造林前土壤侵蚀模数［t/（$hm^2$·年）］；$A$为林分面积（$hm^2$）；$F$为森林生态功能修正系数。

（2）年固土价值。由于土壤侵蚀流失的泥沙淤积于水库中，减少了水库蓄积水的体积，因此，根据蓄水成本（替代工程法）计算林分年固土价值，公式为：

$$U_{固土}=A\cdot C_{土}\cdot(X_2-X_1)\cdot F/\rho\cdot d \quad 式（2-54）$$

式中，$U_{固土}$为实测林分年固土价值（元/年）；$X_1$为林地土壤侵蚀模数［t/（$hm^2$·年）］；$X_2$为林地土壤侵蚀模数［t/（$hm^2$·年）］；$C_{土}$为挖取和运输单位体积土方所需费用（元/$m^3$）（表2-7）；$\rho$为土壤容重（$g/cm^3$）；$A$为林分面积（$hm^2$）；$F$为森林生态功能修正系数；$d$为贴现率。

2. 保肥指标

（1）年保肥量。林分年保肥量公式为：

$$G_N=A\cdot N\cdot(X_2-X_1)\cdot F \quad 式（2-55）$$

$$G_P=A\cdot P\cdot(X_2-X_1)\cdot F \quad 式（2-56）$$

$$G_K=A\cdot K\cdot(X_2-X_1)\cdot F \quad 式（2-57）$$

$$G_{有机质}=A\cdot M\cdot(X_2-X_1)\cdot F \quad 式（2-58）$$

式中，$G_N$为森林植被固持土壤而减少的氮流失量（t/年）；$G_P$为森林植被固持土壤而减少的磷流失量（t/年）；$G_K$为森林植被固持土壤而减少的钾流失量

(t/年)；$G_{有机质}$为森林植被固持土壤而减少的有机质流失量（t/年）；$X_1$为林地土壤侵蚀模数［t/（$hm^2$·年）］；$X_2$为造林前土壤侵蚀模数［t/（$hm^2$·年）］；$N$为森林植被土壤平均含氮量（%）；$P$为森林植被土壤平均含磷量（%）；$K$为森林植被土壤平均含钾量（%）；$M$为森林植被土壤平均含有机质量（%）；$A$为林分面积（$hm^2$）；$F$为森林生态功能修正系数。

(2) 年保肥价值。年固土量中氮、磷、钾物质量换算成化肥价值即为林分年保肥价值。林分年保肥价值以固土量中氮、磷、钾数量折合成磷酸二铵化肥和氯化钾化肥价值来体现。公式为：

$$U_{肥}=A\cdot(X_2-X_1)\cdot\left(\frac{N\cdot C_1}{R_1}+\frac{P\cdot C_1}{R_2}+\frac{K\cdot C_2}{R_3}+M\cdot C_3\right)\cdot F\cdot d$$

式（2-59）

式中，$U_{肥}$为实测林分年保肥价值（元/年）；$X_1$为林地土壤侵蚀模数［t/（$hm^2$·年）］；$X_2$为林地土壤侵蚀模数［t/（$hm^2$·年）］；$N$为森林植被土壤平均含氮量（%）；$P$为森林植被土壤平均含磷量（%）；$K$为森林植被土壤平均含钾量（%）；$M$为森林植被土壤平均含有机质量（%）；$R_1$为磷酸二铵化肥含氮量（%）（表2-7）；$R_2$为磷酸二铵化肥含磷量（%）（表2-7）；$R_3$为磷酸二铵化肥含钾量（%）（表2-7）；$C_1$为磷酸二铵化肥价格（元/t）（表2-7）；$C_2$为氯化钾化肥价格（元/t）（表2-7）；$C_3$为有机质价格（$hm^2$）；$A$为林分面积（$hm^2$）；$F$为森林生态功能修正系数；d为贴现率。

## 二、净化大气环境功能

森林滞纳空气颗粒物是指由于森林增加地表粗糙度，降低风速从而提高空气颗粒物的沉降概率。同时，植物叶片结构特征的理化特性为颗粒物的附着提供了有利的条件；此外，枝、叶、茎还能够通过气孔和皮孔滞纳空气颗粒物。近年雾霾天气频繁、大范围出现，使空气质量状况成为民众和政府部门关注的焦点，大气颗粒物（如TSP、$PM_{10}$、$PM_{2.5}$）被认为是造成雾霾天气的罪魁祸首。特别是$PM_{2.5}$更是由于其对人体健康的严重威胁，成为人们关注的焦点。如何控制大气污染、改善空气质量成为众多科学家研究的热点。

森林提供负离子是指树冠、枝叶的尖端被放电以及光合作用的光电效应促使空气电解，产生空气负离子，同时植被释放的挥发性物质如植物精气（又叫芬多精）等也能促进空气电离，增加空气负离子浓度。为此，通过选取提供负离子、吸收污染物、滞纳 TSP、$PM_{10}$和 $PM_{2.5}$等指标反映植被净化大气环境能力。

1. 提供负离子指标

(1) 年提供负离子量。

$$G_{负离子}=5.256\times10^{15}\cdot Q_{负离子}\cdot A\cdot H\cdot F/L \qquad 式(2-60)$$

式中，$G_{负离子}$为实测林分年提供负离子个数（个/年）；$Q_{负离子}$为实测林分负离子浓度（个/$cm^3$）；$H$ 为林分高度（m）；$L$ 为负离子寿命（分钟）；$A$ 为林分面积（$hm^2$）；$F$ 为森林生态功能修正系数。

(2) 年提供负离子价值。国内外研究证明，当空气中负离子达到 600 个/$cm^3$ 以上时，才能有益于人体健康，所以林分年提供负离子价值采用如下公式计算：

$$U_{负离子}=5.256\times10^{15}\cdot A\cdot H\cdot K_{负离子}\cdot(Q_{负离子}-600)\cdot F/L\cdot d \qquad 式(2-61)$$

式中，$U_{负离子}$为实测林分年提供负离子价值（元/年）；$K_{负离子}$为负离子生产费用（元/个）（表 2-7）；$Q_{负离子}$为实测林分负离子浓度（个/$cm^3$）；$L$ 为负离子寿命（min）；$H$ 为林分高度（m）；$A$ 为林分面积（$hm^2$）；$F$ 为森林生态功能修正系数；$d$ 为贴现率。

2. 吸收污染物指标

二氧化硫、氟化物和氮氧化物是工业生产主要排放物，是大气污染物的主要物质，通过选取植被吸收二氧化硫、氟化物和氮氧化物 3 个指标，评估植被吸收污染物的能力。植被对二氧化硫、氟化物和氮氧化物吸收，可利用面积——吸收能力法、阈值法、叶干质量估算法等。采用面积——吸收能力法评估植被吸收污染物的物质量和价值量。

(1) 吸收二氧化硫。

①二氧化硫年吸收量：

$$G_{二氧化硫}=Q_{二氧化硫}\cdot A\cdot F/1\,000 \qquad 式(2-62)$$

式中，$G_{二氧化硫}$为实测林分年吸收二氧化硫量（t/年）；$Q_{二氧化硫}$为单位面积实测林分年吸收二氧化硫量［kg/（$hm^2$·年）］；$A$ 为林分面积（$hm^2$）；$F$ 为森林生态功能修正系数。

②年吸收二氧化硫价值：

$$U_{二氧化硫}=K_{二氧化硫}\cdot Q_{二氧化硫}\cdot A\cdot F\cdot d \qquad 式(2-63)$$

式中，$U_{二氧化硫}$为实测林分年吸收二氧化硫价值（元/年）；$K_{二氧化硫}$为二氧化硫的治理费用（元/kg）（表 2-7）；$Q_{二氧化硫}$为单位面积实测林分年吸收二氧化硫量［kg/（$hm^2$·年）］；$A$ 为林分面积（$hm^2$）；$F$ 为森林生态功能修正系数；$d$ 为贴现率。

（2）吸收氟化物。

①氟化物年吸收量：

$$G_{氟化物}=Q_{氟化物}\cdot A\cdot F/1\ 000 \qquad 式（2-64）$$

式中，$G_{氟化物}$ 为实测林分年吸收氟化物量（t/年）；$Q_{氟化物}$ 为单位面积实测林分年吸收氟化物量［kg/（$hm^2$·年）］；$A$ 为林分面积（$hm^2$）；$F$ 为森林生态功能修正系数。

②年吸收氟化物价值：

$$U_{氟化物}=K_{氟化物}\cdot Q_{氟化物}\cdot A\cdot F\cdot d \qquad 式（2-65）$$

式中，$U_{氟化物}$ 为实测林分年吸收氟化物价值（元/年）；$K_{氟化物}$ 为氟化物治理费用（元/kg）（表 2-7）；$Q_{氟化物}$ 为单位面积实测林分年吸收氟化物量［kg/($hm^2$·年）］；$A$ 为林分面积（$hm^2$）；$F$ 为森林生态功能修正系数；$d$ 为贴现率。

（3）吸收氮氧化物。

①氮氧化物年吸收量：

$$G_{氮氧化物}=Q_{氮氧化物}\cdot A\cdot F/1\ 000 \qquad 式（2-66）$$

式中，$G_{氮氧化物}$ 为实测林分年吸收氮氧化物量（t/年）；$Q_{氮氧化物}$ 为单位面积实测林分年吸收氮氧化物量［kg/（$hm^2$·年）］；$A$ 为林分面积（$hm^2$）；$F$ 为森林生态功能修正系数。

②年吸收氮氧化物价值：

$$U_{氮氧化物}=K_{氮氧化物}\cdot Q_{氮氧化物}\cdot A\cdot F\cdot d \qquad 式（2-67）$$

式中，$U_{氮氧化物}$ 为实测林分年吸收氮氧化物价值（元/年）；$K_{氮氧化物}$ 为氮氧化物治理费用（元/kg）（表 2-7）；$Q_{氮氧化物}$ 为单位面积实测林分年吸收氮氧化物量［kg/（$hm^2$·年）］；$A$ 为林分面积（$hm^2$）；$F$ 为森林生态功能修正系数；$d$ 为贴现率。

3. TSP 指标

鉴于近年来人们对 $PM_{10}$ 和 $PM_{2.5}$ 的关注，在评估 TSP 及其价值的基础上，将 $PM_{10}$ 和 $PM_{2.5}$ 进行了单独的物质和价值量核算。

（1）滞纳 TSP 量。

$$G_{TSP}=Q_{TSP}\cdot A\cdot F/1\ 000 \qquad 式（2-68）$$

式中，$G_{TSP}$ 为实测林分年滞纳 TSP 量（t/年）；$Q_{TSP}$ 为单位面积实测林分年滞纳 TSP 量［kg/（$hm^2$·年）］；$A$ 为林分面积（$hm^2$）；$F$ 为森林生态功能修正系数。

（2）年滞纳 TSP 价值。本研究中，用健康危害损失法计算林分滞纳 $PM_{10}$ 和 $PM_{2.5}$ 的价值。其中，$PM_{10}$ 采用的是治疗因为空气颗粒物污染而引发的上呼吸道疾病的费用，$PM_{2.5}$ 采用的是治疗因为空气颗粒物污染而引发的下呼吸道疾病的费用。林分滞纳 TSP 采用降尘清理费用计算。

$$U_{TSP} = [(G_{TSP} - G_{PM_{10}} - G_{PM2.5})] \cdot K_{TSP} \cdot F \cdot d + U_{PM_{10}} + U_{PM_{2.5}} \quad 式（2-69）$$

式中，$U_{TSP}$ 为实测林分年滞纳 TSP 价值（元/年）；$G_{TSP}$ 为实测林分年滞纳 TSP 量（t/年）；$G_{PM10}$ 为实测林分年滞纳 $PM_{10}$ 量（kg/年）；$G_{PM2.5}$ 为实测林分年滞纳 $PM_{2.5}$ 量（kg/年）；$U_{PM10}$ 为实测林分年滞纳 $PM_{10}$ 价值（元/年）；$U_{PM2.5}$ 为实测林分年滞纳 $PM_{2.5}$ 价值（元/年）；$K_{TSP}$ 为降尘清理费用（元/kg）（表 2-7）；$Q_{氮氧化物}$ 为单位面积实测林分年吸收氮氧化物量［kg/（$hm^2$·年）］；$F$ 为森林生态功能修正系数；$d$ 为贴现率。

（3）滞纳 $PM_{10}$ 指标

①年滞纳 $PM_{10}$ 量。

$$G_{PM10} = 10Q_{PM10} \cdot A \cdot n \cdot F \cdot LAI \quad 式（2-70）$$

式中，$G_{PM10}$ 为实测林分年滞纳 $PM_{10}$ 量（kg/年）；$Q_{PM10}$ 为实测林分单位叶面各滞纳 $PM_{10}$ 量（g/$m^2$）；$A$ 为林分面积（$hm^2$）；$n$ 为年洗脱次数；$F$ 为森林生态功能修正系数；$LAI$ 为叶面积指数。

②滞纳 $PM_{10}$ 价值。

$$U_{PM10} = 10C_{PM10} \cdot Q_{PM10} \cdot A \cdot n \cdot F \cdot LAI \cdot d \quad 式（2-71）$$

式中，$U_{PM10}$ 为实测林分年滞纳 $PM_{10}$ 价值（元/年）；$C_{PM10}$ 为由 $PM_{10}$ 所造成的健康危害经济损失（治疗上呼吸道疾病的费用）（元/kg）（表 2-4）；$Q_{PM10}$ 为实测林分单位叶面积滞纳 $PM_{10}$ 量（g/ $m^2$）；$A$ 为林分面积（$hm^2$）；$n$ 为年洗脱次数；$F$ 为森林生态功能修正系数；$LAI$ 为叶面积指数；$d$ 为贴现率。

（4）滞纳 $PM_{2.5}$ 指标。

①年滞纳 $PM_{2.5}$ 量。

$$G_{PM2.5} = 10Q_{PM2.5} \cdot A \cdot n \cdot F \cdot LAI \quad 式（2-72）$$

式中，$G_{PM2.5}$ 为实测林分年滞纳 $PM_{2.5}$ 量（kg/年）；$Q_{PM2.5}$ 为实测林分单位叶面各滞纳 $PM_{2.5}$ 量（g/ $m^2$）；$A$ 为林分面积（$hm^2$）；$n$ 为年洗脱次数；$F$ 为森林

生态功能修正系数；$LAI$ 为叶面积指数。

②滞纳 $PM_{2.5}$ 价值。

$$U_{PM2.5}=10C_{PM2.5}\cdot Q_{PM2.5}\cdot A\cdot n\cdot F\cdot LAI\cdot d \qquad 式（2-73）$$

式中，$U_{PM2.5}$ 为实测林分年滞纳 $PM_{2.5}$ 价值（元/年）；$C_{PM2.5}$ 为由 $PM_{2.5}$ 所造成的健康危害经济损失（治疗下呼吸道疾病的费用）（元/kg）（表 2-7）；$Q_{PM2.5}$ 为实测林分单位叶面积滞纳 $PM_{2.5}$ 量（g/ m²）；$A$ 为林分面积（hm²）；$n$ 为年洗脱次数；$F$ 为森林生态功能修正系数；$LAI$ 为叶面积指数；$d$ 为贴现率。

4. 固碳释氧功能评价

随着大气温度日益变暖，多年来，二氧化碳一致被认为是大气环境增温的主导因素之一。林木植被与大气的物质交换主要是二氧化碳与氧气的交换，植物生长与生产能力对维持大气中二氧化碳和氧气平衡、减少温室效应以及为人类提供生存的基础都有巨大的、不可替代的作用。研究不同区域、各类植被的固碳释氧功能是评价生态功能主要热点之一。为此选用固碳、释氧两个指标反映林地固碳释氧功能。根据光合作用化学反应式，森林植被每积累 1.00g 干物质，可以吸收 1.63g 二氧化碳，释放 1.19g 氧气。

（1）固碳指标。

①植被和土壤年固碳量。

$$G_{碳}=A\cdot(1.63R_{碳}\cdot B_{年}+F_{土壤碳})\cdot F \qquad 式（2-74）$$

式中，$G_{碳}$ 为实测年固碳量（t/年）；$B_{年}$ 为实测林分年净生产力［t/（hm²·年）］；$F_{土壤碳}$ 为单位面积林分土壤年固碳量［t/（hm²·年）］；$R_{碳}$ 为二氧化碳中氧的含量，为 27.27%；$A$ 为林分面积（hm²）；$F$ 为森林生态功能修正系数。

公式得出森林植被的潜在年固碳量，再从其中减去由于林木消耗造成的碳量损失，即为森林植被的实际年固碳量。

②年固碳价值。鉴于欧美发达国家正在实施温室气体排放税收制度，并对二氧化碳的排放征税。为了与国际接轨，便于在外交谈判中有可比性，采用国际上通用的碳税法进行评估。林地植被和土壤年固碳价值的计算公式为：

$$U_{碳}=A\cdot C_{碳}\cdot(1.63R_{碳}\cdot B_{年}+F_{土壤碳})\cdot F\cdot d \qquad 式（2-75）$$

式中，$U_{碳}$ 为实测林分年固碳价值（元/年）；$B_{年}$ 为实测林分年净生产力［t/（hm²·年）］；$F_{土壤碳}$ 为单位面积林分土壤年固碳量［t/（hm²·年）］；$C_{碳}$ 为固碳价格（元/t）（表 2-7）；$R_{碳}$ 为二氧化碳中碳的含量，为 27.27%；$A$ 为林分面积（hm²）；$F$ 为森林生态功能修正系数；$d$ 为贴现率。

公式得出森林植被的潜在年固碳价值，再从其中减去由于林木消耗造成的碳量损失，即为森林植被的实际年固碳价值。

(2) 释氧指标。

①年释氧量。

$$G_{氧气}=1.19A\cdot B_{年}\cdot F \quad 式（2-76）$$

式中，$G_{氧气}$为实测林分年释氧量（t/年）；$B_{年}$为实测林分年净生产力［t/($hm^2$·年)］；$A$为林分面积（$hm^2$）；$F$为森林生态功能修正系数。

②年释氧价值。因为价值的评估属经济的范畴，是市场化、货币化的体现，因此采用国家权威部门公布的氧气商品价格计算森林植被的年释氧价值。计算公式为：

$$U_{氧}=1.19C_{氧}\cdot A\cdot B_{年}\cdot F\cdot d \quad 式（2-77）$$

式中，$U_{氧}$为实测林分年释氧价值（元/年）；$B_{年}$为实测林分年净生产力［t/($hm^2$·年)］；$C_{氧}$为制造氧气的价格（元/t）（表2-7）；$R_{氧}$为二氧化氧中氧的含量，为27.27%；$A$为林分面积（$hm^2$）；$F$为森林生态功能修正系数；$d$为贴现率。

5. 生物多样性保护功能评价

生物多样性维护了自然界的生态平衡，并为人类的生存提供了良好的环境条件。生物多样性是生态系统不可缺少的组成部分，对生态系统服务的发挥具有十分重要的作用。Shannon-Wiener指数是反映森林中物种的丰富度和分布均匀程序的经典指标。传统Shannon-Wiener指数对生物多样性保护等级的界定不够全面。采用濒危指数、特有种指数及古树年龄指数进行生物多样保护功能评估，其中濒危指数和特有种指数主要针对封山育林。

生物多样性保护功能评估公式如下：

$$U_{生物}=\left(1+0.1\sum_{m=1}^{x}E_m+0.1\sum_{n=1}^{y}B_n+0.1\sum_{r=1}^{z}O_r\right)\cdot S_I\cdot A\cdot d$$

式（2-78）

式中，$U_{生物}$为实测林分年生物多样性保护价值（元/年）；$E_m$为实测林分或区域内物种$m$的濒危分值（表2-4）；$B_n$为评估林分或区域内物种$n$的特有种（表2-5）；$O_r$为评估林分（或区域）内物种$r$的古树年龄指数（表2-6）；$x$为计算濒危指数物种数量；$y$为计算特有种指数物种数量；$z$为计算古树年龄指数物种数量；$S_I$为单位面积物种多样性保育价值量［元/($hm^2$·年)］；$A$为林分面积（$hm^2$）；$d$为贴现率。

根据 Shannon-Wiener 指数计算生物多样性价值，共划分 7 个等级：

当指数<1 时，$S_I$为 3 000 元/（$hm^2$·年）；

当指数 1≤2 时，$S_I$为 5 000 元/（$hm^2$·年）；

当指数 2≤3 时，$S_I$为 10 000 元/（$hm^2$·年）；

当指数 3≤4 时，$S_I$为 20 000 元/（$hm^2$·年）；

当指数 4≤5 时，$S_I$为 30 000 元/（$hm^2$·年）；

当指数 5≤6 时，$S_I$为 40 000 元/（$hm^2$·年）；

当指数≥6 时，$S_I$为 50 000 元/（$hm^2$·年）。

**表 2-4　濒危指数体系**（国家林业局，2015）

| 濒危指数 | 濒危等级 | 物种种类 |
|---|---|---|
| 4 | 极危 | 参见《中国物种红色名录（第一卷）：红色名录》 |
| 3 | 濒危 | |
| 2 | 易危 | |
| 1 | 近危 | |

注：濒危指数主要针对封山育林

**表 2-5　特有种指数体系**（国家林业局，2015）

| 特有种指数 | 分布范围 |
|---|---|
| 4 | 仅限于范围不大的山峰或特殊的自然地理环境下分布 |
| 3 | 仅限于某些较大的自然地理环境下分布的类群，如仅公布于较大的海岛（岛屿）、高原、若干个山脉等 |
| 2 | 仅限于某个大陆分布的分类群 |
| 1 | 至少在 2 个大陆都有分布的分类群 |
| 0 | 世界方面的分类群 |

注：参见《植物特有现象的量化》；特有种指数主要针对封山育林

**表 2-6　古树年龄指数体系**（国家林业局，2015）

| 古树年龄 | 指数等级 | 来源及依据 |
|---|---|---|
| 100~299 年 | 1 | 参见全国绿化委员会、国家林业局文件《关于开展古树名木普查建档工作的通知》 |
| 300~499 年 | 2 | |
| ≥500 年 | 3 | |

6. 土地利用指数确定

(1) 综合土地利用动态度。综合土地利用动态度是刻画土地利用类型变化速度区域差异的指标，能反映出人类活动对区域土地利用类型变化的综合影响。其数学模型为（吴琳娜，et al. 2014，朱会义，et al. 2003）：

$$S = [\sum_{i=1}^{n}(\Delta S_{i-j}/S_i)] \times 100 \times \frac{1}{t} \times 100\% \qquad 式（2-79）$$

式中，$S$ 为与 $t$ 时段内研究区土地利用综合动态度；$\Delta S_{i-j}$ 为监测开始至监测结束时段内第 $i$ 类土地利用类型转换为其他类土地利用类型面积总和；$S_i$ 为监测开始时间第 $i$ 类土地利用类型总面积；$t$ 为土地利用变化时间段。

(2) 土地利用变化重要性指数与土地利用变化面积比重。运用土地利用变化重要性指数能反映出不同土地利用变化类型的重要性，以筛选出土地利用类型变化的主要类型。土地利用变化面积比重指各类土地变化面积之各占区域总面积的比重，可揭示土地利用变化的剧烈程度。计算公式分别见式（2-80）和式（2-81）：

$$C_i = A_i / \sum_{i=1}^{n} A_i \times 100\% \qquad 式（2-80）$$

式中，$C_i$ 是第 $i$ 种变化类型的土地利用变化重要性指数，取值 0~1；$A_i$ 是第 $i$ 类土地变化面积；$A$ 是变化类型该区域各类土地变化面积之和。$C_i$ 值越大，表明第 $i$ 类土地变化越占主导地位。

$$D = A/S \times 100\% \qquad 式（2-81）$$

式中，$D$ 是土地利用变化面积比重，取值 0~1；$A$ 是区域各类土地变化面积之和；$S$ 是区域面积。$D$ 值越大，表明区域土地利用变化越剧烈。

(3) 土地利用程度。土地利用程度能够体现出人类活动对土地利用的广度和深度。结合土地利用程度的综合分析方法，对研究区土地利用程度综合指数、土地利用程度变化量进行计算，以反映土地利用程度数量变化特征及变化趋势：

$$L_i = 100 \times \sum_{i=1}^{n} A_i \times C_i \qquad 式（2-82）$$

式中，$L_j$ 为土地利用程度综合指数；$A_i$ 为研究区内第 $i$ 级土地利用程度分级指数；$C_i$ 为第 $i$ 级土地利用程度分级面积百分比；$n$ 为土地利用程度分级数。

$$L_{b-a} = L_b - L_a = [\sum_{i=1}^{n}(A_i \times C_{ib}) - \sum_{i=1}^{n}(A_i \times C_{ia})] \times 100 \qquad 式（2-83）$$

式中，$L_a$、$L_b$ 分别为区域时期 $a$、时期 $b$ 土地利用程度综合指数；$C_{ia}$ 和 $C_{ib}$ 分别为该区域时期 $a$ 与 $b$ 第 $i$ 级土地利用程度面积百分比。$L_{b-a}>0$ 表明区域土地利用处于发展期，否则处于调整期或衰退期。

7. 水土流失预测与评价

侵蚀模数是描述水土流失最重要的指标。可以通过调查、建模及水文查算等方法预测侵蚀模数。通用的水土流失方程式为（孙郑钧，et al. 2010）：

$$A=R \cdot K \cdot L \cdot S \cdot C \cdot P \qquad \text{式（2-84）}$$

式中，$A$ 为单位面积多年的平均土壤侵蚀量（$t/hm^2$）；$R$ 为降水侵蚀力因子，$R=EI_{30}$（一次降水总动能×最大 30min 雨强）；$K$ 为土壤可蚀性因子，由土壤的机械组成、有机质含量、土壤结构及渗透性决定；$L$ 为坡长因子；$S$ 为坡度因子；$C$ 为植被和经营管理因子，与植被覆盖度和耕作期有关；$P$ 为水土保持措施因子，如耕作措施、工程措施、植物措施等。

土壤侵蚀容许量指的是能长期稳定地保持土壤肥力和土地生产力的土壤流失量上限。对于土壤侵蚀容许量，不同地区的标准有所不同。例如，对西北黄土高原、东北黑土区、北方土石山区、南方红壤丘陵区以及西南土石山区，其土壤侵蚀容许量分别为 100t/（$hm^2$·年）、200t/（$hm^2$·年）、200t/（$hm^2$·年）、500t/（$hm^2$·年）以及 500t/（$hm^2$·年）。

8. 涵养水源功能评价

涵养水源功能主要是指森林对降水的截留、吸收和贮存，将地表水转为地表径流或地下水的作用。主要功能表现在增加可利用水资源、净化水质和调节径流三个方面。选定两个指标，即调节水量指标和净化水质指标，以反映该区域林地的涵养水源功能。

（1）调节水量指标。

①年调节水量。北方沙化土地林地生态系统年调节水量公式为：

$$G_{调}=10A \cdot (P-E-C) \cdot F \qquad \text{式（2-85）}$$

式中，$G_{调}$ 为实测林分年调节水量（$m^3$/年）；$P$ 为实测林外降水量（mm/年）；$E$ 为实测林分蒸散量（mm/年）；$C$ 为实测地表快速径流量（mm/年）；$A$ 为林分面积（$hm^2$）；$F$ 为森林生态功能修正系数。

②年调节水量价值。由于森林对水量主要起调节作用，与水库的功能相似。因此该区域林地生态系统年调节水量价值根据水库工程的蓄水成本（替代工程法）来确定，采用如下公式计算：

$$U_{调}=10C_{库} \cdot A \cdot (P-E-C) \cdot F \cdot d \qquad \text{式（2-86）}$$

式中，$U_{调}$ 为实测森林年调节水量价值（元/年）；$C_{库}$ 为水库库容造价（元/t）（表 2-7）；$P$ 为实测林外降水量（mm/年）；$E$ 为实测林分蒸散量（mm/年）；

$C$ 为实测地表快速径流量（mm/年）；$A$ 为林分面积（$hm^2$）；$F$ 为森林生态功能修正系数；$d$ 为贴现率。

（2）净化水质指标。

①年净化水量。

北方沙化土地林地生态系统年净化水量采用年调节水量的公式：

$$G_{净} = 10A \cdot (P-E-C) \cdot F \quad 式（2-87）$$

式中，$G_{净}$为实测林分年净化水量（$m^3$/年）；$P$ 为实测林外降水量（mm/年）；$E$ 为实测林分蒸散量（mm/年）；$C$ 为实测地表快速径流量（mm/年）；$A$ 为林分面积（$hm^2$）；$F$ 为森林生态功能修正系数。

②年净化水质价值。由于森林净化水质与自来水的净化原理一致，所以参照水的商品价格，即居民用水平均价格，根据净化水质工程的成本（替代工程法）计算该区域森林生态系统年净化水质价值。这样可以在一定程度上引起公众对森林净化水质的物质量和价值量的感性认识。具体计算公式为：

$$U_{水质} = 10K_{水} \cdot A \cdot (P-E-C) \cdot F \cdot d \quad 式（2-88）$$

式中，$U_{水质}$为实测林分净化水质价值（元/年）；$K_{水}$为水的净化费用（元/t）（表 2-7）；$P$ 为实测林外降水量（mm/年）；$E$ 为实测林分蒸散量（mm/年）；$C$ 为实测地表快速径流量（mm/年）；$A$ 为林分面积（$hm^2$）；$F$ 为森林生态功能修正系数；$d$ 为贴现率。

9. 林木积累营养物质功能评价

森林植被不断从周围环境吸收营养物质固定在植物体中，成为全球生物化学循环不可缺少的环节。本次评价选用林木积累氮、磷、钾指标来反映林木积累营养物质功能。

（1）林木年营养物质积累量。

$$G_{氮} = A \cdot N_{营养} \cdot B_{年} \cdot F \quad 式（2-89）$$

$$G_{磷} = A \cdot P_{营养} \cdot B_{年} \cdot F \quad 式（2-90）$$

$$G_{钾} = A \cdot K_{营养} \cdot B_{年} \cdot F \quad 式（2-91）$$

式中，$G_{氮}$为植被固氮量（t/年）；$G_{磷}$为植被固磷量（t/年）；$G_{钾}$为植被固钾量（t/年）；$N_{营养}$为林木氮元素含量（%）；$P_{营养}$为林木磷元素含量（%）；$K_{营养}$为林木钾元素含量（%）；$B_{年}$为实测林分年净生产力［t/（$hm^2$·年）］；$A$ 为林分面积（$hm^2$）；$F$ 为森林生态功能修正系数。

（2）林木年营养物质积累价值。采取把营养物质折合成磷酸二铵化肥和氯化钾化肥方法计算林木营养物质积累价值，公式为：

$$U_{营养}=A\cdot B_{年}\cdot\left(\frac{N_{营养}\cdot C_1}{R_1}+\frac{P_{营养}\cdot C_1}{R_2}+\frac{K_{营养}\cdot C_2}{R_3}\right)\cdot F\cdot d$$

式（2-92）

式中，$U_{营养}$为实测林分氮、磷、钾年保肥价值（元/年）；$N_{营养}$为实测林木含氮量（%）；$P_{营养}$为实测林木含磷量（%）；$K_{营养}$为实测林木含钾量（%）；$R_1$为磷酸二铵化肥含氮量（%）（表2-7）；$R_2$为磷酸二铵化肥含磷量（%）（表2-7）；$R_3$为磷酸二铵化肥含钾量（%）（表2-7）；$C_1$为磷酸二铵化肥价格（元/t）（表2-7）；$C_2$为氯化钾化肥价格（元/t）（表2-7）；$B_{年}$为实测林分年净生产力［t/（$hm^2$·年）］；$A$为林分面积（$hm^2$）；$F$为森林生态功能修正系数；$d$为贴现率。

10. 林地生态系统服务功能总价值量评估

林地生态系统服务功能总价值量为上述分项之和，公式为：

$$U_{总}=\sum_{i=1}^{15}U_i$$

式（2-93）

式中，$U_{总}$为林地生态系统服务功能总价值量（元/年）；$U_i$为林地生态系统服务功能各项价值量（元/年）。

**表2-7　北方沙化土地退耕还林工程生态效益评估社会公共数据表（推荐使用价格）**

| 编号 | 名称 | 单位 | 出处值 | 2015年价格 | 来源及依据 |
|---|---|---|---|---|---|
| 1 | 水资源市场交易价格 | 元/t | — | 6.73 | 采用水权市场价格法来评估森林持续供水价值，按照《关于加快建立完善城镇避民用水阶梯价格制度的指导意见》要求和发改委、财政部和水利部共同发布《关于水资源费征收标准有关问题的通知》等 |
| 2 | 水的净化费用 | 元/t | 2.94 | 3.31 | 采用网格法得到2012年全国各大中城市的居民用水价格的平均值，为2.94元/t，贴现到2015年为3.31元/t |
| 3 | 挖取单位面积土方费用 | 元/$m^3$ | 42.00 | 42.00 | 根据2002年黄河水利出版社出版《中华人民共和国水利部水利建筑工程预算定额》（上册）中人工挖土方Ⅰ类和Ⅱ类土类每100$m^3$需42工时，人工费依据《建设工程工程量清单计价规范》取100元/工日 |
| 4 | 磷酸二铵含氮量 | % | 14.00 | 14.00 | |
| 5 | 磷酸二铵含磷量 | % | 15.01 | 15.01 | 化肥产品说明 |
| 6 | 氯化钾含钾量 | % | 50.00 | 50.00 | |

（续表）

| 编号 | 名称 | 单位 | 出处值 | 2015 年价格 | 来源及依据 |
|---|---|---|---|---|---|
| 7 | 磷酸二铵化肥价格 | 元/t | 3 300.00 | 3 538.33 | 根据中国化肥网（http：//www.fert.cn）2013 年春季公布的磷酸二铵和氯化钾化肥平均价格，磷酸二铵为3 300元/t；氯化钾化肥价格为2 800元/t；有机质价格根据中国农资网（www.ampcn.com）2013 年鸡粪有机肥的春季平均价格得到，为 800 元/t |
| 8 | 氯化钾化肥价格 | 元/t | 2 800.00 | 3 002.22 | |
| 9 | 有机质价格 | 元/t | 800.00 | 857.78 | |
| 10 | 固碳价格 | 元/t | 855.40 | 917.18 | 采用 2013 年瑞典碳税价格：136 美元/t 二氧化碳，人民币对美元汇率按照 2013 年平均汇率 6.289 7计算，贴现至 2015 年 |
| 11 | 制造氧气价格 | 元/t | 1 000.00 | 1 392.93 | 采用中华人民共和国卫生部网站（http：//www.nhfpc.gov.cn）2007 年春季氧气平均价格（1 000元/t），根据贴现率贴现到 2015 年价格，为1 399.69元/t |
| 12 | 负离子生产费用 | 元/$10^{-18}$个 | 9.50 | 9.50 | 根据企业生产的适用范围 30$m^2$（房间高 3m）、功率为 6W、负离子浓度 1 000 000个/$m^3$、使用寿命为 10 年、价格每个 65 元的 KLD-2000 型负离子发生器而推断获得，其中负离子寿命为 10min；根据全国电网销售电价，居民生活用电现行价格为 0.65 元/（kW·h）。 |
| 13 | 二氧化硫治理费用 | 元/kg | 1.20 | 1.99 | 采用中华人民共和国国家发展和改革委员会第四部委 2003 年第 31 号令《排污费征收标准及计算方法》中北京市高硫煤二氧华硫排污费收费标准 1.20 元/kg；氟化物排污费收费标准为 0.69 元/kg；氮氧化物排污费收费标准为 0.63 元/kg；一般粉尘排放物收费标准为 0.15 元/kg。贴现到 2015 年二氧化硫排污费收费标准为 1.99 元/kg；氟化物排污费收费标准为 1.14 元/kg；氮氧化物排污费收费标准为 1.04 元/kg；一般粉尘排污费收费标准为 0.25 元/kg |
| 14 | 氟化物治理费用 | 元/kg | 0.69 | 1.14 | |
| 15 | 氮氧化物治理费用 | 元/kg | 0.63 | 1.04 | |
| 16 | 降尘清理费用 | 元/kg | 0.15 | 0.25 | |
| 17 | $PM_{10}$所造成健康危害经济损失 | 元/kg | 28.30 | 30.34 | 根据 David 等 2013 年《Modeled $PM_{2.5}$ removal by trees in U.S. cities and associated health effects》中对美国十个城市绿色植被吸附 $PM_{2.5}$ 及对健康价值影响的研究。其中，价格贴现至 2015 年，人民币对美元汇率按照 2014 年平均汇率 6.289 7计算 |
| 18 | $PM_{2.5}$所造成健康危害经济损失 | 元/kg | 4 350.89 | 4 665.12 | |

（续表）

| 编号 | 名称 | 单位 | 出处值 | 2015年价格 | 来源及依据 |
| --- | --- | --- | --- | --- | --- |
| 19 | 草方格固沙成本 | 元/t | — | 23.67 | 根据《草方格沙障固沙技术，http://www.zhiwuwang.com/news/show.php?itemid=20192》计算得出，铺设1m×1m规格的草方格沙障，每公顷使用麦秸6 000kg，每千克麦秸0.4元，即2 400元/$hm^2$；用工量245个工（日），人工费依据《建设工程工程量清单计价规范》取100元/工日，即24 500元/$hm^2$；另草方格维护成本150元/$hm^2$，合计27 050元/ $hm^2$。根据《沙坡头人工植被防护体系防风固沙功能价值评价》，1m×1m规格的草方格沙障每公顷固沙1 142.85t，即23.67元/t |
| 20 | 稻谷价格 | 元/kg | 2.70 | 2.70 | 根据中华粮网2015年稻谷（粳稻）平均收购价格 |
| 21 | 牧草价格 | 元/kg | 0.40 | 0.40 | 赤峰市翁牛特旗综合效益的经济评价 |
| 22 | 生物多样性保护价值 | 元/（$hm^2$·年） |  | — | 根据Shannon-Wiener指数计算生物多样性价值，采用2008年价格，即 |
|  |  |  |  | — | 当指数<1时，$S_I$为3 000元/（$hm^2$·年）； |
|  |  |  |  | — | 当指数1≤2时，$S_I$为5 000元/（$hm^2$·年）； |
|  |  |  |  | — | 当指数2≤3时，$S_I$为10 000元/（$hm^2$·年）； |
|  |  |  |  | — | 当指数3≤4时，$S_I$为20 000元/（$hm^2$·年）； |
|  |  |  |  | — | 当指数4≤5时，$S_I$为30 000元/（$hm^2$·年）； |
|  |  |  |  | — | 当指数5≤6时，$S_I$为40 000元/（$hm^2$·年）； |
|  |  |  |  | — | 当指数≥6时，$S_I$为50 000元/（$hm^2$·年） |
|  |  |  |  | — | 通过贴现率贴现至2015年价格 |

注：引自国家林业局．退耕还林工程生态效益监测国家报告（2015）

11. 土地利用动态变化参数

（1）综合土地利用动态度。综合土地利用动态度是刻画土地利用类型变化速度区域差异的指标，能反映出人类活动对区域土地利用类型变化的综合影响。其数学模型为（吴琳娜，2014；朱会义，2003）：

$$S=\left[\sum_{i=1}^{n}(S_{i-j}/S_i)\right]\times 100\times\frac{1}{t}\times 100\% \qquad 式（2-94）$$

式中，$S$ 为与 $t$ 时段内研究区土地利用综合动态度；$S_{i-j}$ 为监测开始至监测结束时段内第 $i$ 类土地利用类型转换为其他类土地利用类型面积总和；$S_i$ 为监测开始时间第 $i$ 类土地利用类型总面积；$t$ 为土地利用变化时间段。

（2）土地利用变化重要性指数与土地利用变化面积比重。运用土地利用变化重要性指数能反映出不同土地利用变化类型的重要性，以筛选出土地利用类型变化的主要类型。土地利用变化面积比重指各类土地变化面积之各占区域总面积的比重，可揭示土地利用变化的剧烈程度。计算公式分别见式（2-95）和式（2-96）：

$$C_i=A_i/\sum_{i=1}^{n}A_i\times 100\% \qquad 式（2-95）$$

式中，$C_i$ 是第 $i$ 种变化类型的土地利用变化重要性指数，取值 0～1；$A_i$ 是第 $i$ 类土地变化面积；$A$ 是变化类型该区域各类土地变化面积之和。$C_i$ 值越大，表明第 $i$ 类土地变化越占主导地位。

$$D=A/S\times 100\% \qquad 式（2-96）$$

式中，$D$ 是土地利用变化面积比重，取值 0～1；$A$ 是区域各类土地变化面积之和；$S$ 是区域面积。$D$ 值越大，表明区域土地利用变化越剧烈。

（3）土地利用程度。土地利用程度能够体现出人类活动对土地利用的广度和深度。结合土地利用程度的综合分析方法，对研究区土地利用程度综合指数、土地利用程度变化量进行计算，以反映土地利用程度数量变化特征及变化趋势：

$$L_i=100\times\sum_{i=1}^{n}A_i\times C_i \qquad 式（2-97）$$

式中，$L_i$ 为土地利用程度综合指数；$A_i$ 为研究区内第 $i$ 级土地利用程度分级指数；$C_i$ 为第 $i$ 级土地利用程度分级面积百分比；$n$ 为土地利用程度分级数。

$$L_{b-a}=L_b-L_a=\left[\sum_{i=1}^{n}(A_i\times C_{ib})-\sum_{i=1}^{n}(A_i\times C_{ia})\right]\times 100 \qquad 式（2-98）$$

式中，$L_a$、$L_b$ 分别为区域时期 $a$、时期 $b$ 土地利用程度综合指数；$C_{ia}$ 和 $C_{ib}$ 分别为该区域时期 $a$ 与 $b$ 第 $i$ 级土地利用程度面积百分比。$L_{b-a}>0$ 表明区域土地利用处于发展期，否则处于调整期或衰退期。

# 主要参考文献

安磊，黄宁 . 2011. 流场中集沙仪集沙效率的数值模拟 [J]. 中国沙漠，31 (3)：632-638.

安志山，张克存，屈建军 . 2013. 平坦沙质地表蚀积量计算模型研究 [J]. 水土保持通报，33 (5)：210-214.

陈智，麻硕士 . 2006. 阴山北麓农牧交错区农田土壤风蚀影响因子及防治对策 [J]. 安徽农业大学学报，33 (1)：130-133.

程宏，邹学勇，张春来 . 2007. 摩阻风速与平均风速的转化关系研究 [J]. 水土保持研究，(2)：133-134，138.

程天文 . 1980. 农田蒸发与蒸发力的测定及其计算方法 [A]. 地理集刊第 12 号 [C]. 北京：科学出版社 .

戴海伦，金复鑫，张科利 . 2011. 国内外风蚀监测方法回顾与评述 [J]. 地球科学进展，26 (4)：401-408.

董光荣，李长治，高尚玉，等 . 1987. 关于土壤风蚀风洞模拟实验的某些结果 [J]. 科学通报，(4)：297-301.

董玉祥，康定国 . 1994. 中国干旱半干旱地区风蚀气候侵蚀力的计算与分析 [J]. 水土保持学报，8 (3)：1-7.

董志宝，孙宏义，赵爱国 . 2003. WITSEG 集沙仪：风洞用多路集沙 [J]. 中国沙漠，23 (6)：714-720.

董治宝，陈广庭 . 1997. 内蒙古后山地区土壤风蚀问题初论 [J]. 土壤侵蚀与水土保持学报，3 (2)：84-90.

樊嘉琦，徐艳，陈伟强 . 2018. 1992 年以来科尔沁沙地土地利用变化分析——以科尔沁左翼后旗为例 [J]. 中国农业大学学报，23 (2)：115-125.

付丽宏，赵满全 . 2007. 旋风分离式集沙仪设计与试验研究 [J]. 农机化研究，(10)：102-105.

高广磊，丁国栋，赵媛媛 . 2014. 四种粒径分级制度对土壤体积分形维数测定的影响 [J]. 应用基础与工程科学学报，22 (6)：1060-1068.

高君亮，郝玉光，丁国栋 . 2013. 乌兰布和荒漠生态系统防风固沙功能价值初步评估 [J]. 干旱区资源与环境，27 (12)：41-46.

顾正萌，郭烈锦，张西民.2006. 新型主动式竖直集沙仪研制［J］. 西安交通大学学报，40（9）：1088-1091.

国家林业局.2015. 退耕还林工程生态效益监测国家报告（2015）［M］. 北京：中国林业出版社.

国家林业局.LY/T 1952—2011. 森林生态系统长期定位观测方法［S］. 2011-06-10/2011-07-01.

郝伟罡，李畅游，张生，等.2008. 内蒙古乌梁素海湿地价值量化评估［J］. 兰州大学学报（自然科学版），44（1）：25-30.

何文清，赵彩霞，高旺盛，等.2005. 不同土地利用方式下土壤风蚀主要影响因子研究——以内蒙古武川县为例［J］. 应用生态学报，16（11）：2092-2096.

何文清.2004. 北方农牧交错区农用地风蚀影响因子与保护性农作制研究［D］. 北京：中国农业大学.

胡云峰，刘纪远，庄大方，等.2005. 不同土地利用/土地覆盖下土壤粒径分布的分维特征［J］. 土壤学报，42（2）：336-339.

黄湘，李卫红.2006. 荒漠生态系统服务功能及其价值研究［J］. 环境科学与管理，31（7）：64-70.

贾晓红，李新荣，李元寿.2007. 干旱沙区植被恢复过程中土壤颗粒分形特征［J］. 地理研究，6（3）：519-525.

闰美芳，上官铁梁，张金屯，等.2006. 五台山蓝花棘豆群落优势种群生态位研究［J］. 草业学报，15（2）：60-67.

井光花，程积民，苏纪帅.2015. 黄土区长期封育草地优势物种生态位宽度与生态位重叠对不同干扰的响应特征［J］. 草业学报，24（9）：43-52.

雷金银，吴发启.2012. 黄土高原北部风沙区土地退化与治理研究［M］. 宁夏：宁夏人民教育出版社.

李长治，董光荣，石蒙沂.1987. 平口式集沙仪的研制［J］. 中国沙漠，7（3）：49-56.

李文华.2006. 生态系统服务研究是生态系统评估的核心［J］. 资源科学，28（4）：3.

李晓丽，申向东，张雅静.2006. 内蒙古阴山北部四子王旗土壤风蚀量的测试分析［J］. 干旱区地理，29（2）：292-296.

李勇，刘亚州.2010. 青海生态系统服务功能价值量评价［J］. 干旱区资源与环境，24（5）：1-10.
李振山，倪晋仁，刘贤万.2003. 垂直点阵集沙仪的集沙效率［J］. 泥沙研究，(1)：24-32.
李振山，倪晋仁.2001. 挟沙气流输沙率研究［J］. 泥沙研究，(1)：1-10.
李智光.2005. 水土流失测验与调查［M］. 北京：中国水利水电出版社.
凌裕泉.1994. 输沙量水平分布的非均一性［J］. 实验力学，9（4）：352-356.
凌裕泉.1997. 最大可能输沙量的工程计算［J］. 中国沙漠，17（4）：362-368.
刘刚，杨明义，刘普灵，等.2007. 近十年来核素示曝技术在土壤侵蚀研究中的应用进展［J］. 核农学报，21（1）：101-105.
刘海洋，常佳丽，陈智，等.2016. 全自动多通道农田无线集沙仪研究［J］. 农业机械学报，47（6）：53-60.
刘汉涛.2006. 阴山北麓保护性耕作地表抗风蚀效果的试验研究［D］. 呼和浩特：内蒙古农业大学.
刘纪远，齐永青，师华定，等.2007. 蒙古高原塔里亚特——锡林郭勒样带土壤风蚀速率的$^{137}$Cs 示踪分析［J］. 科学通报，52（23）：2785-2791.
刘纪远.1992. 西藏自治区土地利用［M］. 北京：科学出版社.
刘连友.1999. 区域蚀积量和蚀积强度初步研究：以晋陕蒙接壤区为例［J］. 地理学报，54（1）：59-68.
刘兴元，龙瑞军，尚占环.2011. 草地生态系统服务功能及其价值评估方法研究［J］. 草业学报，20（1）：167-174.
罗娅，杨胜天，刘晓燕，等.2014. 黄河河口镇—潼关区间 1998—2010 年土地利用变化特征［J］. 地理学报，69（1）：42-53.
麻硕士，陈智.2010. 土壤风蚀测试与控制技术［M］. 北京：科学出版社.
马国军，林栋.2009. 石羊河流域生态系统服务功能经济价值评估［J］. 中国沙漠，29（6）：1173-1177.
马丽荣.2006. 生态位理论及其在农田杂草研究中的应用［J］. 甘肃农业科技，(4)：23-25.
马玉明，等.2002. 风沙运动学［M］. 呼和浩特：远方出版社.
倪晋仁，李振山.2001. 近床面区挟沙气流流速垂线分布特征［J］. 泥沙研究，(3)：18.

倪晋仁，李振山. 2002. 挟沙气流中输沙量垂线分布的实验研究 [J]. 泥沙研究，(1)：30-35

欧阳志云，王效科，苗鸿. 1999. 中国陆地生态系统服务及其生态经济价值的初步研究 [J]. 生态学报，19 (5)：607-613.

濮励杰，包浩生，彭补拙，等. 1998. $^{137}$Cs 应用于我国西部风蚀地区土地退化的初步研究——以新疆库尔勒地区为例 [J]. 土壤学报，35 (4)：41-449.

曲仲湘. 1986. 植物生态学 [M]. 北京：高等教育出版社.

任鸿昌，孙景梅，祝令辉，等. 2007. 西部地区荒漠生态系统服务功能价值评估 [J]. 林业资源管理，(6)：67-69.

商晓彬. 2017. 多通道自动集沙仪优化设计与试验研究 [D]. 内蒙古农业大学.

宋涛，陈智，麻乾，等. 2015. 分流对冲式集沙仪设计及性能试验 [J]. 农业机械学报，46 (9)：173-177，197.

苏志尧. 1999. 植物特有现象的量化 [J]，华南农业大学学报，20 (1)：92-96.

粟晓玲，康绍忠，佟玲. 2006. 内陆河流域生态系统服务价值的动态估算方法与应用——以甘肃河西走廊石羊河流域为例 [J]. 生态学报，26 (6)：2011-2019.

孙保平. 2000. 荒漠化防治工程学 [M]. 北京：中国林业出版社.

孙昌平，刘贤德，孟好军，等. 2010. 黑河流域中游湿地生态系统服务功能价值评估 [J]. 湖北农业科学，49 (6)：1519-1523.

孙振钧，周东兴. 2010. 生态学研究方法 [M]. 北京：科学出版社.

汪松，解焱. 2004. 中国物种红色名录（第一卷）[M]. 北京：高等教育出版社.

王兵，王晓燕，牛香，等. 2015. 北京市常见落叶树种叶片滞纳空气颗粒物功能 [J]. 环境科学，36 (6)：2005-2009.

王伯荪. 1987. 植物群落学 [M]. 北京：高等教育出版社.

王东清，左忠，潘占兵，等. 2018. 一种具有分层结构的可调式旋转集沙仪 [P]. 201820766109. X.

王刚，赵松岭，张鹏云，等. 1984. 关于生态位定义的探讨及生态位重叠计测公式改进的研究 [J]. 生态学报，4 (2)：119-126.

王国梁，周生路，赵其国 . 2005. 土壤颗粒的体积分形维数及其在土地利用中的应用［J］. 土壤学报，42（4）：545-550.
王珊 . 2015. 埋土防寒期葡萄枝条风障对葡萄园生态环境的影响［D］. 西北农林科技大学 .
王永，赵举，程玉臣 . 2015. 阴山北麓农牧交错带风蚀气候侵蚀力的计算与分析［J］. 华北农学报，20：57-60.
吴琳娜，杨胜天，刘晓燕，等 . 2014. 1976 年以来北洛河流域土地利用变化对人类活动程度的响应［J］. 地理学报，69（1）：54-63.
吴旭东，宋乃平，潘军 . 2016. 不同沙地生境下柠条灌丛化对草地土壤有机碳含量及分布的影响［J］. 农业工程学报，32（10）：115-121.
吴艳玲，陈立波，卫智军，等 . 2012. 不同放牧压短花针茅荒漠草原群落植物种的空间异质特征［J］. 干旱区资源与环境，26（7）：110-115.
吴艳玲，陈立波，卫智军，等 . 2012. 不同放牧压下短花针茅荒漠草原植物群落盖度空间变化［J］. 中国草地学报，34（1）：12-17,23.
吴正 . 1987. 风沙地貌学［M］. 北京：科学出版社 .
吴正 . 2003. 风沙地貌与治沙工程学［M］. 北京：科学出版社 .
夏开伟 . 2014. 全自动高精度集沙仪的野外试验研究［D］. 乌鲁木齐：新疆大学 .
肖思思，吴春笃，储金宇 . 2012. 1980—2005 年太湖地区土地利用变化及驱动因素分析［J］. 农业工程学报，28（23）：1-11.
谢高地，鲁春霞，冷允法，等 . 2003. 青藏高原生态资产的价值评估［J］. 自然资源学报，18（2）：189-196.
谢高地，张钇锂，鲁春霞，等 . 2001. 中国自然草地生态系统服务价值［J］. 自然资源学报，16（1）：47-53.
熊毅，李庆逵 . 1990. 中国土壤（第 2 版）［M］. 北京：科学出版社 .
严平，董光荣，张信，等 . 2003. 青海共和盆地土壤风蚀的 $^{137}$Cs 法去研究（I）——$^{137}$Cs 分布特征于［J］. 中国沙漠，23（3）：268-274.
严平，董光荣，张信宝，等 . 2003. 青海共和盆地土壤风蚀的 $^{137}$Cs 法研究（II）——$^{137}$Cs 背景值与风蚀速率测定［J］. 中国沙漠，23（4）：391-397.
严平，董光荣 . 2003. 青海共和盆地土壤风蚀的 $^{137}$Cs 法研究［J］. 土壤学报，40（4）：497-503.

杨培岭，罗远培，石元春．1993. 用粒径的重量分布表征的土壤分型特征［J］. 科学通报，38（20）：1986–1989.
杨永利，杨峰伟，王兵，等．2010. 中国森林生态系统服务功能研究［M］. 北京：科学出版社．
杨志新，郑大玮，文化．2005. 北京郊区农田生态系统服务功能价值的评估研究［J］. 自然资源学报，20（4）：564–571.
姚洪林，闫德仁，李宝军，等．2002. 多伦县风蚀地貌及风蚀量评价研究［J］. 内蒙古林业科技，（4）：3–7.
姚洪林，闫德仁．2002. 内蒙古沙漠化土地动态变化［M］. 呼和浩特：远方出版社．
宇传华．2009. Excel 统计分析与电脑实验［M］. 北京：电子工业出版社．
臧英，高焕文．2006. 土壤风蚀采沙器的结构设计与性能试验研究［J］. 农业工程学报，22（3）：46–49.
张风宝，杨明义，赵晓光，等．2005. 磁性示踪在土壤侵蚀研究中的应用进展［J］. 地球科学进展，20（7）：751–756.
张光明，谢寿昌．1997. 生态位概念演变与展望［J］. 生态学杂志，16（6）：46–51.
张宏锋，欧阳志云，郑华，等．2009. 玛纳斯河流域农田生态系统服务功能价值评估［J］. 中国生态农业学报．17（6）：1259–1264.
张华，李锋瑞，张铜会，等．2002. 春季裸露沙质农田土壤风蚀量动态与变异特征［J］. 水土保持学报，16（1）：29–32.
张克斌．2002. 荒漠化评价与监测研究——以盐池县荒漠化评价监测为例［D］. 北京林业大学．
张丽萍，唐克丽，张平仓．1997. 片沙覆盖的黄土丘陵区土壤风蚀特征研究［J］. 土壤侵蚀与水土保持学报，3（4）：9.
张维康，牛香，王兵．2015. 北京不同污染地区园林植物对空气颗粒物的滞纳能力［J］. 环境科学，7：1–11.
赵满全，付丽宏，王金莲，等．2009. 旋风分离式集沙仪在风洞内集沙效率的试验研究［J］. 中国沙漠，29（6）：1009–1014.
赵满全，刘汉涛，麻硕士，等．2006. 农牧交错区农田留茬和秸秆覆盖对地表风蚀的影响［J］. 中国农学通报，39–42.
赵沛义，妥德宝，李焕春，等．2012. 土壤含水率及物理性砂粒含量对风蚀模数影响的风洞模拟［J］. 农业工程学报，28（24）：88-195.
赵沛义，妥德宝，李焕春 . 2011. 带田残茬带宽度及高度对土壤风蚀模数影响的风洞试验［J］. 农业工程学报，27（11）：206-210.
赵沛义，妥德宝，郑大玮，等 . 2008. 野外土壤风蚀定量观测方法的研究［J］. 安徽农业科学，36（29）：12810-12812.
赵沛义 . 2009. 作物残茬生物篱防治农田土壤风蚀及其影响机理研究——以阴山北麓农牧交错带为例［D］. 呼和浩特：内蒙古农业大学 .
赵同谦，欧阳志云，贾良清，等 . 2004. 中国草地生态系统服务功能间接经济价值评价［J］. 生态学报，24（6）：1101-1110.
赵同谦，欧阳志云，郑华，等 . 2004. 中国森林生态系统服务功能及其价值评价［J］. 自然资源学报，19（4）：480-491.
赵文智，何志斌，李志刚 . 2003. 草原农垦区土地沙质荒漠化过程的生物学机制［J］. 地球科学进展，18（2）：257-262.
赵文智，刘志民，程国栋 . 2002. 土地沙质荒漠化过程的土壤分形特征［J］. 土壤学报，39（5）：877-881.
郑波，刘彤，孙钦明，等 . 2016. 植株高大的目标作物对防护林防风效应影响的风洞模拟试验［J］. 农业工程学报，32（17）：120-126.
周丹丹，董建林，高永，等 . 2008. 巴音温都尔沙漠表层土壤粒度特征及风蚀量估算［J］. 干旱区地理，31（6）：933-939.
朱朝云，丁国栋，杨明远 . 1991. 风沙物理学［M］. 北京：中国林业出版社 .
朱春全 . 1993. 生态位理论及其在森林生态学研究中的应用［J］. 生态学杂志，12（4）：41-46.
朱会义，李秀彬 . 2003. 关于区域土地变化指数模型方法的探讨［J］. 地理学报，58（5）：643-650.
左忠，王东清，温学飞 . 2017. TOPSIS 法综合评价宁夏中部干旱带五种风蚀环境抗风蚀性能［J］. 中国农学通报，62-65.
左忠，王峰，蒋齐，等 . 2005. 免耕与传统耕作对旱作农田土壤风蚀的影响研究：以玉米为例［J］. 西北农业学报，14（6）：55-59.
左忠，王峰，张亚红，等 . 2010. 宁夏中部干旱带几类土壤可蚀性对比研究［J］. 中国农学通报，26（3）：196-201.
左忠 . 2010. 宁夏中部干旱带典型景观地貌风蚀特征研究［D］. 银川：宁夏

大学.

Bagnold R A. 1954. The Physics of Blown Sand and Desert Dunes [M]. London: Chapman and Hall, 79-80.

Butterfield, G. R. 1999. Near-bed mass flux profiles in Aeolian sand transport: Hig-resolution measurementology in a wind tunnel. Earth Surface Processes and Landforms, 24 (5): 393-412.

Chepil W S. 1962. Climatic factor for estimating wind erodibility fields [J]. Journal of Soil & Water Conservation, 17 (4): 162-165.

Chepil, W. S. and Mime, R. A. 1941. Wind erosion of soils in relation to Size and nature of the exposed area. Scientific Agricuture, 21: 479-487.

Cornelis Wim M, Gabriels D. 2003. A simple low-cost sand catcher for wind-tunnel simulations [J]. Earth Surface Processes and Landforms, 28: 1033-1041.

Costanza R, d'Arge R, de Groot R, et al. 1997. The value of the world's ecosystem services and natural capital [J]. Nature, 387: 253-260.

Crawford J., Sleeman B., Young I. 1993. On the relation between number-size distributions and the fractal dimension of aggregates [J]. European Journal of Soil Science, 44 (4): 555-565.

Dalily G C. 1997. Natures Service: Societal Dependence on Natural Ecosystems [M]. Washington: Island Press.

De Ppoey J. 1977. Some experimen tal data on slopewash and wind action with reference to Quate mary morphogenesis in Belgium [J]. Earth Surface Processes, 2: 101-115.

Dong Zhi bao, Liu Xiao ping, Wang Hong tao. 2003. Aeolian sand transport: A wind tunnel model [J]. Sedimentary Geology, 161 (1): 71-83.

Douglas F Fraser. 1995. Predation as an agent of population fragmention in a tropical watershed [J]. Ecology, 76 (5): 1461-1472.

FAO. 1979. A provisional methodology for soil degradation assessment [A]. Rome.

Fryberger S G, Dean G. 1979. Dune forms and wind regime [C] // Mckee E D. A Study of Global Sand Seas. US Geological Survey Professional Pape, 1052: 137-169.

Gao G L, Ding G D, Wu B, et al. 2014. Fractal scaling of particle size distribution and relationships with topsoil properties affected by biological soil crusts [J]. PLOS ONE, 9 (2): e88559.

Gui D, Lei J, Zeng F, et al. 2010. Characterizing variations in soil particle size distribution in oasis farmlands-A case study ofthe Cele Oasis [J].Mathematical & Computer Modeling, 51 (11-12): 1306-1311.

Gupta J P, Aggarawal R K, Rakhy N P. 1981. Soil erosion by wind from bare sandy plains in westem Rajsthan, India [J]. Joumal of Arid Environments. 4: 15-20.

Han Zhi wen, Dong Zhi bao, Wang Tao. 2004. Obsservations oseveral characteristics of aeolian sand movement in the Taklimakan Desert [J]. Science in China (D): Earth Sciences, 47 (1): 86-96.

Hanley N, Ruffell R J. 1993. The contingent valuation of forest characteristics: two experiments [J]. Journal of Agricultural Economics, 44: 218-229.

Hu Xiao, Liu Lian you, Li Shunjiang. 2009. Estimation of sandl transportation rate for fixed and semr fixed dunes using meteorological wind data [J]. Pedosphere, 19 (1): 129-136.

Hutchinson G E. 1957. Concluding remarks. Cold Spring Harbor Symposia on Quantitation Biology [J]. 22: 415-427.

Hutchinson G E. 1978. An Introduction to Population Ecology [M]. Yale University Press, New Haven, Connecticut, USA.

Jia X H, Li X R, Zhang J G, et al. 2009. Analysis of spatial variability of the fractal dimension of soil particle size in Ammopiptanthus mongolicus' desert habitat [J]. Environmental Geography, 58 (5): 953-962.

Jones, J. R. and Willetts. B. B. 1979. Erors in measuring unifom aeolian sand flow by mears of an adjustible trap. Sedimentology, 26: 463-468.

Leibold, M, A. 1995. The niche concept revisited; mechanis —tic models and community context [J]. Ecology, 76 (5): 1371-1382.

Lettau K, Lettau H. 1978. Experimental and micrometeorology-callield studies of dune migration [C] //Lettau K, Lettau H. Exporing the World's Driest Climate. University of Wis-consin-madison, IES Report, 101: 110-147.

Liu Lian you, Skidmore E, Hasi E. 2005. Dune sand transport asinfluenced by wind directions, speed and frequencies in the Ordos Plateau [J]. Geomorphology, 67 (3): 283-297.

Loomis J, Kent P, Strange L, et al. 2000. Measuring the total economic value of restoring ecosystem services in an impaired river basin: result from acontingent valuation survey [J]. Ecological Economics, 33: 103-117.

Loughran R J. 1989. The measurment of soil erosion [J]. Prgress in Physical Geography, 13: 216-233.

MenzeL R G. 1960. Transport of Sr in runoff [J]. Scieng, 131: 499-500.

Pimental D, Wilson C, Mc Culum A. 1997. Economic and Environmental benefits of biodiversity [J]. Bioscience, 47 (11): 747-757.

Raslmussen, K. R. and Mikkelsen, H. E. 1998. On the efficiency of vertical array Aeolian field traps. Sedimentology, 45: 789-800

Rogowski A S, Tamura T. 1965. Movement of Cs-137 by runoff ersion and infiltration on the alluvial captia silt loam [J]. Hea lthPhysics, 11: 1333-1340.

Shao Y, MCTAINSH G H, LEYS J F, et al. 1993. Efficieney of sediment sampler forwind erosion measurement [J]. Australian Journal of Soil Research, 31 (4): 519-532.

Skidmore E L. 1986. Wind erosion climatic erosivity [J]. Climate Change, 9 (2): 195-208.

Stout J E. Fry rear D W. 1989. Performance of a windblow n-partiele sampler [J]. Transactions of ASAE, 32 (6): 2041-2045.

Su Y, Zhao H, Zhang W, et al. 2004. Fractal features of soil particle size distribution and the implication for indicating desertification [J]. Geoderma, 122 (1): 43-49.

Sutherland R A, Kowalchuk T, Jong E De. 1991. Cesium-137 estimates of sed ment redistribution by wind [J]. Soil Scienc, 151 (15): 387-396

Tang J M, Ai X R, Yi Y M, et al. 2012. Niche dynamics during restoration process for the dominant tree species in montane mixed evergreen and deciduous broadleaved forests at Mulinzi of southwest Hubei. Acta Ecologica Siniqa, 32 (20): 6334-6342.

Turcotte D. 1986. Fractal and fragmentation [J]. Journal of Geophysical Research, 91 (2): 1921-1926.

Tyler S., Wheatcraft S. 1992. Fractal scaling of soil particle-size distribution: analysis and limitations [J]. Soil Science Society of America Journal, 56 (2): 362-369.

Westman W E. 1977. How much are nature's services worth? [J]. Science, 197: 960-964.

Whittaker R H. 1975. Communities and ecosystems (second edition) [J]. New York: MacMillan.

Yan Ping, Dong Guang rong, Zhang Xiao bao, et al. 2000. Preliminary results of the study on wind erosion in the Qinghai Tibetan Plat eau using 137 Cs technique [J]. Chinese Science Bulletin, 45: 1019-1024.

Young J A, Evans R A. 1986. Erosion and deposition of fine sedinents from Playas [J]. Joumal of Arid Envimments, 10: 103-115.

Zachar. 1982. Soil Erosion [M]. Elsevier Scientific Publishing Company.

Zhang J J, Xu D M. 2013. Niche characterstics of dominant plant populations in desert steppe of Ningxia with different enclosure times. Acta Agrestia Sinica. 21 (1): 73-78.

Zhang W K, Wang B, Niu X. 2015. Study on the adsorption capacities for airborne particulates of landscape plants in different polluted regions in Beijing (China) [J]. International Journal of Environmental Research and Public Health, 12: 9623-9638.

Zingg A W. 1953. Wind Tunnel Studies of the Moement of Sedimentary Materials A. In Proceedings 5th Hydraulic Conference Iowa Institute of Hydraulic. 111-135.

# 第三章　近地表大气悬浮颗粒物监测方法

中国是世界上土壤侵蚀最严重的国家之一，土壤侵蚀分水力侵蚀、风力侵蚀和冻融侵蚀 3 种。中国北方和宁夏中北部主要以风力侵蚀为主，亦有小部分风力和水力复合侵蚀类型。土壤风蚀的风洞实验表明，在同一风速下，挟沙气流对土壤的风蚀量是净风对风蚀量的 4~5 倍。风蚀对突起的土体迎风面要比平坦地表强烈。翻耕和牲畜过分践踏都会大大提高土壤的风蚀量。这是因为净风中土壤表面颗粒仅受到风的作用力，而在挟沙气流中还有跃移和滑移，使沙粒对土壤表面产生的冲击和摩擦，磨蚀作用大大加剧了土壤风蚀，形成了各种各样多变的风蚀地貌。起沙初期，地表风力侵蚀能力一般较大，气流中沙物质颗粒不断得到补充，由于风力侵蚀，地表沙粒定向运动而产生了动能，导致大部分颗粒按照风力运动的方向不停碰撞未产生运动的沙粒，带动更多的沙粒产生定向运动，当此类风蚀现象产生并稳定一段时间后，风沙流结构形成了相对饱和且稳定的结构，输沙能力减少，产生侵蚀与积沙并存的风蚀状态。

在风沙输移中，绝大部分风沙以近地面（通常小于 20cm）的跃移、撞移、挤移运动方式为主，但粒径通常小于 80μm，拜格诺称为“尘埃”的少量极细颗粒主要悬浮在空中，并随风力作用远距离飘移，受风力侵蚀程度的不同而产生旋风、沙暴、尘暴和沙尘暴。而远距离飘移的沙物质，则往往会对社会交通、生产、健康等产生重大影响的次生灾害。因此在生态环境监测中，除对地表风沙流物质进行重点监测外，高空悬移和飘浮的细微颗粒，也是空气污染监测的重要项目之一。空气中悬浮颗粒物不仅是严重危害人体健康的主要污染物，部分飘移的细微颗粒，在空气湿度达到一定程度的静风条件下，容易成为雾霾团聚体形成的主要物质源，形成气态、液态污染物的载体。由于其成分复杂，并具有特殊的理化特性及生物活性，是空气监测与防控的重点对象。

# 第一节　大气干湿沉降物观测

## 一、观测目的

通过对不同生态系统大气干湿沉降的野外定位观测，研究探讨干湿沉降物的组分构成，精确评价不同生态环境内各类物质差异与影响程度，揭示生态系统干湿沉降中物质种类、质量、分布特征、变化规律、影响因素及对生态环境的影响，为科学评价和制定相关配套技术措施提供决策依据。

## 二、观测内容

（1）干沉降。干物质总量，铜、锌、硒、砷、汞、镉、铬（六价）、铅、硫化物、硫酸盐、氯化物、钙、镁、钠、钾、氮。

（2）湿沉降。干湿物质总量，pH 值、$NH_4^+$-N、总磷、总氮、$NO_3^-$-N、铜、锌、硒、砷、汞、镉、铬（六价）、铅、硫化物、硫酸盐、氯化物、钙、镁、钠、钾。

## 三、观测与采样方法

（1）采样点设置。林外干湿沉降采样点应布设在研究区典型林分外的空白样地内。采样点四周无遮挡雨，雪、风的高大树木、建筑、山体等，并考虑风向(顺风、背风)、地形和便于管理等因素。

林内干湿沉降采样点应布设在待监测研究区典型林分内。

（2）收集器的选择。干沉降采用集尘缸或集尘罐。

湿沉降采用带盖口径>40cm、高 20cm 的聚乙烯塑料容器。

对于距电源较近的采样点，可采用干湿沉降仪（APS-3A）作为收集器。

（3）收集器的布设。林外干湿沉降收集器的布设：收集器与周围物体（如树木、建筑物等）的水平距离，应不低于这些物体高度的 2 倍。平行安置 3 个完全相同的收集器。

林内干湿沉降收集器的布设：样地中选择 3 个标准样地，每个标准样地各安置 1 个完全相同的收集器。

（4）干沉降采样方法。

① 干沉降的采集。集尘缸（罐）集器具在使用前用 10%（体积分数）的盐

酸浸泡 24h 后，用去离子水清洗干净，统一编号称重后密封携至采样点。也可用洁净的塑料容器，容器底部装上玻璃、不锈钢等干燥光洁物作为沉降面，在林中放置一定时间，采集非降水期的干性物质。

② 野外回收样品时，按照编号统一称重记录后，用清洁的镊子将落入缸（罐）内的树叶、昆虫等取出，作为异物单独称重记录。然后用去离子水反复冲洗缸（罐）壁，将所有沉淀物和悬浊液转移至聚乙烯塑料桶中密封保存，并及时送至实验室妥善保存备用。

③ 样品预处理。送达实验室后，将所有溶液和尘粒转入烧杯中，在电热板上蒸发，使体积浓缩到 10～20mL，冷却后用水冲洗杯壁，并把杯壁上的尘粒擦洗干净，将溶液和尘粒全部转移到恒定质量的 100mL 瓷坩埚中放在瓷盘里，在电热板上小心蒸发至干（溶液少时注意防止迸溅），然后放入烘箱在（65±5）℃下烘干，称其质量，密封保存备用。

（5）湿沉降的采样方法。

①湿沉降的采集。收集器放置在野外之前，在实验室内先将收集器用 1：5 的盐酸浸泡 7d，然后用去离子水淋洗 6 遍，在洁净的操作台上晾干，统一编号称重后，用洁净塑料袋包好备用。

用收集器收集大于 0. 5mm 的降水后，按照原始记录的编号将收集器称重记录，并根据样品的体积加入 0. 4%（V/V）的 $CHCl_3$，振荡混匀，置于阴凉干燥处保存；收集器用去离子水冲洗干净，再用塑料袋包好，保存前应记录采样时间、地点、风向、风速、大气压降水量、降水起止时间。

取每次降水的全过程样（降水开始至结束）。若一天中有几次降水过程，可合并为一个样品测定。若遇连续几天降水，可收集上午 8：00 至次日上午 8：00 的降水，即 24h 降水样品作为一个样品进行测定。

雨水采样方法按照 GB 13580. 2 执行。

②样品预处理。采集液首先用 0. 45μm 的醋酸纤维滤膜过滤，过滤后的滤膜在 40～45℃下烘干，差减法计算颗粒物质量。滤液转移到洁净的聚乙烯瓶中，于 4℃下冷藏保存。

物质沉降总质量＝采样器放后总质量－采样器放前总质量　式（3-1）

林内外沉降物质量差＝林外物质沉降总质量－林内物质沉降总质量　式（3-2）

干沉降中元素沉降通量：

$$F_i = \frac{M \times C_i}{S} \qquad 式（3-3）$$

式中，$F_i$ 为干沉降通量（mg · m$^2$）；$M$ 为干沉降量（g）；$C_i$ 为干样部分样品元素质量分数（mg/g）；$S$ 为采样面积（m$^2$）。

湿沉降中元素沉降通量：

$$F_i = [\sum_{i=1}^{n} \frac{(C_i \times 10^6 \times V_i)}{A}] \times 10\,000 \qquad 式（3-4）$$

式中，$F_i$ 为湿沉降通量（kg · hm$^2$）；$C_i$ 为浓度（mg/L）；$V_i$ 为湿沉降体积（L）；$A$ 为雨量桶横截面积（m$^2$）。

林内湿沉降量计算中应剔除林地生态系统冠层干沉降历史积累量，其公式如下：

林内实际湿沉降量=林内总湿沉降量-（林外干沉降量林内干沉降量）

式（3-5）

（6）样品中各离子含量测定。各离子分析方法及方法来源见表 3-1。

**表 3-1　大气干湿沉降各指标分析方法**（国家林业局，LY/T 1952—2011）

| 序号 | 项目 | 分析方法 | 方法来源 |
|---|---|---|---|
| 1 | pH 值 | 电极法 | GB 13580. 4 |
| 2 | $NH_4^+$-N | 纳氏试剂比色法 | GB 7479 |
| 3 | 总磷 | 钼酸氨分光光度法 | GB 11893 |
| 4 | 总氮 | 碱性过硫酸钾消除紫外分光光度法 | GB 11894 |
| 5 | 铜 | 2，9-二甲基-1，10-菲啰啉分光光度法 | HJ 486 |
|  |  | 二乙基二硫代氨基甲酸钠分光光度法 | GB 485 |
|  |  | 原子吸收分光光度法（螯合萃取法） | GB 7475 |
| 6 | 锌 | 原子吸收分光光度法 | GB 7475 |
| 7 | 硒 | 2，3-二氨基奈荧光法 | GB 11902 |
|  |  | 石墨炉原子吸收分光光度法 | GB/T 15505 |
| 8 | 砷 | 二乙基二硫代氨基甲酸银分光度法 | GB 7485 |
| 9 | 汞 | 冷原子吸收 | GB 7468 |
| 10 | 镉 | 原子吸收分光光度法 | GB 7475 |
| 11 | 铬（六价） | 二苯碳酰二肼分光光度法 | GB 7467 |
| 12 | 铅 | 原子吸收分光光度法（螯合萃取法） | GB 7475 |

（续表）

| 序号 | 项目 | 分析方法 | 方法来源 |
|---|---|---|---|
| 13 | 硫化物 | 亚甲基蓝分光光度法 | GB/T 16489 |
| 14 | 硫酸盐 | 重量法 | GB 11899 |
| | | 离子色谱法 | HJ/T84 |
| 15 | 氯化物 | 离子色谱法 | HJ/T84 |
| 16 | $NO_3^-$-N | 酚二磺酸分光光度法 | GB 7480 |
| | | 紫外分光光度法 | HJ/T165 |
| | | 离子色谱法 | HJ/T84 |
| 17 | 钙、镁 | 原子吸收分光光度法 | GB 13580. 13 |
| 18 | 钠、钾 | 原子吸收分光光度法 | GB 13580. 12 |

## 第二节　空气总悬浮颗粒物（TSP）的测定

### 一、技术原理

测定总悬浮颗粒物的方法是基于重力原理制定的，国内外广泛采用称量法，即抽取一定体积的空气，通过已恒重的滤膜，空气中粒径在100μm以下的悬浮颗粒物被阻留在滤膜上，根据采样前后滤膜质量之差及采样体积，可计算总悬浮颗粒物的质量浓度。滤膜经处理后，可进行组分分析。

### 二、仪器与试剂

（1）KC-120E型智能中流量采样器。

（2）温度计。

（3）气压计。

（4）8cm超细玻璃纤维滤膜。

（5）滤膜储存袋。

（6）分析天平（感量0. 1mg）。

### 三、样品采集

（1）每张滤膜使用前均须用光照检查，不得使用有针孔或有任何缺陷的滤膜采样。

（2）采样滤膜在称量前需在平衡室内平衡24h，然后在规定条件下迅速称量，读数准确至0.1mg，记下滤膜的编号和质量，将滤膜平展地放在光滑洁净的纸袋内，然后储存于盒内备用。采样前，滤膜不能弯曲或折叠。

平衡室放置在天平室内，平衡温度在20~25℃，温度变化为±3℃，相对湿度小于50%，湿度变化小于5%。天平室温度应维持在15~30℃。

（3）采样时，将已恒重的滤膜用小镊子取出，“毛”面向上，将其放在采样夹的网托上（网托事先用纸擦净），放上滤膜夹，拧紧采样器顶盖，然后开机采样，调节采样流量为100L/min。

（4）采样开始后5min和采样结束前5min记录一次流量。一张滤膜连续采样24h。

（5）采样后，用镊子小心取下滤膜，使采样毛面朝内，以采样有效面积长边为中线对叠，将折叠好的滤膜放回表面光滑的纸袋并储于盒内。

（6）记录采样期的温度、压力。

## 四、数据处理

$$\text{总悬浮颗粒物的含量}\ (\mathrm{mg/m^3}) = \frac{W}{Q_n \times T}$$

式中，$W$为采集在滤膜上的总悬浮颗粒物质量（mg）；$T$为采样时间（min）；$Q_n$为标准状态下的采样流量（$m^3$/min）。

$$Q_n = Q_2 \times \frac{273 \times p_3}{101.3 \times T_3} = 2.69 \times Q_2$$

式中，$Q_2$为现场采样表观流量（$m^3$/min）。$p_2$为采样器现场校准时大气压力（kPa）；$p_3$为采样时大气压力（kPa）；$T_2$为采样器现场校准时空气温度（K）；$T_3$为采样时的空气温度（K）。

若$T_3$、$p_3$与采样器现场校准时的$T_2$、$p_2$相近，可用$T_2$、$p_2$代之。

## 五、注意事项

由于采样器流量计上表观流量与实际流量随温度、压力的不同而变化，所以采样器流量计必须校正后使用。

要经常检查采样头是否漏气。当滤膜上颗粒物与四周白边之间的界线模糊，表明板面密封垫没有垫好或密封性能不好，应更换面板密封垫，否则测定结果将会偏低。

取采样后的滤膜时应注意滤膜是否出现物理性损伤及采样过程中是否有穿孔漏气现象，若发现有损伤、穿孔漏气现象，应作废，重新取样。

## 第三节　空气主要污染物自动监测方法

监测仪器主要分为空气气体污染物监测仪、空气颗粒物监测仪、空气负离子监测仪、气象要素监测仪，其中空气气体污染物监测仪包括 $NO_x$ 监测仪、$O_3$ 监测仪、$SO_2$ 监测仪、CO 监测仪等；空气颗粒物监测仪包括 $PM_{10}$ 监测仪、$PM_{2.5}$ 监测仪和气溶胶再发生器。

### 一、空气颗粒物监测仪

目前直接监测空气颗粒物浓度的仪器可以分为两种，一是原位空气颗粒物监测仪，原理是重量法、β 射线法和振荡天平法等；二是便携式空气颗粒物监测仪，原理是激光散射法，常用仪器设备有 DUSTMATE、METONE-831 等。原位监测仪器的主要优点是设备运行较为稳定，且由人为操作因素引起误差的概率较小，监测结果的准确性及稳定性相对较高；缺点是只能对某一固定地点进行长期连续监测，不方便移动。而移动便携式监测仪可以随时随地监测空气颗粒物浓度，适用于多点同时开展监测研究。两种仪器的基本介绍如下。

### 二、原位 $PM_{2.5}$/ $PM_{10}$ 自动监测仪

（1）方法原理。$PM_{2.5}$ 和 $PM_{10}$ 连续监测系统的测量方法为 β 射线吸收法（表 3-2）。

监测仪器将 $^{14}C$ 作为辐射源，同时以恒定流量抽气，空气中的悬浮颗粒物被吸附在 β 源和探测器之间的滤纸表面，抽气前后探测器计数值的改变反映了滤纸上吸附灰尘的质量，由此可以得到单位体积悬浮颗粒物的浓度。

**表 3-2　空气颗粒物主要监测仪器**（牛香，et al. 2017）

| 仪器设备 | 原理 | 测量方式 | 灵敏度（$mg/m^3$） | 特点 |
|---|---|---|---|---|
| 原位 $PM_{2.5}$ 分析仪 | β 射线吸收法，仪器加装动态加热系统 | 自动、在线、连续 | 0.001 | 准确度高，测量结果与颗粒物粒径、颜色、成分无关 |

（续表）

| 仪器设备 | 原理 | 测量方式 | 灵敏度（$mg/m^3$） | 特点 |
|---|---|---|---|---|
| 原位 $PM_{10}$ 分析仪 | β射线吸收法，仪器加装动态加热系统 | 自动、在线、连续 | 0.001 | 准确度高，测量结果与颗粒物粒径、颜色、成分无关 |
| 便携式空气颗粒物监测仪 | 激光散射法 | 自动、连续 | 0.001 | 灵活方便，精度低 |

建立吸收物（如纸带上的灰尘）与β射线粒子衰减量接近指数（近似）的关系，当吸收物质厚度远小于β粒子的射程时，吸收近似满足如下关系：

$$I=I_0 e-\mu_{mX} \qquad 式（3-6）$$

式中，$I_0$为空白滤纸的β粒子计数值；$I$为β射线穿过沉积颗粒物的滤纸的β料子计数值；$\mu_m$质量吸收系数（$cm^2/mg$），对于同一吸收物质，其与放射能量有关；x 为吸收物质的质量密度（$mg/cm^2$）。

由此导出 x 吸收物质质量密度：

$$x=\frac{1}{\mu m}1n\frac{I0}{I} \qquad 式（3-7）$$

测量时，气泵以恒定流量抽取被测空气，若恒定流速为 Q（L/mim），采样时间为 $\Delta t$（min），通过纸带尘样的截面积为 A（$cm^2$），环境粒子浓度 Mc（$mg/m^3$），则空气粒子浓度和测定的数量之间的关系为：

$$Mc=\frac{10^3 \cdot A \cdot x}{Q \cdot \Delta t} \qquad 式（3-8）$$

将 $x$ 代入可得：

$$Mc=\frac{10^3 \cdot A}{Q \cdot \Delta t \cdot \mu m}1n\frac{I0}{I} \qquad 式（3-9）$$

（2）监测仪的组成。$PM_{2.5}$和 $PM_{10}$连续监测系统包括样品采集单元、动态加热单元、样品测量单元、数据采集和传输单元及其他辅助设备。

样品采集单元。样品采集单元由采样入口、切割器和采样管等组成。将环境空气颗粒物进行切割分离，并将目标颗粒物输送到样品测量单元。

a. 切割器是根据空气动力学原理设计的，用于分离不同粒径的颗粒物。切割效率流量为 16.7L/min（上下浮动 3%）。

b. 切割粒径。

$PM_{10}$切割器：（10±0.5）$\mu m$ 空气动力学直径。

$PM_{2.5}$切割器：(2.5±0.2) $\mu m$ 空气动力学直径。

## 三、便携式空气颗粒物监测仪

便携式空气颗粒物监测仪是一款高度集成的便携式、主动型颗粒物监测仪，具有准确度高、体积小、重量轻、易于操作和户外操作时间长的特点。主要应用于现场治理、粒径判别、质量验证、暴露模型和哮喘患者的个人保护。采用浊度测定法、体积流量控制技术和相对湿度补偿功能，能够实时准确测定颗粒物浓度；集成化的样品过滤器便于用称重法进行数据验证。一般情况配有可溯源到 ACGIH 的旋风式切割器，设置不同的流量，测量 TSP、$PM_{10}$、$PM_{1.0}$。螺旋形的样品入口在没有旋风式切割器的情况下也能保证颗粒物的吸入和样品的代表性。以 DUSTMATE 为例，介绍便携式空气颗粒物监测仪的原理及特点，其主要技术性能指标见表 3-3。

**表 3-3　便携式颗粒物监测仪技术性能指标**（牛香，et al. 2017）

| 项目 | 指标 |
|---|---|
| 测量范围（$mg/m^3$） | 0~1 或 0~10（可选） |
| 50%切割粒径 | 10±1，空气动力学直径 |
| 最小显示单位（$mg/m^3$） | 0.001 |
| 采样流量偏差 | ≤±5%设定流量/24h |
| 仪器平行性 | ≤±7%或者 5PG/m |
| 标准膜重现性 | ≤±2%标准值 |
| 斜率 | 1±0.1 |
| 与参比方法比较截距（$PG/m^3$） | 0±5 |
| 相关系数 | ≥0.95 |
| 输出信号 | 模拟信号或数字信号 |
| 工作电压 | AC 220V±10%50Hz |
| 工作环境温度（℃） | 0~40 |

基本原理主要是采用最新的激光散射原理，颗粒物经过进样口进入光学测量室内，光源产生 880nm 的红外光照射到颗粒物上发生散射，位于 90°角位置上的探测器将散射光捕获。通过散射光强与校准颗粒物质量浓度的关系，实时计算并显示质量浓度。

对采样管进行加热，控制采样气体中湿度，防止冷凝水产生。

动态加热系统（Dynamic Heatedly System，DHS）：根据外界温湿度的变化实时调节加热方式，使样品的温湿度控制在合适的范围内，减少持续加热时间，降低不稳定成分的挥发，以保证颗粒物测量的准确性。

DHS 主要由温湿度传感器、加热器和湿度控制软件组成，其中加热器位于滤膜之前的采样气路上，当温湿度传感器检测到气体湿度不在控制软件设定的湿度范围时，便启动智能控制加热器进行加热，控制采样气体的湿度，从而消除环境温湿度变化对测量的影响。

为保证设备运行安全，采样气体被加热到最高温度为 $T$（℃），当气体温度超过 $T$（℃）时，DHS 不进行加热；当气体温度小于 $T$（℃），DHS 根据湿度进行动态加热控制湿度。

样品测量单元：样品测量单元对采集空气环境中的 $PM_{2.5}$或 $PM_{10}$样品进行测量。由流量控制模块、机械传动组件、β 源和探测器等组成。

流量控制模块：在监测仪器正常工作条件下，流量控制模块保证采样入口处流量符合以下三个指标：①平均流量偏差±5%设定流量；②流量相对标准偏差≤2%；③平均流量示值误差≤2%。

机械传动结构：精确的纸带传动控制电路和结构设计，消除了回程误差的影响。纸带斑点均匀，纸带利用率高。

β 源和探测器：颗粒物监测仪通过采样系统按规定流量抽取空气样品，气体通过带状滤纸过滤，使粉尘集中到该滤纸上，捕集前和捕集后的滤纸分别经 β 射线照射并测定透过滤纸的 β 射线强度，便能间接测出附在滤纸上的粉尘质量。β 射线辐射尖一般使用等放射性同位素$^{14}C$，β 射线辐射强度用探测器进行测定。

数据采集和传输单元：数据采集和传输单元通过采集、处理和存储监测数据，并能按中心计算机指令传输监测数据和系统工作状态信息。

其他辅助设备：主要包括机柜或平台、安装固定装置、采样泵等。

测量流程：完成一个周期需要的全部过程和时间。基本流程如下。

a. 在周期开始时，先运行一个窗口距离，然后在 4min 内执行洁净纸带 $I_0$的初始计数。

b. 电机带动纸带运转至采样处，进入抽气状态，开始采样。空气从纸带上的这一点抽入 50min。

c. 抽气结束，纸带运动回测量点，测量收集尘的截面所吸收的 β 射线（$I_1$）。

d. 等待至下个整点进行下一次的循环。

# 第四节　空气负（氧）离子浓度自动监测方法

## 一、监测设备

（1）监测设备分类。监测设备可分为固定式和移动式（便携式）两种。本标准以因定监测设备为准。固定式监测设备为常年固定安装在监测场，24h 不间断地自动采集空气负（氧）离子浓度数据，并实时地往服务器无线传输数据。

移动式监测设备在监测场实行人工操作，监测完毕带回室内保管，达不到自动连续监测要求。

（2）性能指标要求。监测设备性能指标要求见表 3-4。

**表 3-4　监测设备性能指标**（国家林业局，LY/T 2586—2016）

| 序号 | 项目 | 性能指标 |
|---|---|---|
| 1 | 负（氧）离子测量范围 | 0~50 000 个/$cm^3$ |
| 2 | 负（氧）离子迁移率 | ≥0.4$cm^2$/（V·s） |
| 3 | 负（氧）离子测量分辨率 | 10 个/$cm^3$，当观测值≤500 个/$cm^3$时<br>50 个/$cm^3$，当 500 个/$cm^3$<观测值≤3 000 个/$cm^3$时<br>100 个/$cm^3$，当 3 000 个/$cm^3$<观测值≤50 000 个/$cm^3$时 |
| 4 | 负（氧）离子采样频率 | 50 次/s |
| 5 | 负（氧）离子浓度测量误差范围 | -20%~20% |
| 6 | 负（氧）离子迁移率误差范围 | -20%~20% |
| 7 | 数据观测采集频率 | 1 条数据组/min，实时动态观测采集 |
| 8 | 数据传输存储频率 | 2 条数据组/min，实时动态传输 |
| 9 | 传输通信方式 | 手机（sim 卡）移动通信、北斗无线、光纤有线等多种方式 |
| 10 | 数据存储时间 | 传输断线情况下保存 2 个月 |
| 11 | 数据补传功能 | 2 个月内可手动补传 |
| 12 | 主机外接电源 | 220V 民用电源 |
| 13 | 主机内置蓄电池 | 供电时间≥2h（设备在断电的情况下） |

## 二、环境适应性要求

指安装于监测场的监测设备环境适应性要求，具体见表 3-5。

**表 3-5　监测设备环境适应性要求表**（国家林业局，LY/T 2586—2016）

| 序号 | 项目 | 指标 |
|---|---|---|
| 1 | 环境温度 | -30~60℃ |
| 2 | 环境湿度 | 0%~100%（允许过饱和） |
| 3 | 大气压力 | 450~1 060hPa |
| 4 | 抗风能力 | ≤75m/s |
| 5 | 降水强度 | 6mm/min |

## 三、空气负（氧）离子浓度等级划分

根据平均值，空气负（氧）离子浓度等级划分见表 3-6。

**表 3-6　空气负（氧）离子浓度等级划分表**（国家林业局，LY/T 2586—2016）

| 等级 | 负（氧）离子浓度（n，个/cm³） | 备注 |
|---|---|---|
| Ⅰ | n≥3 000 | 优 |
| Ⅱ | 1 200≤n<3 000 | |
| Ⅲ | 500≤n<1 200 | |
| Ⅳ | 300≤n<500 | ↓ |
| Ⅴ | 100≤n<300 | |
| Ⅵ | <100 | 劣 |

## 四、监测场选址

（1）选址原则。

①符合国家和地方法律法规政策等相关规定。

②对人类活动和生态状况具有一定指示意义的典型区域，分别反映城区、近郊、远郊、森林或湿地区域的人类活动和生态状况的典型特点。

③具有民用电源、手机信号强、效能便利、施工安全、维护容易的区域。

④水淹、山体滑坡、泥石流、水土流失等灾害不易发生的区域。

⑤避开空气负（氧）离子产生源的异常区域，例如，避开喷泉、瀑布或人工负离子发生装置等。

⑥避开空气负（氧）离子干扰源的异常区域，例如，避开信号发射塔、空调室外机、离高压电线等以及山地哑口、风口等。

⑦避开交通、工农业生产以及居民生活等产生污染源的区域。

（2）各类型区选址原则。

①城区、近郊和远郊监测场。

a. 城区监测场，布设在城市建成区相对安静的典型区域。

b. 近郊监测场，布设在乡镇建成区相对安静的典型区域。

c. 远郊监测场，布设在行政村相对安静的典型区域。

监测场应具有树木遮阳，避免监测设备主机长时间在太阳下暴晒。

②森林监测场。

a. 选择经营周期长、成片分布在生态公益林内，林分连续面积大于 $8hm^2$。

b. 森林类型典型，建群种为当地优势乔木树种（西北地区可为当地优势灌木树种）组成，优先选择天然林，监测场内无大面积光斑或林窗，避免监测设备主机长时间在太阳下暴晒。

③湿地监测场。

a. 宜布设在成片分布的自然湿地区域内，湿地连续面积大于 $8hm^2$。

b. 监测场内应具有树木（植被）遮阳，避免监测设备主机长时间太阳下暴晒和位于高湿区域。

（3）监测场选址条件。

a. 具有 24h 不间断、稳定的 220V 民用电源和较强的移动手机信号。

b. 四周范围内建筑物的遮挡角度不超过 5°。

c. 距离喷泉、瀑布不少于 100m。

d. 距离交通干道不少于 100m。

e. 监测场为 4m×4m 的相对平整地方，场内不宜有树桩、灯杆、广告牌等。

（4）监测场确定。

①根据城市分布格局、当地森林或湿地资源分布图，按照上述选址原则、条件进行选择。

②每个监测场要求 3 个及以上备选的监测场址，经外业考察后确定其中最优的 1 个场址。

## 五、监测场地建设

（1）简易步道。可设置通往监测场地的简易步道。

（2）场地清理和平整。理除场地内枯死（腐）木和挂在树上的枯死（腐）枝条；清理场地内杂灌、杂草等。清理场地范围内乱石，填补坑洞，平整场地。

（3）监测设备底座建设。设备底座（基座）开土方 60cm×60cm×50cm。当土壤疏松时，底座地基应加深；底座由水泥、细沙、碎石与安装预埋件（钢筋地笼）浇注形成。

（4）电源线敷设。电源线（或光缆线）应埋在地表以下深 10~30cm 的土中。

（5）防护围栏建设。防护围栏边长 4m×4m 和高 1.5m，不锈钢建材，油漆成深绿色，并在显目位置挂“禁止攀爬”警示标志牌。

（6）环境保护。安装施工结束后，清理施工过程中产生的垃圾，并进行地被物恢复和绿化。

# 主要参考文献

陈东，曹文洪，傅玲燕，等 . 1999. 风沙运动规律的初步研究［J］. 泥沙研究，(6)：84-89.

陈广庭 . 2004. 沙害防治技术［M］. 北京：化学工业出版社 .

董光荣，李长治，金炯 . 1987. 关于土壤风蚀风洞试验的某些结果［J］. 科学通报，32（4）：297-301.

国家林业局 . LY/T 1952-2011. 森林生态系统长期定位观测方法［S］. 2011-06-10/2011-07-01.

国家林业局 . 2016. LY/T 2586-2016，中华人民共和国林业行业标准［S］.

贺大良，等 . 1988. 地表风蚀物理过程风洞实验的初步研究［J］. 中国沙漠，8（1）：18-29.

刘贤万 . 1995. 试验风沙物理与风沙工程学［M］. 北京：科学出版社 .

牛香，薛恩东，王兵，等 . 2017. 森林治污减霾功能研究［M］. 北京：科学出版社 .

孙成 . 2003. 环境监测实验［M］. 北京：科学出版社 .

张伟，梁远，汪春 . 2006. 土壤风蚀机理的研究［J］. 农机化研究，(2)：43-44，47.

# 第四章　宁夏中部干旱带风蚀现状研究进展与发展趋势

## 第一节　国内外风蚀研究进展

风蚀是一定风速的气流作用于土壤或土壤母质，而使土壤颗粒发生位移，造成土壤结构破坏、土壤物质损失的过程，发生于干旱、半干旱地区及部分半湿润地区土地沙漠化的首要环节。全球极易发生土壤风蚀的地区包括非洲、中东、中亚、东南亚部分地区、西伯利亚平原、澳大利亚、南美洲南部及北美洲的内陆地区。土壤风蚀更是我国干旱、半干旱及部分湿润地区土地退化或荒漠化的主要过程之一，其发生区域广泛，分布范围已占国土面积的1/2以上。目前，我国整个北方地区都存在着不同程度的土壤风蚀问题，由此产生的风沙活动已危及首都北京，亟待解决。

人类对防沙治沙的认识和研究，是随着科学技术和社会生产的不断发展和进步而逐渐深化的。风蚀研究伴随着风沙现象有关研究领域和土壤侵蚀研究而发展起来的。科学的风蚀概念以“侵蚀”为基础，形成于19世纪末期。国外风蚀研究经历了三个阶段：19世纪末期，风蚀最初被认为是一种不太重要的地质过程，研究方法以考察和描述为主。20世纪30年代前为风蚀研究的萌芽阶段。在Free（1911）的文献综述中，有关风蚀的文献已达2 457篇。20世纪初，美国西部的风蚀问题引起了科学界的极大兴趣。20世纪30年代以来，国际上风蚀研究实现了从定性描述到定量研究的飞跃。Bagnold（1941）开创了“风沙物理学”。1965年Woodruff和Siddoway提出了“风蚀方程（WEQ）”，标志着系统的土壤风蚀理论体系已初步形成。自1977年以来，国际上召开了四次重要的风蚀会议，集中讨论沙漠化、沙粒运动、土壤风蚀、风沙沉积物、风蚀防治、风沙过程与全球变化及新技术应用等课题。

以日本为例，在近400年的历史里，以生态安全为基本保障和出发点，日本走出了对沙地资源进行简单防控到合理、有效地治理、保护和综合开发利用的科学发展道路，对有效防护日本海岸生态，合理发展沙地休闲旅游，拓展商用、民用及农用土地资源等方面，均作出了不可磨灭的贡献。同时，以沙为媒介，通过建立面向全民的治沙专业技术展览馆、面向全国共同利用的专业研究机构和面向世界的系列治沙专业技术培训机构与援外行动，对有效提高全民生态环保意识、提升国家科研水平、增强日本在国际社会地位等方面均起到了立竿见影的效果。

我国古代人们对沙漠的认识可以追溯到公元前1150年。最早对我国沙漠考察的是一些外国人，直到1926年冯景兰等人才有研究。20世纪30—40年代，曾提出营造防护林、轮作、种草等防治风蚀措施建议。对沙漠深入研究及治理工作，是在新中国成立后进行的。20世纪50—60年代基本搞清了我国风蚀沙害的空间分布、危害方式、区域差异和主要成因等。直到1977年联合国内罗比会议之后，中国的土壤风蚀研究才从定性描述走向定量分析。

遏制沙尘暴，必须寻根追源，对症下药。为此，中科学院研究表明沙尘暴沙源主要来自退化的耕地和草地，而不是沙漠。高焕文等研究表明北京沙尘暴70%的沙尘来自北京外围冬季裸露休闲的农田。左忠等研究表明免耕是减少沙尘危害的有效手段，并逐一量化了宁夏中部干旱带常见几类地表的土壤可蚀性。人们逐步开始认识到水土流失、生态恶化的真正原因，除大量开荒、林草植被减少外，还和耕作方式不当、经营盲目、管理粗糙密切联系，并且意识到保护农田对防治土壤风蚀的重要性。

风蚀是宁夏中部干旱带主要自然灾害，也是宁夏及周边省区风蚀主要发生和发展沙源地之一，开展风蚀沙尘监测研究，对科学指导当地风蚀防治，实施防沙治沙相关生态修复工程均具有一定的理论与现实意义。

宁夏中部干旱带位于东经104°17′~107°41′，北纬36°06′~38°18′，包括海原县、盐池县、同心县、红寺堡区、固原市东部8个乡和中宁县、中卫城区、灵武市、利通区的山区部分。北临引黄灌区，南连黄土丘陵沟壑区，东靠毛乌素沙地，西接腾格里沙漠，总面积3.05万$km^2$，占宁夏土地总面积的45.9%。该区年日照时数为2 854.9h，≥10℃有效积温为3 178℃，无霜期153d，年降水量仅为189.5mm，蒸发量为2 400mm，十年九旱，曾被联合国环境署确定为“不适宜人类生存的地带”。林木覆盖率仅为6.9%，是我国沙尘危害重灾区之一。

宁夏中部干旱带地处西北内陆农牧交错地带，西、北、东三面分别受腾格里沙漠、乌兰布和沙漠和毛乌素沙地包围，是我国土地严重沙化的地带之一，也是京津地区三大沙源地主要通道，严重影响当地人民生产、生活，并且在一定程度上影响到国家的生态安全。由于气候干旱，降水稀少、蒸发强烈、土质带沙，植被稀疏等自然因素和人口压力、经济利益驱动所造成的乱采、滥挖、乱垦、超载过牧等人为因素的综合作用，土地退化已成为制约宁夏当地经济及农牧业发展的主要瓶颈。因此从较深层面上了解该区风蚀特征、明确主要沙尘来源、量化风蚀对不同景观地貌侵蚀程度，为制定科学的防治措施具有一定的指导意义。

自2003年宁夏全境禁牧以来，禁牧天然草场面积约占全区总面积的70%以上。现有农田主要包括旱作翻耕农田、压砂农田和灌溉农田3种，其中压砂农田则是我国西北传统的抗旱耕作形式；灌溉农田一般均具备良好的农田防护林带和土壤水分条件，风蚀不明显。但多年研究表明，宁夏中部干旱带沙质旱作农田占当地总耕地面积的近70%，以及部分由于偷牧、过牧的退化、沙化草场，均是风蚀防治的重点对象。因此，对大面积分布的、广种薄收的旱作农田特别是沙质旱作农田、退化沙化草场，风蚀是该区长期的、主要的自然灾害。

据中国科学院寒旱所研究表明，在砂田和表面有直径大于0.84mm颗粒的农田中，风蚀现象相对较弱，砂田弃砂后的裸露地易受风蚀。左忠等对比分析了宁夏中部干旱带典型景观地貌土壤可蚀性差异。同时，从宁夏中部干旱带严峻的风蚀现状出发，结合已有研究基础，通过对国内外风蚀研究历史、现状、发展动态等的回顾和分析表明：关于沙尘源研究探讨、工程干预对风蚀防治效果、风蚀机理等理论与基础性研究仍是今后风蚀研究的主导方向。赵光平等指出在宁夏中部干旱带，生态环境的恢复与改良，对减少沙尘暴发生频次具有显著的生态调控潜力。张惠祥对中部干旱带沙尘暴和旱灾危害给出了相应的生态建设对策。边振、沈彦等研究表明：长期封育不利于提高草场的放牧利用价值，不利于维持人工草地的稳定性和生产力，建议积极采取半封育措施。

近几年来，为了有效保护全球环境，以防沙治沙为主题的国际间合作日益加强，其中涉及对中国的援助主要有日本、德国和韩国等。以日本为例，仅“亚洲内陆地区浮尘的发生机理及其远程输送过程”1个研究项目来自日本的经费投入就约合人民币1.71亿元，可见其重视程度。在对国民以科普、旅游等为主要目的开放的同时，通过在防沙治沙相关技术领域中科研技术的不断深化和创新，并将研究成果和成熟的相关产品等通过援外计划和国际合作的方式，迅速应用到世界各地，共同探索世界各地有效的防沙治沙技术。同时，吸收和培养来自世界各地的留学生、专业技术人员深造和交流。这些举措均为提高日本的国际影响、技术创新和出口创汇等起了不可替代的作用。

宁夏是自20世纪80年代以来日本治沙援华政策中非常有代表性的一个省区。截至目前，在生态领域，日援治沙是近20年来宁夏接受所有外援国中投资额最大的。据不完全统计，截至 2004 年，援助总额约为 1.36 亿元人民币左右（唐麓君《治沙造林工程学》估算所得）。在这些援外项目中，最有代表性的是“中日合作宁夏森林保护研究计划项目”（1994—2001 年）、日本国政府无偿援助“中华人民共和国黄河中游流域宁夏生态防护林建设项目”（2000—2003 年）、日中绿化交流基金“宁夏青少年治沙造林教育项目”“中日合作宁夏-岛根友好林项目”等。无论在治理效果、科研水平的提升，还是治沙队伍的培养、民间团体交流、沟通等均为宁夏防沙治沙事业提供了不可磨灭的贡献。

随着中国经济不断发展和国力的不断提升，自 2006 年以来，以防沙治沙援外培训为主导，以宁夏农林科学院荒漠化治理研究所为主体，承接了对外援助技术培训。截至目前，已先后完成了 14 期针对阿拉伯联盟国家为主体的 22 个国家的 260 余名外国专业技术人员和官员培训。培训内容除涉及防沙治沙外，还涉及水土保持、畜牧业养殖、电子商务等。同时，2018 年，又计划开展 3 期涉及近 100 人的上述援外技术培训。援外技术培训的成功举办，对开展相关技术转移、提升中国国际影响力、宣传中国及宁夏等均起到了不可替代的作用。

## 第二节　宁夏中部干旱带风蚀现状

### 一、宁夏风力侵蚀强度分级指标

土壤风蚀是宁夏主要自然灾害之一，研究、治理和抵御风蚀危害是各级政府与群众长期面对的共同使命。参照《宁夏通志·地理环境卷》（2008），将宁夏风力侵蚀强度划分为 6 级，分别为微度、轻度、中度、强度、极强度和剧烈级。

**表 4-1　宁夏风力侵蚀强度分级指标**　　单位：t/（$km^2$·年）

| 侵蚀强度 | 侵蚀模数 |
| --- | --- |
| 微度 | <240 |
| 轻度 | 240~2 250 |
| 中度 | 2 250~4 500 |
| 强度 | 4 500~9 000 |
| 极强度 | 9 000~18 000 |
| 剧烈级 | >18 000 |

注：引自《宁夏通志·地理环境卷》，2008

侵蚀模数分别从<240t/（$km^2$·年）、240~2 250t/（$km^2$·年）、2 250~4 500 t/（$km^2$·年）、4 500~9 000 t/（$km^2$·年）、9 000~18 000 t/（$km^2$·年）到 >18 000t/（$km^2$·年）。根据现有资料及调查资料表明，除中卫沙坡头区、灵武市、陶乐部分区域属于中度、强度、与极强度外，宁夏中部干旱带风力侵蚀强度一般仅为微度至轻度，有效减少风力侵蚀、保持良好的农田小气候环境、降低土壤风蚀依然是农田防护林重点考虑的自然灾害。

## 二、宁夏沙质荒漠化分布

从《宁夏沙质荒漠化分布图》看，宁夏中部干旱带沙质荒漠化自南向北主要分布在中卫沙坡头、灵武、永宁、陶乐、平罗、大武口等市县，戈壁主要分布在贺兰山东麓沿山公路附近，横跨银川及整个银北地区的绿洲平原，从自然分布带上，属于典型的绿洲农业。因此，土壤风蚀依然是上述地区主要的自然灾害之一，特别是每年3—5月，在防护林布设上，特别是主林带设置和主害风防治上，需做一定程度的重点考虑，但随着近些年生态治理工程建设步伐的逐渐加快，生态环境条件的日益改善，与20世纪80年代相比，农田沙化及农田直接造风蚀的现象不明显，农田防护林布设重点是考虑如何有效降低有害风速，保持林带小环境，保证作物正常生长和反季节等设施农业正常经营管理等方面。

## 三、宁夏风力侵蚀强度分布

按照《宁夏通志·地理环境卷》(2008年）提供的统计表明，宁夏受风力蚀侵的轻度以上的侵蚀总土地面积为15 976$km^2$，占总土地面积的30.7%，其中强度、极强度、剧烈级的累计侵蚀面积为2 485.8$km^2$，占总土地面积的4.78%，其中除盐池、同心、固原地区、海原县以外的宁夏中部干旱带占1 983$km^2$，占全区强度及以上总风力蚀侵土地面积的79.77%，为宁夏强度及以上风力侵蚀主要分布区域。

从表4-2可以看出，宁夏中部干旱带风力侵蚀强度、极强度与剧烈极土地面积主要分布在吴忠市、中卫市、灵武市及石嘴山陶乐地区，是农田防护林网防风效能设置重点考虑的区域。

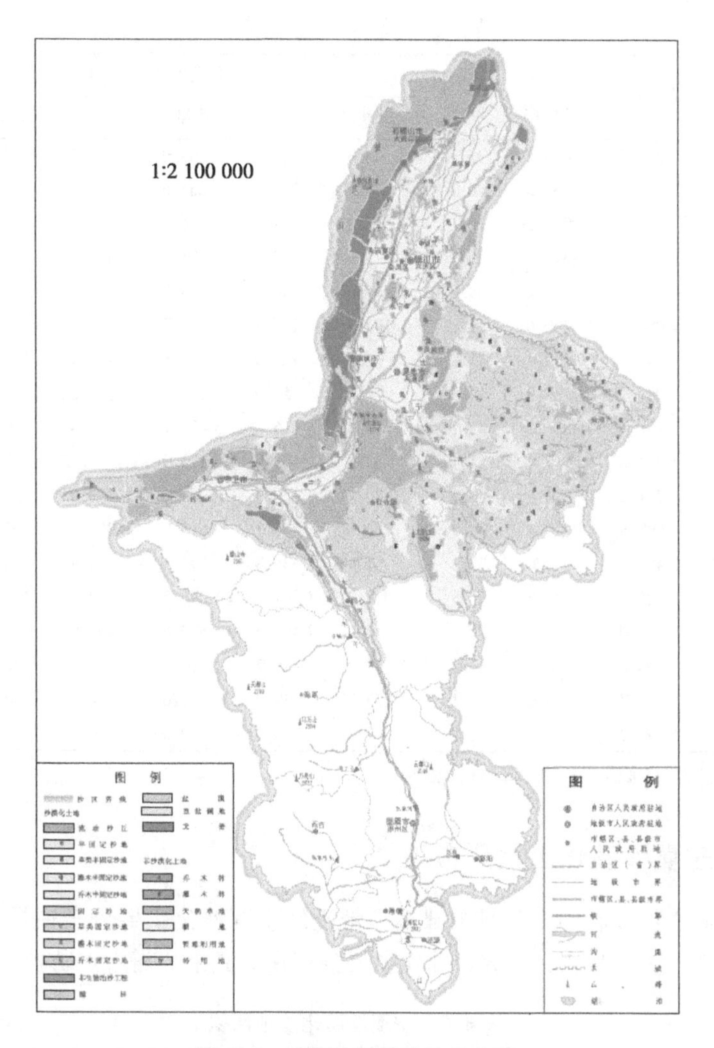


**图 4-1　宁夏沙质荒漠化分布图**

注：引自《宁夏通志·地理环境卷》2008

**表 4-2　宁夏风力侵蚀强度各级面积统计表**　　单位：$km^2$

| 行政区 | 总面积 | 轻度以上侵蚀面积 | 占总面积（%） | 各级侵蚀强度面积 | | | | | |
|---|---|---|---|---|---|---|---|---|---|
| | | | | 微度 | 轻度 | 中度 | 强度 | 极强度 | 剧烈级 |
| 宁夏回族自治区 | 51 954.7 | 15 976.0 | 30.7 | 3 301.3 | 6 921.9 | 6 568.3 | 1 447.3 | 662.3 | 376.2 |
| 银川市 | 3 549.4 | 1 134.8 | 32.0 | 109.2 | 323.4 | 725.3 | 86.1 | 0.0 | 0.0 |

（续表）

| 行政区 | 总面积 | 轻度以上侵蚀面积 | 占总面积（%） | 各级侵蚀强度面积 | | | | | |
|---|---|---|---|---|---|---|---|---|---|
| | | | | 微度 | 轻度 | 中度 | 强度 | 极强度 | 剧烈级 |
| 银川市郊区 | 1 289. 0 | 416. 8 | 32. 3 | 24. 8 | 127. 6 | 284. 9 | 4. 4 | 0. 0 | 0. 0 |
| 永宁县 | 1 008. 3 | 466. 0 | 46. 2 | 71. 2 | 134. 4 | 263. 6 | 68. 0 | 0. 0 | 0. 0 |
| 贺兰县 | 1 252. 1 | 252. 0 | 20. 1 | 13. 2 | 61. 4 | 176. 9 | 13. 7 | 0. 0 | 0. 0 |
| 石嘴山市 | 4 438. 2 | 1318. 0 | 29. 7 | 219. 1 | 550. 7 | 431. 9 | 182. 0 | 152. 6 | 0. 0 |
| 石嘴山市辖区 | 554. 1 | 186. 2 | 33. 6 | 0. 0 | 90. 0 | 93. 7 | 2. 5 | 0. 0 | 0. 0 |
| 平罗县 | 2 050. 5 | 269. 6 | 13. 1 | 192. 7 | 186. 7 | 58. 5 | 24. 3 | 0. 0 | 0. 0 |
| 陶乐县 | 895. 9 | 679. 4 | 75. 8 | 26. 4 | 219. 0 | 178. 8 | 129. 1 | 152. 6 | 0. 0 |
| 惠农县 | 937. 7 | 182. 8 | 19. 5 | 0. 0 | 55. 0 | 101. 0 | 26. 8 | 0. 0 | 0. 0 |
| 吴忠市 | 27 191. 4 | 13 504. 2 | 49. 7 | 2 675. 3 | 6 026. 8 | 5 411. 1 | 1 178. 4 | 509. 7 | 376. 2 |
| 利通区 | 1 014. 3 | 518. 4 | 51. 1 | 33. 0 | 403. 9 | 113. 9 | 0. 62 | 0. 0 | 0. 0 |
| 青铜峡市 | 1 741. 2 | 1 094. 5 | 62. 9 | 38. 4 | 330. 9 | 763. 6 | 0. 0 | 0. 0 | 0. 0 |
| 中卫县 | 4 599. 4 | 1 919. 4 | 41. 7 | 166. 6 | 276. 1 | 613. 9 | 351. 8 | 301. 5 | 376. 2 |
| 中宁县 | 2 469. 9 | 1 440. 8 | 58. 3 | 41. 0 | 541. 8 | 773. 5 | 64. 9 | 60. 5 | 0. 0 |
| 灵武市 | 3 621. 8 | 2 749. 8 | 75. 9 | 310. 3 | 1 247. 7 | 1 096. 1 | 258. 3 | 147. 7 | 0. 0 |
| 盐池县 | 6 778. 0 | 4 746. 0 | 70. 0 | 718. 9 | 2 408. 6 | 1 839. 6 | 497. 8 | 0. 0 | 0. 0 |
| 同心县 | 6 966. 8 | 1 035. 2 | 14. 9 | 1 367. 2 | 819. 7 | 210. 5 | 5. 0 | 0. 0 | 0. 0 |
| 固原地区 | 16 775. 7 | 19. 0 | 0. 1 | 297. 7 | 19. 0 | 0. 0 | 0. 0 | 0. 0 | 0. 0 |
| 海原县 | 5 499. 2 | 19. 0 | 0. 3 | 297. 7 | 19. 0 | 0. 0 | 0. 0 | 0. 0 | 0. 0 |

注：引自《宁夏通志·地理环境卷》，2008

## 四、宁夏沙漠化土地分布

由表 4-3 可以看出，宁夏中部干旱带土地重度沙化主要分布在灵武、中卫、陶乐、中宁、永宁等地区，农田沙化主要分布在灵武市，需重点防护。

**表 4-3　宁夏沙漠化土地面积**　　单位：万 $hm^2$

| 县（市） | 总计 | 沙化等级 | | | | | | | | | 农田沙化 |
|---|---|---|---|---|---|---|---|---|---|---|---|
| | | 微沙化 | 轻沙化 | 中沙化 | 重沙化 | | | | | | |
| | | | | | 小计 | 薄层浮沙 | 流动沙丘 | 半固定沙丘 | 固定沙丘 | 浮沙地 | |
| 总计 | 148. 58 | 42. 60 | 28. 11 | 6. 23 | 64. 02 | 4. 21 | 18. 93 | 10. 23 | 3. 23 | 27. 42 | 7. 62 |
| 占总计百分比（%） | 100. 0 | 28. 7 | 18. 9 | 4. 2 | 43. 1 | 2. 8 | 12. 7 | 6. 9 | 2. 2 | 18. 5 | 5. 1 |

（续表）

| 县（市） | 总计 | 沙化等级 | | | | | | | | | 农田沙化 |
|---|---|---|---|---|---|---|---|---|---|---|---|
| | | 微沙化 | 轻沙化 | 中沙化 | 重沙化 | | | | | | |
| | | | | | 小计 | 薄层浮沙 | 流动沙丘 | 半固定沙丘 | 固定沙丘 | 浮沙地 | |
| 惠农 | 2.57 | 1.41 | 0.55 | 0.00 | 0.61 | 0.05 | 0.09 | 0.20 | 0.10 | 0.17 | 0.00 |
| 平罗 | 5.46 | 2.00 | 2.37 | 0.00 | 1.09 | 0.07 | 0.61 | 0.17 | 0.17 | 1.05 | 0.00 |
| 陶乐 | 7.00 | 0.02 | 2.31 | 0.23 | 4.44 | 0.24 | 2.40 | 0.51 | 0.24 | 0.07 | 0.00 |
| 贺兰 | 2.03 | 1.02 | 0.16 | 0.09 | 0.76 | 0.01 | 0.22 | 0.40 | 0.09 | 0.04 | 0.00 |
| 银川 | 5.61 | 3.73 | 0.43 | 0.29 | 1.16 | 0.67 | 0.27 | 0.06 | 0.13 | 0.03 | 0.00 |
| 永宁 | 2.82 | 0.71 | 0.46 | 0.00 | 1.65 | 0.09 | 0.93 | 0.39 | 0.15 | 0.09 | 0.00 |
| 青铜峡 | 7.20 | 7.08 | 0.06 | 0.00 | 0.06 | 0.00 | 0.02 | 0.03 | 0.01 | 0.00 | 0.00 |
| 吴忠 | 6.04 | 4.22 | 1.09 | 0.15 | 0.58 | 0.24 | 0.15 | 0.02 | 0.06 | 0.11 | 0.00 |
| 灵武 | 29.67 | 1.87 | 13.65 | 0.56 | 13.37 | 0.15 | 4.48 | 4.64 | 0.53 | 3.57 | 0.22 |
| 中卫 | 12.20 | 0.79 | 1.55 | 1.09 | 8.77 | 0.91 | 5.65 | 0.13 | 0.21 | 1.87 | 0.00 |
| 中宁 | 12.75 | 10.11 | 0.00 | 0.00 | 2.64 | 1.16 | 0.12 | 1.29 | 0.06 | 0.01 | 0.00 |
| 盐池 | 45.75 | 8.61 | 4.63 | 1.47 | 26.27 | 0.55 | 3.95 | 1.53 | 0.79 | 19.45 | 4.77 |
| 同心 | 7.48 | 1.03 | 0.85 | 2.35 | 2.62 | 0.07 | 0.04 | 0.86 | 0.69 | 0.96 | 2.63 |

注：引自《宁夏通志·地理环境卷》，2008

## 五、宁夏荒漠化土地分布

按照荒漠化概念划分，宁夏中部干旱带主要荒漠化类型为风蚀，其次为水蚀，因此防护林防风效能设置依然处于主导地位，其中银川、石嘴山、吴忠、中卫市风蚀比例依次为10.9%、1.9%、24.0%和8.5%，风蚀灾害防治依然是农田防护林设置重点考虑的自然灾害之一见表4-4。

**表4-4　宁夏主要区县土地荒漠化面积**　　单位：万 $hm^2$

| 统计单位 | 荒漠化类型 | | | | | | | |
|---|---|---|---|---|---|---|---|---|
| | 面积合计 | 比例 | 风蚀 | | 水蚀 | | 盐碱化 | |
| | | | 面积 | 比例 | 面积 | 比例 | 面积 | 比例 |
| 宁夏 | 278.90 | 100.0% | 125.98 | 45.2% | 146.61 | 52.6% | 6.31 | 2.3% |

（续表）

| 统计单位 | 荒漠化类型 | | | | | | | |
|---|---|---|---|---|---|---|---|---|
| | 面积合计 | 比例 | 风蚀 | | 水蚀 | | 盐碱化 | |
| | | | 面积 | 比例 | 面积 | 比例 | 面积 | 比例 |
| 银川市 | 35.92 | 12.9% | 30.28 | 10.9% | 5.35 | 1.9% | 0.29 | 0.1% |
| 兴庆区 | 2.21 | 0.8% | 2.21 | 0.8% | 0.00 | 0.0% | 0.00 | 0.0% |
| 西夏区 | 3.97 | 1.4% | 1.45 | 0.5% | 2.52 | 0.9% | 0.00 | 0.0% |
| 金凤区 | 0.04 | 0.0% | 0.04 | 0.0% | 0.00 | 0.0% | 0.00 | 0.0% |
| 永宁县 | 2.78 | 1.0% | 2.12 | 0.8% | 0.66 | 0.2% | 0.00 | 0.0% |
| 贺兰县 | 3.69 | 1.3% | 1.46 | 0.5% | 2.17 | 0.8% | 0.06 | 0.0% |
| 灵武市 | 23.24 | 8.3% | 23.01 | 8.3% | 0.00 | 0.0% | 0.23 | 0.1% |
| 石嘴山市 | 19.90 | 7.1% | 5.28 | 1.9% | 12.67 | 4.5% | 1.95 | 0.7% |
| 大武口区 | 6.51 | 2.3% | 0.17 | 0.1% | 6.11 | 2.2% | 0.24 | 0.1% |
| 惠农区 | 5.47 | 2.0% | 1.59 | 0.6% | 3.43 | 1.2% | 0.45 | 0.2% |
| 平罗县 | 7.91 | 2.8% | 3.52 | 1.3% | 3.13 | 1.1% | 1.26 | 0.5% |
| 吴忠市 | 130.58 | 46.8% | 66.84 | 24.0% | 60.02 | 21.5% | 3.71 | 1.3% |
| 利通区 | 5.36 | 1.9% | 3.50 | 1.3% | 1.86 | 0.7% | 0.00 | 0.0% |
| 红寺堡区 | 21.48 | 7.8% | 11.72 | 4.2% | 10.00 | 3.6% | 0.12 | 0.0% |
| 盐池县 | 55.21 | 19.8% | 39.06 | 14.0% | 12.58 | 4.5% | 3.57 | 1.3% |
| 同心县 | 38.39 | 13.8% | 4.77 | 1.7% | 33.62 | 12.1% | 0.00 | 0.0% |
| 青铜峡市 | 9.77 | 3.5% | 7.79 | 2.8% | 1.96 | 0.7% | 0.03 | 0.0% |
| 中卫市 | 92.51 | 33.2% | 23.58 | 8.5% | 68.58 | 24.6% | 0.35 | 0.1% |
| 沙坡头区 | 44.90 | 16.1% | 13.69 | 4.9% | 30.86 | 11.1% | 0.35 | 0.1% |
| 中宁县 | 24.13 | 8.7% | 9.89 | 3.5% | 14.24 | 5.1% | 0.00 | 0.0% |
| 海原县 | 23.48 | 8.4% | 0.00 | 0.0% | 23.48 | 8.4% | 0.00 | 0.0% |

注：数据引自宁夏回族自治区第五次荒漠化和沙化监测报告，2015

## 第三节　防沙治沙主要研究方向与发展动态

20 世纪 40 年代，苏联在修建中亚荒漠地区铁路中，采用半隐蔽式沙障拉平沙丘，用草方格固定沙地，至此拉开了草方格工程治沙的历史序幕。为了推广长期以来治沙工作的成功经验，和经过实践证明行之有效的防沙治沙技术和模式，国家林业局先后组织编写了《西部地区林业生态建设与治理模式》和《中国防沙治沙实用技术与模式》。2002 年全国人民代表大会通过了《防沙治沙法》，以法律的形式将治沙工作纳入生态环境保护领域。2015 年出台了《中共中央国务院关于加快推进生态文明建设的意见》，对今后一个时期工作做出了全面部署。明确了今后一个时期将继续强化对自然保护和生态修复的支持力度，支持实施退耕还林、还草、还湿和天然林保护工程等，积极推进生态补偿机制等制度建设，不断加大对重点生态功能区的转移支付力度。

## 一、风蚀研究国内外研究现状与发展动态

1. 国外研究现状与发展动态

风蚀是一种全球自然灾害。科学的风蚀概念以“侵蚀”为基础，形成于 19 世纪末期。20 世纪 30 年代以来，风蚀研究实现了从定性描述到定量研究的飞跃，特别是 20—40 年代美国大平原的“黑风暴”侵袭，使土壤风蚀研究得到前所未有的重视，系统的风蚀研究应运而生。自 1980 年以来，国际性的风蚀研究学术活动明显增加，集中讨论沙漠化、沙粒运动、土壤风蚀、风沙沉积物、风蚀防治、风沙过程与全球变化及新技术应用等，形成了比较完整的科学体系。世界各国根据本国特点，形成了各具特色的治沙体系，有力保障了当地生态系统和社会、经济的健康发展。但在一些欠发达地区，风蚀问题仍然是长期以来留下的历史问题、世界问题。

2. 国内研究历史、现状与发展动态

中国在风沙危害及工程治沙技术原理、治沙技术、生物治沙措施和技术模式等方面，因地制宜的成功总结出各类适宜的综合防控技术，取得了举世瞩目的成就，并在国际学术交流与合作中得到了世界各国学术界广泛认可。

## 二、植物治沙

1. 技术发展现状

植物治沙又常称生物治沙，是通过封育、营造植物等手段，达到防治沙漠、稳定绿洲、提高沙区环境质量和生产力的一种技术措施。植物治沙是防沙治沙措施体系中，技术措施最为具体、最主要、最根本、最有效、应用最为普遍的措施，具有经济、持久、稳定，并可改良流沙的理化性质，促进土壤形成，改善、美化环境，提供木材、燃料、饲料、肥料等原料，具有多种生态效益和经济效益

的优点。在长期的实践中取得了成功，产生了一定的生态效益。其优点是技术操作简单，普通农民都能够掌握，能够大面积地组织实施，建设大规模的防风治沙防护林，降低风速，减少风沙灾害对农田和居民区的危害。

2. 主要技术问题

与工程治沙相比，植物治沙技术虽然具有不可替代性，但也存在四个方面的弊端。

一是大规模植树造林需要大量的灌溉用水，沙漠区域主要实行春季造林，与春耕生产农作物用水发生矛盾，造成水资源紧张状态，需要消耗大量的人力、物力和财力。同时新植林带如不及时浇水，将会大面积死亡，造成严重浪费。特别是在干旱缺水的地区，生物措施经常无法实行，或强行应用植物治沙，不但起不到防沙治沙的作用，反而大量消耗地下水，成为植被退化、土壤风蚀、环境恶化的隐性因素。

二是在沙漠区域超量植树造林，会产生与地面草类植物争地下水的问题，造成地表草类植被死亡的负面影响。在沙漠生态治理中存在一个误区，认为沙区生态治理只能用树。单一树种的人工林下土壤恶化较为普遍，树木能给予环境好处，也从环境中消耗大量水和营养物质。树木消耗的水分很少被用在营养的积累上，而大多是用来抗击当地干旱气候了，所以浇再多水树木还是成长极慢，同时形成的林木对地表宜沙草本植物的生存造成威胁。

三是营造的防护林带，应将灌木和林下草本植物的种植和护育摆在与种树同等重要的地位，在沙漠生态治理中形成种植稀疏的树林、适量的灌木和宜沙的草本生态植被最佳搭配。

四是在干旱、半干旱地区，沙地是一种地表裸露疏松的生态系统，植被覆盖度低，风沙活动强烈，降水稀少，蒸发强烈，环境总体处于水分亏缺状态。目前，在干旱风沙区，由于自然降水稀少、人工补灌困难，主要造林树种及植被配置较为随意，未能充分考虑土壤水分持续供给，人工造林密度较为随意，无法保证林地健康持续发展，对土壤水分可持续供给缺乏长期科学定位监测研究。因此土壤水分是该地区决定生态系统结构与功能的关键性限制因子。目前塑料地膜覆盖是这方面的一项重要成果，但塑料地膜在农业生产中的推广应用已造成严重的白色污染，后续回收机制与替代产品开发有待深入开发。

3. 发展动态

（1）需深入挖掘沙地滴灌渗灌治沙技术。从国际国内来看在沙漠干旱区推广滴灌治沙技术是成功之路，滴灌治沙发展高效节水灌溉农业技术实验也取得了一定的成效。大量无节制采集地下水作沙漠生态治理用水，可能会造成这一区域5~10年后地下水位大幅度下降，大面积林带干旱死亡的严重后果。因此，在以民生改善为价值取向，促进农民增收为主要目标，推广沙区滴灌治沙技术的节水农业，严格控制喷灌等高消耗产业，做好经济基础和技术人才准备。

（2）探寻先锋植物治沙技术。它是指积极探寻一些稀有的适应本土的沙生植物，利用它在恶劣气候条件下具有顽强生命力的特点，繁育形成抗干旱沙漠植被的一种治沙技术。应加强对这种先锋植物生态学和繁殖条件的研究，组织科技力量通过对适应沙漠生长的沙生草本植物进行研究、引进和种植科技攻关，为沙地的改造提供先锋植物，逐步实验推广先锋植物治沙技术。

（3）培育种植沙生植物治沙技术。通过培育并大量种植存活性比较强的沙生植物，对其在抗旱性和生态学方面进行深入研究。确定适应沙地的植物种类和种植面积，逐步提高沙漠产业植被防沙固沙的覆盖率和良好效果。

（4）引进固氮植物治沙技术。它是指引进和培育固氮植物，增强植物的氮素营养，增加沙漠有机质和肥力的一种生物治沙新技术。氮是植物生长所必需的元素，沙棘与甘草具有很强的抗旱能力和共生固氮能力，如将这两种植物引进沙漠，不仅能够增强植物的氮素营养，逐渐增加沙漠的有机质，还能通过开发保健医药产品等产业产生可观的经济效益，成为农民增收的增长点。

（5）探索应用生物结皮治沙技术。它是指以沙漠地区自然生长形成的微生物结皮为“模板”，运用现代生物技术予以复制模拟，将其铺在沙漠表层上，形成一层薄薄的微型生物结皮式“地毯”，达到控制流沙的生物治沙新技术，探索应用此项技术在宁夏各沙漠沙地生态治理新模式。

（6）探索研究生态效益补偿机制。公益林是一个受众面很广的生态效益补偿项目。这个项目有着一个重大的缺陷，那就是目前的“补偿”大多用于支付维护和管理森林，对生态效益没有真正意义上的“补偿”。虽然在过去的十几年里已经产生了巨大的生态效益，但是上千万受到影响的农户实际上都是在被迫向社会提供生态效益。这已经违背了生态效益补偿中公平的基本原则。

## 三、工程治沙

工程技术措施成为风沙危害不可替代的防治措施之一。工程治沙技术通常也称为机械固沙，是相对于植物治沙而言，采用各种工程手段防治风沙危害的技术体系。沙障是最早应用于防治风沙危害的技术之一，是植物治沙的前提和保证。由于设置沙障的材料形形色色、目的和功能多种多样，从而形成了复杂多样的沙障分类，产生了多种名称。根据沙障的配置形式分为行列式、方格、羽状和不规则沙障。根据沙障的固沙原理将沙障分为平铺式沙障和直立式沙障。根据沙障材料将其分为柴草沙障、黏土沙障、砾石沙障、塑料沙障和其他化学材料的沙障。根据沙障本身结构分类为：透风、紧密和不透风沙障。

1. 工程治沙研究现状

新中国成立 60 年来，我国风沙危害治理取得了巨大的成就，并且走在了世界风沙危害防治的前列。在理论上基本揭示了风沙危害的成因、类型及程度。在实践中探索出多种风沙危害防治的工程措施和生物措施，制定了以固为主、固阻结合的治沙策略，并建立了一系列因地制宜的风沙危害控制模式。目前，工程治沙技术的理论有待完善，工程治沙技术的材料还比较原始，沙障设置机械缺乏，防风固沙组合模式有待于优化，重大工程中的风沙环境评价困难。

（1）沙障材料的研究。材料是风沙危害治理工程的基础，多年来研究者一直致力于沙障材料的开发与研制，但是能够普遍应用于风沙危害治理，而成本较低的沙障材料还是较少。设置沙障多为就地取材，以黏土、麦草和芦苇较为普遍。随着化工等科技的发展，塑料网、尼龙网、无纺布和石膏等化学材料的使用也开始普及，并逐步取代以往的生物沙障材料。近年也出现了多种新型沙障，如覆膜沙袋、石膏移动式沙障等。棉秆沙障是甘肃省治沙研究所王继和、刘虎俊等人结合我国干旱区棉花种植业的副产品，研制出的一种新型沙障类型，在我国民勤沙区有一定面积的推广。棉秆沙障的使用以其特有的品质成为西北干旱沙区传统沙害防治措施的有力补充。

（2）化学固沙剂。世界上已有 40 多个国家研制出了 150 多种化学固沙剂，部分材料已投入到沙漠化治理实践当中。化学固沙剂在我国首次使用是在 1966 年，较国外晚 60 多年，但在研究方面进行了一系列开创性的探索和试验，在实际应用方面也取得了较好的成效。国内研究和应用较多的化学固沙材料主要是石油加工产品，另外还有水泥浆类、水玻璃类和高分子聚合物。近年来出现了大量的污染小、固沙性能高和易于操作的新型化学固沙材料。严亮将它分为：生态环境固沙材料、微生物类固沙材料和有机-无机复合固沙材料，例如，LVA、LVP、WBS、STB 系列固沙剂，LD 系列土合工程材料，草浆黑液与苯酚、甲醛合成固沙剂，兰州大学的 SH 化学固沙剂。石油产品的化学固沙剂透水性较差和容易产生环境污染。具有优良固结性、较好的透水性和污染较低的化学固沙剂是化学固沙剂研制的目标。

（3）工程治沙技术效益评价。观测表明：塑料方格沙障、麦草方格沙障及黏土沙障可促进沙面结皮的形成；黏土沙障的防风固沙效果最差，年成本最低，价值系数最高；塑料方格沙障防风固沙效果、年成本和价值系数均介于麦草方格沙障和黏土沙障之间。

（4）工程治沙技术的研究趋势。工程防风固沙技术和经验尤其受到国际上的重视。然而，由于基础理论、整体研究水平和社会经济的限制，我国的工程治沙技术研究和应用还存在一定不足，工程治沙技术研究内容与趋势为：风沙危害防治工程机制的野外与模拟试验对比研究，相对较低成本的新型防风固沙材料研制与应用，重大工程中的风沙危害评价与治沙工程效益的前期评估，定位试验研究站的完善以及相关课题的连续性长期研究。

2. 工程治沙技术的不足

（1）风沙工程防治原理还有待进一步研究，还没有形成较完善的风沙理论，因此需要更进一步地研究风沙流特征，形成普遍意义的理论，更好地指导风沙危害工程治理。

（2）防风固沙材料比较原始。芦苇、麦草、黏土和沙砾石等，存在易老化、运输及施工困难等缺点。其次，传统的工程固沙材料设置被动地发挥固沙作用，无法根据风沙危害的状况进行移动或提升。而已有塑料、尼龙网等新型材料由于因成本较高，残留影响环境等问题而无法大面积推广使用。

（3）化学固沙材料缺乏。我国的化学固沙材料研究和应用相对比较落后。选用新材料替代传统的固沙材料已经成为防沙治沙中亟待解决的重要问题。

（4）工程治沙的机械缺乏。现阶段，我国的防风固沙工程施工还主要依靠人力。专业的沙障等防风固沙机械只是处于研究阶段，限制了工程治沙技术的发展。中国林业科学研究院原哈尔滨林机所曾研制出 7CX-2 型草沙障修筑机，填补了国内外行列式草沙障修筑机的空白。2004 年中国农业科学院草原研究所为治理沙化土地研制出了一种新型沙地治理机 2ZB-1.45 型沙障建植播种机。保平等将 2ZB-1.45 型沙障建植播种机应用于内蒙古库布齐流动裸沙地，实施了建植物秸秆沙障同步穴播杨柴，为高效益规模化治理沙化土地开创了新的途径。

3. 研究趋势

（1）风沙工程防治体系原理的研究。针对各种风沙活动过程的不同阻沙、固沙工程，研究其气流场特征、风沙流结构及蚀积规律，应用实验室和野外观测以及计算模拟等方法，揭示其阻沙固沙的力学特性；揭示不同防护体系及防护措施的原理，建立防护体系优化结构设计和集成方案提供参考。

（2）防风固沙新材料的研制与应用：研发和引进新的防风固沙材料，替代或补充目前防风固沙所用的主要材料。

(3) 综合固沙技术的组装与应用。经过多年的研究与实践，我国风沙危害治理从机械和化学的单一方式，向以生物为主多种方式综合应用方式转化，实践证明这是一项有效的措施。目前，随着生物结皮、抗逆植物等培育技术的开发利用，以植物为主体，机械、化学与生物措施相结合的方式正在成为发展趋势。

(4) 长期定位试验研究站的完善与持续发展。生态监测与研究是一个长期的、系统的、全面的过程。经过引入和应用新技术，建设科学技术研究平台，完善与持续发展长期定位试验研究站。

## 四、沙产业开发

沙产业的实践虽取得了一定成效，但与钱学森的沙产业构想还有很大差距，一定程度上仍属于常规农业现代化在沙区环境下的延伸。各项产业开发均需严格普照自然规律，在节水、高效、环保、健康的基础上，探索发展更多适宜于干旱风沙区沙产业开发模式。

目前，我国沙产业的发展目前尚处于起步阶段，还需要更多高新技术的支持，也有待涌现出更多、更好的沙产业实践的成功案例。探索和实验沙物质综合开发利用新技术。通过一定的手段和方法科学利用沙漠砂石，从量上减少沙漠化的危害，从而达到治沙目的一种物理治沙技术。目前，根据专家研究证明可以利用沙漠沙石的主要途径有两种：第一种是利用沙漠细砂生产泡沫混凝土。直接利用沙漠细砂、普通水泥、发泡剂等材料生产泡沫混凝土，产品的各项指标均能达到国家规定的指标要求，在沙漠生态治理中流动的细砂资源能够变“废”为宝。第二种是利用沙漠石英砂制备烧结砖，开发利用沙物质资源，为探索发展“海绵”城市提供丰富多样的透水材料。第三种是深入挖掘传统文化，重点依托民间艺人、行业能手等，深度开发沙画、沙雕、陶瓷、壁画、小工艺品等，将沙产业深度挖掘，为促进社会就业、带动地方旅游产业、拓展资源利用、出口创汇提供产业平台。

在搞好沙区生态建设的同时，大力发展沙产业，积极引导灌木加工类、食品药品加工类、经济林果品加工类、特色种养类、生态旅游类等产业项目，极大地调动了企业和农牧民防沙治沙积极性，初步形成了防沙治沙与产业发展良性互动的局面，实现沙区增绿、农牧民增收。中药材种植加工、有机种养殖业、清洁能源产业、经济林产业、设施农业、旅游休闲产业、沙漠康养产业、历史剧目演绎、沙料建材产业等。引导企业提升与沙产业相关的产品研发能力，特别是与沙物质相关的环保型高附加值产品研究，增加产品附加值，开拓市场、增加竞争能力。加大国际间技术交流与合作，将最新的、具有市场潜力的各类技术应用到沙产业中，努力寻求更多的国际合作与交流，为国际交流合作发挥更多正能量。

## 第四节　宁夏风蚀防治主要技术问题发展对策与研究方向

### 一、主要技术问题

（1）治沙技术单一老旧，对流动沙丘防草方格治沙外，未能有更先进、有效，可取代草方格治沙的取代技术，同时，缺乏可大面积机械化操作的系统化配套技术。

（2）对风蚀防治理论研究，缺乏持续的研究与监测，缺少原理、机理性相关的研究。比如对压砂地砂老化机理，流动沙丘沙粒力学性质结构与人工辅助团粒化、土壤化改良可能，以及沙粒结构与风蚀过程中空气污染、雾霾防治等技术防控相关性理论研究等。

（3）风蚀防治技术研究、理论支撑水平未能达到与国家援外培训、对外交流、中阿合作等国际合作技术需求平台的技术需求，缺乏专业的研究团队与理论支撑水平。

（4）沙产业开发技术领域，可供产业化开发的技术选择范围有限。对沙区沙、光、风、植物等物质化、经济化、产业化技术开拓研究技术滞后，未能满足时代发展需求，缺乏高效、有力的拳头产业支撑。

（5）科研水平与生产需求脱节严重，未能与生产实际技术需求相结合，未能很好发挥技术源于生产、服务于生产。比如，在沙尘暴防控技术领域未能通过研究明确主要防治对象、防控领域，及其配套技术措施，以及通过技术预测防控效果后，达到可具体量化的防控效果。

（6）沙区植物资源开发与利用技术水平落后，对资源开发保护、人工驯化栽培，仅侧重于资源调查、部分人工栽培，对药理化、医用保健等技术研究开发不能与时代需求同步，缺乏龙头产业、企业支撑，缺乏专业技术研究团队。

（7）在风蚀灾害化防护技术领域，缺乏有效理论研究，未能与时代需求同步。比如，在农田防护林布设技术领域，研究水平仅停留在20世纪80年代窄林带、小网格技术水平，明显与机械化农田作业、林带严重胁地现象、路渠机械化维护、新农村乡村环境美化、反季节设施农业灾害有效防控等新时代技术需求脱节。

(8) 过渡重视了传统的生态林建设，与日益增长的人们对集休闲观光、全域旅游、旅游采摘、增彩延绿等多功能林地的技术需求矛盾日益突出。

## 二、主要对策

1. 关于土壤风蚀研究的重点

土壤风蚀问题是一个长期的、历史的沉重问题，人类与风沙危害的斗争将长期共存。现实中，治沙不仅仅是传统意义上人们理解简单的栽树、种草、扎草方格问题。可以预测，在大尺度范围内对沙尘源探讨、人工干预对退化生态改良效果、风蚀机理等理论与基础性应用研究仍然是今后风力侵蚀研究的主导方向。

2. 关于农田压砂特别是耕种条件良好的农田压砂问题

由于压砂技术的不可逆性，荒山压砂无可非议，而对大面积黄绵土型传统翻耕农田压砂保墒的做法很值得深入商榷。同时，应加强砂田衰老机制研究，在明确其衰老原因基上采用有针对性的耕作栽培技术措施，减缓老化以及更新改造。

3. 关于天然草场的放牧、封育与风蚀影响间的可持续利用建议

草地畜牧业是当地群众很主要的经济来源，长期完全的禁牧政策无疑会对当地百姓经济收入产生明显的负面影响。因此很有必要开展封育、放牧与风蚀相关性研究，为指定科学的封育、放牧与防沙治沙措施提供理论依据。全面深入开展不同季节、不同强度、不同区域土壤环境条件下放牧啃食、踩踏对不同植被条件下的地表风蚀影响程度，提出科学合理的特别是适宜于干旱风沙区的可持续性草地科学放牧、科学利用措施。在干旱风沙区，按照当地风蚀危害规律，结合牧草物候期生长规律，建议通过制定3—5月风蚀危害严重期春季全面禁牧，6—7月，以及11月至次年2月可通过休牧、轮牧等措施进行适度放牧，8—10月可全面放牧的禁、休、轮、放等科学合理的放牧措施，实现风蚀放控、草场利用与畜牧业适度发展的生态与经济发展兼顾的良性生态型循环经济发展模式。

4. 坚持适地适树与抗旱造林高效补灌技术应用，减少水源开发，缓解用水压力

由于宁夏中部干旱带特殊的自然条件和严酷的水分胁迫，应特别注重坚持以适地适树造林为基本技术指导措施，提倡以灌木为、乔灌结合的营林方式，尽可能控制一些高耗水型乔木树种的应用，适度控制造林密度，以免造成长期的“年年造林不见林”劳民伤财的恶性循环。同时开展抗旱造林高效补灌配套技术研究，大力引导发展以根灌、渗灌、滴灌、集雨灌溉、重力灌溉、小管出流透水渗

灌、自动控制灌溉等为主导的高效补灌节水措施。

5. 关于防风固沙林网的改进

应大力提倡主辅林网相结合的营林措施，即在相互平行的条状主林网基础上，每隔200~500m与设置一条与主林网走向相垂直的辅助林网，以提高灌木林网的防风阻沙能力，防止平行林网间形成风蚀通道。同时，为确保防护林网物种多样性和近自然性，尤其要控制风沙区柠条造林密度，即林带带距问题，以确保禾本科、豆科为主的适口性较好的牧草比例，减少林带内水分胁迫压力，防止由于营林过密造成地表水分严重亏缺，破坏了原有土壤团粒结构，进而导致沙质地表的次生沙化。在沙区推荐灌木主林网的林带间距至少应在保证在12m以上。

## 三、宁夏沙漠化防治主要研究方向

紧紧围绕建设美丽宁夏的战略部署，重点开展沙地修复改良关键技术研究、沙地发生发展规律监测研究、沙区植物资源可持续开发与利用，以及沙粒结构与风蚀过程对沙区空气污染的影响、沙区城市森林治污减霾功能监测与评价等技术防控相关性理论研究。研究探讨并明确沙尘暴防控技术领域中主要防治对象，以及可能实现的量化防控效果。

1. 沙地修复改良关键技术研究

（1）开展宁夏中部干旱带主要造林树种及植被配置模式土壤水分健康评价，确保人工修复后的生态系统稳定。

针对宁夏中部干旱带自然降水稀少、人工补灌困难、人工造林密度较为随意，对土壤水分可持续供给缺乏长期科学定位监测研究。本研究拟以宁夏中部干旱带主要人工乔灌造林树种为重点监测对象，以较深层次土壤水分为重点监测指标，分别针对不同林龄条件下的不同固沙造林树种、不同造林密度动态人工林地土壤水分变化规律。通过代表性样地长期的定位观测来获取植被结构与生长、沙地水分动态变化过程及其对环境影响评价因子等方面的数据，系统总结和分析沙区典型植被结构组成对土壤水分影响的变化规律及其机理。在水量平衡的基础上估算不同土壤类型所能提供的水资源量，明确不同降水条件下林带内土壤水分时空变化规律。通过与半流动沙丘、流动沙丘、固定沙地、人工苜蓿、天然沙蒿林地、封育草场、天然放牧地等不同土地利用方式进行对比，开展林地土壤水分健康评价及其临界指标，确定出以林地可持续经营为主要指标的宁夏中部干旱带主要造林树种合理密度，为科学指导人工造林关键技术、充分发挥林地功能提供技术支撑。

（2）加大对沙生植物资源可持续开发利用关键技术研究。开展柠条等沙生植物在生态中的作用、柠条资源科学利用技术、柠条饲料科学利用关键支撑技术、柠条栽培基质开发与综合应用。柠条资源的有机循环利用，有利于促进环境、社会和经济三者之间的良性平衡发展，实现自然资源的循环利用，不仅为宁夏林业后续产业发展建设提供技术储备，而且对宁夏林业的发展具有重要的科学意义和应用价值。

（3）加大对抗旱节水与造林技术研究。针对沙漠地区风沙危害严重，传统造林抗旱补灌困难、技术落后、成本过高、效果欠佳，灌溉水分利用率低等问题，重点开展沙地生态与经济树种透水渗灌条件下土壤水分动态规律、透水渗灌与滴灌、传统人工补灌抗旱节水增收效率、不同透水渗灌处理林木种生长特征等基础研究，解决沙地主要生态与经济树种透水渗灌关键技术，制定沙地主要造林树种透水渗灌制度，实现高效补灌、高效抗旱、农林废弃物综合利用的目的，显著提高苗木成活率，为宁夏及同类地区抗旱造林提供技术借鉴。

2. 开展沙地发生发展规律监测研究

（1）沙漠化的生物学过程。开展沙漠化过程中土壤碳、氮衰减规律及生态效应，流动沙丘沙粒力学性质结构与人工辅助团粒化、土壤化改良能力，沙地植物种群的抗干扰机理及适应对策，明确植物从个体到种群对沙漠化过程中环境变化的响应研究。

（2）沙漠化的逆转过程。开展不同下垫面和土壤物理、化学性质变化过程中风沙运动规律、逆转过程中风沙活动规律的综合评价与预报模型、退化植被恢复蔓延过程及恢复演替的主要特征和规律。

（3）沙漠化综合防治战略与模式。重点开展宁夏沙地动态监测和评估沙漠化现状及其发展趋势；未来沙漠化地区土地覆盖与配置的最佳模式和植被建设的合理化生态密度，沙漠化地区人、地关系协调发展的途径和措施。

3. 开展林地生态功能与生态补偿机制研究

针对宁夏中部干旱带林业建设中功能效能发挥低下，林业功能不能协调统一发挥，造林疏密不一，林木生长退化，斑状林草景观地貌状态下的地表风蚀现象严重，多功能林业基础研究薄弱，缺乏对综合营林技术科学合理的关键技术参数与综合评价指标体系，林业生态及经济效益发挥不充分等问题，开展林多功能林业区划、服务功能评价及管理技术研究，开展林地、封育草地生态、效益、功能监测评价研究，量化不同立地类型生态效益评价与生态补偿机制。目前随着国家《关于加快推进生态文明建设的意见》的出台，虽然明确了今后一个时期将继续强化对自然保护和生态修复的支持力度，但关于生态补偿机制构建、价值量体现、补偿标准等制度建设尚有待于进一步深入推进，对重点生态功能区的转移支付力度有待于不断加大。

4. 开展沙区城市森林治污减霾功能监测技术，提升林地功能，改善生态环境，逐步实现生态文明

开展空气负氧粒子分布特征及其评价、林木吸滞污染物功能及其评价研究（重金属、$SO_2$、$Cl_2$、CO、$CO_2$等）、城市森林植被吸附$PM_{2.5}$质量深度变化特征及其影响因素，不同树种吸附$PM_{2.5}$功能研究。

2015年，国家据《关于加快推进生态文明建设的意见》，对今后一个时期工作作出了全面部署，将继续强化对自然保护和生态修复的支持力度，支持实施退耕还林、还草、还湿和天然林保护工程等，还将积极推进生态补偿机制等制度建设，不断加大对重点生态功能区的转移支付力度。

5. 加大生态建设研究技术领域的国际交流与合作

随着中国综合国力水平的不断提升，在全球合作中发挥的作用日益明显，承担的国际义务也日益增强。同时，生态环境已成为全球问题。因此加大生态建设与研究的国际合作，力争将世界各国的先进技术及时引进到国内，同时也可将中国的先进技术输出到国外。因此，以沙为媒介，充分发挥国家影响力，谋求更多国际合作，为中国在国际交流的平台上争得更多的话语权。

在经济、政治日益全球化的大背景下，近年来，宁夏在防沙治沙领域国际性活动日益增多，大量的基础理论研究显得尤为必要。其中，由宁夏农科院荒漠所负责承担的每年一期的国家商务部援外培训“阿拉伯国家防沙治沙技术培训班”第11期（2018年）已顺利完成，也是每年一届“中国和阿盟国家经贸论坛”的重要组成部分。建设的宁夏葡萄酒与防沙治沙职业技术学院已完成多年招生。另外，自治区政府依托黄河金岸——中卫市沙波头旅游区申报的“宁夏国际沙漠博览园”项目已经获国家发改委批准立项。依托上述国际活动平台，本研究的开展将对进一步提高区域性防沙治沙理论研究水平和专业人才的培养，提升宁夏乃至中国在国际防沙治沙技术领域的影响力均有重要意义。

# 主要参考文献

保平，布库，夏明. 2006. 2ZB-1.45型沙障建植播种机的试验研究［J］. 内蒙古农业大学学报，27（1）：82-85.

边振，张克斌，李瑞，等.2008. 封育措施对宁夏盐池半干旱沙地草场植被恢复的影响研究［J］. 水土保持研究，15（5）：68-70.

曹新孙.1983. 农田防护林学［M］. 北京：中国林业出版社.

查同刚，孙向阳，于卫平.2004. 宁夏地区农田防护林结构与小气候效应［J］. 中国水土保持科学，2（4）：82-86.

常彬，陈泓，马波.2015. 宁夏风区分布特征及输电线路防风策略研究［J］. 宁夏电力，（6）：11-17.

陈天雄，谭政华，杨树奎，等.2008. 宁夏中部干旱带硒砂瓜产业现状及发展策略［J］. 中国蔬菜，（12）：3-5.

陈渭南，董光荣，董治宝.1994. 中国北方土壤风蚀问题研究的进展与趋势［J］. 地球科学进展，9（5）：6-11.

丁庆军，许祥俊，陈友治，等.2003. 化学固沙材料研究进展［J］. 武汉理工大学学报，25（5）：27.

董光荣，李长治，高尚玉，等.1987. 关于土壤风蚀风洞模拟实验的某些结果［J］. 科学通报，（4）：297-301.

董治宝，李振山.1995. 国外土壤风蚀的研究历史与特点［J］. 中国沙漠，15（1）：100-104.

郭学斌.1996. 影响农田防护林防风效益的主导因子探讨［J］. 山西林业科技，2：5-9.

韩致文，刘贤万，姚正义，等.2000. 覆膜沙袋阻沙体与芦苇高立式方格沙障防沙机理风洞模拟实验［J］. 中国沙漠，20（1）：41-44.

姜凤岐，朱教君，曾德慧，等.2003. 防护林经营学［M］. 北京：中国林业出版社.

凌裕泉，金炯，邹本功，等.1984. 栅栏在防治前沿积沙中的作用［J］. 中国沙漠，4（3）：16-25.

刘虎俊，王继和，李毅，等.2011. 我国工程治沙技术研究及其应用［J］. 防护林科技，100（1），56-59.

刘建勋，张继义，孔东升.1996. 河西走廊中部农田防护林防风效应初探［J］. 甘肃农业大学学报，31（3）：239-242.

刘艳萍，高永.2003. 防护林降解近地表沙降尘机理的研究［J］. 水土保持学报，17（1）：163-165.

马全林，王继和，詹科杰，等.2005. 塑料方格沙障的固沙原理及其推广应

用前景 [J]. 水土保持学报, 19 (1): 36-39.

马世威, 马玉明, 姚洪林, 等. 1998. 沙漠学 [M]. 呼和浩特: 内蒙古人民出版社.

毛东雷, 雷加强, 庞营军, 等. 2014. 新疆策勒县新开垦农田地表蚀积变化 [J]. 水土保持通报, 35 (6): 102-107.

宁夏通志编纂委员会. 2008. 宁夏通志 · 地理环境卷 [M]. 北京: 方志出版社.

宁夏畜牧医学草原研究会. 1988. 宁夏草地资源与牧草种植 [M], 宁夏人民出版社.

彭帅. 2015. 河北坝上农田防护林带结构配置及防护效益研究 [D]. 河北师范大学.

屈建军, 井哲帆, 张克存, 等. 2008. HDPE 蜂巢式固沙障研制与防沙效应实验研究 [J]. 中国沙漠, 28 (4): 600-604.

屈建军, 凌裕泉, 刘贤万, 等. 2002. 尼龙网栅栏防沙效应研究 [J]. 兰州大学学报, 38 (2): 171-176.

屈建军, 刘贤万, 雷加强, 等. 2001. 尼龙网栅栏防沙效应的风洞模拟实验 [J]. 中国沙漠, 21 (3): 276-230.

沈彦, 张克斌, 杜林峰, 等. 2007. 封育措施在宁夏盐池草地植被恢复中的作用 [J]. 中国水土保持科学, 5 (3): 90-93.

史晓亮, 李颖, 邓荣鑫. 2016. 基于 RS 和 GIS 的农田防护林对作物产量影响的评价方法 [J]. 农业工程学报, 32 (6): 175-181.

孙钦明. 2016. 新疆典型沙区区域防风固沙体系协同配置研究 [D]. 石河子大学.

孙旭, 刘静, 布和. 1999. 内蒙古河套灌区农田防护林效益研究 [J]. 内蒙古林学院学报 (自然科学版), 21 (3): 33-37.

唐麓君, 杨忠岐. 2005. 治沙造林工程学 [M]. 北京: 中国林业出版社.

汪万福, 王涛, 樊锦诗, 等. 2005. 敦煌莫高窟顶尼龙网栅栏防护效应研究 [J]. 中国沙漠, 25 (5): 640-649.

汪万福, 王涛, 张伟民, 等. 2005. 敦煌莫高窟风沙危害综合防护体系设计研究 [J]. 干旱区地理, 28 (5): 614-620.

汪万福, 张伟民, 李云鹤. 2000. 敦煌莫高窟的风沙危害与防治研究 [J]. 敦煌研究, (1): 42-48.

王仁德，肖登攀，常春平，等 . 2015. 农田风蚀量随风速的变化［J］. 中国沙漠，35（5）：1120-1127.
王亚军，谢忠奎，张志山，等 . 2003. 甘肃砂田西瓜覆膜补灌效应研究［J］. 中国沙漠，23（3）：300-305.
王银梅，韩文峰，谌文武 . 2004. 化学固沙材料在干旱沙漠地区的应用［J］. 中国地质灾害与防治学报，15（2）：78-81.
吴正 . 1987. 风沙地貌学［M］. 北京：科学出版社 .
夏晓波，左忠，郭富华，等 . 2015. 风蚀对压砂田老化的影响研究进展及其防治［J］. 宁夏农林科技，56（12）：60-63.
熊毅，李庆逵 . 1990. 中国土壤（第 2 版）［M］. 北京：科学出版社 .
严亮，杨久俊 . 2009. 新型化学固沙材料的研究现状及其展望［J］. 材料导报，23（3）：51-54.
严平 . 1999. $^{137}Cs$ 法在土壤风蚀研究中的应用［D］. 中国科学院兰州沙漠研究所 .
杨青，何清 . 2002. 日本在沙尘暴方面的研究进展［J］. 新疆气象，25（3）：1-4.
叶富功，张永松，徐俊森，等 . 2000. 木麻黄低效防护林的结构特征和防风效益研究［J］. 防护林科技，（专刊）：29-32.
于颖，杨曦光，范文义 . 2016. 农田防护林防风效能的遥感评价［J］. 农业工程学报，32（24）：177-182.
臧英 . 2003. 保护性耕作防治土壤风蚀的试验研究［D］. 北京：中国农业大学 .
张惠祥 . 2003. 从沙尘暴和旱灾造成的危害看宁夏中部干旱带生态建设应采取的对策［J］. 当代宁夏，（3）：36-37.
张克存，屈建军，俎瑞平，等 . 2005. 不同结构的尼龙网和塑料网防沙效应研究［J］. 中国沙漠，25（4）：483-487.
张奎壁，邹受益 . 1989. 治沙原理与技术［M］. 北京：中国林业出版社 .
张奎壁，邹受益 . 1990. 治沙原理与技术［M］. 北京：中国林业出版社 .
张雷，董毅，虞木奎 . 2015. 沿海防护林网防风效应数值模拟研究［J］. 中国农学通报，31（10）：32-36.
张名振 . 1982. 7CX-2 型草沙障修筑机［J］. 林业机械，（2）：42-43.
张伟民，王涛，薛娴，等 . 2000. 敦煌莫高窟风沙危害综合防护体系探讨

[J]. 中国沙漠，20 (4)：409-414.

赵光平，陈楠，王连喜 . 2005. 宁夏中部干旱带生态恢复对沙尘暴的降频与减灾潜力分析 [J]. 生态学报，25 (10)：2750-2756.

郑波，刘彤，孙钦明，等 . 2016. 植株高大的目标作物对防护林防风效应影响的风洞模拟试验 [J]. 农业工程学报，32 (17)：120-126.

朱朝云，丁国栋，杨明远 . 1991. 风沙物理学 [M]. 北京：中国林业出版社 .

朱教君，姜凤岐，范志平 . 2003. 林带空间配置与布局优化研究 [J]. 应用生态学报，14 (8)：1205-1212.

朱廷曜，关德新，孔繁智 . 1990. 模型林带附近乱流特征的观测研究 [J]. 中国农业气象，11 (3)：22-26.

朱震达，刘恕 . 1981. 中国北方地区的沙漠化过程及其治理区划 [J]. 地理科学，4 (3)：179-206.

左忠，季文龙，温淑红，等 . 2010. 日本的沙地利用技术与研究情况简介 [J]. 中国农学通报，26 (24)：264-269.

左忠，王峰，蒋齐，等 . 2005. 免耕与传统耕作对旱作农田土壤风蚀的影响研究——以玉米为例 [J]. 西北农业学报，14 (6)：55-59.

左忠，王峰，张亚红，等 . 2010. 宁夏中部干旱带几类土壤可蚀性对比研究 [J]. 中国农学通报，26 (3)：196-201.

左忠 . 2010. 宁夏中部干旱带典型景观地貌风蚀特征研究 [D]. 银川：宁夏大学 .

左忠 . 2016. 宁夏引黄灌区农田防护林体系优化研究 [M]. 银川：黄河出版传媒集团宁夏人民教育出版社 .

Bagnold R. A. 1941. The physics of blown sand and desert dunes [M]. London: Methuen.

Free E E. 1911. The movement of soil materials by wind [J]. USDA Bur. Soil Bull. , 68: 271-272.

Fryrear, D. W. 1977. Wind erosion research accomplishments and needs. Transactions of the ASAE [J], 20 (5): 916-918.

Fryrear. D. W. 1977. and Lyles, L. Wind erosion research accomplishments and needs [J]. Transaction of the ASAE, 20 (5): 916-918.

Hudson. N. W. 1971. Soil conservation [J]. London: Batsford, 7-10.

Woodruff, N. P. and Siddoway, F. H. 1965. A wind erosion equation [J]. Soil science society of Ameria proceeding. 29 (5): 602-608.

Zachar, D. Soil erosion. 1982. Development in soil science. Amsterdam: elservier [J]. 16-19.

Zagas TD, Raptis DI, Zagas DT. 2011. Identifying and map-ping the protective forests of southeast Mt. Olympus as a tool for sustainable ecological and silvicultural planning, in a multi-purpose forest management framework [J]. Ecological Engineering, 37: 286-293.

# 第五章　宁夏中部干旱带不同林地风蚀特征研究

## 第一节　干旱风沙区农田防护林网风蚀特征研究

防护林是以发挥防护效应为基本经营目的的森林的总称，既包括人工林，也包括天然林。农田防护林是一种为了改善土壤、水分、小气候条件，防止自然灾害而为农作物和牲畜的生长创造有利环境的、保证农牧业稳产和高产的、并且能为人类社会提供多种效用的人工森林生态系统。其主要目的是调节农田内部小气候、减少风速、有效保证农业丰产丰收。土壤风蚀是宁夏主要自然灾害之一，研究、治理和抵御风蚀危害是各级政府与群众长期面临的共同使命。对典型大风条件下农田防护林网空间风速分布特征与风蚀程度的研究，是研究决定农田防护林林带间距、林带宽度、树种搭配、疏透系数等科学布设的前提，特别是风害严重的干旱风沙区。而针对干旱风沙区林网内典型大风日风力分布特征与地表风蚀相关性的研究非常少见。曹新孙研究表明，30*H*（*H* 为防护林带高度）处相对风速为0.89%，按照李春艳等对山东平原农区研究表明，风速降低10%时对农作物就不产生危害，1~20*H* 平均防风效益为35.27%，7*H* 处防风效果最好，防风效益达63.64%。同时研究表明，单条防护林带结构为最优结构时，在30*H* 范围内，平均风速降低40%~50%；在20*H* 范围内，平均风速降低50%~60%。防护林内10*H* 距离后，风速才明显增高。朱廷曜等提出在平原地区，单条防护林带结构为最优结构时，减弱风速20%的有效防护距离可达25~30*H*。刘建勋等观测到河西走廊中部单个农田林网的防风度为28.2%，18~25*H* 处相对风速均在80%以上。左忠等对宁夏、新疆、内蒙古等地引黄灌区防护林体系、农田地表风蚀、降尘机理进行了较为全面的观测。查同刚等对宁夏农田防护林体系、结构、配置、小气候进行了调查研究。张雷、常彬等分别针对沿海与宁夏防护林效应、风区分布、气场流体学等开展了研究。郑波等利用风洞研究了种植枣树等植株高大目标作物的防护林风场特征及防风效应的影响表明，枣树对林带前后流场均具有显著影响。彭帅研究表明乔灌混交配置是防护林带树种配置的首选。孙钦明研究表明，林带不同配置结构下近地表流场变化差异较大。于颖、史晓亮等分别利用遥感数据实现了农田防护林防风效能的定量估算和作物产量的评价。由此可见，目前关于平原地区农田防护林空间风速分布研究较为常见，但干旱风沙区灌区由于生产条件恶劣，区域间自然环境差异性大，农业生产规模较小，生产力水平低下，生产技术落后，诸如农田风速空间分布、灌区农田风蚀特征等基础研究起步较晚，重视不够，开展的相关研究较少，与现代农业产业化生产技术需求尚有一定的差距。

风害防治是农田防护林网设置首要作用。现有研究与现代农业技术需求相差甚远。由于北方春季风害易发期正是落叶防护林树木展叶前期，防风效果明显不佳。同时，不同地域气候差异性大，主害风力破坏性之间差别也非常大，而不同区域农艺耕种习惯、土壤类型防风蚀特性、不同作物对防护林网设计需求的差异性等，决定了防护对象差别较大，不同区域、不同类型的防护林空间设置、功能实现的差别也较大。对干旱风沙区农田防护林风速空间分布与冬春季农田风蚀特征研究，是保证农田防护林科学布设，保障农业丰产稳产的重中之重，据此开展了本研究。

## 一、研究区自然概况

该区域地处鄂尔多斯台地中南部、毛乌素沙地西南缘，宁夏中东部干旱风沙区，是宁夏中部干旱带主要组成部分，试验区年降水量145.3～487.5mm，蒸发量1 369.9～2 394.7mm，干燥度3.1；年均气温7.0～10.0℃，年温差31.2℃，无霜期138d，≥10℃积温2 944.9℃；年均大风日数25.2d，年均风速2.8m/s，主害风为西北风、南风次之，主要自然灾害为春夏旱和沙尘暴。

研究监测区设在宁夏盐池县王乐井乡王乐井村扬黄灌区农田，为上茬种植玉米机械翻耕后并做了平整处理，以备当年春耕的扬黄灌区农田。地理位置37°47′04.44″N，107°09′29.70″E。旷野对照区域为盐池县王乐井乡政府北面、王乐井乡东沟村正南无任何防护林分布的旱作农田集中分布区域，地表为上茬种植荞麦后保持的原始地貌，距离监测区直线距离2km左右。

## 二、研究方法

1. 防护林基本特征

防护林树种选择30年左右榆树林带，是当地较有代表性的抗旱力强、较为常见的防护林树种。防护林平均树高 15m，林带规格 3m×6m，3 行，品字形种植，树冠冠幅 437~556cm，树冠大，疏透度为 35%~40%，垂直于主害风向的成熟防护林带，生长缓慢，林木保存率 86%，保存完整。林网东西距离 350m，南北距离 80m，监测时大风风向按时风向玫瑰图区分为 315°左右 NW 向西北风。

2. 监测方法

（1）风速监测。在有沙尘暴发生的典型大风日内，以距离监测区直线距离 2km 左右的旷野为对照，利用武汉新普惠科技有限公司生产的 PH-SD2 型手持风速风向仪，将其放置在林带南北等距离的中心线上，同时监测距离防护林 1*H*（*H* 为防护林带高度，1*H* 代表距离观测风向后林带 15m 处）、3*H*、7*H*、12*H*、21*H*（距离前林带 320m、后林带 30m）不同水平距离 50cm 和 200cm 垂直高度空间中的平均风速。监测时将风速仪利用稳定的杆状固定装置按照监测高度安装到指定高度后，每位观测者负责操作 1 台风速仪，按照约定时间同时开始记录风速风向，记录者位于风速仪 1m 以外的下风向。每分钟记录一次，连续记录 15 次，取其平均数。

（2）风蚀监测。利用诱捕法（图 5-1），在各观测地内选择平整且保证具有原始地被物覆盖的基础上，同时放置口径 7cm 的集沙容器，放置时将容器口与地表持平，并且把容器周围的空隙填平，尽量使其保持原状，待有风蚀现象时容器对过境沙粒进行收集。期间及时观察容器内沙粒沉降情况。当集沙量体积接近容器容积一半时及时收集该容器的沙粒，并称其质量，累加记录后对比监测不同立地类型土壤风蚀量。

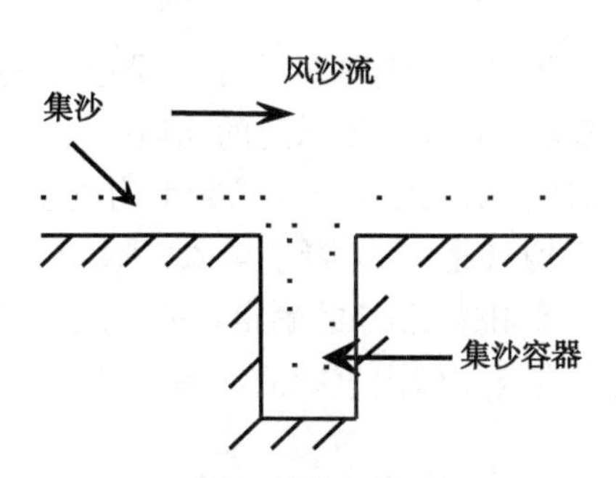


**图 5-1　诱捕测定法主要试验原理**

（左忠，et al. 2010，左忠，et al. 2005，左忠，et al. 2010）

分别在距离防护林与主风向林垂直的南北走向的林带内（0*H* 处）、距离林带 1*H*、3*H*、12*H*（林带中间 175m 处）不同水平空间范围内放置的集沙容器埋入地表。分别于 2016 年 3 月 15 日放置，4 月 17 日、5 月 14 日、6 月 16 日第一、第

二、第三次回收，放置时间均为30d左右。将未被人或动物影响或破坏的样品收回称其质量，每处理重复5个，取其平均数。将收集到的沙粒带回室内，分析沙尘粒径和集沙量，其中集沙量用感量0.01g的天平称质量。

（3）沙粒粒径分析。采用英国产Malvern牌Mastersizer 2000型激光粒度分析仪，对试验采集到的沙粒样品进行了粒径组成分析。

（4）防护林距离测量。防护林树高、$1H$、$3H$近距离测量采用LeicaD510型激光测距仪测量，远距离采用Australia New Meter（HK）Co.，ltd生产的TM1500型激光望远镜测距仪进行了测量。

3. 数据计算

（1）下垫面的粗糙度测定。下垫面的粗糙度是反映不同地表固有性质的一个重要物理量，是表示地表以上风速为零的高度，是风速等于零的某一几何高度随地表粗糙程度变化的常数。而朱朝云、丁国栋等则认为，下垫面的粗糙度是衡量治沙防护效益最重要的指标之一。按照下垫面粗糙度的公式定义，只要同时测得监测区域内不同高度风速差，就可根据公式推出供试样地的下垫面的粗糙度。测定任意两高度处$Z_1$，$Z_2$及它们对应的风速$V_1V_2$，设$V_2/V_1=A$时，则得方程：

$$\log z_0=\frac{\log z_2-A\log z_1}{1-\text{A}} \qquad 式（5-1）$$

例如，当$Z_2=200$，$Z_1=50$，将若干平均风速比代入方程，则求得下垫面粗糙度$Z_0$。

（2）防风效益计算。防护林的防风效益主要是通过风速削减的程度来度量，即防护林前或林后的风速差与林前初始风速的比值。

本文计算时按照：防风效益=（旷野平均风速-待评价区域平均风速）/旷野平均风速×100%　　式（5-2）。

（3）摩阻速度测定。摩阻速度$u^*$的确定：$u^*$同样可以通过测定任意两个高程上的风速，根据公式来确定（即由直线的斜率得出）：

$$u^*=\frac{v_{200}-v_{50}}{5.75\times \lg\frac{200}{50}} \qquad 式（5-3）$$

知道了$z_0$和$u^*$，有了风速随高度变化的轮廓方程，就可以根据地面气象站的风资料推算近地层任一高度的风速，或进行不同高度的风速换算，实用意义很大。

（4）风的速度脉动特征分析。风的速度脉动特征可以用阵性度表示：

$$g = \frac{u_{max} - u_{min}}{u} \qquad 式（5-4）$$

式中，$u$ 为观测层内的风速，m/s。

## 三、研究结果与分析

1. 防护林网内风速空间分布特征

分别对 50cm 和 200cm 垂直高度风速监测表明，在 1~21*H* 区域内防护林均对风速减少起到了较为明显的作用。随着防护距离的逐渐增大，50cm 和 200cm 高度的风速变化规律均一致，均呈现很有规律的先逐渐降低、后逐渐升高的倒抛物线形变化。其中 50cm 高度 1*H*、3*H*、7*H*、12*H*、21*H* 处的风速分别仅为对照区风速的 0.87 倍、0.67 倍、0.55 倍、0.51 倍、0.73 倍。200cm 高度 1*H*、3*H*、7*H*、12*H*、21*H* 处的风速分别仅为对照区风速的 0.71 倍、0.54 倍、0.51 倍、0.46 倍、0.69 倍，特别是 3~12*H* 处。以 12*H* 处对风力减小作用最明显，50cm 和 200cm 高度风速分别仅为对照旷野处的 0.51 倍和 0.46 倍，均为最低，降幅分别达到了 51%和 46%，随后风速又逐渐抬升。说明即使在树木展叶前，农田防护林网在典型大风日内对风速的防护也是非常有效的。也间接反映出成熟、完善的农田防护林网对稳定干旱风沙区农田生态系统具有不可替代的作用。

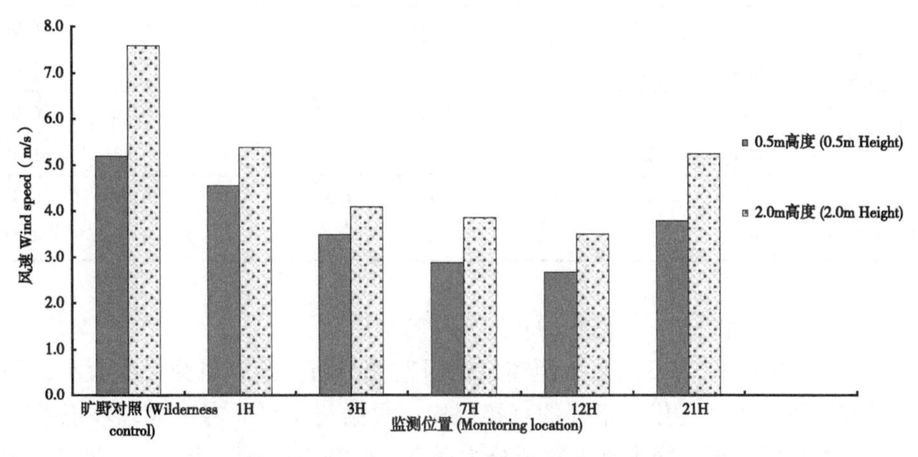


**图 5-2 典型大风环境不同水平监测距离防护林网风速空间分布特征**

2. 防护林网内风速及防护效能等空间分布特征

在沙尘暴发生的典型大风日内对 50cm 高度和 200cm 高度风速监测表明，

50cm 风速均明显低于 200cm 高度。风速比均在 1.17~1.46，风速相差明显。粗糙度、摩阻速度 $u^*$ 分析表明，防护林内所有粗糙度 $Z_0$，均低于旷野对照，变化幅度在 0.02~2.51cm。风脉动性也相对较大，均在 0.54~1.29。随着距离增大，防风效益呈较规律的先增加后减小趋势，变化幅度呈较规律的倒抛物线形状，变化幅度在 13.46%~53.65% 范围内，以 12*H* 处 200cm 高度最明显，达到了 53.65%，说明在 12*H* 处防护效果最佳。

**表 5-1　典型大风环境下防护林风速及防护效能等相关指标空间分布特征**

| 监测区域 | 监测高度（cm） | 平均风速（m/s） | 风速比 | $logZ_0$ | 粗糙度 $Z_0$（cm） | 摩阻速度（$u^*$） | 风脉动性（g） | 防风效益（%） |
|---|---|---|---|---|---|---|---|---|
| 旷野对照 | 50 | 5.2 | 1.46 | 0.40 | 2.51 | 0.70 | 0.87 | — |
| | 200 | 7.6 | — | — | — | — | 0.67 | — |
| 1*H* | 50 | 4.5 | 1.18 | −1.58 | 0.03 | 0.24 | 0.56 | 13.46 |
| | 200 | 5.4 | — | — | — | — | 0.78 | 28.95 |
| 3*H* | 50 | 3.5 | 1.17 | −1.80 | 0.02 | 0.17 | 0.69 | 32.69 |
| | 200 | 4.1 | — | — | — | — | 0.54 | 46.05 |
| 7*H* | 50 | 2.9 | 1.30 | −0.05 | 0.90 | 0.29 | 1.00 | 44.23 |
| | 200 | 3.9 | — | — | — | — | 0.70 | 48.68 |
| 12*H* | 50 | 2.7 | 1.31 | −0.23 | 0.59 | 0.24 | 0.89 | 48.08 |
| | 200 | 3.5 | — | — | — | — | 1.29 | 53.65 |
| 21*H* | 50 | 3.8 | 1.38 | 0.12 | 1.32 | 0.42 | 0.79 | 26.92 |
| | 200 | 5.2 | — | — | — | — | 0.88 | 31.58 |
| 平均 Average | 50 | 4.2 | 1.20 | 0.27 | 1.86 | 0.23 | 0.88 | 26.92 |
| | 200 | 5.0 | — | — | — | — | 0.74 | 34.21 |

3. 典型大风条件下农田防护林网风蚀特征研究

（1）防护林带内不同水平距离风蚀量监测分析。地表风蚀量的大小，是沙尘暴发生发展程度正相关指标的直接反应。根据《宁夏通志·地理环境卷》将宁夏风力侵蚀强度由轻到重依次划分为微度[<240t/（$km^2$·年）]、轻度[240~2 250t/（$km^2$·年）]、中度[2 250~4 500t/（$km^2$·年）]、强度[4 500~9 000 t/（$km^2$·年）]、极强度[9 000~18 000 t/（$km^2$·年）]、剧烈[>18 000 t/（$km^2$·年）] 6 个级别。由于监测区域为盐池县干旱风沙区，地表风蚀严重，从大区域看，一般均属于强度及剧烈风蚀区域。

**表 5-2 防护林带内不同水平距离地表风蚀量监测结果**

| 监测区域 | 监测时间 | 重复1 (g) | 重复2 (g) | 重复3 (g) | 重复4 (g) | 重复5 (g) | 平均 (g) | 月风蚀量 ($t/km^2$) | 累计风蚀量 ($t/km^2$) | 侵蚀强度 |
|---|---|---|---|---|---|---|---|---|---|---|
| 0H | 3—4月 | 2.38 | 1.71 | 3.46 | 2.75 | 4.29 | 2.92 | 759.13 | 1 650.85 | 轻度 |
| | 4—5月 | 1.14 | 1.36 | 1.83 | 2.77 | 1.78 | 1.78 | 462.76 | | |
| | 5—6月 | 1.21 | 0.42 | 2.12 | 1.43 | 3.08 | 1.65 | 428.96 | | |
| | 平 均 | 1.58 | 1.16 | 2.47 | 2.32 | 3.05 | 2.12 | 550.28[a] | | |
| 1H | 3—4月 | 5.76 | 4.59 | 6.21 | — | — | 5.52 | 1 435.07 | 4 598.47 | 强度 |
| | 4—5月 | 2.93 | 5.01 | 17.26 | 7.98 | 8.30 | 8.3 | 2 157.81 | | |
| | 5—6月 | 3.52 | 4.21 | 2.85 | 4.89 | 3.87 | 3.87 | 1 005.59 | | |
| | 平 均 | 4.07 | 4.60 | 8.77 | 6.44 | 6.09 | 5.90 | 1 532.82[ab] | | |
| 3H | 3—4月 | 3.51 | 4.12 | 2.79 | 6.74 | 4.29 | 4.29 | 1 115.3 | 21 944.62 | 剧烈 |
| | 4—5月 | 28.67 | 70.47 | 61.43 | — | — | 53.52 | 1 3913.95 | | |
| | 5-6月 | 29.56 | 1.62 | 22.01 | 49.04 | 30.77 | 26.60 | 6 915.38 | | |
| | 平 均 | 20.58 | 25.40 | 28.74 | 27.89 | 17.53 | 28.14 | 7 314.87[b] | | |
| 7H | 3—4月 | 7.80 | 10.98 | 13.13 | — | — | 10.64 | 2 765.28 | 20 456.69 | 剧烈 |
| | 4—5月 | 24.19 | 37.67 | 54.87 | — | — | 38.91 | 10 115.69 | | |
| | 5—6月 | 46.18 | 35.92 | 42.25 | 35.44 | 34.04 | 29.14 | 7 575.72 | | |
| | 平 均 | 26.06 | 28.19 | 36.75 | 35.44 | 34.04 | 26.23 | 6 818.90[ab] | | |
| 12H | 3—4月 | 30.57 | 22.01 | 30.76 | — | — | 27.78 | 7 222.15 | 15 861.17 | 极强度 |
| | 4—5月 | 11.15 | 8.62 | 15.05 | 20.36 | 15.87 | 14.21 | 3 694.27 | | |
| | 5—6月 | 34.04 | 29.14 | 13.17 | 10.95 | 7.79 | 19.02 | 4 944.75 | | |
| | 平 均 | 25.25 | 19.92 | 19.66 | 15.66 | 11.83 | 20.34 | 5 287.06[ab] | | |
| 旷野对照 | 3—4月 | 3.39 | 41.82 | 18.27 | 11.06 | 8.84 | 16.68 | 4 335.37 | 16 754.45 | 极强度 |
| | 4—5月 | 32.91 | 49.61 | 31.18 | 41.48 | — | 38.80 | 10 085.79 | | |
| | 5—6月 | 9.17 | 8.95 | 12.94 | 4.84 | — | 8.98 | 2 333.29 | | |
| | 平 均 | 15.16 | 33.46 | 20.80 | 19.13 | 8.84 | 21.49 | 5 584.82[ab] | | |

从监测结果看，土壤表层风蚀量与防护林距离呈现较规律的正相关，以林带内最小，在监测的三个时间段内平均风蚀量为 2.12g，折合平均月风蚀量为

550.28t/km²，累计风蚀量1 650.85t/km²，仅从春季风蚀量判断，为轻度风蚀区域。由于在防护林内，除防护林减少风速具有一定的贡献外，主要是由于近邻林带内无农业耕作扰动，渠系周边野生植被保存完好，地表硬度较大，抗风蚀能力较强，无充足沙尘来源。随着监测距离防护林越远，仅从春季风蚀量判断，侵蚀模数由林带内的轻度到 1*H* 处的强度到 3*H*、7*H* 处的剧烈，到 12*H* 处的极强度，其中以 3*H*、7*H* 处最大，分别为21 944.62t/km²、20 456.69t/km²，二者相差不大。距离林带中心 12*H* 处监测到的月平均风蚀量为 20.34g，折合平均月平均风蚀量为5 287.06t/km²，累计风蚀量为15 861.17t/km²，侵蚀模数减少到了极强度。旷野对照区监测到的累计风蚀量为16 754.45t/km²，仅比 0*H*、1*H* 处风蚀量小，侵蚀模数属于极强度。Duncan 法多重比较表明 3*H* 与 0*H* 处理在 5%水平上差异显著。说明在干旱风沙区灌溉农田是主要沙源地，在沙害防治中应引起足够的重视。

（2）防护林带内不同水平距离沙粒粒径分布特征。按照“中国土粒分级标准”，250~1 000μm 为粗沙粒，50~250μm 为细沙粒，10~5μm 为中沙粒，5~2μm 为细粉粒，2~1μm 为粗黏粒，<1μm 为细黏粒。对收集到的沙粒粒径进行分级后表明（表 5-3）：沙粒粒径主要集中在 50~100μm，小于或等于 50μm 以 12*H* 处比例最大，达到了 25.38%，3*H* 最小，仅为 4.48%；小于或等于 100μm 处 7*H* 处最大，为 85.10%，3*H* 处也最少，为 65.90%。其中 99.93%以上的沙粒均小于或等于 250μm，65.90%沙粒均在 100μm 及以下，为细沙粒，占绝大多数。旷野对照组无 50μm 及以下的粒径，100μm、250μm，分别占 42.36%和 99.82%，属于细沙粒中较粗部分，与农田相比，颗粒明显较粗。

**表 5-3　地表沙粒粒径国家标准分级结果**　　（%）

| 监测区域 | 粒径划分级别（μm） | | | | |
|---|---|---|---|---|---|
| | 2 | 50 | 100 | 250 | 500 |
| 0*H* | 0 | 13.52 | 78.18 | 99.98 | 100 |
| 1*H* | 0 | 7.95 | 68.88 | 99.95 | 100 |
| 3*H* | 0 | 4.48 | 65.90 | 99.93 | 100 |
| 7*H* | 0 | 23.59 | 85.10 | 99.98 | 100 |
| 12*H* | 0 | 25.38 | 81.02 | 99.96 | 100 |
| 旷野对照 | 0 | 0 | 42.36 | 99.82 | 100 |

从详细的粒径分析仪测试结果（表5-4）可以看出，各监测样地沙粒均以沙粒中的细沙粒（37~248.9μm）为主，其中51.58%~71.83%沙粒粒径均小于或等于87.99μm，为细沙粒中偏细部分。从不同监测距离来看，其中0*H*处以73.99μm、87.99μm为主，分别占总沙粒的17.99%、17.95%；1*H*、3*H*处以87.99μm、104.6μm为主，分别占总沙粒的18.84%、18.09%和19.10%、19.03%；7*H*、12*H*处以均87.99μm、104.6μm为主，分别占总沙粒的15.82%、17.59%和14.60%、15.13%。82.53%~99.93%粒径均集中在248.9μm以下，为细沙粒；粗沙粒（248.9~352μm）组成只占不到1%极少部分。由此可见，在农田区域内收集到的各处理间沙粒粒径差别不大。而旷野对照组沙粒粒径在62.22~352μm之间，其中104.6~148μm占总数的56.7%，与农田区域相比，沙粒明显较粗。

**表5-4　地表沙粒粒径组成分析**　（%）

| 监测区域 | 沙粒粒径组成（μm） | | | | | | | | | | | | | |
|---|---|---|---|---|---|---|---|---|---|---|---|---|---|---|
| | 352 | 296 | 248.9 | 209.3 | 176 | 148 | 124.4 | 104.6 | 87.99 | 73.99 | 62.22 | 52.32 | 44 | 37 |
| 0*H* | 0 | 0.02 | 0.09 | 0.52 | 2.09 | 5.51 | 10.13 | 14.75 | 17.95 | 17.99 | 14.47 | 9.85 | 6.63 | 0 |
| 1*H* | 0.01 | 0.05 | 0.26 | 1.11 | 3.54 | 8.05 | 13.67 | 18.09 | 18.84 | 15.57 | 10.72 | 6.86 | 3.23 | 0 |
| 3*H* | 0.01 | 0.06 | 0.31 | 1.3 | 4.01 | 8.9 | 14.8 | 19.03 | 19.1 | 15.32 | 10.4 | 6.76 | 0 | 0 |
| 7*H* | 0 | 0.02 | 0.09 | 0.37 | 1.3 | 3.48 | 7.05 | 11.57 | 15.82 | 17.59 | 15.66 | 11.78 | 8.46 | 6.81 |
| 12*H* | 0.01 | 0.04 | 0.17 | 0.7 | 2.13 | 4.79 | 8.34 | 15.13 | 11.99 | 14.6 | 13.58 | 11.1 | 9.13 | 8.29 |
| 旷野对照 | 0.03 | 0.16 | 0.9 | 3.65 | 9.77 | 17.08 | 20.77 | 18.85 | 13.88 | 9.09 | 5.82 | 0 | 0 | 0 |

## 四、主要结论与讨论

分析表明：随着防护距离的逐渐增大，风蚀量呈先增加后减少的变化趋势，而风速变化规律正好相反；50cm和200cm高度的风速变化规律均一致，均呈很规律的先逐渐降低、后逐渐升高的倒抛物线形变化，以12*H*处对风力减小作用最明显，50cm和200cm高度的风速降幅分别达到了51%和46%；林带防风效益与距离呈较规律的先增加后减小趋势，以12*H*（12倍的防护林带树高，下同）处200cm高度最佳，为53.65%；地表风蚀量与防护林距离呈较规律的正相关，侵蚀模数由林带内的轻度、1H处的强度到3*H*、7*H*处的剧烈，12*H*处为极强度，以3*H*处最大，为21 944.62t/km$^2$。沙粒粒径以73.99μm、

87.99μm、104.6μm区间为主，其中82.53%~99.93%沙粒均集中在248.9μm以下，为细沙粒，而旷野对照组沙粒粒径主要集中在104.6~148μm，沙粒明显较粗。其中：

（1）从监测结果看，风蚀量与防护林距离呈现较规律的正相关性，以林带内最小，随着监测距离防护林越远，侵蚀模数由林带内的轻度到1*H*（15m）处的强度到3*H*、7*H*处的剧烈，到12*H*处的极强度，其中以3*H*处最大，为21 944.62t/$km^2$。防风效益与防护林距离呈较规律的先增加后减小趋势，变化幅度在13.46%~53.65%范围内，以12*H*处200cm高度防风效益最佳，为53.65%，说明在12*H*处防护林防护效果最好。由上可知，随着监测距离的增大，风蚀量呈先增加后减少的变化趋势，而风速变化规律正好相反。产生这一现象的主要原因是，当强劲风力经防护林带入侵到农田后，地表风沙流逐渐趋于饱和，表现在风蚀量上，则呈逐步增大趋势。

（2）不同防护林距离收集到的沙粒粒径以73.99μm、87.99μm、104.6μm区间为主，其中82.53%~99.93%粒径均集中在248.9μm以下，为细沙粒。而旷野对照组沙粒粒径在62.22~352μm范围内，其中104.6~148μm最为集中，占56.7%，沙粒明显较粗，说明该区域风蚀危害现象严重。

（3）监测表明，干旱风沙区沙质农田防护林网内沙物质源丰富，对当地沙尘暴发生发展，以及农田风蚀、土壤养分流失等影响较大，是主要沙源地之一。而对当地农田防护林网进行科学合理的设置，以及风沙主要危害季节内尽可能减少对农田翻耕挠动等均可有效防治风蚀沙害发生。

由于本次试验是地面较长时期的监测风蚀监测，为便于实地操作，减少人为破坏，选用了诱捕法，在风蚀发生的主要危害季节进行了监测。风蚀量和侵蚀强度监测结果与实际发生值相比可能会偏小。但由于本次研究是在当地主害风主要发生季节进行的全天候监测，基本可真实的反映当地风蚀情况。由此可见，即使在树木展叶前，干旱风沙区沙质农田防护林网在典型大风日内对风速的减缓也是非常有效的。但由于林网内沙物质源丰富，风蚀现象依然严重，对当地沙尘暴发生影响较大。而对农田防护林网进行科学设置、风季内尽可能减少对农田翻耕扰动等均可有效防治风蚀沙害发生。本研究对准确掌握当地林网风蚀，科学评价林网防护功能等均可有一定的技术借鉴作用。

# 第二节　宁夏中部干旱带天然沙蒿林地土壤风蚀特征研究

## 一、研究背景

土壤风蚀是指土壤及其母质在风力作用下剥蚀、分选、搬运的过程。在风力的作用下，松散的地表土壤颗粒发生位置移动而导致风蚀，具体包括三种方式：悬移、跃移和蠕移。悬移的颗粒最细，在搬运过程中高度和距离最远；跃移颗粒多在近地表 30cm 内活动，构成了地表风沙流；质量较大的颗粒以蠕移方式运动，其速度和距离最小；更大更重的砾石难以被风力搬运，形成粗粒化地表。

土壤是土壤风蚀最直接的作用对象，为宁夏主要自然灾害之一，风蚀最直接的作用结果就是土壤肥力下降，大量富含营养元素的细土壤颗粒损失，使大量营养物质输移导致土壤养分和土地生产力变化。

## 二、研究区概况

试验在宁夏盐池县的高沙窝和鸦儿沟地区进行，盐池县地处宁夏中东部干旱风沙区，属鄂尔多斯台地中南部、毛乌素沙地西南缘，为宁夏中部干旱带的主要组成部分，属干旱半干旱气候带。年降水量为 230～300mm，降水年变率大，潜在蒸发量为2 100mm，干燥度 3. 1；年均气温 7. 6℃，年温差 31. 2℃，≥10℃积温2 944. 9℃，无霜期 138d；年均风速 2. 8m/s；土壤以淡灰钙土和沙壤土为主，主要自然灾害为春夏旱和沙尘暴。在近几年的防风治沙工程下风蚀情况得到明显改善，仅有少部分地区的土壤风蚀情况较为严重。

## 三、研究方法

利用 2m 高的转动式集沙仪，在多个大风日下监测了沙丘、放牧地、耕地、沙蒿林、柠条和樟子松等多个风蚀监测点不同高度风速、地表粗糙度、集沙量、沙粒粒径、植被特征、土壤紧实度等指标。其中集沙量监测高度分别为距离地面垂直高度 10cm、50cm、100cm、150cm、200cm，集沙盒入风口长宽分别为 45mm×30mm，集沙盒前部长宽 75mm×30mm，后部长宽 80mm×90mm，装集沙盒架子尾部设有风向标，风蚀过程中可随风向及时调整方向，以保证集沙盒入风口随时面对风向。集沙盒可灵活装取。每供试样地放置集沙仪 3 个，沙尘暴前往入，沙尘暴后回收。通过分析计算得到 3 组基础数据，将 3 组数据平均后即可得该地区的集沙仪的集沙量。

## 四、研究结果

1. 典型地貌类型空间土壤风蚀情况分析

以沙丘作为实验对照，放牧草原、沙蒿林地和耕地作为试验对象探究宁夏干旱带典型地貌的空间风蚀情况，数据表明（表5-5）：鸦儿沟地区沙丘在风力作用下沙粒主要分布在0~10cm高度、50~100cm沙粒分布情况明显较少，在150cm以上沙粒多以扬沙或粉尘为主，集沙量小；通过对2016年4—5月风蚀较大的季节采集到的集沙量进行分析显示，4月上旬10cm处集沙量为184.10g，到4月下旬时集沙量已达到789.42g，5月上旬集沙量较小为56.02g，风蚀程度较轻，但在5月下旬集沙量明显增加、10cm处的集沙盒已有部分被沙粒掩埋、集沙量高达1 190.63g。同时在50~100cm高度、4月下旬和5月下旬的集沙量增多、其中4月下旬100cm高度处的集沙量为80.23g，根据不同沙粒的风蚀轨迹结合空间分布情况可知，鸦儿沟地区的风蚀主要以细沙粒或粗砂粒的跃移或挤移为主，但含有部分飘浮的粉粒、悬浮的粉尘较少。由此判断该地区的风蚀主要是以就地起沙为主，外来沙粒较少且风蚀严重。

表5-5　典型地貌类型集沙仪集沙量数据

| 试验对象 | 试验地点 | 集沙仪 | 集沙量（g） | | | | |
|---|---|---|---|---|---|---|---|
| | | | 2016.04.08 | 2016.04.27 | 2016.05.05 | 2016.05.14 | 2016.05.20 |
| 沙丘 | 鸦儿沟 | 10cm | 184.10 | 789.42 | 56.02 | 2.94 | 1 190.63 |
| | | 50cm | 0.04 | 61.69 | 1.62 | 15.20 | 15.13 |
| | | 100cm | 0.03 | 80.23 | 0.39 | 4.78 | 1.87 |
| | | 150cm | 0.03 | 0.15 | 0.00 | 1.68 | 0.46 |
| | | 200cm | 0.02 | 0.00 | 0.00 | 0.00 | 0.00 |
| 放牧草原 | 鸦儿沟 | 10cm | 17.09 | 112.90 | 15.86 | 32.29 | 16.91 |
| | | 50cm | 0.07 | 2.40 | 0.72 | 4.77 | 1.10 |
| | | 100cm | 0.01 | 1.47 | 0.43 | 2.67 | 1.09 |
| | | 150cm | 0.02 | 0.72 | 0.51 | 1.04 | 0.28 |
| | | 200cm | 0.00 | 0.00 | 1.14 | 0.00 | 0.00 |

（续表）

| 试验对象 | 试验地点 | 集沙仪 | 集沙量（g） | | | | |
|---|---|---|---|---|---|---|---|
| | | | 2016. 04. 08 | 2016. 04. 27 | 2016. 05. 05 | 2016. 05. 14 | 2016. 05. 20 |
| 沙蒿林地 | 鸦儿沟 | 10cm | 0. 72 | 0. 17 | 0. 19 | 0. 54 | 0. 19 |
| | | 50cm | 1. 25 | 0. 03 | 0. 34 | 0. 38 | 0. 07 |
| | | 100cm | 0. 28 | 0. 06 | 0. 15 | 0. 75 | 0. 02 |
| | | 150cm | 0. 39 | 0. 08 | 0. 34 | 0. 75 | 0. 00 |
| | | 200cm | 0. 12 | 0. 00 | 0. 00 | 0. 00 | 0. 00 |
| 耕地 | 鸦儿沟 | 10cm | 45. 39 | 3. 88 | 19. 51 | 54. 77 | 28. 68 |
| | | 50cm | 6. 08 | 1. 60 | 2. 61 | 9. 12 | 5. 44 |
| | | 100cm | 1. 12 | 1. 48 | 1. 29 | 3. 71 | 1. 27 |
| | | 150cm | 0. 34 | 1. 21 | 2. 08 | 0. 78 | 0. 24 |
| | | 200cm | 0. 00 | 0. 00 | 0. 69 | 0. 00 | 0. 09 |

鸦儿沟地区的放牧草原在 4 月上旬风力较小、风蚀较轻，10cm 高度处的集沙量仅为 17. 09g，在 4 月下旬较为严重，集沙量为 112. 90g，从 5 月开始，随着草原植被的生长和覆盖、该区域的土壤沙粒得以固定，受风力影响较小，使得该地区 5 月集沙量较小，即使在风力较大的 5 月下旬 10cm 高度处的集沙量仅为 16. 91g，土壤得到明显改善；在 50～100cm 高度之间均存在少量沙粒、在风力较大的 4 月下旬和 5 月中下旬集沙量较大，由此判断该地区的沙粒主要以悬移为主，粉粒较多，风蚀沙源主要以外来沉积为主。

沙蒿林地的风蚀主要集中在 4 月上旬和 5 月中旬，10cm 高度处的集沙量分别为 0. 72g、0. 54g。集沙量明显少于对照和放牧草地，由此说明沙蒿为灌木、在防风固沙方面与草原的草本植物相比成效显著，沙蒿林地地表的沙粒在风力作用下无明显跃移现象。在 50～100cm 空间范围内集沙量较多，其中 5 月中旬集沙量最大，分别为 50cm 空间 0. 38g、100cm 空间 0. 75g、150cm 空间 0. 75g，由此判断，鸦儿沟地区的沙蒿林地风蚀现象得到明显改善，土壤改良效果较好，在地表沙粒跃移效果明显降低的情况下，50～200cm 空间的集沙量增多甚至高于地表的集沙量，由此说明该地区的风蚀主要以外来沉积为主，沙粒粒径较小，是采用悬移或飘浮的方式造成风蚀现象。

鸦儿沟地区的耕地在 4—5 月无农作物的生长，地表裸露，导致该区域的风蚀情况比放牧草原严重，但耕地存在板结现象，能有效地防治沙粒跃移或撞移，因此风蚀情况与沙丘相比稍有改善，根据数据显示，耕地的风蚀情况在4月上旬和5月中旬较为严重，地表集沙量分别为45.39g和54.77g，在50~200cm的空间区域风蚀沙粒分布情况与沙蒿林地相似，但耕地集沙量高于沙蒿林地，在50cm空间最为明显、4月上旬集沙量为6.08g、5月中旬集沙量为9.12g、5月下旬集沙量为5.44g，根据集沙量的空间分布规律和沙粒在风力作用下的运动方式可知耕地的风蚀以就地起沙为主，但部分沙粒属外来沉降，在风力作用下粉粒以悬移和飘浮的方式分布在不同空间。

由此可知，干旱区典型地貌的土壤风蚀现象以沙丘最为严重，主要以就地起沙的方式形成风蚀现象，无作物耕地的风蚀情况较严重，在就地起沙的同时还有部分外来沙粒沉积，放牧草原和沙蒿林地风蚀较轻，防风固沙效果良好，能有效地防止地表沙粒在风力作用下跃移，土壤改良效果显著，沙蒿林效果最好。

2. 不同立地类型土壤空间风蚀情况分析

高沙窝地区地表水资源充沛，植被生长茂盛，近几年的植树造林建设使得该地区的风蚀情况得到明显改善，土壤改良效果明显。本实验则以高沙窝地区的沙丘作为对照，通过监测草地、灌木林地（柠条退耕）和乔木林地（樟子松）三种不同立地类型的空间集沙量分析土壤风蚀情况。数据表明（表5-6）：高沙窝地区的半固定沙地地表集沙量在5月中旬为4.83g，7月上旬集沙量为7.38g，而9月初集沙量为59.86g。由此可知，半固定沙地的风蚀现象在5—7月较轻、而7—9月较为严重，在50~100cm之间各高度的集沙盒收集的集沙量基本一致，分布均匀，集沙量随着风力强度的增加而增加，在7—9月集沙量明显高于前几个

**表5-6　不同立地类型集沙仪集沙量数据**　　(g)

| 试验对象 | 试验地点 | 集沙仪 | 集沙量（g） | | | |
|---|---|---|---|---|---|---|
| | | | 2016.05.12 | 2016.05.15 | 2016.7.5 | 2016.09.03 |
| 半固定沙丘 | 高沙窝林地 | 10cm | 13.17 | 4.83 | 7.38 | 59.86 |
| | | 50cm | 0.22 | 0.20 | 1.18 | 4.61 |
| | | 100cm | 0.11 | 0.14 | 0.36 | 1.70 |
| | | 150cm | 0.46 | 0.13 | 0.16 | 1.49 |
| | | 200cm | 0.02 | 0.02 | 0.05 | 1.33 |

（续表）

| 试验对象 | 试验地点 | 集沙仪 | 集沙量（g） | | | |
|---|---|---|---|---|---|---|
| | | | 2016. 05. 12 | 2016. 05. 15 | 2016. 7. 5 | 2016. 09. 03 |
| 放牧草地 | 高沙窝 | 10cm | 21. 76 | 4. 65 | 0. 00 | 2. 75 |
| | | 50cm | 0. 55 | 0. 23 | 0. 55 | 2. 14 |
| | | 100cm | 3. 66 | 0. 17 | 0. 39 | 1. 85 |
| | | 150cm | 1. 14 | 0. 02 | 0. 18 | 1. 59 |
| | | 200cm | 1. 98 | 0. 17 | 0. 06 | 1. 25 |
| 柠条退耕地 | 高沙窝 | 5cm | 0. 05 | 0. 37 | 0. 59 | 3. 25 |
| | | 50cm | 0. 17 | 0. 10 | 0. 15 | 1. 53 |
| | | 100cm | 0. 03 | 0. 05 | 0. 09 | 1. 66 |
| | | 150cm | 0. 05 | 0. 04 | 0. 06 | 1. 73 |
| | | 200cm | 0. 09 | 0. 03 | 0. 04 | 1. 21 |
| 樟子松林地 | 高沙窝 | 5cm | 0. 86 | 0. 55 | 0. 97 | 2. 78 |
| | | 50cm | 0. 25 | 0. 10 | 0. 09 | 1. 38 |
| | | 100cm | 0. 12 | 0. 05 | 0. 03 | 1. 33 |
| | | 150cm | 0. 09 | 0. 03 | 0. 06 | 1. 29 |
| | | 200cm | 0. 05 | 0. 01 | 0. 03 | 1. 19 |

月，50cm 空间集沙量为 4. 61g，集沙量较大，100～200cm 的集沙量数值均>1g。由此判断半固定沙丘沙粒在 50～250μm 的居多，在风力作用下粉粒大量飘浮或悬浮导致该区域空间风蚀现象严重。放牧草地风蚀主要集中在 5 月上旬，地表集沙量为 21. 76g，随着植被的生长，沙粒跃移现象减弱，地表集沙量逐渐减少。7—9 月集沙量仅有 2. 75g，而空间中的风蚀情况与半固定沙丘相似，由此判断，高沙窝地区放牧草地土壤成分得到改善，植被固沙效果良好，主要风蚀沙源为外来沙粒沉积；柠条退耕地与对照相比，地表风蚀减轻，退耕地植物多样性增加已形成稳定的生态系统。地表沙粒不发生明显跃移，5—7 月集沙量较小，7—9 月集沙量为 3. 25g。但柠条为灌木使得该地区空间风蚀情况较为严重，无法降低外来沙粒的侵蚀，各高度的监测沙盒沙粒较多。而樟子松林地的空间风蚀现象与柠条退耕地相反，樟子松在 5—7 月的地表风蚀情况比柠条严重，但无明显差异，在空间的风蚀情况较柠条轻，能有效地阻止外来沙粒的侵蚀。

3. 结论与讨论

通过干旱区不同典型地貌的风蚀分析，以风沙土为主的鸦儿沟沙丘风蚀主要在4月下旬和5月下旬最为严重，地表集沙量分别为789.42g和1 190.63g，空间的沙粒侵蚀主要集中在50~100cm，悬移和飘浮沙粒较多，但该地区以就地起沙为主；而草原的风蚀主要集中在4月下旬，与沙丘相比风蚀现象得到缓解，地表集沙量为112.90g；沙蒿林地表风蚀减弱，沙粒跃移现象减小，主要以外来沙粒形成的空间风蚀为主；而耕地地表裸露，主要以就地起沙为主。

通过对不同立地类型的林地分析显示，放牧草地在5月下旬风蚀相对严重、地表集沙量为21.76g，随着放牧地植被的生长地表风蚀现象得以改善但空间中存在少量沙粒。由此说明，放牧草地能有效改善土壤成分，植被固沙效果良好，主要风蚀沙源为外来沙粒沉积。柠条退耕地与对照相比，退耕地植物多样性增加、已形成稳定的生态系统，地表沙粒不发生明显跃移，5—7月集沙量较小、7—9月集沙量为3.25g，风蚀现象不明显，但柠条地空间风蚀情况较为严重，各高度的监测沙盒沙粒较多，主要原因在于灌木林地不能有效降低外来沙粒的侵蚀；而樟子松林地的空间风蚀现象与柠条退耕地相反，樟子松在5—7月的地表风蚀情况比柠条严重，但无明显差异，在空间中的沙粒比柠条地少、风蚀情况较柠条轻，能有效地阻止外来沙粒的侵蚀。

## 第三节　宁夏中部干旱带人工灌木林地土壤风蚀特征研究

土壤侵蚀是由水力和风力作用引起的土壤颗粒的分离与搬运过程。土壤性质对土壤侵蚀的发生与强度都有重要的影响。土壤可蚀性（soil erodibility）是土壤性质中的一个重要方面，是指土壤易受侵蚀破坏的性能，也就是土壤对侵蚀介质剥蚀和搬运的敏感性。不同类型的土壤在不同的气候条件、经营方式下，对侵蚀的影响作用也是不同的。土壤风蚀是指松散的土壤物质被风吹起、搬运和堆积的过程以及地表物质受到风吹起的颗粒的磨蚀等，是干旱风沙区土壤可蚀性的主要衡量指标，是风成过程的全部结果。风力作用下土壤颗粒主要有三种运动类型：悬移、跃移和滚动。世界上受风蚀影响的耕地主要在北非、中东、亚洲中部、南部、东部、澳大利亚、南美南部和北美的部分地区。中国主要包括新疆、内蒙古、陕西北部长城沿线等18个省（区、市）的471个县（旗、市）。据董光荣等研究，1949—1994年中国共有6.67×10$^5$hm$^2$的耕地沦为沙丘和沙地，每年丧失耕地1 480hm$^2$，由于风蚀损失土壤肥力相当于价值170亿元/年的各类化肥。由此可见，在典型干旱风沙区内，开展不同土地利用类型土壤可蚀性研究，探明不同人工干扰类型对土壤风蚀的影响程度工作就显得尤为重要。

近年来，国内外许多学者从不同角度出发，对干旱、半干旱地区的土壤风蚀危害及其防治问题进行了广泛研究。Chepil 明确提出土壤质地对土壤可蚀性有很大影响，并确立了关于风蚀的基本原理。苏联的雅库布夫研究了土壤机械组成等因素对风蚀的影响，发现了易受风蚀的土壤粒径。中国对土壤可蚀性的系统研究开始于 20 世纪 50 年代，但多采用土壤抗侵蚀性，且多见于水保领域。在风蚀领域，朱震达等认为土壤性质的差异会影响风蚀强度。黄福祥等建立了毛乌素沙地植被覆盖与风蚀输沙率之间的定量模型。陈广庭发现土粒起动风速的大小与土壤团聚体平均直径之间存在着重要的关系。董治宝通过风洞模拟研究了土壤水分与土壤风蚀量的关系。中科院及中国农业大学研究发现产生沙尘暴的主要原因是退化的耕地和草地，而不是沙漠，这一结果对正确认识风蚀和沙尘来源提供了新的依据，使保护性耕作对土壤可蚀性的影响一度成为研究热点，而在同一风蚀区域针对多种代表性土地利用类型的土壤可蚀性对比分析的研究尚不多见。据此，启动了此项研究。

## 一、试验区基本概况

试验观测区设在盐池县花马池镇柳杨堡行政村，地处宁夏中东部干旱风沙区，属鄂尔多斯台地中南部、毛乌素沙地西南缘，为宁夏中部干旱带的主要的组成部分，主要以天然降水量为主要农业水资源来源的旱农作为主。属干旱半干旱气候带。年降水量为 230～300mm，降水年变率大，潜在蒸发量为 2 100mm，干燥度 3.1；年均气温 7.6℃，年温差 31.2℃，≥10℃ 积温 2 944.9℃，无霜期 138d；年均风速 2.8m/s，年均大风日数 25.2d，主害风为西北风、南风次之，俗有“一年一场风，从春刮到冬”之说；土壤以淡灰钙土和沙壤土为主，主要自然灾害为春夏旱和沙尘暴。农业发展相对滞后，种植结构单一，区域经济薄弱。农作物主要水源为地下井水、扬黄（河）灌溉和雨养农业三种，其中雨养农业约占农耕地的 70%以上。

## 二、研究内容与方法

在试验区选择相邻的旱作免耕农田、传统翻耕农田、冬小麦地、退耕还草地［苜蓿（*Medicago sativa*）地］和柠条（*Caragana* fabr.）林地为供试对象，以地表粗糙度、风蚀量及其与地表附着物相关性等为主要衡量指标，在风力侵蚀严重的3—5月，对比分析了不同土地利用类型土壤可蚀性差异。旨在摸清当地非生长季内各类生态环境建设对土壤蚀积的影响，客观评价退耕还林还草工程、保护性耕作技术等为代表的人为干预土壤可蚀性工程措施在风蚀防治中的应用效益，为宁夏中部干旱带生态环境建设提供理论依据。

1. 地表粗糙度

地表粗糙度是反映不同下垫面的固有性质的一个重要物理量。粗糙度体现了地面结构的特征，地面越粗糙，摩擦阻力就越大，相应地风速的零点高度就越高，这样隔绝风蚀不起沙的作用就越大。因此，粗糙度是衡量不同土地利用类型地表可蚀性的间接指标之一。粗糙度 $Z_0$ 的确定，通常都是以风速按对数规律分布为依据的。测定任意两高度处 $Z_1$，$Z_2$ 及它们对应的风速 $V_1V_2$，设 $V_2/V_1=A$ 时，则得方程：

$$\log z_0 = \frac{\log z_2 - A\log z_1}{1 - A}$$

例如，当 $Z_2=200$，$Z_1=50$，将若干平均风速比 $A = \frac{v_{200}}{v_{50}}$ 代入方程，则可求得地表粗糙度 $Z_0$。

2. 集沙量监测研究

分别采用诱捕测定法和集沙仪测定法，综合分析评价不同观测区土壤可蚀性差异。分述如下：

（1）诱捕测定法。在各观测地内选择平整且保证具有原始地被物覆盖量的基础上，同时放置杯状容器，容器与沙堆表面持平后，收集沉积物质，待各处理都有积沙后，在最大进杯沙量小于一半杯容积前同时收集集沙量，对比衡量不同立地类型土壤可蚀性。

（2）集沙仪测定法。选择地形平坦、无防护林干扰的供试地。利用被动式楔形集沙仪西北向放置并清空集沙袋后，自3—5月每月为1观测时间段。集沙仪高120cm，设3个重复，期间结合气象沙尘预报，及时更换集沙袋，测量其距地表不同高度、不同时间段自然含水量状态下的重量，为明确不同立地类型土壤可蚀性提供试验依据。

## 三、结果分析

1. 地表粗糙度

按照粗糙度公式中所需观测内容，于2005年5月上旬，利用DEM6型轻便三杯风向风速表，分别在 50cm 和 200cm 两观测高度，同时观测各处理两高度的风速值，每处理重复观测 5 次，测定记录后参照计算公式算出各下垫面的粗糙度。

**表 5-7　风速及地表粗糙度测定结果**

| 试验处理 | 附着物高（cm） | 观测高度（cm） | 观测风速 V（m/s） | | | | | | 风速比 $A$（$V_{200}$/$V_{50}$） | $Z_0$（cm） |
|---|---|---|---|---|---|---|---|---|---|---|
| | | | $V_{Ⅰ}$ | $V_{Ⅱ}$ | $V_{Ⅲ}$ | $V_{Ⅳ}$ | $V_{Ⅴ}$ | $\bar{v}$ | | |
| 免耕农田 | 6.85 | 50 | 2.08 | 0.56 | 0.39 | 1.72 | 1.82 | 1.314 | 1.547 | 0.559 |
| | | 200 | 2.98 | 0.75 | 0.64 | 2.58 | 2.78 | 1.94 | | |
| 翻耕农田 | — | 50 | 0.71 | 1.10 | 0.76 | 0.78 | 1.18 | 0.906 | 1.476 | 0.430 |
| | | 200 | 1.15 | 1.95 | 1.02 | 1.30 | 1.53 | 1.402 | | |
| 退耕草地 | 18.56 | 50 | 0.31 | 0.37 | 0.10 | 0.07 | 0.19 | 0.208 | 2.346 | 1.252 |
| | | 200 | 0.52 | 0.70 | 0.32 | 0.38 | 0.52 | 0.488 | | |
| 柠条林地 | 110.98 | 50 | 0 | 0 | 0.20 | 0.08 | 0.09 | 0.074 | 5.135 | 1.553 |
| | | 200 | 0.27 | 0.28 | 0.44 | 0.41 | 0.50 | 0.38 | | |
| 冬小麦地 | 31.75 | 50 | 3.52 | 2.98 | 3.30 | 3.10 | 2.88 | 3.156 | 1.783 | 0.930 |
| | | 200 | 5.38 | 5.12 | 5.57 | 6.05 | 6.02 | 5.628 | | |

由表 5-7 可知，柠条林地、退耕草地、冬小麦地、免耕农田地表粗糙度均大于翻耕农田。由此可见，柠条林地、退耕草地、冬小麦地和免耕农田对提高地面扰动度、减少土壤风蚀均有不同程度的贡献，以柠条林地和退耕草地最明显，分别是翻耕农田的 3.61 倍和 2.91 倍。

2. 集沙量监测分析

（1）诱捕法测定结果。利用诱捕法，在每种观测地每次放置 3 个，取其平均数，分别自 3 月中旬至 5 月上旬共测了 6 次，结果如下。

**表 5-8　诱捕法集沙量测定结果**

| 土壤类型 | 集沙量（g） | | | | | | |
|---|---|---|---|---|---|---|---|
| | 1 | 2 | 3 | 4 | 5 | 6 | 平均 |
| 免耕农田 | 3.64 | 3.12 | 14.05 | 18.07 | 14.02 | 13.4 | 11.05 |
| 翻耕农田 | 338.49 | 333.44 | 332.96 | 314.8 | 320.1 | 317.9 | 326.28 |
| 退耕草地 | 0.5 | 0.63 | 0.85 | 0.77 | 0.4 | 0.46 | 0.60 |

（续表）

| 土壤类型 | 集沙量（g） | | | | | | |
|---|---|---|---|---|---|---|---|
| | 1 | 2 | 3 | 4 | 5 | 6 | 平均 |
| 柠条林地 | 13.4 | 10.67 | 18.24 | 25.15 | 3.26 | 9.25 | 13.33 |
| 冬小麦地 | 17.26 | 18.74 | 16.38 | 19.21 | 21.04 | 16.78 | 18.24 |

由表 5-8 可知，翻耕农田测得集沙量为 326.28g，退耕草地仅为 0.60g，其他处理也明显低于传统翻耕农田，进一步说明旱作农田是沙尘的主要来源之一，而以退耕草地、柠条林地的营建与冬小麦的示范种植等人为干预措施对有效防治沙尘危害贡献率很大，生产中应注重大面积示范推广。

（2）集沙仪观测结果。以上述试验地为观测区，利用有效观测高度为 120cm 的被动式集沙仪，每集沙层高 5cm，后各粘集沙袋 1 个，每观测区重复放置 3 个集沙仪。自 3 月 1 日面对当地主害风向西北向埋入后开始观测，每月上下旬分别置换一次，期间如遇沙尘暴集沙袋较满时则随时更换新的集沙袋，5 月春播前结束。分析不同高度收集到的沙粒重量，以及与风速之间的关系等，进一步确定当地沙尘暴的空间组成、来源以及与下垫面间的关系，为旱作农田就地起沙影响因素、防治措施调控等提供理论依据。

**表 5-9　不同高度土壤风蚀量观测结果**

| 土壤类型 | 风蚀量（g） | | | | | | | | | | | | | | 合计 |
|---|---|---|---|---|---|---|---|---|---|---|---|---|---|---|---|
| | 8.5cm | 17cm | 25.5cm | 34cm | 42.5cm | 51cm | 60cm | 68cm | 76.5cm | 85cm | 93.5cm | 102cm | 110.5cm | 120cm | |
| 免耕农田 | 6.63 | 2.03 | 1.77 | 1.18 | 1.19 | 1.08 | 1.40 | 1.00 | 0.79 | 0.73 | 0.56 | 0.94 | 0.49 | 1.76 | 21.55 |
| 翻耕农田 | 541.51 | 669.65 | 592.35 | 382.74 | 244.44 | 99.35 | 69.44 | 49.47 | 35.77 | 30.76 | 29.14 | 31.25 | 54.86 | 49.74 | 2 880.48 |
| 退耕草地 | 3.16 | 1.66 | 1.29 | 1.98 | 1.44 | 2.13 | 5.72 | 7.50 | 6.14 | 8.62 | 11.16 | 10.08 | 7.07 | 2.36 | 70.32 |
| 柠条林地 | 2.23 | 0.65 | 0.28 | 0.20 | 0.13 | 0.33 | 0.27 | 0.22 | 0.77 | 0.63 | 0.34 | 0.78 | 0.62 | 5.84 | 13.28 |
| 冬小麦地 | 27.12 | 8.37 | 5.84 | 4.77 | 2.75 | 4.47 | 3.40 | 4.08 | 3.65 | 4.94 | 3.76 | 3.68 | 4.41 | 6.83 | 88.08 |

观测发现，免耕、退耕草地和柠条林地都能很有效减少土壤风蚀，土壤可蚀性明显较强；传统翻耕农田、冬小麦地风蚀颗粒主要在近地表 25.5cm 以下运动，分别占其风蚀总量的 62.61%和 46.92%，为就地起沙；免耕、退耕草地和柠条林地多集中在中上部，主要是观测区附近较严重的传统翻耕农田中的

“外来沙粒”。

（3）集沙量与地表附着物相关性分析。用草业样方调查法，分别在上述区域测定地面杂草、作物茬（柠条林以实际地面生物量为准）等的频度、生物量等，样方 $1m^2$，各试验重复3次。以上述试验收集到的集沙量为应变量，分别把测得的各处理间作物留茬、地表杂草等地表残留物的总频度 $X_1$、作物频度 $X_2$、杂草频度 $X_3$、杂草重 $X_4$、茬重 $X_5$、杂草高 $X_6$ 为自变量，利用 SPSS 11.0 进行逐步回归分析，求其集沙量与参试变量间相关性及其拟合程度。

**表 5-10　集沙量与地表各相关因子回归分析**

| 项目 | 总体回归 | 总频度 | 作物频度 | 杂草频度 | 杂草重 | 茬重 | 杂草高 |
|---|---|---|---|---|---|---|---|
| 显著性 | 0.747 | 0.619 | 0.907 | 0.822 | 0.738 | 0.781 | 0.21 |
| 拟合方程 | $Y=5.426+0.039X_1+0.015X_2-0.087X_3-0.950X_4-0.721X_5-2.280X_6$ | | | | | | |
| 相关系数（$R$） | 0.524 | | | | | | |

回归拟合后表明（表5-10）：所求模型的回归方程为 $Y=5.426+0.039X_1+0.015X_2-0.087X_3-0.950X_4-0.721X_5-2.280X_6$。模型的回归系数为0.524，相关性不大，总体拟合困难。利用逐步回归法当 $F\geqslant4.000$ 时对应变量进入方程式，$F\leqslant3.800$ 时变量被剔除，利用该准则判别后，只有“杂草频度” $X_3$ 项进入方程。说明所设的变量中，仅有杂草频度变量与拟合方程相关性较好，方程常数（-0.087），为负值，即自变量“杂草频度”越大，应变量集沙量（$Y$ 值）越小。进一步说明在试验的几种人为干预土壤可蚀性措施中，以最大限度的提高“杂草频度”即植被覆盖率，对有效防治干旱风沙区就地起沙、提高土壤可蚀性效果明显。

（4）集沙量与观测高度相关性回归分析。分别以集沙量为应变量（$Y$）、观测高度为自变量（$X$），利用 Excel 软件中的线性、对数、多项式、乘幂、指数和多项式回归法将测得的不同处理集沙量与观测高度进行拟合，对比分析不同处理集沙量与观测高度之间的最佳拟合函数、拟合方程及其相关性（$R^2$），得图5-3和表5-11。

集沙量与观测高度相关性分析表明（表5-11），免耕农田最佳拟合函数为乘幂函数关系，其他均为多项式关系。与之对应的相关系数的平方（$R^2$）分别为：免耕农田0.674 9、翻耕农田0.907 4、退耕草地0.482 2、冬小麦地0.626 7、柠条林地0.597 4。其中翻耕农田拟合性最好、退耕草地拟合性较差。

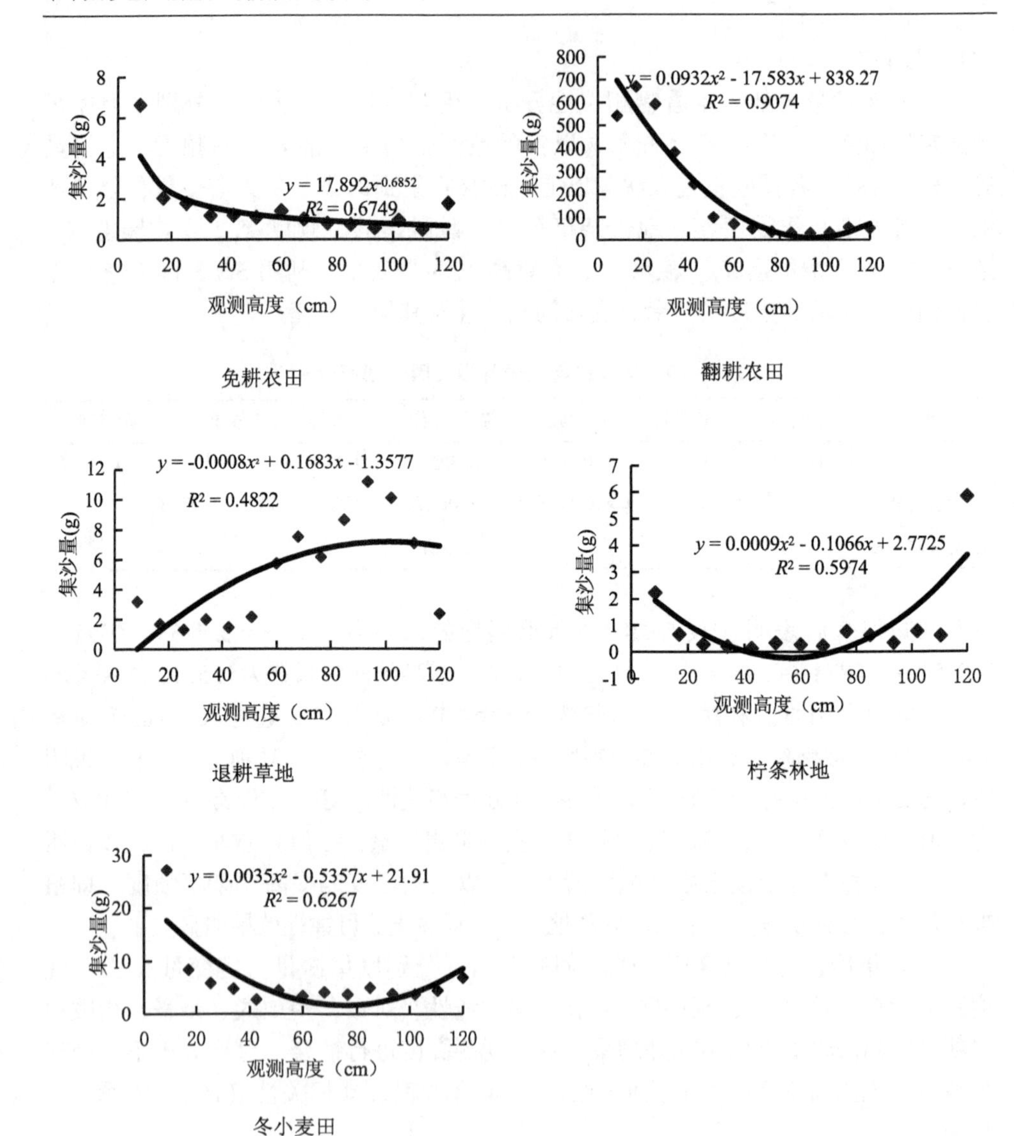


**图 5-3　集沙量与观测高度相关性回归分析**

表 5-11　集沙量与观测高度相关性（$R^2$）回归分析

| 处理 | 拟合函数 | | | | | 最佳拟合函数 | 最佳拟合方程 |
|---|---|---|---|---|---|---|---|
| | 线性 | 对数 | 乘幂 | 指数 | 多项式 | | |
| 免耕农田 | 0.325 3 | 0.615 3 | 0.674 9 | 0.451 8 | 0.664 5 | 乘幂 | $Y=17.892X-0.6852$ |
| 翻耕农田 | 0.721 9 | 0.816 8 | 0.809 4 | 0.787 2 | 0.907 4 | 多项式 | $y=0.0932x^2-17.583x+838.27$ |
| 退耕草地 | 0.412 3 | 0.370 7 | 0.361 3 | 0.422 2 | 0.482 2 | 多项式 | $y=-0.0008^{x2}+0.1683x-1.3577$ |
| 柠条林地 | 0.120 2 | 0.014 7 | 0.001 2 | 0.105 1 | 0.597 4 | 多项式 | $y=0.0009x^2-0.1066x+2.7725$ |
| 冬小麦地 | 0.232 5 | 0.528 8 | 0.512 9 | 0.213 3 | 0.626 7 | 多项式 | $y=0.0035x^2-0.5357x+21.91$ |

## 四、结论与讨论

对比分析了旱作免耕农田、传统翻耕农田、冬小麦地、退耕草地（苜蓿地）和柠条林地地表粗糙度、风蚀量及其与地表附着物相关性等土壤可蚀性差异。结果表明：旱作传统翻耕农田就地起沙量最大，土壤可蚀性最小，是当地沙尘的主要来源之一；免耕、退耕草地和柠条林地都能有效减少地表风蚀，土壤可蚀性明显较强；传统翻耕农田、冬小麦地风蚀颗粒主要集中在近地表，为就地起沙；提高“杂草频度”即植被覆盖率，对有效防治就地起沙、提高土壤可蚀性效果明显。

（1）在供试的几类试验区中，旱作传统翻耕农田就地起沙量最大，土壤可蚀性最小，是当地沙尘的主要来源之一。

（2）地表粗糙度分析表明：翻耕农田最小，其中柠条林地和退耕草地分别是翻耕农田的 3.61 倍和 2.91 倍，对增加地表粗糙度、提高土壤可蚀性作用突出。

（3）利用诱捕法和集沙仪观测法表明：免耕、退耕草地和柠条林地均能有效减少地表风蚀，土壤可蚀性明显较强；翻耕农田和冬小麦地风蚀颗粒主要集中在近地表 25.5cm 以下运动，分别占其风蚀总量的 62.61% 和 46.92%，为就地起沙。

（4）提高草本植被覆盖率，对有效防治就地起沙、提高土壤可蚀性效果明显。集沙量与观测高度相关性分析表明：免耕农田为乘幂函数关系，其他均为多项式关系，其中翻耕农田拟合性最好，退耕草地拟合性较差。

## 第四节　干旱风沙区农田防护林对风速及小气候的影响研究

为准确分析评价干旱风沙区防护林网对农田小气候的影响程度，分析和评价林地对农田主要生态功能影响，量化林地主要生态指标，在干旱风沙区盐池县王乐井乡扬黄灌区，8 月下旬左右作物生长关键期内，分别对玉米农田防护林、天然草地、林木育苗地、柠条灌木林地等典型景观地貌小环境的光照、气温、地温等主要环境因素的影响进行持续动态监测，对比分析出不同小气候环境内主要气象因素日变化规律，寻求上述不同立地类型主要气象指标差异性，分析其主要成因，揭示和量化防护林网对农田小气候的影响程度，为制定科学合理的防护林网提供理论依据。

### 一、不同立地类型地表土壤温度动态变化监测

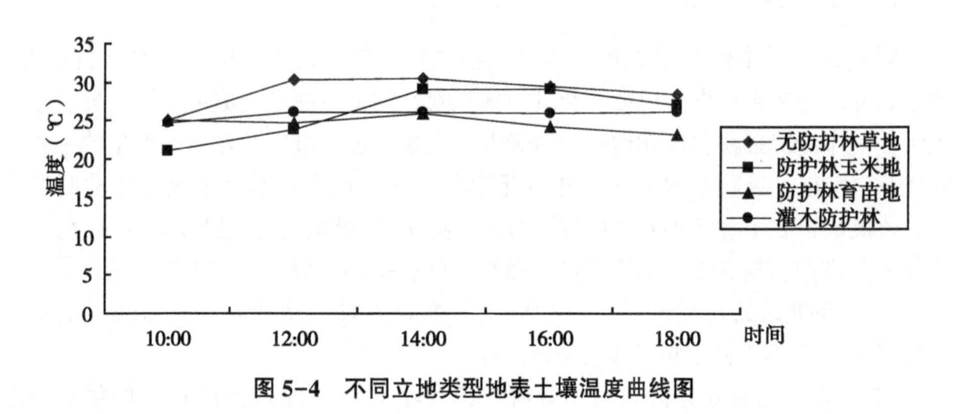


图 5-4　不同立地类型地表土壤温度曲线图

采用深度分别为 5cm、10cm、15cm、20cm、25cm 地温计分别对灌区无防护林草地、防护林玉米地、防护林育苗地、灌木防护林 4 个区域的土壤表层温度进行了动态监测，将监测所得土壤温度平均后可知（图 5-4），无防护林草地区域土壤地表平均温度最高，且波动幅度也较大，在 25. 1~30. 3℃波动，防护林玉米地和灌木防护林较接近，分别在 29~21℃、26~23. 2℃波动，防护林育苗地土壤地表平均温度最低，且波动幅度也最小，仅在 23. 2~26℃波动，说明较高的植被覆盖可以保证较低的地表土壤温度和较小的地表土壤温度波动，有利于地表土壤水分保持，改善小环境，减少高温逆境对作物、植被及林间小动物、鸟类等生态环境的负面影响，有利于其正常生长和生存。

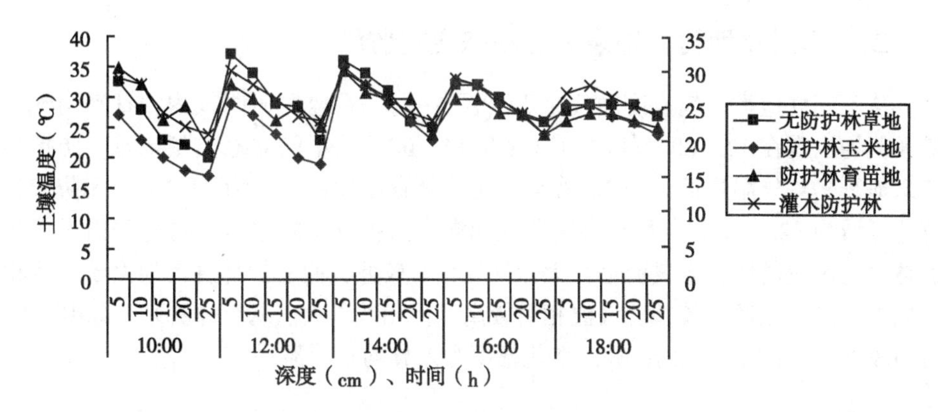


图 5-5 不同立地类型不同深度地表土壤温度曲线图

从不同立地类型不同监测深度地表土壤温度曲线来看（图 5-5），在监测时间段内，在 14：00 前，地表温度随着深度均逐渐降低，16：00 及以后，5cm 地温与 15cm 地温均较接近，10cm 处地温开始为最大值，且整体变幅均趋于平缓。其中无防护林草地地表温度变化幅度最大，特别是 5cm 处地温，其最大值出现在 12：00，防护林玉米地 10：00-12：00 内不同深度地表温度均最低，之后逐渐升高，可能是由于太阳的转动影响到树阴与监测区域，近而影响到地温。从整体来看，防护林玉米地、灌木防护林、防护林育苗地由于植被较多，覆盖度较高，地表温度日变化较缓和，随着日照强度的逐渐增强或减弱均趋于滞后性变换。说明在日照最为强烈的 8 月，较高的植被覆盖有利于保持较稳定、较低的、持续缓和的土壤温度，有利于作物生长。

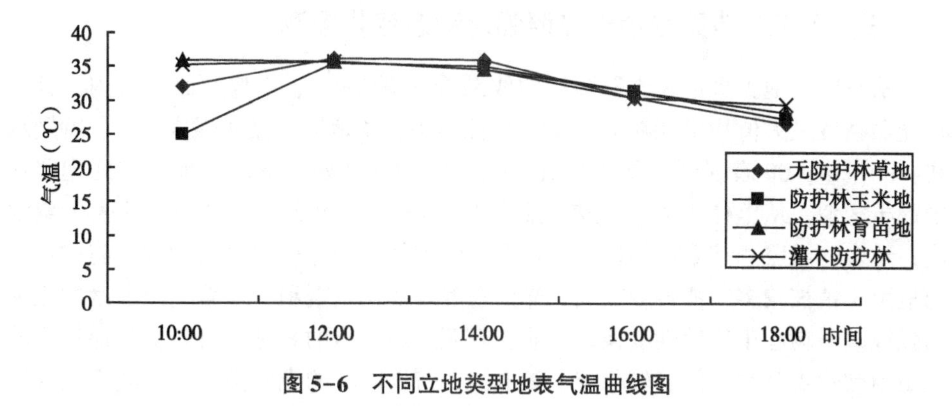


图 5-6 不同立地类型地表气温曲线图

## 二、不同立地类型地表气温动态变化监测

从不同立地类型气温度曲线来看（图 5-6），在监测时间段内，日平均气温最大值均出现在 12：00，其次均出现在 14：00。从不同立地类型来看，防护林玉米地日平均气温最低，为 30.82℃，防护林育苗地最高，为 33.2℃，无防护林草地区域为 32.28℃，与防护林育苗地和灌木防护林均较接近，可能是由于无防护林草地区较通风，空气流动性大，气温相对较低，而防护林育苗地由于地势相对低洼，空气流通性较差，气温相对较高，但相差不大。从整体看来，除 10：00 时间段外，4 个监测区域日气温变化幅度和差异均不明显。

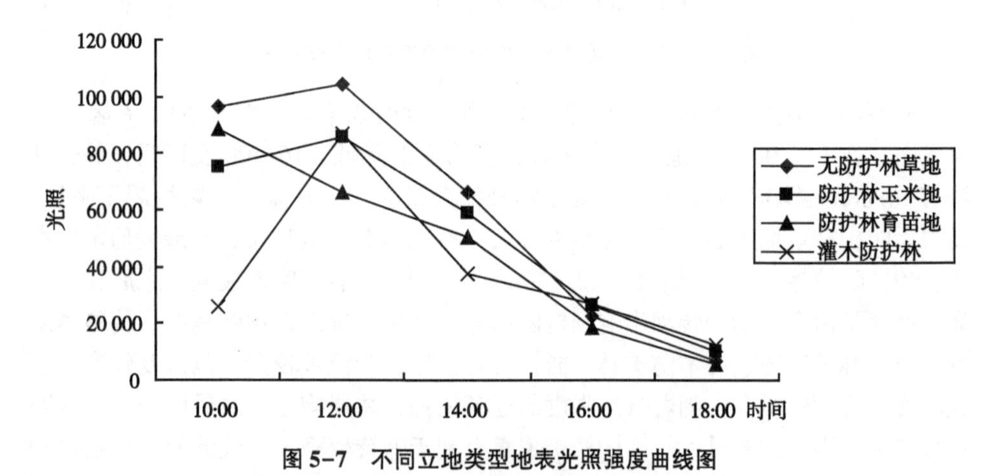


图 5-7　不同立地类型地表光照强度曲线图

## 三、不同立地类型地表光照强度动态变化监测

从不同立地类型地表光照强度曲线来看（图 5-7），在监测时间段内，日平均光照强度最大值均出现在 12：00，以无防护林草地区域光照强度最大，特别从 10：00—14：00 表现最明显，自 16：00—18：00 开始，不同立地类型间光照强度趋于相似。从整体来看，地表光照强度变化幅度和变化趋势均与地表土壤温度、地表气温监测结果均相似。换言之，防护林玉米地、灌木防护林、防护林育苗地由于植被较多，覆盖度较高，光照强度日变化较缓和，随着光照强度的逐渐增强或减弱均趋于滞后性变换。说明在日照最为强烈的 8 月，有防护林保护下的农田植被覆盖有利于保持较稳定、较低的、持续缓和的光照强度，有利于该区域内植被的正常生长。

## 四、不同带宽防护林网格不同时期林网中间风速特征

以平罗县、青铜峡、利通区3县市区域内，在8月上旬和10月下旬，分别针对窄林带、宽林带内不同监测距离防风效能进行了监测分析，分别设距离地表50cm高和200cm高2个监测高度，以防护林中间距离处（防护林带正中处）为对照样地，在窄林带、宽林带中对防护林水平距离内0*H*（防护林带内）、0.5*H*、1*H*、2*H*、5*H* 处，在超宽林带中，分别对0H（防护林带内）、100m、200m、300m处的防风效能进行了监测，其中平罗县新丰村国土整治项目区地理位置为：N38°78′08″，E106°15′32″。结果如下（表5-12）。

**表5-12　不同带宽防护林网格不同时期林网中间风速特征监测分析**（左忠，et al. 2016）

| 监测地点 | 监测时期 | 林带宽度（m） | 监测水平距离（m） | 监测高度 | 平均风速（m/s） | 风速比 | $\log Z_0$ | 粗糙度 $Z_{0(cm)}$ | 摩阻速度 $u_*$ | 风脉动性（g） |
|---|---|---|---|---|---|---|---|---|---|---|
| 平罗新丰村国土整治项目区宽林带大网格 | 8月上旬 | 800 | 400 | 50cm | 0.9 | 1.86 | 1.00 | 10.02 | 0.21 | 0.56 |
| | | | | 200cm | 1.6 | | | | | 0.69 |
| 平罗渠口单排成熟防护林窄林带小网格 | 8月上旬 | 90 | 45 | 50cm | 0.7 | 1.74 | 0.89 | 7.67 | 0.15 | 0.29 |
| | | | | 200cm | 1.2 | | | | | 0.50 |
| 平罗县周成村成熟防护林窄林带小网格 | 8月上旬 | 90 | 45 | 50cm | 1.0 | 1.45 | 0.37 | 2.37 | 0.13 | 0.62 |
| | | | | 200cm | 1.5 | | | | | 0.53 |
| 平均 | | | | 50cm | 0.9 | 1.7 | 0.8 | 6.7 | 0.2 | 0.5 |
| | | | | 200cm | 1.4 | | | | | 0.6 |
| 青铜峡红星单排宽林带大网格成熟防护林网 | 10月下旬 | 330 | 165 | 50cm | 1.9 | 1.16 | −2.11 | 0.01 | 0.09 | 0.47 |
| | | | | 200cm | 2.2 | | | | | 0.59 |
| 吴忠利通区高闸9队窄林带小网格成熟林网 | 10月下旬 | 90 | 45 | 50cm | 1.8 | 1.60 | 0.70 | 5.01 | 0.31 | 0.50 |
| | | | | 200cm | 2.9 | | | | | 0.34 |
| 青铜峡红星村宽林带大网格成熟林网 | 10月下旬 | 800 | 400 | 50cm | 2.7 | 1.41 | 0.27 | 1.86 | 0.32 | 0.48 |
| | | | | 200cm | 3.8 | | | | | 0.26 |
| 平均 | | | | 50cm | 2.1 | 1.4 | −0.4 | 2.3 | 0.2 | 0.5 |
| | | | | 200cm | 3.0 | | | | | 0.4 |

注：监测时期，8月上旬指作物（玉米）收获前，10月下旬指作物（玉米）收获后防护林树木落叶前

8月上旬由于玉米等作物生长旺盛，监测所得的平均风速比、粗糙度、风脉

动性均明显高于10月下旬作物收获后，但10月下旬防护林未落叶前平均粗糙度仍可达2.3cm，风速比也可达1.4，说明虽然为大网格非作物生长季，防护林效果仍然存在并且作用发挥良好。

## 第五节　宁夏中部干旱带不同地貌风蚀沙粒粒径特征分析研究

### 一、试验背景

风蚀是一个全球性的问题．全世界有$5.05\times10^6 km^2$的土地因风蚀而发生退化、沙化，每年因此而造成的直接经济损失达$4.23\times10^{10}$美元。中国是受风蚀荒漠化危害最为严重的国家之一，风蚀荒漠化面积达$1.61\times10^6 km^2$。风蚀在给人类社会造成巨大的经济损失的同时，其所导致的生态环境不断恶化已成为影响人类社会可持续发展的重要因素之一。土壤风蚀的发生是一个非常复杂的过程，是包括地理、气候和表层土壤性状等多因子综合作用的结果。风蚀直接影响土壤的沙粒组成，由于风蚀的原因，造成沙粒粒径组成在空间上差异很大，而沙粒粒径组成是土壤的一个稳定的自然属性，在很大程度上决定着土壤的组成成分和用途，同时风蚀沙粒的粒径组成与风蚀强度存在相关性，研究土壤风蚀是必需的基本资料之一。

国内对沙粒粒径研究较晚，早期的研究主要集中在对大气单颗粒物的分析上。例如，程旭等对沙漠的沙粒物理特性进行分析，得出沙丘不同部位的沙粒粒径的分布特点及造成这种分布的原因。邓祖琴等人对中国北方沙漠戈壁区沙尘气溶胶与太阳辐射的关系进行分析表明：沙漠地区太阳辐射和沙尘气溶胶指数有非常高的相关性，且变化趋势一致。高庆先、任阵海等研究表明沙粒大小是地表风蚀间接反应，也是决定地表风蚀量多少、风沙侵蚀特征主要因素之一。但是在现有的大多数研究主要是以单一地区或者单一风蚀环境进行，在多种地貌、不同林地类型间对沙粒粒径与风蚀相关性情况的研究较少。

历史上盐池县的土壤沙化较为严重，流动沙丘和半固定沙地较多，在多年的固沙治理中，土壤风蚀得到了明显减缓。本次实验在盐池县周庄子、鸦儿沟、沙泉湾、王乐井和石山子地区的沙地、草地、灌木林地的风蚀沙粒进行收集并分析粒径组成，以此判断这些地区风蚀影响程度。

## 二、试验区概况

试验区选择风蚀严重的盐池县，盐池县地处宁夏中东部干旱风沙区，属鄂尔多斯台地中南部、毛乌素沙地西南缘，为宁夏中部干旱带的主要组成部分，属干旱半干旱气候带。年降水量为230~300mm，降水年变率大，潜在蒸发量为2 100 mm，干燥度3.1；年均气温为7.6℃，年温差为31.2℃，≥10℃积温2 944.9℃，无霜期138d；年均风速为2.8m/s；土壤以淡灰钙土和沙壤土为主，主要自然灾害为春夏旱和沙尘暴。在近几年的防风治沙工程下风蚀情况得到明显改善，仅有少部分地区的土壤风蚀情况较为严重。

## 三、试验方法

1. 试验原理

利用诱捕法，在各观测地内同时埋入集沙容器（直径7cm、高8cm），埋入时要保证容器口与地表持平，在草地或者沙地每隔5m放置一个容器，并保证所有容器均在一条直线上，灌木地的容器放在灌木植株的行距中间，确保收集的沙粒具有代表性。对过境沙粒进行收集。其中固定沙地植被主要以赖草［*Leymus secalinus*（*Georgi*）*Tzvel.*］和白草（*Pennisetum centrasiaticum*）为主，灌木林地以柠条（*Caragana korshinskii*）、甘草（*Glycyrrhiza uralensis*）、沙蒿（*Artemisia desertorum*）等半干旱地区常见植物为主。

试验于2016年3月末开始，在盐池县地区风蚀现象较为严重的4月和5月（平均风速3m/s）各收集一次，每处理重复6次，取其平均数。将未被人或动物破坏的样品收集回称重，收集后将容器按上述方法埋回原来的位置继续收集。将收集到的沙粒带回室内分析。

2. 沙粒分级标准

根据我国土粒分级标准将宁夏中部干旱带不同风蚀环境下的风蚀沙粒进行分级，以此判断不同地区的土壤沙化情况（表5-13）。

**表5-13　土壤粒径分级标准**（熊毅，et al. 1990）

| 粒径名称 | 粒径（mm） |
| --- | --- |
| 石块 | >3 |
| 石砾 | 3~1 |

（续表）

| 粒径名称 | | 粒径（mm） |
|---|---|---|
| 沙粒 | 粗沙粒 | 1~0. 25 |
| | 细沙粒 | 0. 25~0. 05 |
| 粉粒 | 粗粉粒 | 0. 05~0. 01 |
| | 中粉粒 | 0. 01~0. 005 |
| | 细粉粒 | 0. 005~0. 002 |
| 黏粒 | 粗黏粒 | 0. 002~0. 001 |
| | 细黏粒 | <0. 001 |

3. 全国沙漠化土地类型划分标准

根据我国沙漠化土地类型划分标准，将宁夏中部干旱带不同风蚀环境下的土地类型进行分类（表 5-14）。

**表 5-14　沙漠化土地类型划分标准**（朱俊风，et al. 1999）

| 地类 | 标准 |
|---|---|
| 1. 流动沙丘和流动沙地 | 植物盖度低于 10% |
| 2. 半固定沙丘和半固定沙地 | |
| A. 乔木干固定沙地 | 乔木植被盖度低于 50% |
| B. 灌木半固定沙地 | 灌木植被盖度低于 30% |
| C. 草本半固定沙地 | 草本植被盖度低于 30% |
| 3. 固定沙丘和固定沙地 | |
| A. 乔木固定沙地 | 乔木植被盖度≥50% |
| B. 灌木固定沙地 | 灌木植被盖度≥30% |
| C. 草本固定沙地 | 草本植被盖度≥30% |

4. 风蚀过程与沙粒粒径相关性分析依据

土壤风蚀是宁夏主要自然灾害之一，研究、治理和抵御风蚀危害是各级政府与群众长期面临的共同使命。研究沙粒粒径组成对科学判断不同土地利用类型、植被恢复和风蚀防治效果意义重大。沙粒根据粒径不同在风力作用下移动方式不同：100~500μm 为跃移、>500μm 为撞移或挤移，风蚀沙源多以就地起沙为主。而 20~100μm 的沙粒在风力作用下会飘浮于空中以悬移的方式进行移动、<20μm 的沙粒以远距离飘浮为主，因此，<100μm 的沙粒在风力作用下移动范围较广、移动区域较大，危害严重，是风蚀防治的重点对象，同时，对其有效拦截和防控

也是治沙成果的主要提现。

5. 沙粒粒径分析方法

将各样地风蚀样采回后，采用英国 Malvern 公司生产的 Mastersizer 2000 型激光粒度分析仪对所采沙粒混合样品在室内进行了统一检测分析。

6. 分形维数评价方法

分形维数可以概括是没有特征尺度的自相似结构。分形维数的大小能够用于说明自相关变量空间分布格局的复杂程度；分形维数越高，空间分布格局简单，空间结构性好；分形维数低意味着空间分布格局相对复杂，随机因素引起的异质性占有较大的比重。

体积分形维数计算公式如下（吴旭东，et al. 2016）：

$$\frac{V}{V_T}=\left(\frac{R}{\lambda_V}\right)^{3-D}$$

式中，$V$ 为粒径小于 R 的全部土壤颗粒的总体积（%）；$V_T$ 为土壤颗粒总体积（%）；$R$ 为两筛分粒级 $R_i$ 与 $R_{i+1}$ 间粒径平均值（mm）；$\lambda_V$ 为数值上等于最大粒径数（mm）；$D$ 为分形维数。

7. TOPSIS 综合评价法

采用 TOPSIS 法进行分析，首先将指标同趋势化，消除不同指标不同纲量及其数量级的差异对评价结果的影响，然后在此基础上对数据进行归一化处理。去除不利或者低优的指标，保留最优的指标进行数据统计，找出有限方案中最优方案和最劣方案，分别计算各评价方案与最优和最劣方案的距离，获得各评价方案与最优方案的相对距离，以此作为评价各方案优劣的依据。

## 四、试验结果

1. 不同流动沙地沙粒粒径分析

粒径分析表明（表 5-15），风蚀沙粒以细沙粒（50~250μm）为主，占比90%左右，分形维数较小。鸦儿沟半流动沙丘含有 6.63%粉粒、王乐井的流动沙丘粉粒占比 1.98%，其余自然地貌沙丘无粉粒出现。结合不同地区的土壤类型分析可知，以风沙土为主的周庄子和沙泉湾的粗砂粒占比 15.74%，在短期治理后虽然土壤粗粒化明显，但土壤表层明显固化，趋于稳定，但仍有部分流动沙丘风蚀较为严重。鸦儿沟半流动沙丘属于放牧沙化区域，沙粒含有少量粉粒，植被覆盖度低，就地起沙现象严重，是风蚀重点治理和防控区域。

表 5-15　不同类型沙地沙粒粒径组成　(%)

| 监测对象 | 监测地点 | 取样时间 | 土壤类型 | 粉粒(μm) | 细沙粒(μm) | 粗砂粒(μm) | 石砾(μm) | 分形维数 |
|---|---|---|---|---|---|---|---|---|
| | | | | <50 | 50~250 | 250~1 000 | 1 000~3 000 | |
| 流动沙地 | 周庄子 | 4月 | 风沙土 | 0.00 | 97.21 | 2.79 | | 2.042 8 |
| 半流动沙地 | 鸦儿沟 | 5月 | 风沙土 | 6.63 | 91.86 | 1.51 | | 1.908 6 |
| | 沙泉湾 | 4月 | 风沙土 | 0.00 | 96.51 | 3.49 | | 2.429 4 |
| 流动沙丘 | 沙泉湾 | 5月 | 风沙土 | 0.00 | 95.32 | 4.68 | | 1.7603 |
| | 周庄子 | 4月 | 风沙土 | 0.00 | 84.26 | 15.74 | | 2.000 4 |
| | 王乐井 | 4月 | 黄绵土 | 1.98 | 97.89 | 0.14 | | 2.076 1 |
| | 鸦儿沟 | 4月 | 风沙土 | 0.00 | 91.59 | 8.41 | | 1.754 1 |

2. 不同类型草地沙粒粒径分析

以不同地区的封育和放牧草地为研究对象，数据显示（表 5-16）：所有监测草地均有粉粒，沙泉湾和石山子村的封育草地粉粒占比 97.47%和 96.37%，周庄子村的封育草地占 87.96%，由于植被稳定，抗风蚀能力较强，在风蚀过程中均以外来尘降粉粒为主。而放牧草地的粉粒含量明显较少，分形维数也明显较小，其中鸦儿沟地区的放牧草原分形维数仅有 2.090 3，而细沙粒以及粗砂粒含量均是所有草地中含量最高的，表现为显著的退化状。以黄绵土类型的王乐井地区封育和放牧草地粉粒含量均较少，地表抗风蚀能力强，风蚀不明显。

表 5-16　不同类型草地风蚀沙粒粒径组成　(%)

| 监测对象 | 监测地点 | 取样时间 | 土壤类型 | 粉粒(μm) | 细沙粒(μm) | 粗砂粒(μm) | 石砾(μm) | 分形维数 |
|---|---|---|---|---|---|---|---|---|
| | | | | <50 | 50~250 | 250~1 000 | 1 000~3 000 | |
| 流动沙地 | 周庄子 | 4月 | 风沙土 | 0.00 | 97.21 | 2.79 | | 2.042 8 |
| 封育草地 | 沙泉湾 | 5月 | 风沙土 | 97.47 | 2.53 | 0.00 | | 2.984 8 |
| | 周庄子 | 5月 | 风沙土 | 87.96 | 12.03 | 0.01 | | 2.950 4 |
| | 石山子 | 5月 | 风沙土 | 96.37 | 3.63 | 0.00 | | 2.978 0 |
| | 王乐井 | 4月 | 黄绵土 | 29.04 | 70.84 | 0.13 | | 2.495 8 |

（续表）

| 监测对象 | 监测地点 | 取样时间 | 土壤类型 | 粉粒（μm） | 细沙粒（μm） | 粗砂粒（μm） | 石砾（μm） | 分形维数 |
|---|---|---|---|---|---|---|---|---|
| | | | | <50 | 50~250 | 250~1 000 | 1 000~3 000 | |
| 放牧草地 | 沙泉湾 | 4月 | 风沙土 | 37.91 | 61.62 | 0.47 | | 2.516 2 |
| | 周庄子 | 4月 | 风沙土 | 69.38 | 30.54 | 0.08 | | 2.854 8 |
| | 鸦儿沟 | 4月 | 风沙土 | 8.94 | 89.46 | 1.60 | | 2.090 3 |
| | 王乐井 | 4月 | 黄绵土 | 20.53 | 79.45 | 0.02 | | 2.381 1 |

3. 不同灌木林地风蚀沙粒粒径特征

宁夏中部干旱带主要以柠条，花棒（*Hedysarum scoparium*）、杨柴（*Hedysarum fruticosum var. mongolicum*）、沙柳（*Salix psammophila*）以及沙蒿等常见灌木作为造林树种。本研究以中部干旱地区的花棒、沙柳、沙蒿、杨柴、柠条等林地风蚀沙粒粒径进行研究，通过对比分析不同灌木树种风蚀过程产生的沙粒粒径组成，判断林地蚀积状况，为客观衡量不同灌木树种防风蚀能力提供判定依据。

根据数据显示（表5-17），花棒、沙柳以及沙蒿林地的土壤沙化情况一致，花棒林地和沙蒿林地粉粒占比分别为8.18%和8.19%；柠条地分形维数较大、主要以粉粒为主，占比90.88%。其中沙泉湾沙粒主要以细沙和粗砂为主，但粉粒也占了一定比例，说明通过植树造林该区域的土壤沙化情况得到明显改善，以退耕柠条林地效果最为明显，粉粒占比90.88%，属于典型的细微悬浮沙粒沉降区域。鸦儿沟沙蒿天然林地虽然为放牧草原，但粉沙占比达8.19%、粗砂粒仅占0.5%，说明沙蒿的存在明显减少了放牧草原风蚀过程中的就地起沙，降低了风速，形成了有利于粉粒沉降的小环境，在放牧草原的抗风蚀中作用突出。由此可知，灌木林地在干旱风沙区减少地表风蚀、防风固沙中起着决定因素。

**表5-17　固定沙地中不同灌木林地土壤沙粒粒径组成**　（%）

| 监测对象 | 监测地点 | 取样时间 | 土壤类型 | 粉粒（μm） | 细沙粒（μm） | 粗砂粒（μm） | 石砾（μm） | 分形维数 |
|---|---|---|---|---|---|---|---|---|
| | | | | <50 | 50~250 | 250~1 000 | 1 000~3 000 | |
| 花棒林地 | 沙泉湾 | 4月 | 风沙土 | 8.18 | 91.04 | 0.78 | | 2 |
| 沙柳林地 | 沙泉湾 | 5月 | 风沙土 | 0 | 95.55 | 4.45 | | 2.067 8 |

（续表）

| 监测对象 | 监测地点 | 取样时间 | 土壤类型 | 粉粒（μm） | 细沙粒（μm） | 粗砂粒（μm） | 石砾（μm） | 分形维数 |
|---|---|---|---|---|---|---|---|---|
| | | | | <50 | 50~250 | 250~1 000 | 1 000~3 000 | |
| 柠条林地 | 沙泉湾 | 4月 | 风沙土 | 90.88 | 9.1 | 0.02 | | 2.962 9 |
| 沙蒿林地 | 鸦儿沟 | 4月 | 风沙土 | 8.19 | 91.31 | 0.5 | | 2.006 1 |

4. 不同类型耕作农田土壤风蚀沙粒分布情况

通过对人为因素影响较大的不同类型耕作农田进行沙粒粒径分析（表5-18）。王乐井地区撂荒耕地、旱作农田、废弃村庄、冬小麦地的沙粒组成相似，分形维数较大，风蚀沙粒以粉粒为主，粉粒占比分别为93.92%、94.40%、94.00%和81.54%，土壤抗风蚀能力较强，粉粒沙源主要为外来沙粒沉降形成；而鸦儿沟地区为沙化草原的风沙土区域，撂荒耕地、旱作农田风蚀沙粒以细沙粒为主，粉粒比例仅为26.42%~29.50%，分形维数明显小于王乐井黄绵土区域的撂荒耕地和旱作农田，风蚀现象严重。说明通过弃耕、退耕还林还草等措施，可以从很大程度上减少沙化农田风蚀现象的发生。

**表5-18　不同类型耕作农田土壤风蚀沙粒粒径组成**　（%）

| 监测对象 | 监测地点 | 取样时间 | 土壤类型 | 粉粒 | 细沙粒 | 粗砂粒 | 石砾 | 分形维数 |
|---|---|---|---|---|---|---|---|---|
| | | | | <50 | 50~250 | 250~1 000 | 1 000~3 000 | |
| 撂荒耕地 | 王乐井 | 4月 | 黄绵土 | 93.92 | 6.08 | 0 | 0 | 2.962 8 |
| 撂荒耕地 | 鸦儿沟 | 4月 | 风沙土 | 29.50 | 70.34 | 0.16 | | 2.503 9 |
| 旱作农田 | 王乐井 | 5月 | 黄绵土 | 94.40 | 5.60 | 0 | | 2.965 8 |
| 旱作农田 | 鸦儿沟 | 4月 | 风沙土 | 26.42 | 73.55 | 0.03 | | 2.479 9 |
| 冬小麦地 | 王乐井 | 5月 | 黄绵土 | 81.54 | 18.45 | 0.01 | | 2.921 7 |
| 樟子松育苗地 | 沙泉湾 | 4月 | 风沙土 | 0 | 98.06 | 1.94 | | 2.295 6 |
| 农田防护林 | 王乐井 | 4月 | 黄绵土 | 11.57 | 88.36 | 0.07 | | 2.137 2 |
| 翻耕农田 | 王乐井 | 5月 | 黄绵土 | 93.83 | 6.16 | 0.01 | | 2.975 3 |
| 废弃村庄 | 王乐井 | 5月 | 黄绵土 | 94.00 | 6.00 | 0 | | 2.963 3 |

5. 不同立地类型土壤沙粒情况综合分析评价

一般而言，风蚀沙粒若以细沙粒和粗砂粒居多，说明该地区风蚀现象较为严重，沙粒通过跃移的方式运动。若植被固沙效果明显，细沙粒跃移不明显，风蚀主要以粉粒的悬浮为主。因此应用 TOPSIS 法分析不同立地类型的土壤风蚀情况。数据分析可知（表 5-19），封育草地的土壤风蚀情况得到明显改善、粉粒居多。所有的样地中、沙粒成分由好到差分别为：封育草地、旱作农田（黄绵土）、废弃村庄、撂荒耕地、翻耕农田（黄绵土）、柠条林地、冬小麦、放牧草地、天然草地、农田防护林、沙蒿、花棒、半流动沙地、固定沙地、流动沙丘、沙柳、半固定沙地、樟子松（*Pinus sylvestris* var. *mongolica*）育苗地。

**表 5-19　不同自然地貌土壤沙粒粒径组成 TOPSIS 法排序指标值**

| 样地类型 | 样地地点 | D+ | D− | 统计量 CI | 名次 |
|---|---|---|---|---|---|
| 封育草地 | 沙泉湾 | 0. 000 0 | 4 471. 972 2 | 1. 000 0 | 1 |
| 封育草地 | 石山子 | 0. 196 8 | 4 471. 972 2 | 1. 000 0 | 2 |
| 旱作农田 | 王乐井 | 0. 356 0 | 4 471. 972 2 | 0. 999 9 | 3 |
| 废弃村庄 | 王乐井 | 0. 375 6 | 4 471. 972 2 | 0. 999 9 | 4 |
| 撂荒耕地 | 王乐井 | 0. 379 2 | 4 471. 972 2 | 0. 999 9 | 5 |
| 翻耕农田 | 王乐井 | 4 471. 967 7 | 0. 405 6 | 0. 000 1 | 6 |
| 柠条林地 | 沙泉湾 | 4 471. 969 9 | 0. 350 1 | 0. 000 1 | 7 |
| 封育草地 | 周庄子 | 4 471. 967 7 | 0. 322 5 | 0. 000 1 | 8 |
| 冬小麦地 | 王乐井 | 4 471. 967 7 | 0. 286 9 | 0. 000 1 | 9 |
| 放牧草地 | 周庄子 | 4 471. 971 6 | 0. 239 1 | 0. 000 1 | 10 |
| 封育草地 | 沙泉湾 | 4 471. 972 1 | 0. 129 4 | 0. 000 0 | 11 |
| 撂荒耕地 | 鸦儿沟 | 4 471. 971 9 | 0. 100 6 | 0. 000 0 | 12 |
| 封育草地 | 王乐井 | 4 471. 971 9 | 0. 099 1 | 0. 000 0 | 13 |
| 旱作农田 | 鸦儿沟 | 4 471. 970 7 | 0. 090 1 | 0. 000 0 | 14 |
| 放牧草地 | 王乐井 | 4 471. 970 0 | 0. 070 0 | 0. 000 0 | 15 |
| 农田防护林地 | 王乐井 | 4 471. 971 6 | 0. 039 4 | 0. 000 0 | 16 |
| 放牧草地 | 鸦儿沟 | 4 471. 972 2 | 0. 030 5 | 0. 000 0 | 17 |
| 沙蒿林地 | 鸦儿沟 | 4 471. 972 1 | 0. 027 9 | 0. 000 0 | 18 |
| 花棒林地 | 沙泉湾 | 4 471. 972 2 | 0. 027 9 | 0. 000 0 | 19 |

（续表）

| 样地类型 | 样地地点 | D+ | D- | 统计量 CI | 名次 |
| --- | --- | --- | --- | --- | --- |
| 半流动沙地（沙蒿） | 鸦儿沟 | 4 471.972 2 | 0.022 6 | 0.000 0 | 20 |
| 固定沙地（沙蒿） | 王乐井 | 4 471.971 9 | 0.006 7 | 0.000 0 | 21 |
| 流动沙丘 | 周庄子 | 4 471.972 2 | 0.002 7 | 0.000 0 | 22 |
| 流动沙丘 | 鸦儿沟 | 4 471.972 2 | 0.001 2 | 0.000 0 | 23 |
| 流动沙丘 | 沙泉湾 | 4 471.972 2 | 0.000 5 | 0.000 0 | 24 |
| 沙柳林地 | 沙泉湾 | 4 471.972 2 | 0.000 4 | 0.000 0 | 25 |
| 半流动沙地（沙蒿） | 沙泉湾 | 4 471.972 2 | 0.000 3 | 0.000 0 | 26 |
| 半固定沙地（沙蒿） | 周庄子 | 4 471.972 2 | 0.000 1 | 0.000 0 | 27 |
| 樟子松育苗地 | 沙泉湾 | 4 471.972 2 | 0.000 0 | 0.000 0 | 28 |

注：1. D+表示评价对象与最优方案距离；

2. D-表示评价对象与最劣方案距离；

3. 统计量 CI 表示评价对象与最优方案接近程度，越接近 1，表明评价对象约接近最优水平，反之越接近最劣水平。CI 值越大，综合效益越好

## 五、主要结论与讨论

（1）干旱风沙区地表沙粒粒径可作为地表风蚀状况断定的重要指标之一。在相同原始地貌的土壤条件下，地表沙粒粒径越大，风蚀情况越严重。反之如果风蚀量少，沙粒粒径小，则表示风蚀减缓，沙粒沉积，土壤状况改善。如果风蚀量大，沙粒粒径小，则表示该区域极易发生风蚀，还未形成风蚀地貌的稳定状态，如沙化农田、过度放牧退化草场等均为当地重要沙尘物质源地，应引起足够的重视。

（2）半固定沙地、流动沙地，以及沙柳林地风蚀沙粒以细沙粒为主，占比 95%左右，粗砂粒占比 5%左右，无粉粒，风蚀沙源主要以就地起沙为主；花棒林、沙蒿林和农田防护林带内风蚀沙粒有 8%～12%粉粒，天然草地粉粒占比 29.04%，放牧草地粉粒占比 69.38%，细沙粒含量较少，植被固沙效果明显，风蚀强度呈下降趋势，沙源以就地起沙为主，但有部分沙源属于外来沉降，土壤状况逐步改善；柠条退耕地、废弃村庄以及封育草地的固沙效果较好，风蚀沙粒主要以粉粒为主，占比 90%，风蚀沙源多以外来沉积，风蚀强度降低；耕作农田中黄绵土粉粒比例一般高于风沙土，抗风蚀能力较强。

（3）通过对不同地貌的沙粒粒径进行分析总结可知，风沙土区域的半流动

沙地主要以细沙粒为主，并含有大量粗砂粒，风蚀情况较严重；花棒、沙蒿以及农田防护林粉粒成分占 20%左右，细沙粒在 80%左右，属于风蚀与沉降并存区域；黄绵土区域的封育草地、撂荒耕地、废弃村庄以及柠条林地的土壤粉粒含量达 90%以上，其中农田样地中粉粒比例一般高于风沙土，沙粒成分较好，区域内的土壤风蚀不明显，风蚀沙源主要以外来沉积为主。

（4）应用 TOPSIS 法分析，封育草地的沙粒成分最好，粉粒居多，风蚀过程中属于尘降区域，旱作农田粉粒次之，易发生就地起沙；半流动沙地风蚀样品含有大量的细沙粒、土壤粗粒化严重；沙化放牧草地、沙化农田除含一定量的细沙粒外，还含有大量的粉沙，为风蚀沙尘提供了源源不断的沙源，为风蚀防控重点对象。

## 第六节　TOPSIS 法综合评价宁夏中部干旱带五种立地类型风蚀特征

风蚀（wind erosion）是风力侵蚀的简称，是指一定风速的气流作用于土壤或土壤母质，而使土壤颗粒发生位移，造成土壤结构破坏、土壤物质损失的过程。风蚀是塑造地球景观的主要过程之一，也是发生于干旱、半干旱及部分半湿润区域土地沙漠化的首要环节。土壤风蚀是狭义的风蚀概念，是指在风力的作用下表层土壤中细颗粒和营养物质的吹蚀、搬运与沉积的过程。风蚀的直接后果表现为：一是造成表土大量富含养分的细微颗粒损失，致使农田表土粗化、肥力下降和土地生产力衰退；二是产生大量的气溶胶颗粒悬浮于大气中，是造成沙尘暴的主要沙尘源。在宁夏中部干旱带，风蚀现象尤为常见，因此该地曾被联合国环境规划署确定为“不适宜人类生存的地带”。

TOPSIS（Technique for Order Preference by Similarity to Ideal Solution）法即逼近理想排序法，由 Hwang 和 Yoon 于 1981 首次提出。该法利用各评测对象的综合指标，通过计算其现象值与理想值的接近程度，评价各个对象，是一种多目标决策方法。其优点是处理数据由实测数据统计而得，能客观进行多目标综合评价，避免主观人为因素的干扰，对数据分布、样本量大小、指标多少无严格限制，具有应用范围广、计算量小、几何意义直观以及信息失真小等特点。

针对宁夏中部干旱带土壤风蚀现象严重、沙尘暴频发等问题，左忠等研究了宁夏中部干旱带典型景观地貌风蚀特征；王亚军等研究表明砂田弃耕后易受风蚀；赵光平等研究表明宁夏中部干旱带生态环境的恢复与改良，对减少沙尘暴发生频次具有显著的生态调控潜力；张惠祥对中部干旱带沙尘暴和旱灾防治给出了技术对策；边振等、沈彦等研究表明长期封育不利于提高草场利用价值和维持草地生产力与稳定性，建议采取半封育措施。

本研究分别选择宁夏中部干旱带压砂农田、沙质旱作翻耕农田、灌木林地［人工柠条（*Caragana* Fabr.）］、封育草场和流动沙地五种典型风蚀地貌为研究对象，在多个典型大风日内，开展近地表风沙结构和抗风蚀性能的监测研究，利用 TOPSIS 法综合评价不同风蚀环境抗风蚀性能，旨在为帮助正确认识风蚀沙源，改变传统土地资源利用模式，科学指导防沙治沙工作，改善当地生态环境提供研究依据。

## 一、试验地的设置及自然概况

1. 压砂农田

压砂地选择在宁夏中部干旱带中卫兴仁镇景寨村，属宁夏中部干旱带压砂地分布核心区域。该区域位于 104°59′~105°90′E，36°95′~37°29′N，是黄土高原典型的旱作农业分布区，也是宁夏中部干旱带的重要组成部分。降水稀少，光照充足，有效积温高，年降水量 179.6~247.4mm，年均蒸发量2 100~2 400mm，年均风速 2.3m/s，年均大风日数 30.2d，年均日照时数2 800~3 000h，≥10℃的有效积温2 500~3 200℃，无霜期 140~170d，昼夜温差 12~16℃，昼夜温差大，地面逆辐射强，适于瓜类生产。

2. 沙质旱作传统翻耕农田、人工灌木林地、封育草场和流动沙地

沙质旱作传统翻耕农田、人工灌木林地、封育草场和流动沙地观测区均设在宁夏盐池县王乐井乡鸦儿沟村。该区域地处宁夏中东部干旱风沙区，主要以天然降水量为主要农业水资源来源的旱农作物为主。年降水量 230~300mm，蒸发量2 100mm，干燥度 3.1；年均气温 7.6℃，年均温差 31.2℃，无霜期 138d，≥10℃积温2 944.9℃；年均风速 2.8m/s，主害风为西北风，年均大风日数25.2d，有“一年一场风，从春刮到冬”之说；土壤以灰钙土和沙土为主，主要自然灾害为春夏旱和沙尘暴，是自 20 世纪 80 年代以来接受日本、德国等治沙援助项目非常有代表性的区域。已建成盐环定扬水、宁夏扶贫扬黄等重点工程，该地带可适当放牧，但应绝滥樵滥放，防止风沙化的发生。

## 二、评价方法

1. 基本理论

采用 TOPSIS 法进行分析，首先将指标同趋势化，消除不同指标不同纲量及

其数量级的差异对评价结果的影响，然后在此基础上对数据进行归一化处理。找出有限方案中最优方案和最劣方案，分别计算各评价方案与最优和最劣方案的距离，获得各评价方案与最优方案的相对距离，以此作为评价各方案优劣的依据。

2. 计算步骤

（1）同趋势化，即将所有指标均变成高优指标（越大越优），如果为低优指标，则取其倒数（$1/X_{ij}$）将其转换。

（2）令 $X_{ij}$ 为第 $i$ 评价对象，第 $j$（高优）指标的个体值，采用公式（5-5）对每一个体值进行变换。

$$a_{ij} = \frac{x_{ij}}{\sqrt{\sum_{i=1}^{n} X_{ij}^2}} \qquad \text{式（5-5）}$$

式中，$a_{ij}$ 为每一个评价对象的指标值，$i=1$，$2\cdots$，n，$j=1$，$2\cdots$，m。

（3）获得现有评价对象的第 $j$ 指标的 $a_{ij}$ 最大值 $a_{j\max}$ 与最小值 $a_{j\min}$。

（4）分别计算各评价对象的最优方案欧氏距离 $D_i^+$ 与最劣方案欧氏距离 $D_i^-$，见公式（5-6）。

$$\begin{cases} D_i^+ = \sqrt{\sum_{j=1}^{m} [w_j(a_{ij} - a_{j\max})]^2} \\ D_i^- = \sqrt{\sum_{j=1}^{m} [w_j(a_{ij} - a_{j\min})]^2} \end{cases} \qquad \text{式（5-6）}$$

其中，$w_j$ 为每一个指标所占权重，每个对象的所有指标和为 1。

（5）计算各评价对象与最优方案的相对接近程度，见公式（5-7）。

$$C_i = \frac{D_i^-}{D_i^+ + D_i^-} \qquad \text{式（5-7）}$$

（6）按 $C_i$ 大小将各评价对象排序，$C_i$ 值越大，表示综合效益越高。

## 三、结果与分析

1. 五种风蚀环境指标监测的基础数值

本试验于 2014 年 3—5 月，利用 2m 高的转动式集沙仪，在多个大风日下监测了压砂农田、翻耕农田、灌木林地、封育草场和流动沙地 5 个风蚀监测点不同高度风速、地表粗糙度、集沙量、沙粒粒径、植被特征、土壤紧实度等指标。其中集沙量监测高度分别为距离地面 10cm、50cm、100cm、150cm、200cm，集沙盒入风口长宽 45mm×30mm，前部长宽 75mm×30mm，后部长宽 80mm×90mm，装集沙盒架子尾部设有风向标，风蚀过程中可随风向及时调整方向，以保证集沙盒入风口随时面对风向。集沙盒可灵活装取。每供试样地放置集沙仪 3 个，沙尘暴前放入，沙尘暴后回收。通过分析计算得到基础数据（表 5-20）。

**表 5-20　五种风蚀环境基础指标值**

| 待评对象 | 风速比 | 粗糙度（cm） | 集沙量（g） | 生物量（$g/m^2$） | 紧实度（kPa） | >0.5cm 粒径（%） |
|---|---|---|---|---|---|---|
| 压砂农田 | 1.256 | 0.223 | 3.16 | 0.0 | 117.67 | 14.52 |
| 翻耕农田 | 1.177 | 0.020 | 2.07 | 0.0 | 15.17 | 1.47 |
| 灌木林地 | 2.012 | 12.706 | 0.42 | 579.0 | 43.67 | 3.03 |
| 封育草场 | 1.442 | 2.173 | 1.21 | 87.0 | 56.33 | 1.56 |
| 流动沙地 | 1.157 | 0.007 | 460.70 | 4.0 | 10.83 | 0.11 |

2. 五种风蚀环境各指标值同趋势化

根据同趋势化计算方法，对以上所取指标分析，只有集沙量为低优指标，即集沙量值越小，则表示待评价对象抗风蚀性能越强，因此进行了倒数处理，结果得到表 5-21。

**表 5-21　高优指标同趋势化结果**

| 待评对象 | 风速比 | 粗糙度 | 集沙量 | 生物量 | 紧实度 | >0.5cm 粒径 |
|---|---|---|---|---|---|---|
| 压砂农田 | 1.256 | 0.223 | 0.316 5 | 0 | 117.67 | 14.52 |
| 翻耕农田 | 1.177 | 0.020 | 0.483 1 | 0 | 15.17 | 1.47 |
| 灌木林地 | 2.012 | 12.706 | 2.381 0 | 579.0 | 43.67 | 3.03 |
| 封育草场 | 1.442 | 2.173 | 0.826 4 | 87.0 | 56.33 | 1.56 |
| 流动沙地 | 1.157 | 0.007 | 0.002 2 | 4.0 | 10.83 | 0.11 |

3. 五种风蚀环境各指标权重的获取

利用 DPS 灰色关联度分析法，通过计算待评价指标（取表 5-20 指标值计算）各个参考数列与比较数列之间的关联度，构成关联矩阵，明确了 6 个主要评价因子的具体权重，计算结果见表 5-22。

表 5-22　各评价因子的关联矩阵

| 关联矩阵 | 风速比 | 粗糙度 | 集沙量 | 生物量 | 紧实度 | >0.5cm 粒径 | 系数求和 |
|---|---|---|---|---|---|---|---|
| 风速比 | 1 | 0.672 3 | 0.403 5 | 0.639 5 | 0.446 4 | 0.400 8 | 3.562 5 |
| 粗糙度 | 0.658 5 | 1 | 0.418 6 | 0.917 9 | 0.307 8 | 0.400 4 | 3.703 2 |
| 集沙量 | 0.412 7 | 0.439 9 | 1 | 0.442 2 | 0.278 4 | 0.527 4 | 3.100 6 |
| 生物量 | 0.621 8 | 0.916 8 | 0.418 2 | 1 | 0.292 8 | 0.399 8 | 3.649 4 |
| 紧实度 | 0.457 8 | 0.332 6 | 0.278 4 | 0.320 1 | 1 | 0.549 2 | 2.938 1 |
| >0.5cm 粒径 | 0.399 3 | 0.409 9 | 0.519 7 | 0.411 8 | 0.532 1 | 1 | 3.272 8 |
| 系数求和 | 3.550 1 | 3.771 5 | 3.038 4 | 3.731 5 | 2.857 5 | 3.277 6 | 20.226 6 |
| 权重 | 0.175 5 | 0.186 5 | 0.150 2 | 0.184 5 | 0.141 3 | 0.162 0 | 1 |

4. TOPSIS 法计算结果

所得到的最终 TOPSIS 法基础数据见表 5-23。将表 5-23 的各项数据代入公式（5-7）后，最终结果见表 5-24。从表 5-24 可以看出，$C_i$值从大到小依次为灌木林地、压砂农田、封育草场、翻耕农田和流动沙地，其值分别为 0.674 257、0.400 120、0.223 965、0.087 007和 0.003 552。其中灌木林地 $C_i$值分别是翻耕农田和流动沙地的 7.75 倍和 189.82 倍。由此可知，流动沙地是供试五种风蚀环境中最易受风蚀影响的地貌类型，翻耕农田次之。

表 5-23　TOPSIS 法的基础数据

| 指标 | 风速比 | 粗糙度 | 集沙量 | 生物量 | 紧实度 | >0.5cm 粒径 |
|---|---|---|---|---|---|---|
| 权重 | 0.175 5 | 0.186 5 | 0.150 2 | 0.184 5 | 0.141 3 | 0.162 0 |
| 压砂农田 | 1.25 6 | 0.223 | 0.316 5 | 0 | 117.67 | 14.52 |
| 翻耕农田 | 1.177 | 0.020 | 0.483 1 | 0 | 15.17 | 1.47 |
| 灌木林地 | 2.012 | 12.706 | 2.381 0 | 579.0 | 43.67 | 3.03 |
| 封育草场 | 1.442 | 2.173 | 0.826 4 | 87.0 | 56.33 | 1.56 |
| 流动沙地 | 1.157 | 0.007 | 0.002 2 | 4.0 | 10.83 | 0.11 |

表 5-24　$C_i$及排序结果

| 待评对象 | $D_i^+$ | $D_i^-$ | $C_i$ | 排序结果 |
|---|---|---|---|---|
| 压砂农田 | 0.286 291 | 0.190 956 | 0.400 120 | 2 |

（续表）

| 待评对象 | $D_i^+$ | $D_i^-$ | $C_i$ | 排序结果 |
|---|---|---|---|---|
| 翻耕农田 | 0.334 599 | 0.031 887 | 0.087 007 | 4 |
| 灌木林地 | 0.145 255 | 0.300 664 | 0.674 257 | 1 |
| 封育草场 | 0.282 653 | 0.081 574 | 0.223 965 | 3 |
| 流动沙地 | 0.352 023 | 0.001 255 | 0.003 552 | 5 |

## 四、结论与讨论

综合分析与排序表明，流动沙地是供试的五种风蚀环境中最易受风蚀影响的地貌类型，但在风蚀过程中，流动沙丘沙粒运动主要以近距离搬运为主，在风蚀危害现象上主要表现为沙丘的近距离往复移动，造成沙地保水、固土、保苗困难。沙质旱作翻耕农田次之，但由于长期不断人为机械耕作扰动，农田沙粒均较流动沙丘细小，特别在风害容易发生的3—5月干旱季节，由于风力强劲、气候干旱、土壤质地松软，极易产生风蚀搬运现象，为沙区沙尘暴的发生、发展提供了丰富的沙粒来源。因此，在干旱风沙区，为取得快速的沙尘暴防治效果，除了对流动沙地进行有效的防控措施外，松软干燥的沙质旱作翻耕农田也是当地较易受风蚀的地貌类型，均是防沙治沙主要对象，在生态治理及农艺与工程防治措施中应给予足够的重视。

监测表明分析，流动沙地和沙质旱作翻耕农田均是当地最易受风蚀影响的景观地貌。已有研究表明，流动沙地60%~70%沙粒粒径集中分布在0.098mm以上，一般均大于除压砂地外的其他监测地貌，风蚀过程中常表现为原地搬运，因此，通过草方格治沙或封育、人工补播补种等植被恢复措施就可很好地解决。与之相反的是，沙质旱作翻耕农田、过度放牧退化草场等50%的沙粒粒径均在0.055mm以下，常呈气溶胶颗粒形式悬浮于大气中，是造成沙尘暴的主要沙尘源，是沙尘暴防控重点，应广为人知。

## 主要参考文献

鲍锋，董治宝．2014．察尔汗盐湖沙漠沙丘沉积物粒度特征分析［J］．水土保持通报，34（6）：355-359．

边振，张克斌，李瑞，等．2008．封育措施对宁夏盐池半干旱沙地草场植被恢复的影响研究［J］. 水土保持研究，15（5）：68–70.
陈广庭 . 1999. 北京平原土壤机械组成和抗风蚀能力的分析［J］. 干旱区资源与环境，5（1）：103–113.
陈天雄，谭政华，杨树奎，等 . 2008. 宁夏中部干旱带硒砂瓜产业现状及发展策略［J］. 中国蔬菜，（12）：3–5.
程旭，祁海鹰，由长福，等 . 2003. 沙漠的沙粒物理特性分析［J］. 工程热物理学报，24（3）：437–440.
邓祖琴，韩永翔，白虎志，等 . 2011. 中国北方沙漠戈壁区沙尘气溶胶与太阳辐射的关系［J］. 中国环境科学，3（11）：1761–1767.
董光荣，李长治，高尚玉，等 . 1987. 关于土壤风蚀风洞模拟实验的某些结果［J］. 科学通报，（4）：297–301.
董光荣，吴波，慈龙俊，等 . 1999. 我国荒漠化现状、成因与防治措施［J］. 中国沙漠，19（4）：318–332.
董光荣 . 1987. 关于土壤风蚀风洞实验的若干结果［J］. 科学通报，32（2）：297–301.
董立江 . 2009. 带状留茬间作农田防风效应的原位测试研究［D］. 内蒙古农业大学 .
董治宝，陈渭南，李振山，等 . 1996. 风沙土水分抗风蚀性研究［J］. 水土保持通报，16（2）：17–23.
冯立荣，张学义，左忠，等 . 2012. 国内外风蚀现状及其对宁夏中部干旱带风蚀防治的启示［J］. 宁夏农林科技，53（9）：129–131.
高庆先，任阵海，姜振远 . 1998. 人为排放气溶胶引起的辐射强迫研究［J］. 环境科学研究，11（1）：5–9.
郭连生 . 1998. 荒漠化防治理论与实践［M］. 呼和浩特：内蒙古大学出版社 .
郭宇华 . 2009. 中国西北地区退耕还林工程效益监测与评价［D］. 北京：北京林业大学 .
哈斯，陈渭南 . 1996. 耕作方式对土壤风蚀的影响［J］. 土壤侵蚀与水土保持学报，2（1）：10–16.
何文清，赵彩霞，高旺盛，等 . 2005. 不同土地利用方式下土壤风蚀主要影响因子研究——以内蒙古武川县为例［J］. 应用生态学报，（11）：88–92.
黄福祥，牛海山，王明星，等 . 2001. 毛乌素沙地植被覆盖率与风蚀输沙率

定量关系 [J]. 地理学报, 56 (6): 700-710.
蒋德麒, 朱显谟 . 1962. 水土保持 [A]. 中国农业科学院土壤肥料研究所 . 中国农业土壤学编著委员会 . 中国农业土壤论文集 [C]. 上海: 上海科学技术出版社 .
蒋齐, 王占军, 何建龙 . 2013. 压砂地衰退机制及生态系统综合评价 [M]. 银川: 黄河出版传媒集团阳光出版社 .
雷金银, 吴发启 . 2012. 黄土高原北部风沙区土地退化与治理研究 [D]. 银川: 黄河出版传媒集团宁夏人民教育出版社 .
雷金银 . 2008. 毛乌素沙地南缘风沙区保护生耕作试验研究 [D]. 杨凌: 西北农林科技大学 .
李义军 . 2009. 福建省东南沿海风蚀规律研究 [D]. 福建农林大学 .
李玉宝 . 2000. 干旱半干旱区土壤风蚀评价方法 [J]. 干旱区资源与环境, 14 (2): 48-52.
刘宝元, 张科利, 焦菊英 . 1999. 土壤可蚀性及其在侵蚀预报中的应用 [J]. 自然资源学报, 14 (4): 345-350.
刘作新, 唐力生 . 2003. 褐土机械组成空间变异等级次序地统计学估计 [J]. 农业工程学报, 19 (3): 27-32.
卢琦 . 2000. 走出治沙"误区"振兴沙区产业 [J]. 中国农业科技导报, 7-13.
卢艳 . 2008. 和谐社会综合评价模型研究与区域经济发展分析 [D]. 南京: 南京信息工程大学, 21-25.
路明, 赵明 . 2005. 土地沙漠化治理与保护性耕作 [M]. 北京: 中国农业科学技术出版社 .
吕鸿钧, 俞风娟, 赵玮, 等 . 2009. 宁夏压砂西瓜甜瓜产业可持续发展的思考与对策 [J]. 中国蔬菜, (3): 61-63.
牛德奎, 郭晓敏 . 2004. 土壤可蚀性研究现状及趋势分析 [J]. 江西农业大学学报, 26 (6): 936-940.
沈彦, 张克斌, 杜林峰, 等 . 2007. 封育措施在宁夏盐池草地植被恢复中的作用 [J]. 中国水土保持科学, 5 (3): 90-93.
石书兵, 杨镇, 乌艳红, 左忠 . 2013. 中国沙漠 · 沙地 · 沙生植物 [M]. 北京: 中国农业科学技术出版社 .
石书兵, 张恩和, 杨镇 . 2015. 中国绿洲农业 [M]. 北京: 中国农业科学技术出版社.
宋阳，刘连友，严平，等.2006. 土壤可蚀性研究述评［J］. 干旱区地理，29（1）：124-131.
田积莹，黄义端.1964. 子午岭连家砭地区土壤物理性质与土壤抗侵蚀性能指标的初步研究［J］. 土壤学报.12（3）：278-296.
王爱军，汪亚平，高抒，等.2005. 长江口枯季悬沙粒度与浓度之间的关系［J］. 海洋科学进展，（2）：159-167.
王菲.2015. 宁夏中部干旱带压砂地土壤性质时空变异研究［D］. 银川：宁夏大学.
王利兵，胡小龙，余伟莅，等.2006. 沙粒粒径组成的空间异质性及其与灌丛大小和土壤风蚀相关性分析［J］. 干旱区地理，（5）：688-693.
王亚军，谢忠奎，张志山，等.2003. 甘肃砂田西瓜覆膜补灌效应研究［J］. 中国沙漠，23（3）：300-305.
吴旭东，宋乃平，潘军.2016. 不同沙地生境下柠条灌丛化对草地土壤有机碳含量及分布的影响［J］. 农业工程学报，32（10）：115-121.
吴艳玲，陈立波，卫智军，等.2012. 不同放牧压短花针茅荒漠草原群落植物种的空间异质特征［J］. 干旱区资源与环境，26（7）：110-115.
吴艳玲，陈立波，卫智军，等.2012. 不同放牧压下短花针茅荒漠草原植物群落盖度空间变化［J］. 中国草地学报，34（1）：12-17,23.
夏晓波，左忠，郭富华，等.2015. 风蚀对压砂田老化的影响研究进展及其防治［J］. 宁夏农林科技，56（12）：60-63.
熊毅，李庆逵.1990. 中国土壤［M］. 第2版. 北京：科学出版社.
徐吉炎，WebsterR. 1983. 土壤调查数据地域统计的最佳估值研究——以彰武县表层土全氮量的半方差图和块状 Kriging 估值［J］. 土壤学报，20（4）：419-430.
叶笃正，丑纪范，刘纪远，等.2000. 关于我国华北地区沙尘天气的成因与治理对策［J］. 地理学报，55（5）：514-521.
宇传华.2009. Excel 统计分析与电脑实验［M］. 北京：电子工业出版社，258-260.
岳高伟，贾慧娜，蔺海晓.2012. 土壤风蚀过程颗粒释放机理研究［J］. 干旱区地理，35（2）：248-253.
臧英.2003. 保护性耕作防治土壤风蚀的试验研究［D］. 北京：中国农

业大学 .
展秀丽，严平，王宁 . 2012. 青海湖防沙治沙工程措施区沙土粒度特征［J］. 宁夏工程技术，11（4）：312-314，318.
张华，李锋瑞，张铜会，等 . 2002. 春季裸露沙质农田土壤风蚀量动态与变异特征［J］. 水土保持学报，（1）：29-32，79.
张惠祥 . 2003. 从沙尘暴和旱灾造成的危害看宁夏中部干旱带生态建设应采取的对策［J］. 当代宁夏，（3）：36-37.
张伟，梁远，汪春 . 2006. 土壤风蚀机理的研究［J］. 农机化研究，（2）：43-44，47.
张小萌，李艳红，赵明亮 . 2015. 干旱区不同植物群落下土壤粒度特征研究［J］. 广东农业科学，42（21）：45-49.
赵光平，陈楠，王连喜 . 2005. 宁夏中部干旱带生态恢复对沙尘暴的降频与减灾潜力分析［J］. 生态学报，25（10）：2750-2756.
赵彤，李伟 . 2009. 浅谈风沙地区路基［J］. 黑龙江交通科技，32（10）：63.
周建忠 . 土壤风蚀及保护性耕作减轻沙尘暴的试验研究［D］. 北京：中国农业大学 .
朱朝云，丁国栋，杨明远 . 1992. 风沙物理学［M］. 北京：中国林业出版社，17-21.
朱俊风，朱震达 . 1999. 中国沙漠化防治［M］. 北京：中国林业出版社 .
朱显谟 . 1960. 黄土地区植被因素对水土流失的影响［J］. 土壤学报，8（2）：110-121.
朱震达 . 1991. 中国的脆弱生态带与土地荒漠化［J］. 中国沙漠，（4）：11-12.
左忠，季文龙，温淑红，等 . 2010. 日本的沙地利用技术与研究情况简介［J］. 中国农学通报，26（24）：264-269.
左忠，王东清，温学飞 . 2017. TOPSIS 法综合评价宁夏中部干旱带五种风蚀环境抗风蚀性能［J］. 中国农学通报，62-65.
左忠，王峰，蒋齐，等 . 2005. 免耕与传统耕作对旱作农田土壤风蚀的影响研究——以玉米为例［J］. 西北农业学报，14（6）：55-59.
左忠，王峰，张亚红，等 . 2010. 宁夏中部干旱带几类土壤可蚀性对比研究［J］. 中国农学通报，26（3）：196-201.

左忠 . 2010. 宁夏中部干旱带典型景观地貌风蚀特征研究［D］. 宁夏：宁夏大学 .

左忠 . 2016. 宁夏引黄灌区农田防护林体系优化研究［M］. 银川：黄河出版传媒集团宁夏人民教育出版社 .

Bouyoucos G J. 1935. The clay ratio as a criterion of susceptibility of soils to erosion［J］. Journal of American Society of Agronomy，27：738-741.

Chepil W S，Woodruff N P. 1963. The physics of wind erosion and its control［M］. New York：Academic Press Inc，211-302.

Chepil W S. 1945. Dynamics of wind erosion：Ⅱ. Initiation of soil movement［J］. Soil Sci，60：397-411.

David D B，Jeffrey J W，Mathew P J，et al. 2003. Wind and water erosion and transport in semi-arid shrub land grassland and forest ecosystems：quantifying dominance of horizontal wind-driven transport［J］. Earth Surface Processes and Landforms，28：1189-1209.

Fryrear D W. 1985. Soil cover and wind erosion［J］. Transactions of the ASAE，28（3）：781-784.

Gary Tibke. 1988. Basic principles of wind erosion control［J］. Agriculture，Ecosystems and Environment，22/23：103-122.

Hwang C L，Yoon K S. 1981. Multiple Attribute Decision Making［M］. Berlin：Springer Verlag.

Leon Lyles. 1988. Basic wind erosion process［J］. Agriculture Ecosystems and Environment，(22)：91-101.

Morgan R P C. 1995. Soil erosion and conservation［M］. London：Longman，Essex.

Todhunter PE，Cihacek LJ. 1999. Historical reduction of airborne dust in the Red River Valley of the North［J］. J Soil Water Cons，3：543-550.

# 第六章　宁夏中部干旱带典型景观地貌风蚀特征研究

## 第一节　风蚀监测研究动态与拟解决的关键问题

风蚀一定风速的气流作用于土壤或土壤母质，而使土壤颗粒发生位移，造成土壤结构破坏、土壤物质损失的过程，是塑造地球景观的基本地貌过程之一，也是发生于干旱、半干旱地区及部分半湿润地区土地沙漠化的首要环节，对于全球来说，是一种比较普遍的自然现象。研究表明，广阔、深厚的黄土高原，就是由风蚀引起的沉积物经漫长的地质变化过程形成的。土壤风蚀是狭义的风蚀概念，它是指松散的土壤物质被风吹起、搬运和堆积的过程以及地表物质受到风吹起的颗粒的磨蚀过程，其实质是在风力的作用下使表层土壤中细颗粒和营养物质的吹蚀、搬运与沉积的过程。土壤风蚀更是我国干旱、半干旱及部分湿润地区土地退化或荒漠化的主要过程之一，其发生区域广泛，分布范围已占国土面积的1/2以上，成为制约我国北方大部分地区社会可持续发展的主要影响因素之一，严重影响这些地区的资源开发和社会经济持续稳定发展。

### 一、目的意义

宁夏地处我国西北内陆农牧交错地带，西、北、东三面分别受腾格里沙漠、乌兰布和沙漠和毛乌素沙漠包围，是我国土地沙漠化最为严重的省区之一，也是京津地区三大沙源主要通道之一。土地沙漠化不仅造成区域生态环境的严重恶化，而且成为严重影响宁夏人民生产、生活，制约经济、社会可持续发展的主要因素之一，并且在一定程度上影响到国家的生态安全。

宁夏中部干旱带是西北风沙危害重要的组成部分，为我国土地沙漠化最严重的地段之一，同时，也是我国西部沙尘暴的主要沙尘源地。地理特征表现为干旱多风、水资源短缺、沙质荒漠化严重、自然灾害群聚、农牧业波动大等。由于气候干旱，降水稀少、蒸发强烈、土质带沙，存在着土地沙漠化的威胁，植被稀疏等自然因素和人口压力、经济利益驱动所造成的乱采、滥挖、乱垦、超载过牧等人为因素的综合作用，使该区成为宁夏生态环境最为恶劣、土地沙漠化最严重、自然灾害最频繁的区域，土地退化已成为制约宁夏农牧业发展的主要瓶颈，给当地和周边地区人民生活和生产带来严重危害。近几十年来，虽然国家投入了大量的人力、物力，开展了以防沙治沙、改善沙区人居环境和生产条件为目标的沙化土地综合治理，但由于该地人为的持续滥垦过牧，环境的恶化态势并无根本逆转，生态问题依然十分严重。

从宁夏中部干旱带现有立地类型来看，主要由封育天然草场、人工灌木林地、农田特别是旱作翻耕农田和压砂农田，以及部分流动沙丘组成，这几类土地基本上可代表宁夏中部干旱带现有景观地貌。目前宁夏全境禁牧，其中封育天然草场面积占到总土地面积的70%以上。而当地现有农田主要包括旱作翻耕农田、压砂农田和具有灌溉条件的灌溉农田三种，而灌溉农田一般均具备良好的农田防护林带和较好的土壤水分条件，风蚀特征不明显，而对于大面积分布的、广种薄收的旱作农田特别是毛乌素沙地西南缘附近的沙质旱作农田则处于典型的宁夏中部干旱带农牧交错区，风蚀沙害是该区主要的自然灾害。压砂农田则是我国西北独特而传统的抗旱耕作形式，是宁夏中部干旱带非常有特色的土地利用类型。因此从较深层面上了解该区风蚀特征、量化季节性风蚀对不同景观地貌侵蚀程度，为制定科学的防治措施，寻求当地主要沙源均具有一定的现实指导意义。

## 二、国内外研究现状与发展动态

土壤风蚀是一个全球性的环境问题。全球极易发生土壤风蚀的地区包括非洲、中东、中亚、东南亚部分地区、西伯利亚平原、澳大利亚、南美洲南部及北美洲的内陆地区，甚至在极地的格陵兰岛南部，自中世纪以来也遭受了较为严重的土壤风蚀。严重的土壤风蚀不仅危害本地，造成地表细粒物质和土壤养分、有机质的大量流失，土地生产力下降，影响农作物的正常生长，殃及四方，产生大范围的粉尘污染和其他的风沙问题，影响人类身体健康，并对交通、通信和水利等设施构成危害。土壤风蚀更是我国干旱、半干旱及部分湿润地区土地退化或荒漠化的主要过程之一，其发生区域广泛，分布范围已占国土面积的1/2以上，严重影响这些地区的资源开发和社会经济持续稳定发展。目前，我国整个北方地区都存在着不同程度的土壤风蚀问题，由此产生的风沙活动已危及首都北京，亟待解决。

### （一）国外风蚀研究现状与发展动态

风蚀研究伴随着风沙现象有关研究领域（风沙物理、风沙地貌、风沙结构和风沙沉积物等）和土壤侵蚀研究而发展起来的。科学的风蚀概念以“侵蚀”为基础，形成于19世纪末期。国外风蚀研究经历了三个阶段：20世纪30年代前为风蚀研究的萌芽阶段。19世纪末期，风蚀最初被认为是一种不太重要的地质过程，风蚀现象的研究主要局限于地质学领域，从而首次将朴素的风蚀知识提到科学的高度上，而研究方法以考察和描述为主。如Ehrenberg（1847）记述了由非洲吹向欧洲的粉尘沉积物：Black（1855）首次认识到荒漠地区风蚀地貌的普遍发育；Richthofen（1882）认为中国北方广泛分布的黄土沉积物主要由风蚀所致；Udden（1884，1896）首次对风蚀和粉尘的沉积学问题进行了详细的野外观测和研究。

20世纪初期，美国西部的风蚀问题引起了科学界的极大兴趣。在Free（1911）的文献综述中，有关风蚀的早期文献已达2457篇；当时的土壤保护学家已认识到增加土壤凝聚力、保护地表可以降低土壤风蚀。20世纪30年代以来，风蚀研究出现突破性的进展，实现了从定性描述到定量研究的飞跃。20—40年代美国大平原地区遭遇灾害性的“黑风暴”侵袭，使土壤风蚀研究得到前所未有的重视，系统的风蚀研究应运而生。Chepil及其合作者对农田耕地的风蚀问题进行了长达25年的系统研究，深入研究了风蚀动力机制。在同一个时期还有许多研究者，如Zingg也利用风洞或在现场从事了大量的研究。Chepil和Zingg等人的研究成果为形成早期的风蚀方程WEQ奠定了基础。Bagnold（1941）通过野外调查和风洞试验，来确定引起沙粒移动的力学机制，并指出沙粒的运动主要是发生在离地表1m左右的高度范围内，而大气旋流在保持沙粒向上的运动中只起很小的作用，建立了“风沙物理学”理论体系，标志着土壤风蚀科学研究的开始。1965年Woodruff和Siddoway正式提出了“风蚀方程（WEQ）”，标志着系统的土壤风蚀理论体系已初步形成。

20世纪60年代中期至今是土壤风蚀研究的进一步检验和完善阶段。自1977年以来，国际性的与风蚀研究、土壤风蚀和沙漠化有关的学术活动明显增加，其中重要的国际会议有四次，即1985年丹麦Aarhus“风沙物理学会议”、1990年丹麦Sandbjerg“纪念Bagnold和Owen国际会议——风蚀机制与侵蚀环境”、1994年美国加利福尼亚Zzyzx“风沙过程对全球变化的响应”国际会议和1998年英国牛津“第四届国际风沙研究会议”。上述会议集中讨论的是沙漠化、沙粒运动、土壤风蚀、风沙沉积物、风蚀防治、风沙过程与全球变化及新技术应用等课题，反映了土壤风蚀研究的最新动态和发展趋势。

20 世纪 80 年代以来，人们又开始致力于发展综合性的、基于物理过程的风蚀模型，形成了比较完整的科学体系。

由上述国际风蚀研究现状可见，风蚀研究经历了定性描述、动力学试验分析及定量模型研究三个阶段。目前，风蚀科学的研究体系已初步形成，研究内容包括风蚀动力学、风蚀因子、风蚀模型、风蚀防治、景观地貌效应、风蚀评价及研究方法论等。

### （二）国内风蚀研究历史、现状与发展动态

我国对防沙治沙工作开展系统的科学研究和大规模的开发治理，虽然起步较晚，但人们对沙漠的认识却可以追溯到公元前 1150 年，但专门的风蚀研究起步较晚。20 世纪 30—40 年代，曾以宏观调查和定性分析为主进行了一些风蚀研究工作，提出营造防护林带、轮作、种草等措施以防治风蚀的建议。50—60 年代，我国学者开始对风蚀、风沙活动的自然条件、风蚀地形发育以及风沙运动规律开展了系统的研究，从宏观上基本搞清了我国风蚀沙害的空间分布，危害方式及其区域差异，对引起土壤风蚀的自然与人为因素方面的认识也较以前深刻。

直到 1977 年联合国内罗比沙漠化会议之后，土壤风蚀作为沙漠化的首要环节而得到前所未有的重视，从定性描述走向定量分析。总的来说，我国对风蚀缺乏系统的研究。有关风蚀的论述散见于沙漠学（以朱震达、吴正等为代表）、水土保持（以中国科学院西北水土保持研究所为代表）和林学（以北京林业大学、原内蒙古林学院（现内蒙古农业大学）、西北农林科技大学等为代表的研究中。1987 年，董光荣等树起了我国风蚀研究的里程碑。其后专门的风蚀研究相继兴起，如刘玉璋等对风蚀过程的影响尤其是人为因素对风蚀的加剧作用，并提出了不同地区的风蚀防治措施。哈斯等在河北坝上地区研究了耕作方式以及不可蚀性颗粒对土壤风蚀的影响，并对风蚀物的理化性质进行了初步分析、研究。董治宝等人研究了风成沙粒度特征对风蚀可蚀性的影响、植被层特征对下垫面的粗糙度的影响以及风蚀强度与植被覆盖度的关系。黄富详等人研究了毛乌素沙地植被覆盖率与风蚀输沙之间的关系，并完全依赖野外观测数据，建立了纯经验型回归模型以及在补充数据的基础上，结合风沙动力学中的经典输沙率公式建立了半经验模型。

人类对防沙治沙的认识和研究，是随着科学技术和社会生产的不断发展和进步而逐渐深化的。遏制沙尘暴，必须寻根追源，对症下药。为此，中科学院对沙尘暴的成分和来源进行了分析研究，结果表明产生沙尘的地表物质以粉尘为主，

其颗粒直径多在0.063~0.005mm，沙尘暴沙源主要来自传统翻耕旱作农田，造成沙尘暴的主要原因是退化的耕地和草地，而不是沙漠。中国农业大学高焕文等研究表明北京沙尘暴70%的沙尘来自北京外围冬季裸露休闲的农田。左忠、王峰等研究表明免耕是减少沙尘危害的有效手段，并逐一量化了宁夏中部干旱带常见几类地表的土壤可蚀性。人们逐步开始认识到水土流失、生态恶化的真正原因，除大量开荒、林草植被减少外，还和耕作方式不当、经营盲目、管理粗糙密切联系，并且意识到保护农田对防治土壤风蚀的重要性。

据此可以看出，我国对风沙运动、风力侵蚀等理论性研究起步较晚，一些较深层次机理研究还有待于进一步明确。因此对沙尘尘源探讨、人工干预对退化生态改良效果、风蚀机理等理论与基础性应用研究仍是今后风力侵蚀研究的主导方向。

### （三）关于景观的概念与发展历史

景观是景观生态学的研究对象，是人类活动的场所，是许多生态过程发生和发展的载体。由于景观生态学的多学科渊源，景观生态学研究者的专业背景多样，加之学科发展处于早期阶段，不同专业背景和不同地区的学者对景观生态学概念的理解也不尽相同。无论中西方文化中，景观都是一个色彩纷呈的名词，也是一个极其大众化的名词，一般公众、宣传媒体和广告都将景观作为一个意义十分宽泛和模糊的名词加以应用，更容易引起人们的混淆和误解，为科学界定和准确地理解景观的概念带来了困难。

“景观”一词的使用最早见于希伯来语，用来描述耶路撒冷包括所罗门王的教堂、城堡和宫殿在内的优美风光。景观的这一视觉美学含义与英语中的风景一词相当，与汉语中的风景、景色、景致的含义一致。虽然现在景观概念已经发生了很深刻的变化，但在文学和艺术中，甚至在景观规划设计和园林工作者中，包含这种视觉美学意义的景观概念仍然在普遍应用。随着景观生态学研究的深入，在景观规划设计、景观保护、景观恢复和景观生态建设领域，保持和提高景观的宜人性就包含了对景观风景美学质量的要求。

景观用于地理学的概念起源于德国，早在19世纪中叶，德国著名现代地植物学和自然地理学的伟大先驱洪堡德第一次将景观作为一个科学概念引入地理学科，用来描述德国代表地球表面一个特定区域的总体特征，并逐渐被广泛应用于地貌学中，用来表示在形态大小和成因等方面具有特殊性的一定地段或地域，反映了地理学研究中对整体上把握地理实体综合特征的客观要求。

此后，阿培尔等都对景观学的发展做出了重要贡献，把景观作为地理学研究的对象，阐明了在整体景观上发生的现象和规律，并主要强调了人类对景观的影响。到20世纪20—30年代，帕萨格认为，景观是由景观要素组成的地域复合体，并提出一个以斜坡、草地、谷底、池塘和沙丘等景观要素为基本单元的景观等级体系。该理论强调的也是地域空间实体的整体综合特征。

### （四）宁夏中部干旱带风蚀研究现状

近些年来，随着国家财力的逐渐改善，国家对基础性研究的投入也日益重视。其中在宁夏从事防沙治沙专门的研究机构就有中国科学院寒区旱区环境与工程研究所沙坡头试验站、宁夏农林科学院荒漠化治理研究所、宁夏大学生态中心等科研院所和高校机构。总结形成了三个不同类型沙漠的治理模式。20世纪，以中科院沙坡头试验站为代表，主要从草方格治沙、风洞模拟、引黄河沙等方面的相关研究。在压砂与风蚀相关性方面，多数学者仅对这一问题研究的重要性提出了一些见解，未能展开深入研究。如宋维峰、赵燕等提出，砂田老化原因主要有三：一是大风卷土入砂，导致沙砂相混；二是耕作不细致，将土带入砂层使砂层堵塞、板结造成老化；三是水砂田灌溉时水中带入推移质和溶解质泥土，造成砂内含土量增多。中国科学院寒区旱区环境与工程研究所研究表明，在砂田和表面有直径大于0.84mm颗粒的农田中，风蚀现象相对较弱，砂田弃砂后的裸露地易受风蚀。闫立宏认为，当混土程度达到砂量的1/3时，砂石覆盖的作用几乎丧失，需对压砂地更新。冯锡鸿等提出：由于粗放耕作，易造成砂土混合，加速砂田老化，降低砂田功能。杨来胜、马学峰等提出：无序的采挖砂石，加剧了土壤植被的破坏，应注重加大与之相关的研究力度。加强砂田衰老机制研究，在明确其衰老原因基上采用有针对性的耕作栽培技术措施，减缓老化以及更新改造，是应深入研究的课题。

## 三、本研究要解决的关键问题

目前在宁夏中部干旱带典型景观地貌地表风蚀程度究竟有多严重，当地风蚀沙尘主要来源于哪里，封育、造林等对当地防沙治沙的贡献率究竟有多大？各类景观地貌风蚀特征及风沙流结构如何等问题依然缺乏相关的必要研究，均需进一步明确和量化，才能在风蚀防治上做到有的放矢。因此，非常有必要在以往防沙治沙的研究与治理的基础上，探索和量化不同景观地貌地表风蚀特征，对人们正确认识风蚀沙源，改变传统土地资源利用模式，提供新的、行之有效的防沙治沙措施及思路，有效改善当地生态环境，均有重要的现实意义。

本研究分别以宁夏中部干旱带海原县兴仁镇压砂地和盐池毛乌素沙地为重点研究区域，选择当地典型的压砂地、流动沙地、人工灌木林地、沙质旱作传统翻耕农田和封育天然草场共5种景观地貌为研究对象，在不同沙尘危害程度下多个典型大风日内，开展不同景观地貌近地表风沙结构和抗风蚀性能的空间差异性对比研究，重点监测不同景观地貌下垫面的粗糙度、摩阻速度、风沙结构特征值、输沙量、不同高度风速、植被特征、沙粒粒径、土壤紧实度等，将不同景观地貌内的监测指标逐一解析。对比分析出不同景观地貌域内风沙流结构和风蚀特征，阐明不同风蚀强度、不同监测高度对各生态监测区下垫面风沙结构、输沙量、风蚀强度、抗风蚀性能、沙粒粒径和地表沙粒起动风速等待评指标的影响。量化各景观地貌在风季内近地表风沙结构和抗风蚀性能的空间差异。

## 第二节　试验区基本概况与主要研究方法

### 一、试验区概况

#### （一）试验区设置

分别选择当地代表性的压砂农田、流动沙地、人工灌木林地、沙质旱作传统翻耕农田和封育天然草场等典型的景观地貌为研究对象。其中，压砂地选择在宁夏中部干旱带中卫市兴仁镇红圈子村；流动沙地、灌木林地观测区设在宁夏盐池县王乐井乡周庄子村西南沙泉湾防沙治沙示范区；封育草场、传统翻耕农田观测区设在宁夏盐池县花马池镇柳杨堡行政村，地处宁夏中东部干旱风沙区，属鄂尔多斯台地中南部、毛乌素沙地西南缘，为宁夏中部干旱带的主要的组成部分。

#### （二）自然概况

从整体上看，上述试验区按中国气候分区属东部季风区，深居内陆，同时，受秦岭山峦阻隔，东南方暖湿气流不易吹到，而且北面和西北向地势开阔，来自西伯利亚——蒙古的高压冷空气可以直行而至，故属于典型中温带大陆性气候。按宁夏气候分区，属盐（盐池）—同（同心）—香（香山）干旱草原半荒漠区。

#### （三）各试验区具体概况

宁夏中部干旱带位于东经104°17′~107°41′，北纬36°06′~38°18′，包括海原县、盐池县、同心县、红寺堡区、固原市东部8个乡和中宁县、中卫城区、灵武市、利通区的山区部分。北临引黄灌区，南连黄土丘陵沟壑区，东靠毛乌素沙漠，西接腾格里沙漠，总面积 3.05 万 $km^2$，占宁夏土地总面积的 45.9%。该区域光热资源丰富，水资源匮乏，年日照时数为 2 854.9h，≥10℃有效积温为 3 178℃，无霜期 153d，年降水量仅为 189.5mm，可蒸发量却为 2 400mm，十年九旱，曾被联合国环境规划署确定为“不适宜人类生存的地带”。林木覆盖率仅为 6.9%，低于全区林木覆盖率 8.3%的平均值，是我国沙尘危害重灾区之一。干旱和大风使宁夏中部干旱带成为风沙最活跃和沙化最严重的地区，是沙尘东移的中转站和沙源地。2001 年，该区域被国家环保局和中国科学院联合科学考察队所确定为我国四大沙尘暴源区之一。目前，该区域土地荒漠化面积约占土地总面积的 70%以上，有 126 万 $hm^2$ 的沙漠化土地；受风沙危害的村庄 2 555个、农田 13.2 万 $hm^2$、草场 121 万 $hm^2$、铁路 648km、公路 8 106km、灌溉渠道 2 339km；每年向周边地区的输沙量高达 630 万 t，90%以上的天然草场不同程度的退化，草场鲜草产量不足 900kg/$hm^2$。频繁发生的干旱、大风和沙尘暴等自然灾害，每年造成经济损失达亿元以上。恶劣的生态环境是当地人民脱贫的主要障碍，并造成区域经济发展停滞不前。

1. 封育草场、翻耕农田观测区基本概况

该试验观测区设在宁夏盐池县花马池镇柳杨堡行政村（2009 年风蚀监测样地）。地处宁夏中东部干旱风沙区，属鄂尔多斯台地中南部、毛乌素沙地西南缘，为宁夏中部干旱带的主要的组成部分，主要以天然降量为主要农业水资源来源的旱农作为主。属干旱半干旱气候带。年降水量为 230～300mm，降水年变率大，潜在蒸发量为 2 100mm，干燥度 3.1；年均气温 7.6℃，年温差 31.2℃，≥10℃积温 2 944.9℃，无霜期 138d；年均风速 2.8m/s，年均大风日数 25.2d，主害风为西北风、南风次之，俗有“一年一场风，从春刮到冬”之说；土壤以淡灰钙土和沙壤土为主，主要自然灾害为春夏旱和沙尘暴。农业发展相对滞后，种植结构单一，区域经济薄弱。农作物主要水源为地下井水、扬黄（河）灌溉和雨养农业三种，其中雨养农业约占农耕地的 70%以上。

试验所选封育草场为柳杨堡冒寨子自然村东部，从 2001 年开始封育的天然草场，总面积为 1 300$hm^2$左右。风蚀监测时，选择在草场中部地势平坦的区域进行定点监测，重复放置的集沙仪也均相互邻近。翻耕农田则选择在本自然村南部，面积约 260$hm^2$整块多年耕种的沙质旱作农田，其中集沙仪设置区为整块上年秋翻地，约有 20$hm^2$，邻近地面则有秋翻地或留茬越冬旱作农田相间分布。

2. 流动沙地、灌木林地观测区基本条件

该观测区设在宁夏盐池县王乐井乡周庄子村西南沙泉湾防沙治沙示范区

(2009年风蚀监测样地)，距盐池县城18km，距封育草场、翻耕农田观测区28km。自然气候与封育草场、翻耕农田观测区相似，地下水位较浅，其中部分丘间低地地下水仅3m左右，是盐池南海子、左记沟、红山沟浅层承压自流水分布区的主要组成部分。天然植被主要以沙蒿（*Artemisia desterorum*）为建群种，人工植被主要有沙柳（*Salix psammophila*）、花棒（*Hedysarum scoparium*）、杨柴（*Hedysarium mongolicum*）、紫穗槐（*Amorpha fruticosa*）、新疆杨（*Populus bolleana*）、旱柳（*Salix matsudana*）、沙枣（*Elaeagnus angustifolia*）、柠条等多造林的保留树种。其中明沙丘通过草方格和生物固沙相结合的方式，已基本得到控制，但随着秋冬季风蚀程度的不同，封育治理区外来流沙入侵现象较为明显，局部地段沙丘尚处于半流动、流动状态。目前，该示范区已成为北京林业大学长期的沙区生态监测点之一。

灌木林地监测区选择在了宁夏盐池县王乐井乡周庄子村沙泉湾正南方约有2 000hm$^2$整片灌木林地，以沙柳为主，封育了近20年，而且在监测区周围1km左右地表均有多年保存完好的结皮层。流沙地则选择在其东面，沙丘高度3～5m，为毛乌素沙地代表的新月型沙丘，沙丘迎风坡、背风坡均有部分沙米（*Agriophyllum squarrosum*）、沙蒿等先锋植物分布，丘间低地除部分天然杂草、沙蒿等外，还零星人工点植了部分杨柴、沙柳。

3. 压砂地自然概况

压砂地选择在宁夏中部干旱带中卫市兴仁镇红圈子村（2008—2009年），属宁夏中部干旱带压砂地分布核心区域。而2008年试验所涉及的灌木林地、传统旱作翻耕农田均与压砂地属同一类型区域，其中2008年的灌木林地选择在兴仁镇邻郊5km左右，为大面积分布的多年生柠条林带，株高均在85cm左右，属典型的灰钙土区。2008年传统旱作翻耕农田为大面积分布的多年耕种的典型的黄绵土型秋翻耕农田，地势平整，基本无防护林布设，距邻近村庄距离也在5km左右，人为对风力干扰较小。

从自然条件上看，该市位于东经104°59′～105°90′，北纬36°95′～37°29′，是黄土高原典型的旱作农业分布区，也是宁夏中部干旱带的重要组成部分。降水稀少，光照充足，有效积温高，昼夜温差大，年降水量为179.6～247.4mm，年均蒸发量为2 100～2 400mm，年均日照时数2 800～3 000h，≥10℃的有效积温2 500～3 200℃，无霜期140～170d，昼夜温差在12～16℃，昼夜温差大，地面逆辐射强的功效，适于瓜类生产。到2008年面积已突破6.7万hm$^2$。

## 二、研究内容与方法

1. 研究内容

针对宁夏中部干旱带土壤风蚀严重、沙尘暴频发等生态问题，分别选择压砂地、流动沙地、人工灌木林地、沙质旱作传统翻耕农田和封育天然草场等宁夏中部干旱带典型的景观地貌为研究对象。通过多个典型大风日的实地监测，运用风沙物理学、风沙地貌学和流体力学等学科的相关理论将之解析，在相似或相同风力侵蚀条件下：

（1）对比分析出不同景观地貌近地表风沙流结构和抗风蚀性能，阐明不同风蚀强度、不同监测高度内下垫面风沙流结构、输沙量、风蚀强度、抗风蚀性能等待评指标之间的相关性。

（2）量化各典型景观地貌在风季内对土壤风蚀与沙尘危害的正负贡献率及其空间差异性。

（3）客观评价以压砂、封育、耕种和人工灌木林营建等为代表的典型人工干预措施在宁夏中部干旱带沙害形成与防治中的地位和作用，为同类地区防沙治沙提供理论支撑。

2. 研究方法

为尽量减少试验误差，压砂地、传统翻耕农田、封育天然草场、灌木林地均为周围环境相同或相似且有大面积分布的景观地貌，而流动沙地则选择具有适当地表植被物覆盖的3~5m新月型流动沙丘。

监测指标为不同景观地貌下垫面的粗糙度、不同景观地貌风力特征分析；不同高度输沙量；地表植被数量特征；不同景观地貌地表紧实度；沙粒粒径分级与显微分析，现象评价等。

（1）下垫面的粗糙度与摩阻速度观测。

①下垫面的粗糙度测定。下垫面的粗糙度是反映不同地表固有性质的一个重要物理量，是表示地表以上风速为零的高度，是风速等于零的某一几何高度随地表粗糙程度变化的常数。粗糙度体现了地面结构的特征，地面越粗糙，摩擦阻力就越大，相应地风速的零点高度就越高，这样隔绝风蚀不起沙的作用就越大。因此，粗糙度是衡量不同土地利用类型地表可蚀性的间接指标之一，用以描述不同下垫面对近地面层气流的不同阻碍作用。而朱朝云、丁国栋等则认为，下垫面的粗糙度是衡量治沙防护效益最重要的指标之一，人们采取的各种治沙防沙技术措施，都可归结为改造下垫面，控制风沙流，改变粗糙度，使其向着有利于人类的

方向转化。粗糙度$Z_0$的确定，通常都是以风速按对数规律分布为依据的。测定任意两高度处$Z_1$，$Z_2$及它们对应的风速$V_1V_2$，设$V_2/V_1=A$时，则得方程：

$$\log z_0=\frac{\log z_2-A\log z_1}{1-A} \quad 式（6-1）$$

例如，当$Z_2=200$，$Z_1=50$，将若干平均风速比代入方程，则求得下垫面粗糙度$Z_0$。

②摩阻速度测定（吴正，et al. 1987）。摩阻速度$u^*$的确定：$u_*$同样可以通过测定任意两个高程上的风速，根据公式来确定（即由直线的斜率得出）：

$$u_*=\frac{v_{200}-v_{50}}{5.75\times \lg\frac{200}{50}} \quad 式（6-2）$$

知道了$Z_0$和$u_*$，有了风速随高度变化的轮廓方程，就可以根据地面气象站的风资料推算近地层任一高度的风速，或进行不同高度的风速换算，实用意义很大。

（2）集沙量测定法。分别采用诱捕测定法和集沙仪测定法，综合分析评价不同观测区土壤可蚀性差异。将不同景观地貌的不同监测高度收集到的沙粒，吹沙结束后，将各接沙仪截获的沙尘用感量0.001g的天平称重，获得各处理高度的输沙量。将样本带回室内分析沙尘粒径和集沙量。观测时，将集沙容器或集沙仪放置到野外后，待集沙过程结束，收回整个集沙仪，对每个集沙袋进行逐一取样分析。分述如下。

①诱捕测定法。在各观测地内选择平整且保证具有原始地被物覆盖的基础上，同时放置集沙容器，放置时要保证容器口与地表持平，待有风蚀现象时容器对过境沙粒进行收集。期间及时观察收集情况，当集沙量体积接近容器容积一半时及时收集该容器的沙粒，并进行称量，累加记录后对比衡量不同立地类型土壤风蚀量。

②集沙仪测定法。选择地形平坦、地表状况均一的供试地。利用清空集沙袋后的被动式楔形集沙仪迎风放置，在每年3—5月观测。测量不同测试环境、不同高度、不同时间段集沙量。期间结合气象沙尘预报，及时更换集沙袋，如有风向变动，及时更换集沙仪方向，并保证无小孩、动物等现场破坏，确保样品的准确性、代表性。为明确不同立地类型土壤风蚀量和风蚀特征提供重要的试验依据。

在集沙仪埋置时尽可能保持周边地表原貌，每次埋置时具体方向由野外具体风向决定。集沙仪地上部分总高度60cm，共分12层，即每层5cm高（含3mm

厚的隔板在内），其中迎风口宽 20cm，集沙口宽 10cm，每层间独立且自下至上连续设置，层与层间无风沙互串。隔板可起到区间分隔、缓解风速、临时贮沙等作用。每集沙口后均用粘封带粘一个清空的集沙袋。每次每观测区同时放置 3 个集沙仪，风蚀过程结束后及时收回分析。

3. 风力主要特征测定

风是引起土壤风蚀的最直接的动力，风速是表征风力大小的一个重要指标，它决定了气流侵蚀动能的大小。从地表侵蚀的角度来看，按照风速的大小可以把风分为非侵蚀风和可蚀风两种，当风速很小时，风的能量不足以使土壤颗粒产生运动，这种风叫非侵蚀风；如果风速逐渐增大，达到一定值时，风能就能够使土壤颗粒开始运动。这时的风速称为临界起动风速，把大于临界起动风速的风统称为可蚀风。风速越大，其风蚀搬运能力越强。

（1）风速测定。在各立地类型选择好的供试样地中，分别采用手持风速仪测得 0.5m、2m 不同高度风速，每组重复 10 次，取其平均数。

（2）风的速度脉动特征分析。风的速度脉动特征可以用阵性度表示：

$$g=\frac{u_{max}-u_{min}}{u} \quad 式（6-3）$$

式中，$u$ 为观测层内的风速。

4. 沙粒粒径分析法

（1）沙粒粒径显微测量。采用爱国者数码观测王 GE-5 型数码光学显微镜对测得沙粒随机取样后放到载玻片上，利用显微镜自带软件进行观察、拍照，并对采得的样进行粒径测量。为能更准确度量检测样本，根据沙粒的实有形状和软件可供选择的形状，粒径测量时均采用椭圆法，即通过椭圆外框两点确定椭圆法，每样品测定 10 次，选择镜中出现的最大颗粒为准，每次每镜头范围内选择 5 个。

（2）筛选分级法。采用筛选法对收集到的沙粒进行了分级。考虑到砂田、农田等环境实有沙（砂）粒间的差异性，分别采用孔径为 1.0mm（18 目）、0.5mm（35 目）、0.2mm（80 目）、0.098mm（160 目）、0.055mm（280 目）共 5 种土壤分级筛，经充分筛选后，利用上海精科 JA1203N 型精度为 0.001 电子天平逐一进行称量，测定不同景观地貌、不同监测高度沙粒粒径组成比例。对比分析不同高度的沙粒重量、粒径以及与风速之间的关系，从而进一步确定当地沙尘暴的沙粒组成、来源以及与风速、下垫面等的相关性，为不同立地类型就地起沙原理、影响因素、防治措施等人工调控措施提供理论依据。

5. 地被物（植物及其残存物）调查

地被物是影响地表风蚀量的关键因素之一，特别是冬春风季，一些特定地貌，地被物的多少可能会直接决定该地段风蚀程度。在实际调查中，参照农田杂草和灌木林地植被调查方法进行实测。其中，天然草场采用样方法（1m×1m）测定各个观测点的盖度、密度以及高度、地表状况、地表生物量等。灌木林地、流动沙地采用样线法，选择具有代表性的不同配置类型分别设置30m样地，调查标准地的立地因素，测定样方内每株灌木的高、冠幅、植被类型、盖度、密度等。

（1）频度。频度是指在调查地许多大小相同样方中，一个种出现的百分率，而不考虑其数量及大小。在调查的随机抛掷一定的次数，记载样方内地被物种类及其出现次数，重复15次。

（2）密度。密度是指单位面积内一个种的个体数目，用1m×1m正方形样方实测，重复3次。

（3）盖度。盖度是指整个植被或某种植物的垂直投影面积占地表面积的百分数。实测时灌木林地采用30m线段法，重复3次，具体为，在植被上方拉一条直线，垂直观察并测定杂草在直线上的投影长度，计算直线总长度与杂草投影总长度之比，用百分数表示为覆盖度。其他样地采用样方点测法。

（4）重量。重量是评定地被物多少重要的指标之一，是地被物密度、株体大小的综合体现，用鲜重法测得。

6. 土壤紧实度观测

利用美国产SC-900型土壤紧实度仪在风蚀监测期分别对传统旱作翻耕农田、封育天然草场、压砂农田、流动沙地和灌木林地进行测定，测定深度为地表以下7英寸（inch），约17.78cm，每处理重复观测10次，取其平均值。

7. 数据分析

分别采用EXCEL 2003、SAS（Ver. 8.1）、SPSS（Ver. 17.0）、DPS（Ver. 9.0）等统计软件对观测数据进行分析处理和图表制作。

## 三、主要观测时期确定的依据

雷金银分析表明（图6-1），4月份当地平均风速达到全年最高的4.2m/s，并指出一年一熟的种植制度造成了冬春季农田休闲裸露期与年内最高风速集中叠加，加之土壤干旱，很容易造成农田土壤风蚀。

朱炳海（表6-1）分别对毛乌素沙地和黄河流域多年大风日数及其危害的概率分析来看，沙尘暴主要发生在初春土壤萌动期3—5月。而赵景波等也认为：

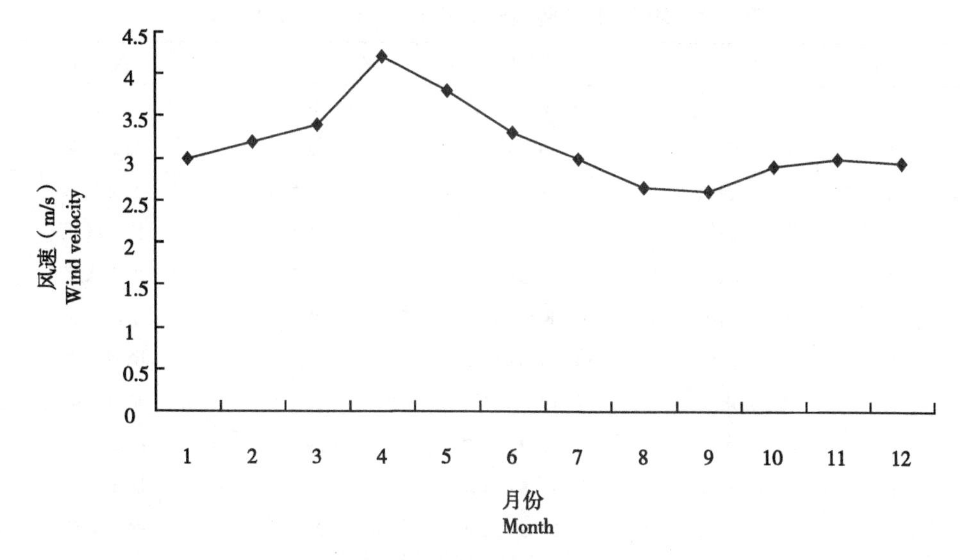


**图 6-1　毛乌素沙区靖边县北部风沙区多年平均风速**（雷金银，et al. 2008）

土壤解冻期正是沙尘暴发生的高潮期。据此，我们重点选择了 3—5 月，作为当地沙尘危害的主要观测期。

**表 6-1　黄河流域沙暴日**（朱炳海，et al. 1963）

| 地名 | 北京 | 天津 | 石家庄 | 太原 | 开封 | 济南 | 西安 | 兰州 |
|---|---|---|---|---|---|---|---|---|
| 全年 | 3. 3 | 3. 0 | 17. 0 | 4. 5 | 27. 0 | 1. 3 | 31. 5 | 10. 7 |
| 最多月份 | 3 | 4 | 4 | 4 | 4 | 4. 7 | 3 | 5 |

# 第三节　不同景观地貌风力特征

## 一、不同景观地貌风力特征分析

风速是表示风力大小的一个数量指标，是研究风力侵蚀必备因素之一。在气象风速预报上常用几级风来表示，研究中则主要以速度单位（m/s）表示。风速和风力等级有密切相关性，为更好的表述不同景观地貌风力侵蚀特征，阐明监测风速与气象预报中风力等级间相关性，特将描述风速相关指标表现摘录如下（表 6-2）。

**表 6-2 风速与风力等级对照表**（刘万琨，et al. 2009）

| 风级 | 名称 | 风速范围（m/s） | 平均风速（m/s） | 地面物象 |
|---|---|---|---|---|
| 0 | 无风 | 0.0~0.2 | 0.1 | 炊烟直上 |
| 1 | 软风 | 0.3~1.5 | 0.9 | 烟示风向 |
| 2 | 轻风 | 1.6~3.3 | 2.5 | 感觉有风 |
| 3 | 微风 | 3.4~5.4 | 4.4 | 旌旗展开 |
| 4 | 和风 | 5.5~7.9 | 6.7 | 尘土吹起 |
| 5 | 劲风 | 8.0~10.7 | 9.4 | 小树摇摆 |
| 6 | 强风 | 10.8~13.8 | 12.3 | 电线有声 |
| 7 | 疾风 | 13.9~17.1 | 15.5 | 步行困难 |
| 8 | 大风 | 17.2~20.7 | 19.0 | 折毁树枝 |
| 9 | 烈风 | 20.8~24.4 | 22.6 | 房屋小损 |
| 10 | 狂风 | 24.5~28.4 | 26.5 | 树木拔起 |
| 11 | 暴风 | 28.5~32.6 | 30.6 | 损坏普遍 |
| 12 | 飓风 | 32.7~37.0 | 34.7 | 摧毁巨大 |

注：本表所列风速是指平地上离地 10m 处的风速值

1. 不同景观地貌风速特征测定分析

风速虽然一般具有明显的阵发性和即时性，但不同立地类型由于不同地表覆被物对过境风速的直接作用，对不同高度风速的干扰强度是不尽相同的，一般会表现在对不同高度风速比的影响上。按照下垫面粗糙度的公式定义，只要同时测得不同高度风速差，就可根据公式推出供试样地的下垫面的粗糙度。据此，我们于 2009 年 5 月上旬，利用 DEM6 型轻便三杯风向风速表，对试验涉及的各类景观地貌，在 50cm 和 200cm 两观测高度，同时观测不同高度的风速值，每处理重复观测 10 次，测定记录后参照计算公式算出各下垫面的平均风速及其不同观测高度风速比，为进一步计算下垫面的粗糙度、摩阻速度等相关风蚀参数提供基础数据。

观测发现（表6-3），灌木林地风速比（V200/V50）最高，为2.14，其次为封育草场1.72，流动沙地最小，为1.11，说明流沙景观地貌对不同观测高度风速比影响最小。

**表 6-3　不同景观地貌风速测定结果**

| 景观地貌 | 观测高度（cm） | 观测风速 V（m/s） | | | | | | | | | | | 风速比 A（V200/V50） |
|---|---|---|---|---|---|---|---|---|---|---|---|---|---|
| | | V1 | V2 | V3 | V4 | V5 | V6 | V7 | V8 | V9 | V10 | $\bar{v}$ | |
| 压砂农田 | 50 | 1.30 | 0.98 | 1.00 | 0.78 | 1.48 | 1.78 | 1.18 | 1.80 | 2.68 | 1.98 | 1.50 | 1.22 |
| | 200 | 1.70 | 1.15 | 1.50 | 1.15 | 2.10 | 2.30 | 1.35 | 1.90 | 3.00 | 2.10 | 1.83 | |
| 翻耕农田 | 50 | 1.20 | 1.52 | 1.75 | 2.05 | 1.70 | 2.13 | 1.10 | 2.20 | 1.37 | 2.00 | 1.70 | 1.23 |
| | 200 | 1.40 | 2.38 | 2.00 | 2.39 | 1.78 | 2.60 | 1.40 | 2.78 | 1.60 | 2.58 | 2.09 | |
| 灌木林地 | 50 | 0.70 | 0.78 | 1.80 | 1.30 | 1.50 | 0.90 | 0.80 | 1.30 | 0.40 | 1.00 | 1.05 | 2.14 |
| | 200 | 1.60 | 2.78 | 2.80 | 2.40 | 2.60 | 1.58 | 1.82 | 3.30 | 1.58 | 1.96 | 2.24 | |
| 封育草场 | 50 | 1.30 | 1.42 | 1.98 | 2.17 | 1.80 | 1.38 | 1.10 | 1.40 | 1.05 | 1.00 | 1.46 | 1.72 |
| | 200 | 2.35 | 2.60 | 3.20 | 3.45 | 3.40 | 2.45 | 2.00 | 2.00 | 2.00 | 1.62 | 2.51 | |
| 流动沙地 | 50 | 1.23 | 2.00 | 2.20 | 2.18 | 2.82 | 4.40 | 2.00 | 2.50 | 2.45 | 4.25 | 2.60 | 1.11 |
| | 200 | 2.00 | 2.40 | 2.40 | 2.20 | 3.20 | 4.20 | 1.80 | 3.00 | 2.80 | 4.80 | 2.88 | |

2. 不同景观地貌下垫面的粗糙度测定分析

下垫面的粗糙度是研究风沙物理学常用的、并且很有代表性的一个试验参数，是反映地表起伏变化与侵蚀程度的指标，是衡量治沙防护效益最重要的指标之一。根据下垫面的粗糙度所表示的物理意义来看，下垫面的粗糙度反映地表对风速减弱作用以及对风沙活动的影响。在各类景观地貌中，其大小取决于地表粗糙元的性质及流经地表的流体的性质，即粗糙度反映了地表抗风蚀的能力。提高下垫面的粗糙度可以有效地防止风蚀的发生。人们采取的各种治沙防沙技术措施，都可归结为改造下垫面，控制风沙流，改变粗糙度，使其向着有利于人类的方向转化。

**表 6-4　不同景观地貌下垫面的粗糙度测定结果**

| 景观地貌 | 主要地表覆被物高（cm） | 下垫面的粗糙度 Z0（cm） |
|---|---|---|
| 压砂农田 | — | 0.092 |
| 翻耕农田 | — | 0.116 |
| 灌木林地 | 220.00 | 14.800 |
| 封育草场 | 18.56 | 7.235 |
| 流动沙地 | 30.90 | 0.001 |

注：表中地被物高是利用样方法对景观地貌的主要建群种的株高进行调查，每样方调查 10 株，重复 3 次，取其平均数

对不同景观地貌下垫面的粗糙度研究表明（表6-4）：流动沙地最小，仅为0.001cm，压砂地次之，为0.092cm，而灌木林地则达到了14.8cm，是流动沙地的14 800倍，封育草场也仅次于灌木林地，是流动沙地的7 235倍，说明灌木林地、封育草场等景观地貌抗风性能要明显高于流动沙地，是退化沙地行之有效的人工修复措施。

## 二、不同景观地貌摩阻速度

摩阻速度的大小表示了近地表风速梯度的大小。作用于土壤表面的风力可以用摩阻速度表示，土壤表面的抗蚀力用临界摩阻速度表示，其中临界摩阻速度是指土壤颗粒开始运动时的风速。风蚀是指摩阻速度大于临界摩阻速度时推动土壤表面颗粒发生运动的过程。一般来说，风的摩阻流速越高，并且土壤临界摩阻流速值越低，则临界地表遮挡率越低。因此，影响摩阻速度和临界摩阻速度的因素，如残茬覆盖、下垫面的粗糙度、土壤含水量以及土壤特性等因素，必将影响和决定风蚀的发生及其发生的强弱程度。所以，通过提高地表植被覆盖率、增加残茬覆盖量和地表紧实度、含水量等，可以有效地提高土壤粗糙度，降低摩阻速度，提高临界摩阻速度，从而有效地减少风蚀损失。

巴格诺尔德在风洞实验中发现，当沙粒起动以后，由于跃移颗粒的碰撞，风速稍许低于流体起动条件时床面沙粒仍会保持运动，对于>0.1mm的泥沙颗粒来说，因密度（或比重）和粒径的不同，起始运动所需的风速（临界风速）是不一样的。对于密度相同的泥沙颗粒，临界起动风速将随粒径而变化，遵循平方根律（$U_{*t} \propto \sqrt{d}$）。这个关系已得到反复证实，而且受颗粒形状等因素的影响很小，但细粒泥沙（<0.1mm）并不遵循上述规律。当下垫面仅由细小颗粒组成时，随着颗粒粒径的减小，流体起动值反而越来越大，这是由于更细的颗粒一方面受到附面层流层的隐蔽作用，同时易从大气中吸附水分使粒间产生一定黏结力所致，地表最易遭受风力吹蚀的松散泥沙是粒径为0.1mm左右的粉细沙，太粗太细均不易为风力所驱动。

**表6-5　不同景观地貌摩阻速度测定结果**

| 景观地貌 | 主要沙粒粒径组成（mm） | 摩阻速度 u＊（m/s） | 临界摩阻速度 U×c（m/s） |
|---|---|---|---|
| 压砂农田 | 0.055 | 0.095 | 5.290 |
| 翻耕农田 | 0.055 | 0.112 | 4.880 |

（续表）

| 景观地貌 | 主要沙粒粒径组成（mm） | 摩阻速度 u *（m/s） | 临界摩阻速度 U×c（m/s） |
| --- | --- | --- | --- |
| 灌木林地 | <0. 055 | 0. 345 | 4. 620 |
| 封育草场 | 0. 055 | 0. 302 | 4. 360 |
| 流动沙地 | 0. 098 | 0. 080 | 4. 500 |

根据不同景观地貌沙粒粒径组成分析可知（见图 6-5 不同风蚀监测地表在不同高度沙粒粒径组成百分比），不同景观地貌主要粒径除流动沙地为 0. 098mm 左右、灌木林地 < 0. 055mm 外，其他景观地貌沙粒组成主要以 0. 055mm 左右为主。实事上，关于不同沙粒径与起动风速间的关系，在研究与防沙治沙的生产实践中，参照表 6-21“沙粒粒径与起动风速值”可能显得更简单快捷。

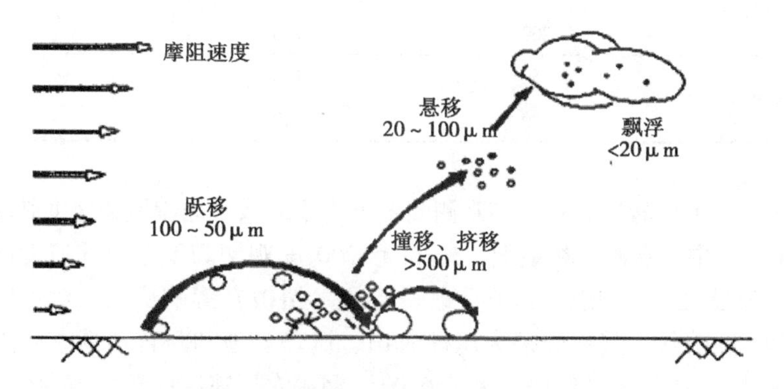


**图 6-2 风蚀形成过程简图**（张伟，et al. 2006）

## 三、不同景观地貌风的速度脉动特征

风是塑造地貌形态的基本营力之一，也是沙粒发生运动的动力基础。对于确定某一种风的可能搬运沙粒数量来说，风速是最重要的，它是风沙流研究中的重要参数之一。但是，几乎所有搬运沙粒的风，不论是在风洞还是野外，全是湍流（紊动）的，表现出一定的阵性变化。因此，在讨论近地层风速时，是用一定时间间隔的平均风速代替瞬时风速。用平均风速来研究风沙问题是一种常见而又方便的处理方法，易于把握风速的总体变化趋势。但地表风蚀程度及起沙现象，通常又是以强劲阵风的形式而伴生，因此研究风蚀，特别是风力侵蚀必须结合景观地貌，研究和明确风的速度脉动特征规律。

**表 6-6　不同景观地貌风的速度脉动特征分析**

| 景观地貌 | 观测高度（cm） | 速度脉动特征 g | 速度脉动特征比值 $\frac{g_{50}}{g_{200}}$ |
|---|---|---|---|
| 压砂农田 | 50 | 1.270 | 1.25 |
| | 200 | 1.014 | |
| 翻耕农田 | 50 | 0.646 | 0.98 |
| | 200 | 0.660 | |
| 灌木林地 | 50 | 1.336 | 1.74 |
| | 200 | 0.767 | |
| 封育草场 | 50 | 0.801 | 1.10 |
| | 200 | 0.730 | |
| 流动沙地 | 50 | 1.218 | 1.17 |
| | 200 | 1.042 | |

由表 6-6 可以看出，在不同观测高度下，不同景观地貌风的速度脉动差别也比较明显。其中，在灌木林地上，50cm 和 200cm 观测高度上风的速度脉动比值达 1.74，为最大，说明灌木林地受地表特征（植被）影响最大，对不同观测高度风速影响最明显；其次分别为压砂农田、流动沙地和封育草场，但流动沙地（1.17）仅较封育草场（1.10）大了 0.07；翻耕农田速度脉动比值则仅为 0.98，说明翻耕农田下垫面上的风速稳定，风在通过其地表时原有侵蚀特征保持较好，即翻耕地表对风力干扰程度较小，防风蚀效果差。

## 四、不同景观地貌地表覆被物数量特征调查分析

左忠等关于集沙量与地表附着物相关性分析表明：提高“杂草频度”即植被覆盖率，对有效防治就地起沙、提高土壤可蚀性效果明显。由此可见，地表覆被物与地表起沙密切相关，地表覆被物数量特征的调查分析是研究地表风蚀必不可少的环节。因此研究景观地貌中地表覆被物的频度参数也是地表抗风蚀性能的一个间接反映，特将地表覆被物数据特征作了调查分析。

对监测区植被物种的频度调查分析发现（表 6-7），压砂农田和翻耕农田由于在初春进行的，所以由于翻耕或风蚀作用，未发现有植被或作物残茬；灌木林地则主要沙柳、沙蒿和杨柴为主；封育草场中猪毛菜、白草、狭叶山苦荬出现的频度均达到 100%，为调查样地主要建群种，是监测区内影响地表风蚀、保护地表的主要植被；流动沙地植被频度则与灌木林地类似，但植物种类则明显低于灌木林地。

**表 6-7　地表覆被物频度调查分析**

| 景观地貌 | 植物名录 | 频度 | 相对频度 |
|---|---|---|---|
| 压砂农田 | — | — | — |
| 翻耕农田 | — | — | — |
| 灌木林地 | 沙蒿 | 100 | 29.41 |
| | 沙柳 | 100 | 29.4 |
| | 杨柴 | 53.33 | 15.69 |
| | 沙生针茅 *Stipa plareosa* | 20.0 | 5.88 |
| | 小叶锦鸡儿 *Caragana microphylla* | 33.33 | 9.8 |
| | 赖草 *Leymus secalinus* | 20.0 | 5.88 |
| | 老瓜头 *Cynanchum komarovii* | 13.33 | 3.92 |
| 天然草场 | 苦豆子 *Sophora alopecuroides* L. | 73.33 | 14.67 |
| | 猪毛菜 *Salsola collina* | 100 | 20.0 |
| | 白草 *Pennisetum flaccidum* | 100 | 20.0 |
| | 狭叶山苦荬 *Ixeri chinensis* | 100 | 20.0 |
| | 猪毛蒿 *Artemisia scoparia* | 53.33 | 10.67 |
| | 叉枝鸦葱 *Scorzonera divaricata* | 20.0 | 4.0 |
| | 小叶锦鸡儿 | 13.33 | 2.67 |
| | 牛枝子 *Lespedeza davurica*（Laxm）*Schindl.* var. | 6.67 | 1.33 |
| | 老瓜头 | 6.67 | 1.33 |
| | 刺藜 *Chenopodium aristatum* | 26.67 | 5.33 |
| 流动沙地 | 沙蒿 | 100 | 35.71 |
| | 沙柳 | 80.0 | 28.57 |
| | 沙米 | 53.33 | 19.05 |
| | 杨柴 | 46.67 | 16.67 |

对风蚀监测区的植被调查表明（表6-8），沙蒿、白草、猪毛菜等天然植被相对密度和相对盖度最大，对有效提高地表作用非常明显。其中灌木林地的沙蒿相对密度和相对盖度分别达到了75.24%和66.79%，为所有监测区表现最突出的一种；其次为封育草场中的猪毛菜，分别达到了43.32%和60.59%；人工植被及灌木林地以沙柳表现最明显，分别达到10.38%和30.50%。由此可见，人工造林从某种程度上可明显提高地表防风蚀效果，但相比之下天然植被的保护对提高地表抗风蚀作用更突出。

**表6-8　相对密度、盖度和相对盖度对比分析**

| 调查样地 | 植物 | 相对密度（%） | 盖度（%） | 相对盖度（%） |
|---|---|---|---|---|
| 压砂农田 | — | — | — | — |
| 翻耕农田 | — | — | — | — |
| 灌木林地 | 沙蒿 | 75.24 | 49.99 | 66.79 |
| | 沙柳 | 10.38 | | 30.50 |
| | 杨柴 | 4.38 | | 1.48 |
| | 沙生针茅 | 4.00 | | 0.11 |
| | 小叶锦鸡儿 | 6.00 | | 1.12 |
| 封育草场 | 白草 | 44.74 | 58.0 | 26.02 |
| | 猪毛菜 | 43.32 | | 60.59 |
| | 苦豆子 | 2.41 | | 7.81 |
| | 狭叶山苦荬 | 8.24 | | 0.74 |
| | 牛枝子 | 0.57 | | 0.37 |
| | 猪毛蒿 | 0.28 | | 0.00 |
| | 虫实 *Corispermum hyssopifolium* | 0.14 | | 1.49 |
| | 刺蓬 | 0.14 | | 2.60 |
| | 赖草 | 0.14 | | 0.37 |
| 流动沙地 | 沙蒿 | 30.08 | 10.11 | 43.33 |
| | 沙柳 | 29.22 | | 25.05 |
| | 沙米 | 17.40 | | 13.81 |
| | 杨柴 | 17.80 | | 27.87 |

参照草业科学或生态学研究方法中关于植被样方、样线调查方法，对不同景

观地貌条件下的地表植被（覆被）物调查可知（表 6-9），灌木林地相对生物量（鲜重）最大，为 608g/m$^2$，其次为天然草场，流动沙地仅有部分沙柳、杨柴等人工造林树种和沙米、沙蒿等固沙先锋天然植被。

**表 6-9　地表植被生物量（鲜重）调查**

| 景观地貌 | 生物量（g/m$^2$） |
| --- | --- |
| 压砂农田 | — |
| 翻耕农田 | — |
| 灌木林地 | 608 |
| 天然草场 | 79 |
| 流动沙地 | 37 |

## 第四节　不同景观地貌风蚀特征研究

### 一、集沙量测试分析

#### （一）诱捕法测定结果

1. 集沙量

自 2009 年 3 月 25 日开始第 1 次放置，4 月 18 日统一收集后又重新放置到 5 月 16 日统一收集，在利用集沙仪测定不同景观地貌集沙量的同时，采用诱捕法统一放置集沙容器，期间如发现集沙量接近容器一半时，及时收集，待下次放置集沙仪时，则对所有集沙容器进行统一回收并重新放置新的集沙容器。容器口径 65mm、深 20mm，为圆柱形玻璃器皿。在试验供试期间共布设了 2 次，每次放置 6 个，但由于小动物和人为干扰等因素，从中各选择了 4 个，分析如下（表 6-10）。

**表 6-10　诱捕法集沙量测定结果**　（g）

| 景观地貌 | 3—4 月 | | | | 4—5 月 | | | | 平均 |
| --- | --- | --- | --- | --- | --- | --- | --- | --- | --- |
| | 1 | 2 | 3 | 4 | 5 | 6 | 7 | 8 | |
| 压砂农田 | 2.489 | 3.672 | 3.113 | 3.343 | 2.991 | 4.587 | 5.112 | 3.803 | 3.639 |

（续表）

| 景观地貌 | 3—4月 | | | | 4—5月 | | | | 平均 |
|---|---|---|---|---|---|---|---|---|---|
| | 1 | 2 | 3 | 4 | 5 | 6 | 7 | 8 | |
| 翻耕农田 | 609.000 | 598.000 | 609.000 | 111.327 | 69.662 | 33.153 | 36.651 | 36.651 | 262.931 |
| 灌木林地 | 0.512 | 1.071 | 1.229 | 1.027 | 1.013 | 1.976 | 2.012 | 1.678 | 1.315 |
| 封育草场 | 0.403 | 0.869 | 0.484 | 1.118 | 2.174 | 0.755 | 2.999 | 4.896 | 1.712 |
| 流动沙地 | 2 876.250 | 2 027.780 | 2 811.980 | 2 661.590 | 760.000 | 678.000 | 691.000 | 579.000 | 1 635.700 |

监测结果表明：各处理间集沙量差异性非常明显，以流动沙地最多，为1 635.700g。其次为翻耕农田262.931g，是最小样地灌木林地1.315g的199.95倍，也是封育草场1.712g的153.581倍，由此可见干旱风沙区沙质旱作农田风蚀程度之严重仅次于流动沙地，对沙尘形成影响之大很难想象。由此可知，流动沙地和翻耕农田均是当地沙尘主要来源，是防沙治沙工作的重点对象。

2. 沙粒粒径分析

采用机械筛选法，对利用诱捕法采集到的上述试验样的沙粒进行了分级后，根据每种级别的沙粒占该样品总重的百分率进行折算后，得图6-3：对比可知，风蚀较严重的流动沙地测得的样品粒径均明显较粗，其中流动沙地粒径主要以0.098mm左右为主，且分布明显较均匀。翻耕农田则相对较细，以0.055mm左右为最多，可能与风力较长时间的风蚀而导致表土粒径变粗有关。相比之下，压砂农田测得的风蚀粒径则明显较粗，这主要是由于压砂覆盖特点所决定的，对有效提高地表抗风蚀性能作用明显。监测时还发现，灌木林地由于长时间的封育管护，已明显形成地表土壤结皮现象。而据有关研究表明，结皮的形成可明显增强地表抗风蚀能力，减少表土侵蚀。

诱捕法监测与分析发现，灌木林地、封育草场、压砂覆盖这三种宁夏中部干旱带代表性的生态干预修复工程措施对有效防止地表就地起沙，减少当地沙尘危害作用非常明显，是根治沙害行之有效的措施。实际上，以盐池毛乌素干旱风沙区为代表的我国广大西北区域，从生态保护特别是沙尘暴有效防治的角度来看，监测区此类沙质旱作农田是否值得耕种非常值得斟酌。从沙尘防治与农业生产的角度综合考虑，在诸如宁夏盐池或类似地区的沙质旱作农田，采取以免耕为代表的保护性耕作的方式进行耕作，是一种生态保护与粮食生产二者兼顾的很好的选择。雷金银、藏英等对此问题进行过专门研究。

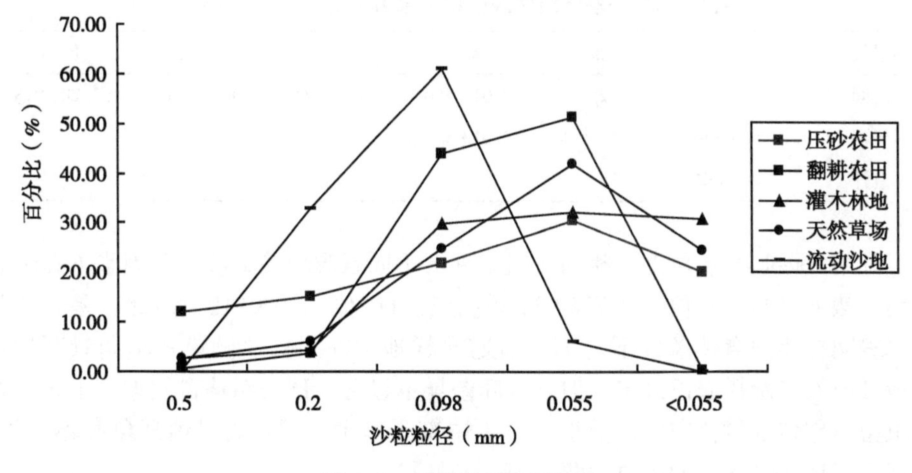


**图 6-3　沙粒粒径分级结果**

## （二）集沙仪测定结果

1. 相同自然条件下不同景观地貌集沙量监测分析（2008 年监测结果）

由于受客观条件的制约，监测不同环境条件下的风蚀必须保证有大面积分布的待监测区域方可进行。据此，2008 年在兴仁大面积压砂覆盖试验区域，在本试验原定的 5 种景观地貌条件中仅找到可供风蚀监测的 3 种地貌，分别为压砂农田、翻耕农田和灌木林地。于 2008 年 5 月对上述景观地貌进行了风蚀监测。分析如下。

**表 6-11　相同自然条件下不同景观地貌集沙量监测分析（2008 年）**　（g）

| 观测高度（cm） | 5 | 10 | 15 | 20 | 25 | 30 | 35 | 40 | 45 | 50 | 55 | 60 | 合计 |
|---|---|---|---|---|---|---|---|---|---|---|---|---|---|
| 压砂农田 | 0.407 | 0.366 | 0.099 | 0.074 | 0.095 | 0.094 | 0.103 | 0.092 | 0.103 | 0.080 | 0.079 | 0.077 | 1.671 |
| 翻耕农田 | 0.563 | 0.376 | 0.199 | 0.168 | 0.111 | 0.125 | 0.177 | 0.126 | 0.091 | 0.099 | 0.101 | 0.082 | 2.217 |
| 灌木林地 | 0.366 | 0.148 | 0.142 | 0.116 | 0.111 | 0.153 | 0.110 | 0.116 | 0.106 | 0.069 | 0.060 | 0.051 | 1.548 |

对比分析可知（表 6-11），在中部干旱带黄绵土型（翻耕农田）和灰钙土型（灌木林地）地带的地表风蚀监测表明，翻耕农田集沙量最大，其次为压砂农田，灌木林地最小，分别为 2.217g、1.671g 和 1.548g。集沙量分别是压砂农田、灌木林地的 1.327 倍和 1.432 倍。

**表 6-12　不同景观地貌集沙量单因素方差分析结果（2008 年）**

| 差异源 | SS | df | MS | F | P-value | F crit |
|---|---|---|---|---|---|---|
| 组间 | 0.021 112 | 2 | 0.010 556 | 0.776 93 | 0.468 044 | 3.284 918 |
| 组内 | 0.448 354 | 33 | 0.013 586 | | | |
| 总计 | 0.469 466 | 35 | | | | |

利用 Excel 2003 对上述相同自然条件下不同景观地貌集沙量单因素方差分析表明（表 6-12），F 值= 0.776 93，小于 F 对照值 3.284 918，因此，差异不显著。表明在相同自然条件下（即所有监测样地均在兴仁镇设置）不同景观地貌集沙量虽然以翻耕农田最多，但三者间差异不显著。这表明从自然地带上讲，黄绵土型旱作传统翻耕农田虽然地处宁夏中部干旱带，但地表风蚀现象并不严重，并不是当地沙尘危害的主要沙源。

2. 在相似自然条件下不同景观地貌集沙量监测分析（2009 年监测结果）

为寻求对宁夏中部干旱带大尺度空间下不同景观地貌风蚀特征的进一步监测研究，补充监测在同一沙尘风蚀过程下包括流动沙地、封育草场在内的不同景观地貌风蚀特征，特在对中卫市兴仁镇压砂农田监测研究的同时，在盐池沙泉湾设置了灌木林地、流动沙地监测区，在盐池柳杨堡设置了封育草场和翻耕农田监测研究区，利用楔型集沙仪进行了集沙试验，并对集沙仪收集到的沙粒进行了粒径分析。

（1）集沙量监测结果。

**表 6-13　相似自然条件下不同景观地貌集沙量监测分析（2009 年）**　（g）

| 观测高度（cm） | | 5 | 10 | 15 | 20 | 25 | 30 | 35 | 40 | 45 | 50 | 55 | 60 | 合计 |
|---|---|---|---|---|---|---|---|---|---|---|---|---|---|---|
| 3 月 | 压砂农田 | 3.714 | 0.699 | 0.278 | 0.253 | 0.243 | 0.145 | 0.202 | 0.100 | 0.119 | 0.104 | 0.070 | 0.064 | 5.991 |
| | 翻耕农田 | 12.615 | 4.178 | 2.870 | 3.343 | 2.398 | 1.763 | 2.181 | 2.491 | 0.928 | 1.879 | 1.071 | 0.628 | 36.341 |
| | 灌木林地 | 1.588 | 0.313 | 0.000 | 0.000 | 0.000 | 0.000 | 0.000 | 0.000 | 0.000 | 0.000 | 0.000 | 0.000 | 1.901 |
| | 封育草场 | 1.083 | 0.451 | 1.011 | 0.816 | 0.424 | 0.293 | 0.327 | 0.700 | 0.188 | 0.119 | 0.083 | 0.167 | 5.661 |
| | 流动沙地 | 69.969 | 12.275 | 6.206 | 9.004 | 6.379 | 9.414 | 9.307 | 7.148 | 9.133 | 6.146 | 6.210 | 4.810 | 155.998 |
| 4 月 | 压砂农田 | 1.295 | 0.671 | 0.461 | 0.407 | 0.171 | 0.413 | 0.342 | 0.194 | 0.231 | 0.269 | 0.215 | 0.175 | 4.844 |
| | 翻耕农田 | 375.90 | 259.31 | 166.10 | 98.490 | 64.730 | 47.300 | 28.030 | 18.000 | 10.520 | 12.590 | 18.350 | 5.270 | 1 104.59 |
| | 灌木林地 | 8.098 | 0.488 | 0.352 | 0.216 | 0.303 | 0.377 | 0.400 | 0.440 | 0.272 | 0.210 | 0.180 | 0.273 | 11.607 |
| | 封育草场 | 3.998 | 1.497 | 1.431 | 1.095 | 0.713 | 0.875 | 0.376 | 0.399 | 0.303 | 0.367 | 0.580 | 0.142 | 11.773 |
| | 流动沙地 | 116.0 | 103.5 | 60.50 | 69.50 | 53.00 | 54.00 | 63.0 | 43.00 | 43.50 | 49.00 | 35.50 | 28.00 | 718.5 |

（续表）

| 观测高度（cm） | | 5 | 10 | 15 | 20 | 25 | 30 | 35 | 40 | 45 | 50 | 55 | 60 | 合计 |
|---|---|---|---|---|---|---|---|---|---|---|---|---|---|---|
| 5月 | 压砂农田 | 3.815 | 1.178 | 1.055 | 0.750 | 0.752 | 0.710 | 0.764 | 0.714 | 0.725 | 0.815 | 0.767 | 0.709 | 12.755 |
| | 翻耕农田 | 287.35 | 156.60 | 97.550 | 101.80 | 78.30 | 58.250 | 57.750 | 46.300 | 41.150 | 34.950 | 27.683 | 24.171 | 1 011.854 |
| | 灌木林地 | 1.213 | 1.098 | 1.003 | 0.867 | 0.914 | 0.792 | 0.046 | 0.323 | 0.211 | 0.097 | 0.000 | 0.000 | 6.564 |
| | 封育草场 | 374.60 | 36.278 | 19.979 | 18.015 | 21.052 | 19.819 | 18.197 | 15.629 | 12.106 | 12.002 | 11.144 | 10.29 | 569.111 |
| | 流动沙地 | 824.4 | 387.2 | 232.7 | 336.45 | 244.55 | 289.10 | 141.8 | 282.00 | 136.1 | 199.35 | 165.35 | 126.65 | 3 365.650 |
| 平均 | 压砂农田 | 2.941 | 0.849 | 0.598 | 0.470 | 0.389 | 0.423 | 0.436 | 0.336 | 0.358 | 0.396 | 0.351 | 0.316 | 7.863 |
| | 翻耕农田 | 225.288 | 140.029 | 88.84 | 67.878 | 48.476 | 35.771 | 29.32 | 22.264 | 17.533 | 16.473 | 15.701 | 10.023 | 717.595 |
| | 灌木林地 | 3.633 | 0.633 | 0.452 | 0.361 | 0.406 | 0.390 | 0.149 | 0.254 | 0.161 | 0.102 | 0.060 | 0.091 | 6.690 |
| | 封育草场 | 126.56 | 12.742 | 7.474 | 6.642 | 7.396 | 6.996 | 6.300 | 5.576 | 4.199 | 4.163 | 3.936 | 3.533 | 195.515 |
| | 流动沙地 | 336.79 | 167.658 | 99.802 | 138.318 | 101.310 | 117.505 | 71.369 | 110.716 | 62.911 | 84.832 | 69.02 | 53.153 | 1 413.383 |

集沙仪监测表明（表6-13）：在3—5月的风蚀监测期内，流动沙地集沙量的平均值为1 413.383g，为最大，其次为翻耕农田，为717.595g，而压砂农田、灌木林地集沙量分别仅为7.863g和6.690g。翻耕农田集沙量分别是压砂农田、灌木林地的91.262倍和107.264倍，差异非常明显。可以明显看出，流动沙地、翻耕农田分别是当地主要的沙源地，由此可见，治沙不应仅是对流动或半流动沙地的治理，传统翻耕旱作农田特别是沙质旱作农田也应是主要的防制和监控对象。

按照风沙物理学的基本原理，在风沙流搬运过程中，当风速变弱或遇到障碍物（如植物或地表微小起伏），以及地面结构、下垫面性质改变时，都会影响到风沙流容重，而导致沙粒从气流中跌落堆积。如果地表具有任何形态的障碍物，那么气流在运行时就会受到阻滞而发生涡旋减速，从而减速气流搬运沙子的能量（容重减小），使输移沙（风沙流）中多余部分的沙子在障碍物附近大量堆积下来，形成沙堆，拜格诺称之为遇阻堆积（encroachment）。堆积的强度取决于障碍物的性质和尺度，障碍物愈不透风，尺度愈大，涡流减速范围愈大，沙子堆积也愈强烈，形成较大的沙堆。

野外监测时也可明显发现，长期翻耕的沙质旱作农田一般都呈明显的“锅底形”，究其原因主要是：第一，多年的长期翻耕，使得农田地表始终处于松散状态，很容易被强劲的风力侵蚀；第二，由于此类地区多为干旱、半干旱地区，一般均无基本的农田防护林网保护，加速了地表风力的侵蚀；第三，不同农户的耕地之间往往有明显的地界，这些地界线往往成为一些多年生杂草甚至沙蒿等旱生一年或多年生杂草、灌木、半灌木理想的生长环境，从耕地风蚀而来的沙尘由于植被的作用源源不断被阻挡、沉积，使得地埂区地表不断增高，从而形成了这种特有的景观地貌。由风蚀而产生堆积的沙粒，当地群众通常称之为“油沙”，一般都具有较好的肥力，是耕作表层很好的土壤。由于经常性的大量风蚀，也是沙区农作物产量常年不高结果的一种印证。这种现象的产生，也从另一方面很好的间接印证了此类地区旱作农田风蚀现象的严重程度。因此，有效的防护措施是应该特别注重秋留茬、禁翻耕、覆盖保护和保护性耕种等综合措施配套应用，同时，也应考虑灌木林带营建在沙质旱作农田有效防护中的必要性问题。

（2）方差分析结果。对上述监测沙样进行了两因素随机区组方差分析，具体为：以3、4、5月三个月的集沙量为因素A；压砂农田、翻耕农田等5个不同景观地貌为因素B；0~60cm高度的12个集沙仪观测层作为供试因素分析中的试验重复值，结果如表6-14。

由下表（表6-14）可知，不同观测高度（BLOCK）、不同监测时期（因素A）、不同景观地貌（因素B）的显著性水平（Pr > F）均小于0.0001，为极显著。说明不同监测高度、不同监测时期、不同景观地貌对集沙量的影响差异是极显著的。

①不同监测时期（因素A）Duncan's法方差分析结果。对3—5月三个监测期的集沙量进行了Duncan's方差分析表明（表6-15），不同监测时期集沙量差异显著，其中5月最多，为82.73g，3月最小为3.43g，但由于风蚀过程的时间随机性很强，结果仅供参考。

**表6-14 集沙量多因素方差分析（2009年）**

| 变差来源 Source | 自由度 DF | 均方和方差 Anova SS | 均方 Mean Square | F值 F Value | 显著水平 Pr > F |
|---|---|---|---|---|---|
| 不同监测高度（BLOCK） | 11 | 196 514. 315 2 | 17 864. 938 | 5. 07 | <0. 000 1 |
| 不同监测时期（因素A） | 2 | 194 811. 879 | 97 405. 94 | 27. 63 | <0. 000 1 |
| 不同景观地貌（因素B） | 4 | 363 706. 869 8 | 90 926. 718 | 25. 79 | <0. 000 1 |

**表 6-15　不同监测时期（因素 A）集沙量 Duncan's 法方差分析结果（2009 年）**

| Duncan 法多重均值测验 Duncan Grouping | 均值 Mean（g） | 统计量（N） | 因素 B |
|---|---|---|---|
| A | 82.73 | 60 | 3（5 月） |
| B | 30.86 | 60 | 2（4 月） |
| C | 3.43 | 60 | 1（3 月） |

②不同景观地貌（因素 B）分析结果。Duncan 法多重均值测验结果表明（表 6-16），流动沙地集沙量均值最多，为 117.78g，其次为翻耕农田 59.8g，二者与其他三个景观地貌差异性显著。灌木林地最小，仅为 0.56g，但与封育草场、压砂农田间差异不显著。据此可以断定，在宁夏中部干旱带，主要沙源除传统意义上人们认为的主要来源于沙漠或流动沙地外，沙质旱作翻耕农田也为当地沙尘危害提供了相当丰富的物质保证，是仅次于流动沙地的沙源地。

**表 6-16　不同景观地貌（因素 B）集沙量 Duncan's 法分析方差结果（2009 年）**

| Duncan 法多重均值测验 | 均值 Mean（g） | 统计量（N） | 因素 B |
|---|---|---|---|
| A | 117.78 | 36 | 5（流动沙地） |
| B | 59.80 | 36 | 2（翻耕农田） |
| C | 16.29 | 36 | 4（封育草场） |
| C | 0.66 | 36 | 1（压砂农田） |
| C | 0.56 | 36 | 3（灌木林地） |

## 二、集沙仪沙粒粒径特征分析

1. 沙粒显微镜分析结果

以 2009 年 5 月测得的沙样为例，随机抽取 5g，利用可拍照的光学显微镜，从镜头中出现的最大颗粒，每次每镜头选择 5 个，每观测样累计选择 10 个，对比分析了不同立地类型沙粒显微特征，具体结果分析见沙粒粒径多因素方差分析（表 6-17）。

**表 6-17　不同景观地貌、不同监测高度集沙仪集沙沙粒大小分析**

| 观测高度（cm） | 对应集沙仪层数 | 景观地貌<br>分析内容 | 压砂农田 | 翻耕农田 | 灌木林地 | 封育草场 | 流动沙丘 |
|---|---|---|---|---|---|---|---|
| 0~5 | 1 | 沙粒长半轴（μm） | 124.75 | 103.592 5 | 134.168 | 123.501 | 139.838 5 |
| | | 沙粒短半轴（μm） | 129.800 | 124.687 5 | 150.34 | 85.431 | 119.597 5 |
| | | 沙粒周长（μm） | 820.423 3 | 723.834 | 917.851 | 504.788 | 822.842 |
| | | 沙粒面积（$μm^2$） | 48 402.86 | 41 522.23 | 53 326.76 | 23 730.34 | 52 409.76 |
| 25~30 | 6 | 沙粒长半轴（μm） | 109.585 3 | 105.753 5 | 118.469 | 89.798 | 124.691 |
| | | 沙粒短半轴（μm） | 144.198 7 | 111.263 5 | 132.472 | 95.749 | 122.525 5 |
| | | 沙粒周长（μm） | 804.635 7 | 684.602 | 794.852 | 585.833 | 782.942 |
| | | 沙粒面积（$μm^2$） | 51 724.26 | 40 736.04 | 49 748.34 | 27 020.95 | 47 541.8 |
| 55~60 | 12 | 沙粒长半轴（μm） | 123.3373 | 72.481 | 94.127 | 77.353 | 127.665 |
| | | 沙粒短半轴（μm） | 119.733 | 73.302 | 86.554 | 103.868 | 118.200 5 |
| | | 沙粒周长（μm） | 773.603 7 | 460.062 | 579.431 | 585.674 | 779.015 5 |
| | | 沙粒面积（$μm^2$） | 50 077.56 | 17 146.68 | 30 708.22 | 25 623.49 | 46 627 |

2. 沙粒粒径多因素方差分析结果

沙粒大小是地表风蚀间接反映，也是决定地表风蚀量多少、风沙侵蚀特征主要因素之一。为详细描述各景观地貌在不同监测高度对集沙袋中沙粒放入显微镜下，在拍得的平面照上，用椭圆法测定沙粒椭圆长半轴、短半轴、周长、面积参数。利用 SAS 软件，经标准化后，进行了三因素方差分析，以期明确不同景观地貌、不同监测高度沙粒大小的差异性程度，为正确认识不同下垫面风力侵蚀提供间接的技术参考。

（1）不同因素分析结果。具体因素设置为：不同景观地貌，即压砂农田、翻耕农田、灌木林地等上述 5 种风蚀监测环境为因素 A，以不同监测高度为因素 B（分别为距地表 0~5cm、25~30cm、55~60cm 的集沙仪下、中、上三段沙样），以测得的沙粒粒径大小参数为因素 C（椭圆长半轴、短半轴、周长、面积）。结果如下。

由下表（表 6-18）可知，试验重复值（REP）间的显著性水平（Pr > F）为 0.694。而不同景观地貌（因素 A）、不同监测高度（因素 B）、沙粒粒径大小参数（因素 B）三因素显著性均小于或等于 0.0001，为极显著。说明不同景观地貌、不同高度内沙粒大小的差异性是极显著的。

**表 6-18　集沙仪收集到的不同处理沙粒粒径大小多因素方差分析**

| 变差来源 Source | 自由度 DF | 均方和方差 Anova SS | 均方 Mean Square | F 值 F Value | 显著水平 Pr > F |
|---|---|---|---|---|---|
| 试验重复值（REP） | 9 | 338 046 844.6 | 37 560 760.51 | 0.72 | 0.694 |
| 不同景观地貌（因素 A） | 4 | 3 451 103 518 | 862 775 879.60 | 16.45 | <0.000 1 |
| 不同监测高度（因素 B） | 2 | 721 456 168.6 | 360 728 084.28 | 6.88 | 0.001 |
| 沙粒粒径大小参数（因素 C） | 3 | 1.7936E+11 | 59 786 588 499.00 | 1 139.96 | <0.000 1 |

（2）Duncan's 法方差分析结果。Duncan 法多重均值测验结果表明（表 6-19），压砂农田沙粒最大，为12 779.6μm，其次分别为翻耕农田和流动沙地，三者间差异性不显著，但与封育草场、灌木林地间差异显著，灌木林地最小，为6 552.2μm，仅为压砂农田粒径的 51.27%，这主要是因为监测样地的灌木林地形成多年结皮，无就起沙现象，而集沙集收集到的沙粒一般均为沙尘过程中附近风力侵蚀环境中的经飘浮浮尘而得，属典型的“外来”沙粒，因此颗粒均较小。

**表 6-19　不同景观地貌（A 因素）沙粒大小 Duncan's 法分析结果**

| Duncan 法多重均值测验 Duncan Grouping | 均值 Mean | 统计量（N） | 因素 A |
|---|---|---|---|
| A | 12 779.6 | 120 | 1（压砂农田） |
| A | 12 476.3 | 120 | 2（翻耕农田） |
| A | 11 047.0 | 120 | 5（流动沙地） |
| B | 8 488.7 | 120 | 4（封育草场） |
| C | 6 552.2 | 120 | 3（灌木林地） |

3. 筛选分级法分析结果

（1）在相同自然条件下不同景观地貌沙粒粒径组成分析（2008 年监测结果）。对 2008 年在兴仁压砂农田、翻耕农田、灌木林地三种景观地貌沙粒粒径分析表明（图 6-4），三类风蚀区沙粒均以 0.055mm 左右为主，以灌木要地表现最明显，占总沙量的 50.8%。其中压砂农田 2mm 左右沙粒占 15.91%，在该粒径中占的比例最高。

（2）在相似自然条件下不同景观地貌沙粒粒径组成分析（2009 年监测结果）。对 2009 年 5 月集沙仪测得的不同景观地貌地表以上 0~60cm 高处沙粒粒径筛选分级表明（图 6-5）：沙粒粒径除流动沙地以 0.098mm 左右为主外，其他均

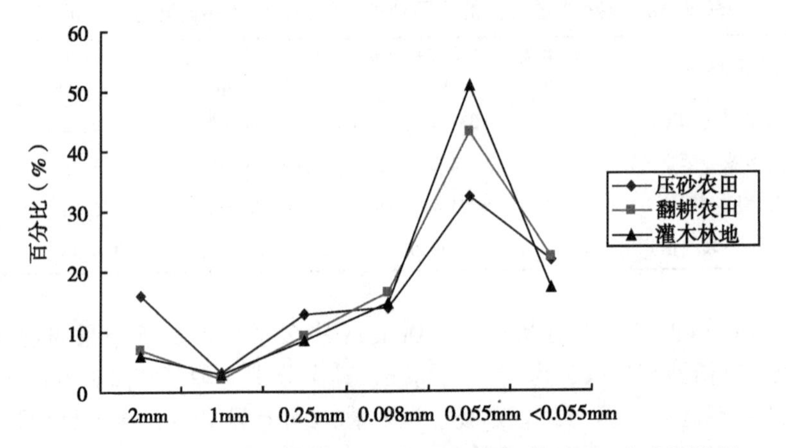


**图 6-4　相同自然条件不同景观地貌沙粒粒径组成（2008 年监测结果）**

以 0. 055mm 左右为主。参照“我国土粒分级标准”（表 6-20），可以看出，各监测样地沙粒均以沙粒中的细沙粒（0. 25～0. 05mm）组成为主。

参照吴正等（表 6-20）对沙粒粒径与起动风速研究结果可知，在本次研究中涉及的宁夏中部干旱带几类代表性景观地貌中，风蚀沙粒主要组成除流动沙地以 0. 098mm 为主外，其他均以 0. 055mm 的粒径为主。换言之，按照表 6-21 试验结果，此类风蚀环境中当地表 2m 高度风速达到或小于 4. 0m/s 时，就可能产生起沙现象，因此极易被风蚀。

**表 6-20　我国土粒分级标准**（熊毅，et al. 1990）

| 粒径名称 | | 粒径/mm |
|---|---|---|
| 石　块 | | >3 |
| 石　砾 | | 3～1 |
| 沙　粒 | 粗沙粒 | 1～0. 25 |
| | 细沙粒 | 0. 25～0. 05 |
| | 粗粉粒 | 0. 05～0. 01 |
| 粉　粒 | 中粉粒 | 0. 01～0. 005 |
| | 细粉粒 | 0. 005～0. 002 |
| 黏　粒 | 粗黏粒 | 0. 002～0. 001 |
| | 细黏粒 | <0. 001 |

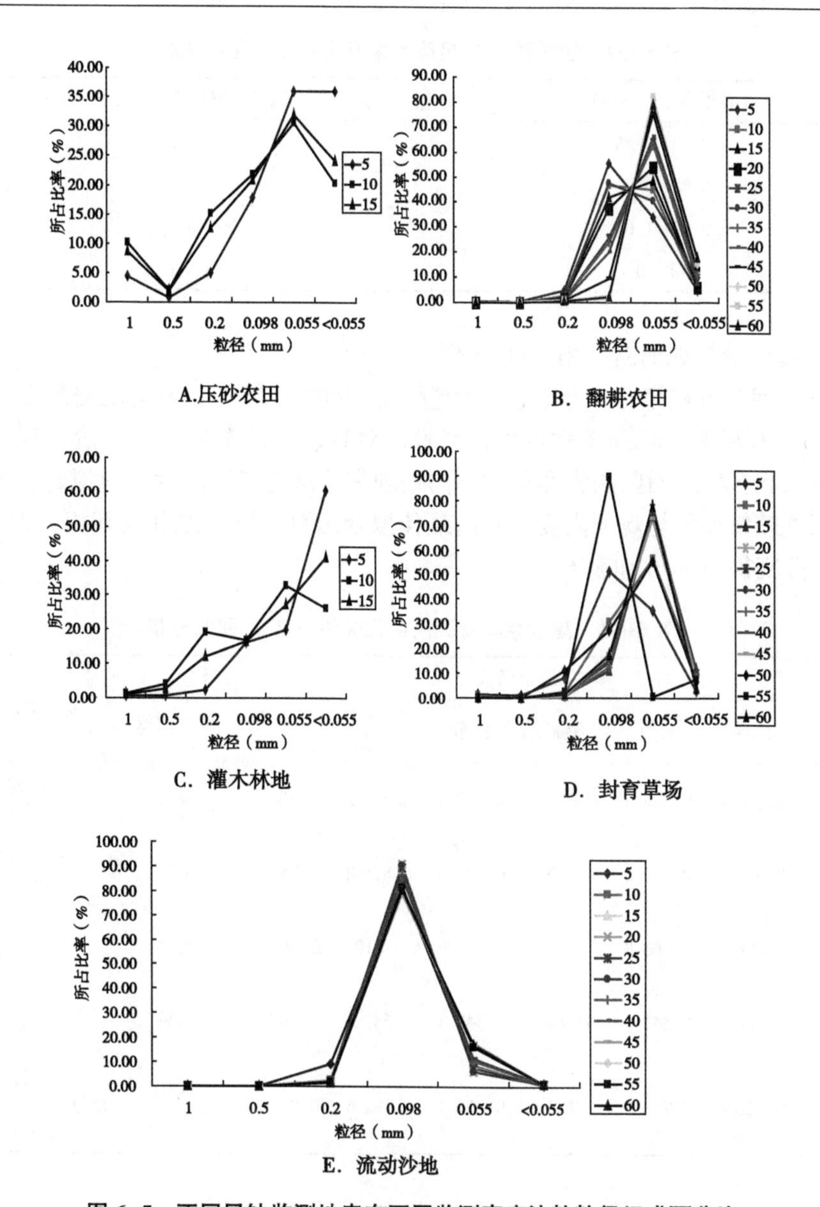


图 6–5　不同风蚀监测地表在不同监测高度沙粒粒径组成百分比

**表 6-21　沙粒粒径与起动风速值**（吴正，et al. 2003）

| 沙粒粒径（mm） | 起动风速（离地 2m 高处）（m/s） |
| --- | --- |
| 0.10~0.25 | 4.0 |
| 0.25~0.50 | 5.6 |
| 0.50~1.00 | 6.7 |
| >1.00 | 7.1 |

4. 集沙量与观测高度相关性分析

（1）回归方程拟合。分别以集沙量为应变量（Y）、以不同观测高度为自变量（X），利用 Excel 2003 软件中的线性、对数、二阶多项式、三阶多项式、乘幂、指数和多项式回归法将测得的不同处理集沙量与观测高度进行拟合，对比分析不同处理集沙量与观测高度之间的最佳拟合函数、拟合方程及其相关性（$R^2$）大小，分别得图 6-6 和表 6-22。

**表 6-22　集沙量与观测高度相关性（$R^2$）回归分析**

| 回归分析 | 拟合函数 | | | | | | 最佳拟合函数 | 最佳拟合方程 |
| --- | --- | --- | --- | --- | --- | --- | --- | --- |
| | 线性 | 对数 | 乘幂 | 指数 | 多项式（二阶） | 多项式（三阶） | | |
| 压砂农田 | 0.324 4 | 0.608 5 | 0.711 5 | 0.413 5 | 0.64 2 | 0.324 4 | 乘幂 | y=5.252 8X-0.534 5 |
| 翻耕农田 | 0.687 1 | 0.915 8 | 0.969 7 | 0.945 5 | 0.876 4 | 0.951 6 | 乘幂 | y = 313.16x-0.948 1 |
| 灌木林地 | 0.886 4 | 0.803 8 | — | — | 0.819 | 0.886 4 | 线性 | y =-0.123 7x+1.350 8 |
| 封育草场 | 0.280 3 | 0.541 9 | 0.788 | 0.547 8 | 0.549 6 | 0.769 3 | 乘幂 | y = 142.08x-1.134 1 |
| 流动沙地 | 0.526 4 | 0.753 6 | 0.767 8 | 0.656 4 | 0.692 6 | 0.822 9 | 多项式（三阶） | $y=-2.1149x^3+48.276x^2-352.84x+1031.2$ |

（2）曲线拟合。集沙量与观测高度相关性分析表明（表 6-22、图 6-6），压砂农田、翻耕农田、封育草场最佳拟合函数为乘幂函数关系，灌木林地为线性关系，流动沙地为多项式（三阶）。相关系数的平方（$R^2$）分别为：压砂农田 0.711 5、翻耕农田 0.969 7、灌木林地 0.886 4、封育草场 0.788 0、流动沙地

0.822 9。其中翻耕农田拟合性最好、压砂农田拟合性较差。

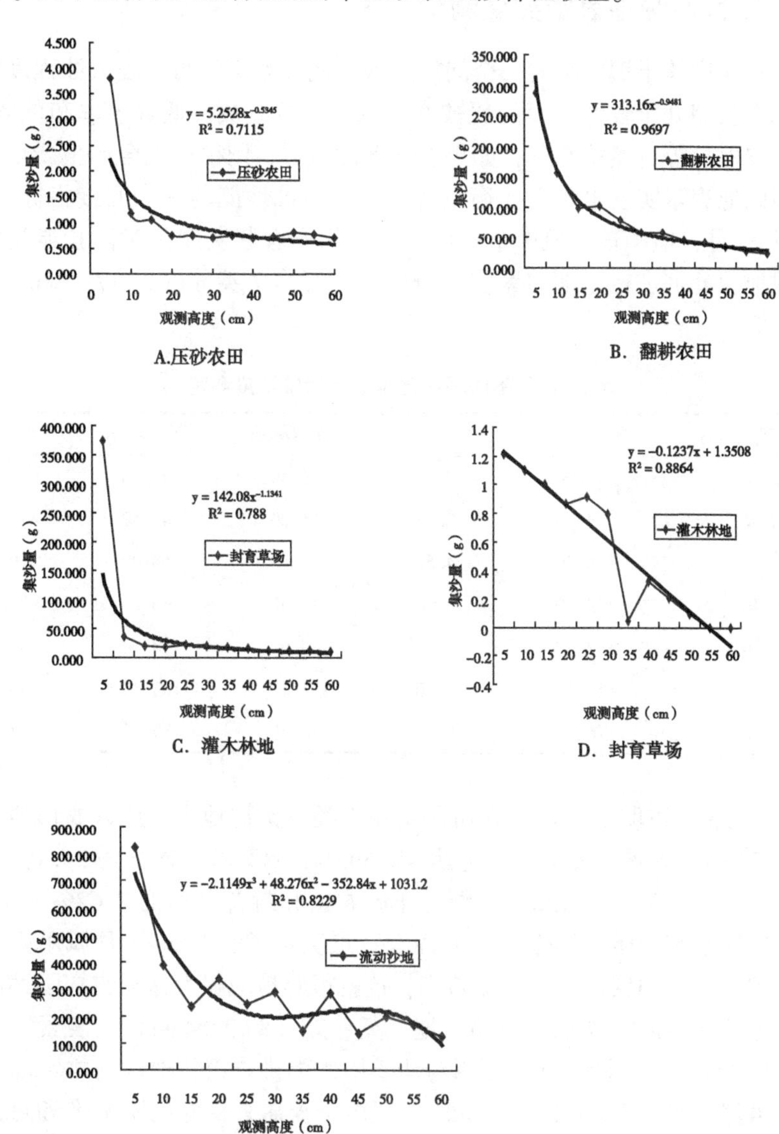


**图 6-6　集沙量与观测高度相关性回归曲线**

## 三、不同风蚀地表紧实度测定

土壤紧实度是土壤容重的一个间接反映，地表紧实度与地表风蚀程度密切相关，当地表长期处于较低盖度的覆被率、较细颗粒组成、低含水率和低紧实度，并且无结皮保护等自然状态下，如果有强劲的风力，则很可能会产生严重的风蚀现象，因此地表紧实度也是间接衡量下垫面抗风蚀性能的一个间接指标。据此，在 2009 年 5 月，监测地表风蚀量的同时，利用土壤紧实度仪对试验涉及的 5 类典型景观地貌分别进行了地表紧实度测定，深度为 7 英寸（约 17. 78cm），并作了相关分析。

**表 6-23　不同观测区地表土壤紧实度测定**　(kPa)

| 观测深度（cm） | 压砂农田 | 翻耕农田 | 灌木林地 | 封育草场 | 流动沙地 |
|---|---|---|---|---|---|
| 2. 54 | 43. 70 | 3. 33 | 9. 50 | 34. 10 | 7. 50 |
| 5. 08 | 84. 70 | 2. 22 | 15. 00 | 49. 50 | 19. 00 |
| 7. 62 | 178. 70 | 4. 50 | 24. 60 | 58. 00 | 30. 60 |
| 10. 16 | 192. 60 | 4. 50 | 48. 50 | 66. 50 | 37. 70 |
| 12. 70 | 181. 50 | 7. 50 | 80. 60 | 70. 60 | 41. 70 |
| 15. 24 | 176. 10 | 21. 80 | 113. 60 | 102. 30 | 48. 90 |
| 17. 78 | 176. 60 | 6. 25 | 136. 56 | 139. 25 | 68. 80 |

由表 6-23 可以明显看出，在所测定的 5 类供试样地中，压砂农田地表 1 英寸（约 2. 54cm）处紧实度最大，可达 43. 70kPa，封育草场次之为 34. 10kPa，翻耕农田为最小，仅为 3. 33kPa，分别是压砂农田和封育草场的 7. 62%和 9. 77%。而翻耕农田质地为沙质，旱作农田的固有特点决定了它在 3~5 月风季内一般不可能较高的含水量和较好的地表覆盖率，这就很容易理解为什么它在强劲风季内会产生严重的地表风蚀现象。流动沙地 1 英寸处（约 2. 54cm）地表紧实度也仅为 7. 50kPa，成为主要沙源地的原因与沙质旱作翻耕农田相似。与之不同的是灌木林地，虽然地表紧实度仅为 9. 50kPa，但由于长期有良好的防护带和封育后天然植被的共同保护，在没有家畜活动的情况下，形成稳定的灌草复合结构，加上特有的生态恢复微环境促成了微生物作用，形成了 3~5mm 的结皮，因此在一般的自然风蚀条件下，不大可能会产生就地起沙现象。

图 6-7 是对所测不同深度土壤紧实度绘制出的曲线图，由图可明显看出压砂

农田在所有观测深度内紧实度均最大，这是由它特有的砾石和长期保护性耕作共同作用的结果。而与之相反，由于所测深度正好在翻耕农田犁底层以上，所以所有数据均为最小，流动沙地地表紧实度结构与之相似。灌木林地和封育草场则均相对较高。

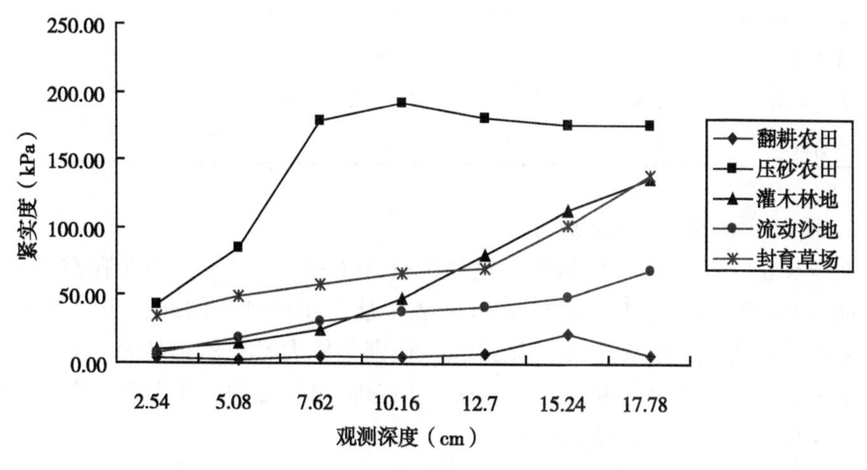


**图 6-7　不同观测样地地表土壤紧实度变化**

## 四、地表容重及较大颗粒组成分析

1. 不同景观地貌容重分析

由于压砂农田、流动沙地特殊的地貌环境，采用传统的环刀法很难准确测定，因此，试验时借用容重定义，采用了特制的长、宽、高分别为 20cm×20cm×15cm 的不锈钢环刀，其中压砂农田测定深度只取到砂与土的接触面为止，流沙测定时则将环刀垂直压下后下部用抽板挡住，取其中间的沙粒，重复 3 次。取好后用 105℃烘箱烘 12h 后测定容重。其他地貌均采用传统环刀法。

测定分析表明（表 6-24），压砂农田地表容重最大，抗风蚀能力最强，为 1.95g/cm$^3$；流动沙地次之，为 1.65g/cm$^3$，但流沙颗粒间无明显的团粒结构，因此易被风蚀；翻耕农田最小，抗风蚀能力最弱，为 1.38g/cm$^3$。

利用 DPS 统计软件单因素 LSD 法多重比较分析表明：压砂农田、流动沙地间地表容重差异极显著，且二者与灌木林地、封育草场、翻耕农田间差异也极显著。其中灌木林地与翻耕农田间差异显著。

**表 6-24　不同景观地貌地表容重测定** (g/cm$^3$)

| 景观地貌＼待测项目 | 试验重复值 | | | 容重平均 | 5%显著性水平 | 1%显著性水平 |
|---|---|---|---|---|---|---|
| 压砂农田 | 1.98 | 2.02 | 1.85 | 1.95 | a | A |
| 流动沙地 | 1.67 | 1.62 | 1.66 | 1.65 | b | B |
| 灌木林地 | 1.41 | 1.52 | 1.55 | 1.49 | c | C |
| 封育草场 | 1.44 | 1.39 | 1.50 | 1.44 | cd | C |
| 翻耕农田 | 1.40 | 1.34 | 1.40 | 1.38 | d | C |

2. 地表土壤较大颗粒组成分析

按照吴正“沙粒粒径与起动风速值”（表 6-21）表明，当沙粒粒径>1mm 时，地表 2m 高处的风速达到 7.1m/s 时才可能产生风蚀，因此，非常有必要监测分析不同景观地貌地表土壤沙粒组成，特别是较大颗粒沙粒所占比例。为此，将测定地表容重的土样，利用孔径 3mm、1mm 的分样筛进行了分级，其中 10mm 样用钢卷尺进行的分级，结果如下。

**表 6-25　地表较大颗粒组成分级** (%)

| 景观地貌 | >10mm | >3mm | >1mm |
|---|---|---|---|
| 压砂农田 | 21.61 | 55.28 | 68.14 |
| 翻耕农田 | — | — | 1.69 |
| 灌木林地 | — | — | 1.01 |
| 封育草场 | — | — | 1.17 |
| 流动沙地 | — | — | 0.087 |

注：表中>3mm 沙粒百分含量含>10mm 的，>1mm 沙粒百分含量含>10mm、>3mm 的颗粒

由表 6-25 可以看出，压砂农田由于石砾覆盖，地表>10mm、>3mm、>1mm 物质的粒径组成分别达到了 21.61%、55.28%和 68.14%，由此不难理解压砂农田抗风蚀性能强的主要原因。

# 第五节　宁夏中部干旱带典型景观地貌地表风蚀特征综合评价

## 一、主要影响因子相关性分析评价

为探明不同景观地貌的集沙量（即风蚀程度）与该景观地貌的地表粗糙度、植被频度、生物量、紧实度、容重和大颗粒沙粒粒径百分组成等间的相关性，以及各因素相互作用间的相关性，试验采用2009年测得的不同景观地貌上述试验最终分析的数据，利用SPSS进行了Pearson法相关性分析，其中选用的原始数据和分析结果分别见表6-26、表6-27。

相关性综合分析可知（表6-27），集沙量与粗糙度、植被频度、地表生物量、容重和>1cm沙粒粒径的组成百分率均呈负相关，相关系数以粗糙度最大为-0.557，可见粗糙度是影响地表风蚀的主要因素之一。其次为>1cm沙粒粒径的重量组成百分率，为-0.437，地表生物量相关性也相对较好，为-0.424，这一结果与前面分析的结果基本相符。可以看出，调查到的生物量鲜重量与监测到的风蚀量呈明显的负相关性，即调查地生物量越大，集沙量则明显越少，而压砂农田则由于砂田的特有性状和覆砂的特殊作用而例外。按照该分析结果，紧实度与集沙量呈正相关，即可以理解为地表紧实度越高，集沙量越大，这与常理相悖，但相关系数仅为0.150，可能是参数选择上的不当或误差。

**表6-26　不同景观地貌与集沙量（风蚀程度）相关的主要因素指标**

| 景观地貌＼参试因子 | 集沙量(g) | 粗糙度(cm) | 植被频度 | 生物量(g/m$^2$) | 紧实度(kPa) | 容重(g/cm$^3$) | >1cm粒径(%) |
|---|---|---|---|---|---|---|---|
| 压砂农田 | 7.863 | 0.092 | 0 | 0 | 43.7 | 1.95 | 68.140 |
| 翻耕农田 | 717.595 | 0.116 | 0 | 0 | 3.3 | 1.38 | 1.690 |
| 灌木林地 | 6.690 | 14.800 | 339.99 | 608 | 9.5 | 1.49 | 1.010 |
| 封育草场 | 195.515 | 7.235 | 500 | 79 | 7.5 | 1.44 | 1.170 |
| 流动沙地 | 1 413.383 | 0.001 | 280 | 37 | 34.1 | 1.65 | 0.087 |

**表 6-27　集沙量与其他主要因素 Pearson 法相关分析**

| 待评指标 | 主要参数 | 集沙量 | 粗糙度 | 植被频度 | 生物量 | 紧实度 | 容重 | >1cm 粒径 |
|---|---|---|---|---|---|---|---|---|
| 集沙量 | 相关性 | 1 | −0. 557 | −0. 054 | −0. 424 | 0. 150 | −0. 135 | −0. 437 |
| | 显著性 | | 0. 330 | 0. 931 | 0. 476 | 0. 810 | 0. 829 | 0. 462 |
| | 统计量 | 5 | 5 | 5 | 5 | 5 | 5 | 5 |
| 粗糙度 | 相关性 | −0. 557 | 1 | 0. 635 | 0. 926* | −0. 500 | −0. 396 | −0. 369 |
| | 显著性 | 0. 330 | | 0. 249 | 0. 024 | 0. 391 | 0. 510 | 0. 541 |
| | 统计量 | 5 | 5 | 5 | 5 | 5 | 5 | 5 |
| 植被频度 | 相关性 | −0. 054 | 0. 635 | 1 | 0. 412 | −0. 344 | −0. 414 | −0. 576 |
| | 显著性 | 0. 931 | 0. 249 | | 0. 491 | 0. 571 | 0. 489 | 0. 310 |
| | 统计量 | 5 | 5 | 5 | 5 | 5 | 5 | 5 |
| 生物量 | 相关性 | −0. 424 | 0. 926* | 0. 412 | 1 | −0. 349 | −0. 271 | −0. 310 |
| | 显著性 | 0. 476 | 0. 024 | 0. 491 | | 0. 565 | 0. 660 | 0. 611 |
| | 统计量 | 5 | 5 | 5 | 5 | 5 | 5 | 5 |
| 紧实度 | 相关性 | 0. 150 | −0. 500 | −0. 344 | −0. 349 | 1 | 0. 955* | 0. 733 |
| | 显著性 | 0. 810 | 0. 391 | 0. 571 | 0. 565 | | 0. 011 | 0. 159 |
| | 统计量 | 5 | 5 | 5 | 5 | 5 | 5 | 5 |
| 容重 | 相关性 | −0. 135 | −0. 396 | −0. 414 | −0. 271 | 0. 955* | 1 | 0. 890* |
| | 显著性 | 0. 829 | 0. 510 | 0. 489 | 0. 660 | 0. 011 | | 0. 043 |
| | 统计量 | 5 | 5 | 5 | 5 | 5 | 5 | 5 |
| >1cm 粒径 | 相关性 | −0. 437 | −0. 369 | −0. 576 | −0. 310 | 0. 733 | 0. 890* | 1 |
| | 显著性 | 0. 462 | 0. 541 | 0. 310 | 0. 611 | 0. 159 | 0. 043 | |
| | 统计量 | 5 | 5 | 5 | 5 | 5 | 5 | 5 |

注：* 代表在 0. 05 水平上差异显著（输出相关系数检验的双尾概率 P 值）。Remarks：* Correlation is significant at the 0. 05 level（2-tailed）

从表 6-27 还可明显看出，粗糙度与植被频度、生物量相关性也很好，分别达到了 0. 635、0. 926，这表明，植被频度、单位面积上的生物量越大，则下垫面粗糙度也越大，由此可见植被在有效减少地表风蚀和防沙治沙中的突出作用。另外，地表紧实度分别与容重、>1cm 沙粒粒径的重量组成百分率之间的相关性也明显较好，分别达到了 0. 995 和 0. 890，呈明显的正相关，即地表容重越大，粗砂粒所占比率越高，地表紧实度也越高，与常理十分相符，也间接印证了该分析法的科学性、代表性。

## 二、TOPSIS 法风蚀特征综合评价

TOPSIS 法即逼近理想排序法（Technique for Order Preference by Similarity to Ideal Solution，TOPSIS）。是由 Hwang 和 Yoon 于 1981 首次提出的。利用各评测对象的综合指标，通过计算各评测对象与理想解的接近程度，作为评价各个对象的依据，是一种多目标决策的方法。

TOPSIS 法的优点是：处理对象由实测数据统计而得，避免了主观因素的干扰，能客观地进行多目标的综合评价，是用于科学决策的一种经济效益综合评价的实用方法，其应用方便，对数据分布、样本量、指标多少无严格限制，具有应用范围广、计算量小、几何意义直观以及信息失真小等特点。

1. 评价方法

采用 TOPSIS 法进行分析，基本思路是，首先将指标同趋势化，消除不同指标不同纲量及其数量级的差异对评价结果的影响，然后在此基础上对数据进行归一化处理。找出有限方案中最优方案和最劣方案，分别计算各评价方案与最优和最劣方案的距离，获得各评价方案与最优方案的相对距离，以此作为评价各方案优劣的依据。

2. 计算步骤

（1）同趋势化，即均变成高优指标（越大越优），如果为低优指标，则取其倒数（$1/X_{ij}$）将其转换。

（2）令 $X_{ij}$ 为第 i 评价对象，第 j（高优）指标的个体值，采用公式：

$$aij = \frac{x_{ij}}{\sqrt{\sum_{i=1}^{n} X_{ij}^2}}, \quad i=1, 2\cdots, n, \quad j=1, 2\cdots, m \qquad 式（6-4）$$

对每一个体值进行变换。

（3）获得现有评价对象的第 j 指标的 aij 最大值 ajmax 与最小值 ajmin。

（4）分别计算各评价对象的最优方案欧氏距离 $D_i^+$ 与最劣方案欧氏距离 $D_i^-$，即

$$D_i^+ = \sqrt{\sum_{j=1}^{m} [w_j (a_{ij} - a_{jmax})]^2} \qquad 式（6-5）$$

$$D_i^- = \sqrt{\sum_{j=1}^{m} [w_j (a_{ij} - a_{jmin})]^2} \qquad 式（6-6）$$

其中，$w_j$ 为每一个指标所占权重，$\sum w_j = 1$

（5）计算各评价对象与最优方案的相对接近程度：

$$C_i = \frac{D_i^-}{D_i^+ + D_i^-} \quad 式（6-7）$$

（6）按 Ci 大小将各评价对象排序，Ci 值越大，表示综合效益越高。

3. 计算结果

根据同趋势化计算方法，集沙量值越大，则表示待评价对象抗风性能越差，与其他指标相比，该指标为低优指标，因此进行了倒数处理，结果得表 6-28。

**表 6-28　高优指标同趋势化结果**

| 待评对象 | 集沙量 | 粗糙度 | 频度 | 生物量 | 紧实度 | 容重 | >1cm 粒径 |
|---|---|---|---|---|---|---|---|
| 1（压砂农田） | 0.127 178 | 0.092 | 0 | 0 | 43.70 | 1.95 | 68.140 |
| 2（翻耕农田） | 0.001 394 | 0.116 | 0 | 0 | 3.33 | 1.38 | 1.690 |
| 3（灌木林地） | 0.149 477 | 14.800 | 340 | 608 | 9.50 | 1.49 | 1.010 |
| 4（封育草场） | 0.005 115 | 7.235 | 500 | 79 | 7.50 | 1.44 | 1.170 |
| 5（流动沙地） | 0.000 708 | 0.001 | 280 | 37 | 34.10 | 1.65 | 0.087 |

为明确不同指标具体权重，将表 6-28 待评价指标，利用 DPS 灰色关联度分析法，通过计算各个参考数列与比较数列之间的关联度，构成关联矩阵，得表 6-29。

**表 6-29　各评价因子的关联矩阵**

| 关联矩阵 | 集沙量 | 粗糙度 | 频度 | 生物量 | 紧实度 | 容重 | >1cm 粒径 | 系数求和 |
|---|---|---|---|---|---|---|---|---|
| 集沙量 | 1 | 0.689 5 | 0.504 | 0.663 9 | 0.658 5 | 0.650 6 | 0.648 1 | 4.814 6 |
| 粗糙度 | 0.725 | 1 | 0.650 2 | 0.833 5 | 0.512 2 | 0.535 1 | 0.599 | 4.855 |
| 频　度 | 0.583 5 | 0.679 1 | 1 | 0.638 4 | 0.600 2 | 0.655 1 | 0.547 2 | 4.703 5 |
| 生物量 | 0.698 9 | 0.827 6 | 0.598 1 | 1 | 0.543 1 | 0.573 4 | 0.677 5 | 4.918 6 |
| 紧实度 | 0.687 9 | 0.503 1 | 0.564 8 | 0.544 | 1 | 0.865 | 0.731 7 | 4.896 5 |
| 容　重 | 0.702 6 | 0.550 3 | 0.644 5 | 0.597 3 | 0.876 3 | 1 | 0.817 6 | 5.188 6 |
| >1cm 粒径 | 0.716 4 | 0.624 7 | 0.547 2 | 0.702 9 | 0.761 6 | 0.826 4 | 1 | 5.179 2 |
| 系数求和 | 5.114 3 | 4.874 3 | 4.508 8 | 4.98 | 4.951 9 | 5.105 6 | 5.021 1 | 34.556 |
| 权　重 | 0.148 0 | 0.141 1 | 0.130 5 | 0.144 1 | 0.143 3 | 0.147 7 | 0.145 3 | 1 |

通过表6-29，可以明确集沙量、粗糙度、频度、生物量等7个主要评价因子的具体权重，为进一步计算Ci值及排序结果提供基础数据。

**表6-30　逼近理想解排序法（TOPSIS法）基础数据**

| 指　标 | 集沙量（X1） | 粗糙度（X2） | 频度（X3） | 生物量（X4） | 紧实度（X5） | 容重（X6） | >1cm粒径（X7） |
|---|---|---|---|---|---|---|---|
| 权　重 | 0.148 0 | 0.141 1 | 0.130 5 | 0.144 1 | 0.143 3 | 0.147 7 | 0.145 |
| 1（压砂农田） | 0.127 178 | 0.092 | 0 | 0 | 43.70 | 1.95 | 68.140 |
| 2（翻耕农田） | 0.001 394 | 0.116 | 0 | 0 | 3.33 | 1.38 | 1.690 |
| 3（灌木林地） | 0.149 477 | 14.800 | 340 | 608 | 9.50 | 1.49 | 1.010 |
| 4（封育草场） | 0.005 115 | 7.235 | 500 | 79 | 7.50 | 1.44 | 1.170 |
| 5（流动沙地） | 0.000 708 | 0.001 | 280 | 37 | 34.10 | 1.65 | 0.087 |

将表6-29求得的权重与其他主要待评价因子逐一列举后，得表6-30。表中待评对象分别指压砂农田、翻耕农田等5类风蚀环境。

利用TOPSIS法将表6-30各项数据代入公式（6-5）、公式（6-6）、公式（6-7）后，求出最终计算与评价结果（表6-31）。

**表6-31　Ci及排序结果**

| 待评对象 | $D_i^+$ | $D_i^-$ | Ci | 排序结果 |
|---|---|---|---|---|
| 1（压砂农田） | 0.214 656 | 0.202 598 | 0.485 552 | 2 |
| 2（翻耕农田） | 0.298 632 | 0.003 593 | 0.011 888 | 5 |
| 3（灌木林地） | 0.171 009 | 0.231 696 | 0.575 348 | 1 |
| 4（封育草场） | 0.246 152 | 0.117 896 | 0.323 846 | 3 |
| 5（流动沙地） | 0.264 98 | 0.096 044 | 0.266 031 | 4 |

从表6-31Ci及排序结果看，Ci值从大到小依次为灌木林地、压砂农田、封育草场、流动沙地和翻耕农田，分别为0.575 348、0.485 552、0.323 846、0.266 031和0.011 888。其中灌木林地Ci值分别是翻耕农田和流动沙地的48.397倍和2.163倍。据此可知，沙质旱作传统翻耕农田是供试5种典型景观地貌中最易受风蚀影响的地貌类型，是当地主要沙尘来源，也是当地防沙治沙重点对象。而流动沙地则仅次于沙质旱作传统翻耕农田，也是当地较易受风蚀的地貌类型。这与人们传统意义上认为的防沙治沙就等于在沙地上植树造林有本质差别，也间接反映出人们对此问题的传统认识存在误区。

实事上，流动沙地虽然收集到的集沙量较大，但对其粒径分析表明（图

6-4），主要集中在0.098mm左右，而沙质翻耕农田则主要集中在0.055mm左右。与沙质翻耕农田相比，流动沙地风蚀过程中沙粒运动则可能主要以就地起沙为主，是一种以短距离为主的运动方式。而沙质翻耕农田则相反，虽然监测中收集到的就地起沙的集沙量相对流动沙地较小，但此类地貌一旦产生风蚀特别是强劲风蚀后，由于沙粒粒径较小，很容易在强劲风力作用下产生远距离的运输，在现实中的直接表现就是沙暴、尘暴或沙尘暴。

4. 评价结论

综合评价可知，沙质翻耕农田是当地主要沙源，应成为防沙治沙的重点对象，而并非传统认识中的流动沙地。

## 第六节　问题与建议

### 一、主要问题

（1）土壤风蚀特别是土壤侵蚀风能等指标的观测是一项较为复杂的研究内容。理想的观测办法应与风洞、野外不同风蚀条件、风力侵蚀模拟等措施相结合。由于技术原理的复杂性和客观监测条件的有限性，加上监测时间较短，涉及观测内容大部分都是结合沙尘暴进行的。在实际监测中，通过有效借鉴国内外现有研究结果，基本阐明了与本研究主题相关的理论问题，但一些深层次的理论研究尚需进一步通过专项研究加以完善和解决。

（2）土壤风蚀一般受多种因素的综合作用，风蚀监测与研究是一种对典型微观世界的直观反应，较理想的状态是要保证监测区自然条件的相似性。实际操作中，如果保证了大面积相同生境，土壤风蚀就会越具有代表性，但同时又会严重影响到其他类型景观地貌与该景观地貌在自然条件上的差异性，因此很难将此矛盾兼顾解决。实际上，研究所选区域均属于宁夏中部干旱带的典型景观区域，是一种对较大尺度空间风蚀状态的定量描述，对当地自然资源开发、农业生产、沙尘有效防治和科研工作均有一定的指导意义。

### 二、相关建议

1. 关于沙质旱作农田风蚀防治问题

土壤风蚀问题是一个长期的、历史的沉重问题，相信人类与风沙危害频繁的活动的斗争格局将长期共存。而现实中，治沙不仅仅是传统意义上人们理解简单的栽树、种草、扎草方格问题，还应特别重视沙质旱作农田的有效保护。对此，建议如下。

（1）可将严重风蚀的沙质旱作农田纳入退耕还林还草工程范围，使其经退耕后，逐步向封育草场的植被类型演替，或适当考虑规模化发展旱作枣树（Zizyphus jujuba）种植产业，以期达到生态与经济利益兼顾。

（2）推广使用免耕技术也是沙质旱作农田风蚀防治有效措施，但由于保护性耕作的特殊农田耕种环境，机械化耕作水平要同步配套，特别是播种、中耕和深松耕机械。

（3）应注重沙质旱作农田网状防护林营建技术在农田风蚀中的应用，特别应注重以灌木型防护林为主的旱作农田林网营建技术示范应用。如柠条锦鸡儿（C. korshinskii）、花棒、杨柴、紫穗槐等沙地强旱生乡土灌木。按照内蒙古荒漠、半荒漠区旱作农田上林带有效防护距离，应该是设计树种高的15~18倍计算，株高为2m左右的疏透型农田防护林网，有效防护距离为30~36m，据此可以考虑适度退耕与耕种相结合的利用方式，可保证粮食生产与生态保护兼顾。

2. 关于生态造林适宜树种的选择问题

从宁夏中部干旱带生态保护的角度来看，由于特殊的自然条件和严酷的水分胁迫，应尽可能控制一些高耗水型乔木树种的应用，大力提倡灌木为主的营林措施，以免造成长期的“年年造林不见林”劳民伤财的恶性循环中。

3. 关于农田压砂特别是耕种条件良好的农田压砂问题

近几年来，在宁夏中部干旱带，随着压砂产业的大规模推进，许多耕种条件很好的黄绵土型旱作农田也被覆砂，改成了压砂农田。从有效减少地表风蚀的角度来看，荒山压砂技术值得肯定，但实事上，由于这一技术的不可逆性，对大面积黄绵土型传统翻耕农田压砂保墒、耕种的做法很值得进一步商榷。

4. 关于天然草场的放牧、封育与风蚀影响间的相关性研究问题

相关研究表明：长期封育不利于提高草场的放牧利用价值，不利于维持人工草地的稳定性和生产力，封育时间过长，反而使草地中隔年宿草大量堆积，而应进行适当的放牧利用，建议积极采取半封育措施。

实事上，草地畜牧业是当地群众很主要的经济来源，长期完全的禁牧政策无疑会对当地百姓经济收入产生明显的负面影响。而本研究表明，沙质天然草场抗风蚀能力与地表生物量具有很好的相关性。因此在诸如本研究所选的试验区或同类地区，很有必要开展封育、放牧与风蚀相关性研究，以期进一步阐明封育、半封育、完全放牧等草场利用方式条件下地表生物量、风力侵蚀之间的关系，为指

导科学的封育、放牧与防沙治沙措施提供理论依据。

5. 关于“防”与“治”的科学抉择问题

“向沙漠进军”究竟是该“进”还是不该“进”，应该怎么“进”，并不是仅口号就能解决的事情。客观地讲，沙漠与河流、山川等自然地貌均是自然界客观存在的生态景观，是自然条件与人类历史活动共同作用的结果，是一种干旱、半干旱地区代表性的生态系统。人类对其应该更多考虑怎样综合开发利用问题，而不是考虑怎样“消灭”问题，而且也不可能简单地说“消灭”就能消灭的事。由于曾一度提出“向沙漠进军”的口号，导致我国在20世纪50—70年代大面积垦荒现象的产生，是一种有违自然规律的过分强调了人的主观能动性的政策误导。

实际上，沙区植被恢复是多种因素共同作用的结果，可以通过多种途径实现。在沙区植被恢复过程中，自然修复和人工促进都很重要，应该坚持自然修复为主、人工促进为辅的原则。如果沙化土地有能力自然修复，应尽量使其自然修复；如果沙化非常严重，已经没有能力自然修复，则需采取一定的人工措施进行人工促进。自然修复常用的方法有封育、禁牧等，能够最大限度地保持自然生态系统的结构和功能，使植被自然演替；人工促进常用的方法有飞播、人工造林、种草等，通过人工干预恢复植被。

6. 关于单一树种长期、过密人工造林潜在的生态危机问题

从生物多样性角度考虑，只有多物种共存才可能会保证一个地区长期具有较稳定的生态环境，因此能否长期有效保持物种的丰富度无论是在某个地区、国家或全球范围都是非常重要和现实的问题。但人类干预过多会产生很多问题，如降低生物多样性，容易产生病虫害等。因此，应该尽量提倡自然修复，在适当的时候进行人工促进。

以试验监测区宁夏盐池为例，相关研究表明：截至2003年，全宁夏柠条资源存林面积已达43.6724万$hm^2$，占全区总土地面积的8.431%，其中盐池有12.945 7万$hm^2$，占全区总柠条面积的29.642 8%。柠条由于独特的耐旱、抗逆性，长期以来已成为当地林业部门生态防护首选造林树种。但由于柠条具有很强的种间竞争能力，极其有限的降水很难保证林带生境内的水分持续有效供给，致使许多天然植被由于竞争产生的水分胁迫而逐步在柠条林带中消失，特别是过密的林带表现尤为明显。竞争的结果往往是很多适口性很好的牧草被少数抗逆性更强的植物所取代，严重影响到林带物种丰富度和植被适口性，在有“滩羊之乡”美称的盐池县，这种现实应该是包括政府和广大群众均不愿看

到和接受的。

换言之，较为单一的物种组成无疑为生态稳定增加了很大的风险。因此，对长期单一树种进行大规模造林的行为应慎重对待，以免再次出现类似20世纪80年代左右天牛（*Anoplophora glabripennis*）与杨柳科（Salicaceae）杨属（*Populus* Linn.）之间严重的生态物种危机问题，造成仅“三北”地区就有2亿多株虫害树被伐除的可怕后果。

# 附 录

## 附录 1 盐池县试验观测区地图

## 附录 2　压砂地试验观测区地图

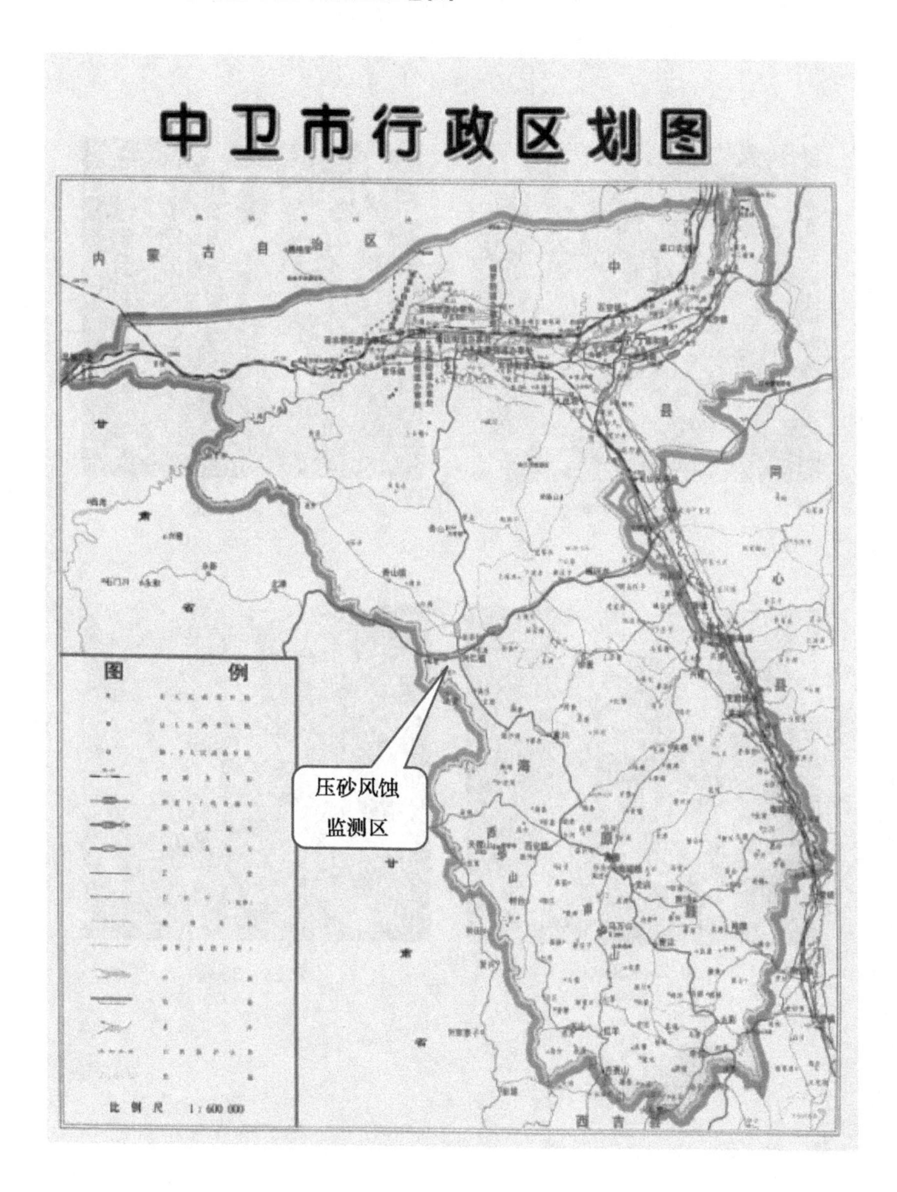

## 附图 3　集沙仪收集的不同观测高度沙粒粒径显微照（2009 年样品）

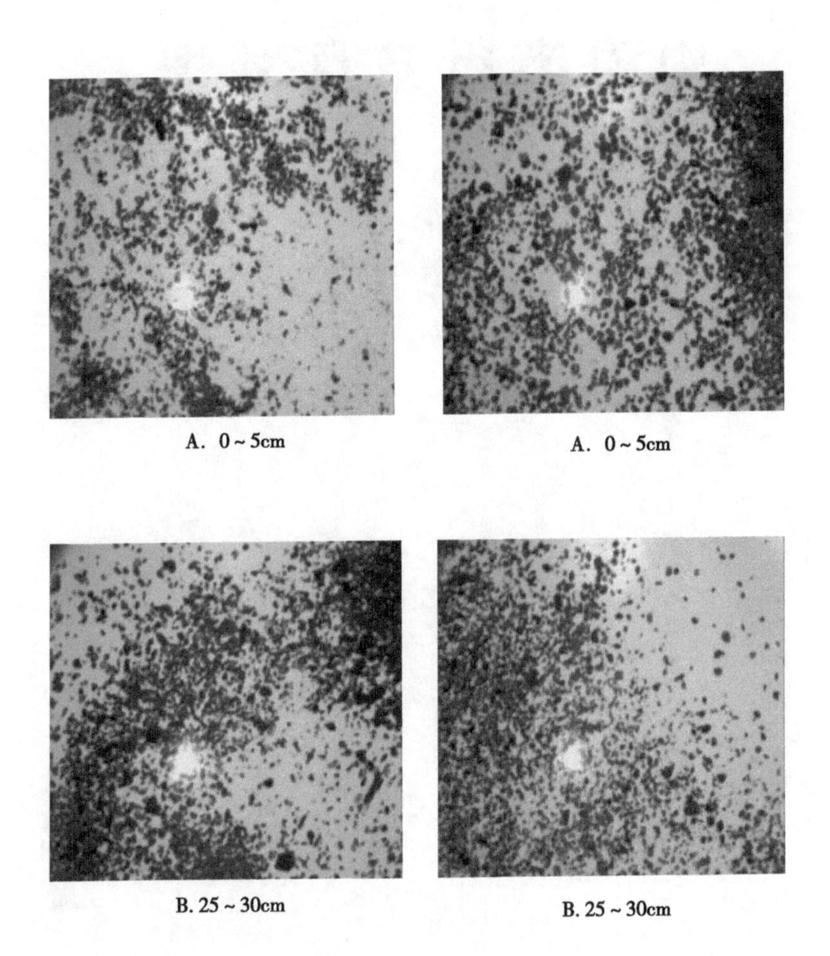

A. 0～5cm　　A. 0～5cm

B. 25～30cm　　B. 25～30cm

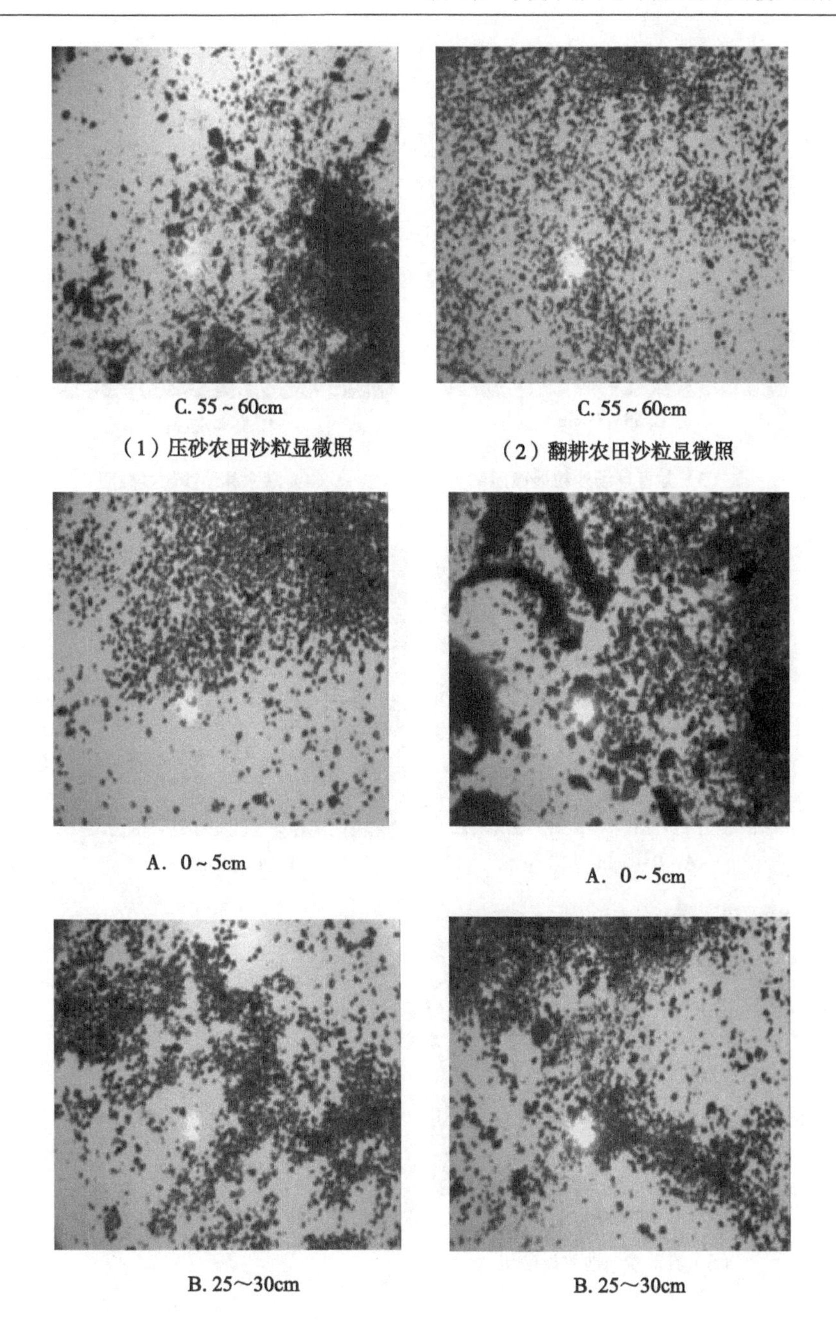

C. 55 ~ 60cm

（1）压砂农田沙粒显微照

C. 55 ~ 60cm

（2）翻耕农田沙粒显微照

A. 0 ~ 5cm

A. 0 ~ 5cm

B. 25～30cm

B. 25～30cm

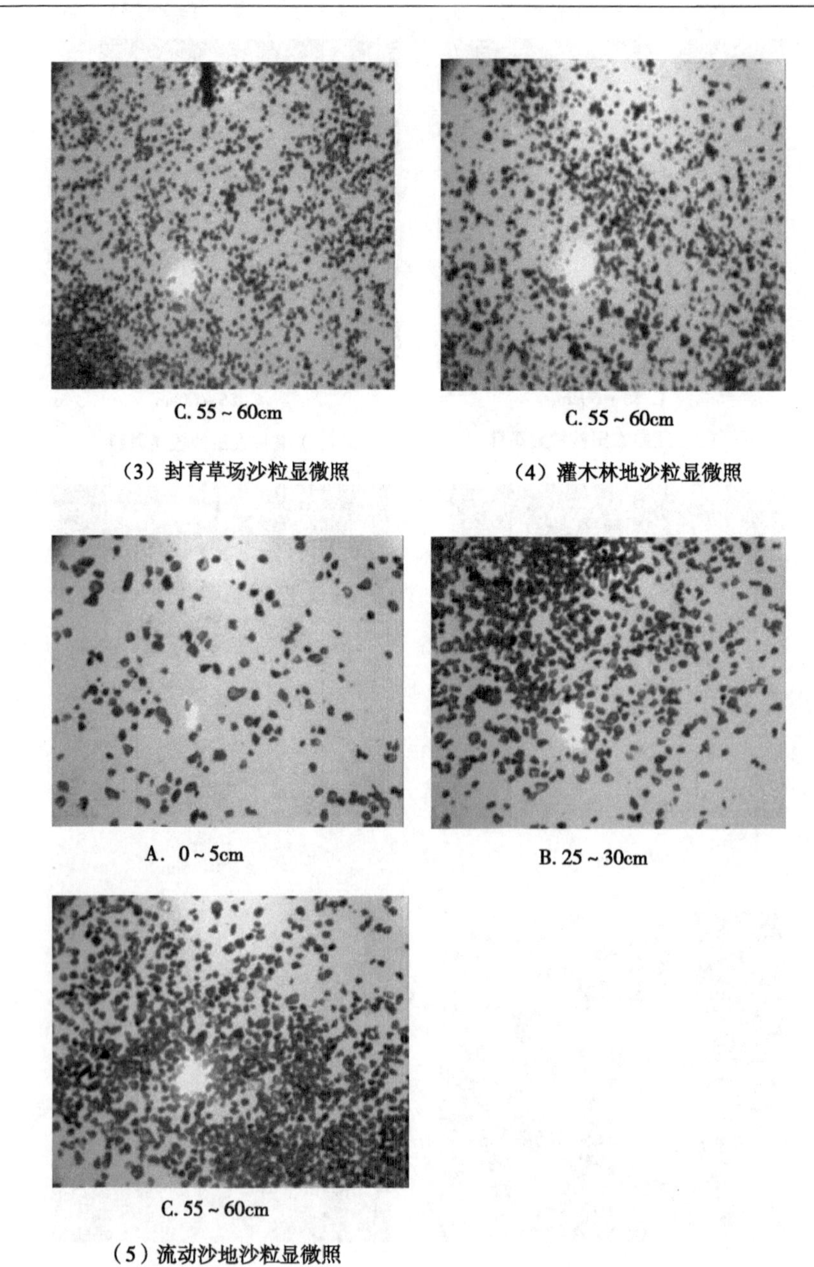

C. 55 ~ 60cm

（3）封育草场沙粒显微照

C. 55 ~ 60cm

（4）灌木林地沙粒显微照

A. 0 ~ 5cm

B. 25 ~ 30cm

C. 55 ~ 60cm

（5）流动沙地沙粒显微照

# 主要参考文献

阿不都拉·阿巴斯，艾尼瓦尔·吐米尔 . 2006. 新疆古尔班通古特沙漠南缘土壤生物结皮中地衣植物物种组成和分布［J］. 新疆大学学报：自然科学版，23（4）：379-383.

边振，张克斌，李瑞，等 . 2008. 封育措施对宁夏盐池半干旱沙地草场植被恢复的影响研究［J］. 水土保持研究，15（5）：68-70.

陈天雄，谭政华，杨树奎，等 . 2008. 宁夏中部干旱带硒砂瓜产业现状及发展策略［J］. 中国蔬菜，（12）：3-5.

陈渭南，董光荣，董治宝 . 1994. 中国北方土壤风蚀问题研究的进展与趋势［J］. 地球科学进展，9（5）：6-11.

陈渭南 . 1991. 蒙陕接壤地区土壤母质的风蚀实验研究［J］. 水土保持学报，5（1）：33-40.

董光荣，李长治，高尚玉，等 . 1987. 关于土壤风蚀风洞模拟实验的某些结果［J］. 科学通报，（4）：297-301.

董治宝，李振山 . 1995. 国外土壤风蚀的研究历史与特点［J］. 中国沙漠，15（1）：100-104.

董治宝，李振山 . 1998. 风成沙粒度特征对其风蚀可蚀性的影响［J］. 土壤侵蚀与水土保持学报，4（4）：1-12.

冯锡鸿，吴大康 . 2007. 漫话砂田栽培西瓜甜瓜［J］. 中国瓜菜，（1）：57-58.

郭跃 . 1995. 试论农业耕作对土壤侵蚀的影响［J］. 水土保持学报，9（4）：94-98.

哈斯，陈渭南 . 1996. 耕作方式对土壤风蚀的影响［J］. 土壤侵蚀与水土保持学报，2（1），10-16.

哈斯，董光荣，王贵勇 . 1999. 腾格里沙漠东南缘沙丘表面气流与坡面形态的关系［J］. 中国沙漠，19（1）：1-4.

哈斯 . 1997. 河北坝上地区高原土壤风蚀物垂直分布的初步研究［J］. 中国沙漠，17（1）：9-14.

哈斯 . 1997. 河北坝上地区土壤风蚀物理化性质初步研究［J］. 水土保持通报，17（1）：1-6.

海春兴，刘宝元，赵烨 . 2002. 土壤湿度和植被盖度对土壤风蚀的影响 [J]. 应用生态学报，13 (8)：1057-1058.

何茂恒，王金亮，徐申，等 . 2008. 生物多样性保护环境教育内容与体系的构建 [J]. 环境与可持续发展，25 (1)：20-23.

贺大良 . 1988. 降水对起沙风速的影响 [J]. 中国沙漠 . 12 (4)，41-48.

胡春香，刘永定 . 2003. 土壤藻生物量及其在荒漠结皮的影响因子 [J]. 生态学报，23 (2)：284-291.

胡孟春，刘玉障，乌兰，等 . 1991. 科尔沁沙地土壤风蚀的风洞实验研究 [J]. 中国沙漠，11 (1)：22-29.

黄秉维 . 1953. 陕甘黄土区土壤侵蚀的因素和方式 [J]. 地理学报，19 (2)：28-35.

黄富祥，牛海山，王明星，等 . 2001. 毛乌素沙地植被覆盖率与风蚀输沙率定量关系 [J]. 地理学报，56 (6)：700-710.

雷金银 . 2008. 毛乌素沙地南缘风沙区保护生耕作试验研究 [D]. 杨凌：西北农林科技大学 .

李新荣，张景光，王新平，等 . 2002. 干旱沙漠区土壤微生物结皮及其对固沙植被影响的研究 [J]. 植物学报，42 (9)：965-970.

李志昆 . 2009. 围栏封育对河卡牧场草地生物量的影响研究 [J]. 草业科学，(8)：29-30.

刘德梅，马玉寿，董全民，等 . 2008. 禁牧封育对黑土滩人工草地植被的影响 [J]. 青海畜牧兽医杂志，38 (2)：8-9.

刘连友，王建华，李小雁，等 . 1998. 耕作土壤可蚀性颗粒的风洞模拟测定 [J] 科学通报，43 (15)：1663-1666.

刘目兴，刘连友 . 2009. 农田休闲期作物留茬对近地表风场的影响 [J]. 农业工程学报，9：295-300.

刘万琨，张志英，李银凤，等 . 2009. 风能与风力发电技术 [M]. 北京：化学工业出版社 .

刘玉障，董光荣，李长治 . 1992. 影响土壤风蚀主要因素的风洞实验研究 [J]. 中国沙漠，12 (4)：41-48.

吕鸿钧，俞风娟，赵玮，等 . 2009. 宁夏压砂西瓜甜瓜产业可持续发展的思考与对策 [J]. 中国蔬菜，(3)：61-63.

吕文，胡莽，胡建军，等 . 2004. 三北防护林杨树天牛的危害与防治 [J].

防护林科技，(1)：39-40，77.
马学峰，陈洁，马海轮 .2006. 试论宁夏香山地区压砂地栽培的持续发展［J］. 宁夏农林科学，(2)：48.
宁夏畜牧医学草原研究会 .1988. 宁夏草地资源与牧草种植［M］. 银川：宁夏人民出版社 .
农业部农机化司农业部保护性耕作精细耕作研究中心 . 环北京地区沙尘暴的成因及对策调查研究 .
齐宝生 .2008. 自然灾害对生物多样性的挑战［J］. 江苏教育学院学报（自然科学版），25（1）：87-89.
祁明祥，陈季贵 .2008. 两种不同封育方式对小蒿草草地地上生物量的影响［J］. 草业与畜牧，(2)：15-17.
钱芳 .2003. 谈谈生物多样性［J］. 江苏教育学院学报（自然科学版），20（2）：81-82.
沈彦，张克斌，杜林峰，等 .2007. 封育措施在宁夏盐池草地植被恢复中的作用［J］. 中国水土保持科学，5（3）：90-93.
宋维峰 .2004. 甘肃砂田［J］. 甘肃水利水电技术，(2)：56-58.
唐麓君，杨忠岐 .2005. 治沙造林工程学［M］. 北京：中国林业出版社 .
王亚军，谢忠奎，张志山，等 .2003. 甘肃砂田西瓜覆膜补灌效应研究［J］. 中国沙漠，23（3）：300-305.
温存 .2007. 宁夏盐池沙地主要植物群落土壤水分动态研究［D］. 北京：北京林业大学 .
邬建国 .2000. 景观生态学［M］. 北京：高等教育出版社 .
吴正 .1987. 风沙地貌学［M］. 北京：科学出版社 .
吴正 .2003. 风沙地貌与治沙工程学［M］. 北京：科学出版社 .
邢永亮，余伟莅，郭建英，等 .2008. 多伦县退化草场的封育效果分析［J］. 内蒙古林业科技，34（2）：32-35.
熊毅，李庆逵 .1990. 中国土壤（第 2 版）［M］. 北京：科学出版社 .
徐荣，李生宝，余峰，等 .2007. 柠条灌丛草地水分动态及群落特征研究［M］. 北京：中国农业大学出版社 .
闫立宏 .2007. 宁夏压砂地建设的几个技术要点［J］. 宁夏农林科技，(3)：80-81.
严平 .1999. $^{137}$Cs 法在土壤风蚀研究中的应用［D］. 中国科学院兰州沙漠研

究所博士学位研究生学位论文.

杨来胜，席正英，李玲，等.2005. 砂田的发展及其应用研究（综述）[J]. 甘肃农业，(7)：72.

杨丽雯，王大勇.2009. 沙坡头人工植被防护体系防风固沙功能价值评价 [J]. 山西师范大学学报（自然科学版），23（4）：94-98.

臧英.2003. 保护性耕作防治土壤风蚀的试验研究 [D]. 北京：中国农业大学.

张克存，屈建军，俎瑞平.2008. 腾格里沙漠东南缘风沙活动动力条件分析——以沙坡头地区为例 [J]. 干旱区地理，31（5）：643-649.

张伟，梁远，汪春.2006. 土壤风蚀机理的研究 [J]. 农机化研究，（2）：43-44，47.

张元明，曹同，潘伯荣.2002. 干旱与半干旱地区苔藓植物生态学研究综述 [J]. 生态学报，22（7）：1129-1134.

张元明，陈晋，王雪芹，等.2005. 古尔班通古特沙漠生物结皮的分布特征 [J]. 地理学报，60（1）：53-60.

张元明，潘惠霞，潘伯荣.2004. 古尔班通古特沙漠不同地貌部位生物结皮的选择性分布 [J]. 水土保持学报，18（4）：61-64.

张元明.2005. 荒漠地表生物土壤结皮的微结构及其早期发育特征 [J]. 科学通报，50（1）：42-47.

赵景波，杜娟，黄春长.2002. 沙尘暴发生的条件和影响因素 [J]. 干旱区研究，19（1）：58-62.

赵燕，李成军，康建宏，等.2009. 砂田的发展及其在宁夏的应用研究 [J]. 农业科学研究，30（2）：35-38，52.

朱炳海.1963. 中国气候 [M]. 北京：科学出版社.

朱朝云，丁国栋，杨明远.1992. 风沙物理学 [M]. 北京：中国林业出版社.

朱震达，刘恕.1981. 中国北方地区的沙漠化过程及其治理区划 [J]. 地理科学，4（3）：179-206.

朱震达.1979. 三十年来中国沙漠研究的进展 [J]，地理学报，34（4）：305-313.

左忠，王峰，郭永忠，等.2005. 免耕与传统耕作对旱作玉米产量的影响及其效益分析 [A]. 路明，赵明. 土地沙漠化治理与保护性耕作 [C]. 北京：中国农业科学技术出版社.

左忠，王峰，蒋齐，等.2005. 免耕与传统耕作对旱作农田土壤风蚀的影响研究——以玉米为例 [J]. 西北农业学报，14 (6)：55-59.

左忠，王峰，张亚红，等.2010. 宁夏中部干旱带几类土壤可蚀性对比研究 [J]. 中国农学通报，26 (3)：196-201.

左忠，王金莲，张玉萍，等.2006. 宁夏柠条资源利用现状及其饲料开发潜力调查——以盐池县为例 [J]. 草业科学，23 (3)：17-22.

Bagnold R. A. 1941. The physics of blown sand and desert dunes [M]. London: Methuen.

Blake, W. P. 1855. On the grooving and polishing of hard rocks and minerals by dry sand. [J]. America Journal of Science, 20: 178-181.

Ehrengerg, C. G. 1847. The siroccl dust that fell at Genoa on the 16th May 1846 [J]. Q. j. Geol. Soc Lond, 3: 25-26.

Free E E. 1911. The movement of soil materials by wind [J]. USDA Bur. Soil Bull., 68: 271-272.

Fryrear, D. W. 1977. Wind erosion research accomplishments and needs. Transactions of the ASAE [J], 20 (5): 916-918.

Fryrear. D. W. 1977. and Lyles, L. Wind erosion research accomplishments and needs [J]. Transaction of the ASAE, 20 (5): 916-918.

Hudson. N. W. 1971. Soil conservation [J]. London: Batsford, 7-10.

Richolfen and F. 1882. Von. On the mode of origin of the loess [J]. Gelo. Mag, 9: 94-97.

Skidrmore E I. 1986. Soil erosion by wind [A]. In: El Baz F, Has san M H A, (Eds) . Physics of Desertification [C]. Dordrecht: Martinus Niihof f Publishers, 261-273.

Udden, J. A. 1894. Erosion, tansporation and sedimentation performed by atmosphere [J]. Journal of Geology, 2: 318-331.

Udden, J. A. 1896. Dust and sand storm in the weat [J]. Pop. Sci. Month. 49: 655-664.

Woodruff, N. P. 1965. and Siddoway, F. H. A wind erosion equation [J]. Soil science society of Ameria proceeding, 29: 602-608.

Zachar, D. 1982. Soil erosion. Development in soil science. Amsterdam: elservier [J]. 16-19.

# 第七章　贺兰山东麓酿酒葡萄基地建设对产地环境的影响研究评价

## 第一节　葡萄基地建设对产地环境的影响研究

### 一、关于贺兰山酿酒葡萄产业

1. 发展历史

贺兰山东麓地处宁夏黄河冲积平原和贺兰山冲积扇之间，它西靠贺兰山脉，东临黄河上游，北接古城银川，总面积 20 万 $hm^2$。2011 年，在广泛调研、深入论证的基础上，为转变经济发展方式，调整产业结构，宁夏紧紧抓住机遇，按照优良品种、高新技术、高端市场、高效益的发展思路，建设贺兰山东麓葡萄旅游文化长廊和以酿酒葡萄为导向的全产业链发展模式。宁夏拉开了建设贺兰山东麓葡萄文化长廊的大幕，踏上了追逐“紫色梦想”、创造中国葡萄酒可持续发展之路。紧紧围绕贺兰山东麓土地、光照等自然资源优势和沿线丰富的旅游资源为区域优势，大力发展葡萄产业，以及与其相匹配的体验经济、地产经济和文化旅游经济。通过文化打造、生态引领、产业推动，建设一个竞争力强、辐射面广、国内最大、全球知名的特色葡萄长廊文化和生态经济产业带。

2. 产业发展现状

多年来，葡萄产业成为宁夏农业发展的优势特色产业和自治区六大支柱产业之一，并初步形成了区域化布局、规模化经济、专业化生产的现代葡萄产业发展模式，成为当地群众增收致富的主要渠道之一。随后，为规范产业管理，保障业务运营，成立了葡萄产业发展局，以地方立法的形式对产区进行保护，成为中国第一个世界葡萄与葡萄酒组织（OIV）省级观察员。从法国引进优质酿酒葡萄品种 26 个，是中国乃至亚洲唯一实现 100%苗木脱毒的酿酒葡萄种植集中区，在中国葡萄酒界第一个实施列级酒庄评定管理办法。先后引进 23 个国家的 60 余名国际酿酒师到贺兰山东麓酿造葡萄酒，连续 6 年举办了国际葡萄博览会，连续 6 年参加 OIV 大会，成为国内与世界葡萄酒界接轨最为紧密的产区。目前，宁夏酿酒葡萄种植面积从 1.8 万 $hm^2$ 增至 3.8 万 $hm^2$，是中国集中连片面积最大的产区。中国国际贸易促进会、中国品牌建设促进会等单位发布的中国品牌价值评价信息显示，综合产值从 20 亿元增长至 271.44 亿元的品牌价值，名列第十四位。目前，宁夏产区酒庄已建成的有 86 家，正在建设的还有 113 家，初步形成大中小酒庄梯次结构，成为中国真正的酒庄酒产区；宁夏产区的葡萄酒在国内外各大赛事上曾夺得 500 余个奖项，2017 年，宁夏葡萄酒就在国际顶尖赛事上获得 150 多个奖项，创历年之最，占中国葡萄酒获得国际奖项的一半以上，成为中国葡萄酒界奖牌榜的领跑者。

2017 年，宁夏出台政策鼓励产区酒庄采取各种措施实施一个品牌占领一个区域市场的“一品一区”战略。通过整合贺兰山东麓产区金山试验区内 41 家小酒庄资源，共同打造产能超过 500 万瓶的“金樽”葡萄酒品牌。“试验区生产的葡萄酒，2017 年在香港举行的一场盲品活动中，得分超过了法国拉菲、美国作品一号等，拿下当场酒单最高分。”金樽酒庄负责人李文超对“金樽”葡萄酒品牌走向世界充满信心。宁夏国际葡萄酒交易博览中心去年通过银行融资 2 亿元，与北京酒易酩庄公司合作，组建了产能1 000万瓶的玉鸽酒庄，当年生产 300 万瓶葡萄酒。目前，宁夏已在北京、上海、南京等城市开设了 30 多家葡萄酒直销店、体验店，集中展示和销售上百种优质葡萄酒。

2018 年春节，宁夏贺兰山东麓产区价值论坛在北京举办。中国酒业协会副理事长兼秘书长宋书玉、国家葡萄产业技术体系首席科学家段长青等专家为贺兰山东麓的风土条件“把脉”：宁夏贺兰山东麓产区独特的风土条件所具备的土壤、光照、温度、降水、地形、水热系数等条件的组合，可以使葡萄酒在酸度、甜度、果香、单宁、酒精决定葡萄酒品质的五大因素上有卓越表现和平衡协调。所以，这里可以酿造出具有“甘润平衡”典型东方风格的葡萄美酒，是中国最具潜力、可与世界高品质产区并肩的产区。

目前，2018 中国品牌价值评价信息发布。宁夏贺兰山东麓葡萄酒与贵州茅台酒、安溪铁观音等从1 000多个中国地理标志产品中脱颖而出，跻身全国地理标志产品区域品牌百强榜。从 2010 年以前名不见经传，到如今跻身全国区域品牌榜前列，宁夏贺兰山东麓葡萄酒在短短的几年时间里，依托独特风土条件，坚持走以提升品质为目标的品牌创新发展之路。目前，宁夏葡萄酒已出口美国、英国、法国、澳大利亚、德国等 20 多个国家和地区。

## 二、基地建设对小气候的影响研究

1. 研究意义

自 2011 年至今，在 7 年左右的时间内，宁夏贺兰山东麓葡萄种植面积发展到了 3.8 万 $hm^2$。如此大规模的开发种植葡萄，特别是大规模集中整地种植后，在农田中耕、秋季压埋和春节放条等主要生产环节，是否会对产区周边生态环境、小气候、耕地质量等产生影响，是本课题监测研究的主要内容之一。为准确持续系统获取小气候监测指标，分别在 3 年生酿酒葡萄基地和原始地貌荒漠草原对照区，设置了两套小气候监测场，开展了葡萄基地建设对周边小气候的影响研究。

2. 主要监测指标

本研究以原始地貌荒漠草原为对照，系统全面的开展葡萄基地建设对不同垂直高度的风速、空气温度、湿度和 $PM_{2.5}$、$PM_{10}$等主要空气污染物的影响，以及地表温湿度、光照、太阳辐射等小气候的影响，为监测数据提供及时准确系统全面的客观评价。主要监测指标包括：风向、$CO_2$浓度、空气负氧离子浓度仪、降水量、日照时数、紫外线分布、光照强度、气压、土壤温度、湿度等小气候监测指标。监测高度分别设距离地面 1m、2m 两个垂直高度。每隔 30min 自动采集数据一次。通过搭载的 GPRS 远距离数据传输模块，及时准确地将监测区不同区域、不同高度范围内的风速、空气温湿度、空气质量等主要小气候监测指标进行实时传输。同时，通过采集软件，可实时调取相关监测指标的日、月、季度、年度内的动态变化规律。另外，课题组还收集到了近 4 年来贺兰山葡萄基地主要气象数据。为客观分析和评价大规模酿酒葡萄基地建设对周边环境、小气候、空气质量与地表风蚀的影响程度，为酿酒葡萄基地工程建设的环保性提供及时、准确、系统的监测数据和科学评价结果。

3. 研究方法

以 3 年生酿酒葡萄基地作为重要监测区域，原始地貌荒漠草原作为对照区，在两套小气候监测场内，监测在两地种植葡萄后对其 1m、2m 不同空间高度的空气质量以及对小气候的影响，开展工程建设对葡萄农田相关监测指标垂直梯度变化规律的影响研究。监测指标主要包括：1m、2m 高度处风速、空气温度、空气湿度、$PM_{2.5}$、$PM_{10}$等小气候监测指标。为监测和评价葡萄基地建设对 1m、2m 高度小气候及空气质量的影响提供了及时、准确和系统的监测数据。

4. 研究结果

（1）葡萄基地建设对风速的影响。通过图 7-1 可知，风力较强的季节分别在 3 月下旬（2.6m/s）、4 月中旬（3.57m/s）、5 月上旬（2.57m/s），6 月中旬开始风力逐渐减弱，在 8 月中旬时风速仅有 0.15m/s。葡萄地中的地表风速高于空间风速，且大于荒漠草原对照区的风速。

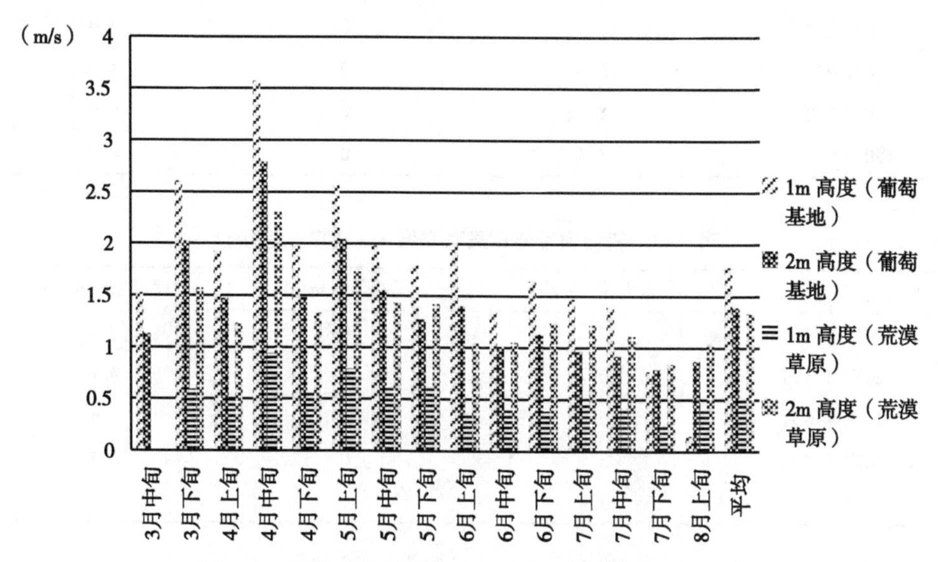


**图 7-1 葡萄基地和荒漠草原对照区的风速变化规律**

**表 7-1 贺兰山葡萄基地 1m 高度风速统计**

| 日期 | 最大值（m/s） | 最小值（m/s） | 平均值（m/s） |
| --- | --- | --- | --- |
| 2017 年 2 月 | 11.3 | 0 | 1.7 |
| 2017 年 3 月 | 16.2 | 0 | 2 |
| 2017 年 4 月 | 13.5 | 0 | 2.5 |
| 2017 年 5 月 | 16.3 | 0 | 2.1 |
| 2017 年 6 月 | 13.8 | 0 | 1.7 |
| 2017 年 7 月 | 5.7 | 0 | 1.2 |
| 2017 年 8 月 | 5.2 | 0 | 0.1 |

表 7-2　贺兰山葡萄基地 2m 高度风速统计

| 日期 | 最大值（m/s） | 最小值（m/s） | 平均值（m/s） |
| --- | --- | --- | --- |
| 2017 年 2 月 | 8.4 | 0 | 1.3 |
| 2017 年 3 月 | 12.2 | 0 | 1.5 |
| 2017 年 4 月 | 11.5 | 0 | 1.9 |
| 2017 年 5 月 | 11.2 | 0 | 1.6 |
| 2017 年 6 月 | 12.6 | 0 | 1.2 |
| 2017 年 7 月 | 5.2 | 0 | 0.9 |
| 2017 年 8 月 | 5.3 | 0 | 0.9 |

表 7-3　贺兰山荒漠草原对照区 1m 高度风速统计

| 日期 | 最大值（m/s） | 最小值（m/s） | 平均值（m/s） |
| --- | --- | --- | --- |
| 2017 年 4 月 | 4.1 | 0 | 0.5 |
| 2017 年 5 月 | 6.7 | 0 | 0.7 |
| 2017 年 6 月 | 5 | 0 | 0.4 |
| 2017 年 7 月 | 3.9 | 0 | 0.4 |
| 2017 年 8 月 | 3.4 | 0 | 0.4 |

表 7-4　贺兰山荒漠草原对照区 2m 高度风速统计

| 日期 | 最大值（m/s） | 最小值（m/s） | 平均值（m/s） |
| --- | --- | --- | --- |
| 2017 年 4 月 | 4.7 | 0 | 1.2 |
| 2017 年 5 月 | 13.9 | 0 | 1.5 |
| 2017 年 6 月 | 6.2 | 0 | 1.1 |
| 2017 年 7 月 | 6.4 | 0 | 1.0 |
| 2017 年 8 月 | 7.5 | 0 | 1.0 |

数据显示，贺兰山荒漠草原地区的风速在垂直空间上分布差异较为明显。1m 空间内的风速低于 2m 空间内的风速，1m 空间的风速从 3 月中旬到 8 月下旬平均风速仅为 0.52m/s，均低于 1.0m/s。而 2m 高度的平均风速为 1.33m/s，均高于 1.0m/s。在 4 月中旬平均风速较高，2m 高度处平均风速为 2.31m/s，风力 2 级；而葡萄林地中的风速情况与荒漠草原对照区存在差异，1m 高度的风速大

于2m高度处的风速，但两者相差不大。

由此可见，葡萄基地的地表由于植被覆盖率较低使得地表风蚀情况较为严重，地表和空间上的风力相似，防风固沙的效果比荒漠草原对照区弱；而荒漠草原对照区地表多被草本植物覆盖、地表风力较小，空间风力较大。

（2）葡萄基地建设对空气温度的影响。通过在贺兰山荒漠草原布置的高1m、2m的温度探头，以及在葡萄基地布置的高2m的温度探头监测大气中的温度变化情况，分析显示，3月之前的大气温度低于10℃，从4月开始温度逐渐上升，到5月中旬时温度达到20℃上下，其中葡萄基地在5月中旬时的温度为21.33℃，与对照区的大气温度相似，不存在显著性差异。3月到7月这段时间温度持续升高，到7月中旬温度达到28℃上下后开始降温。

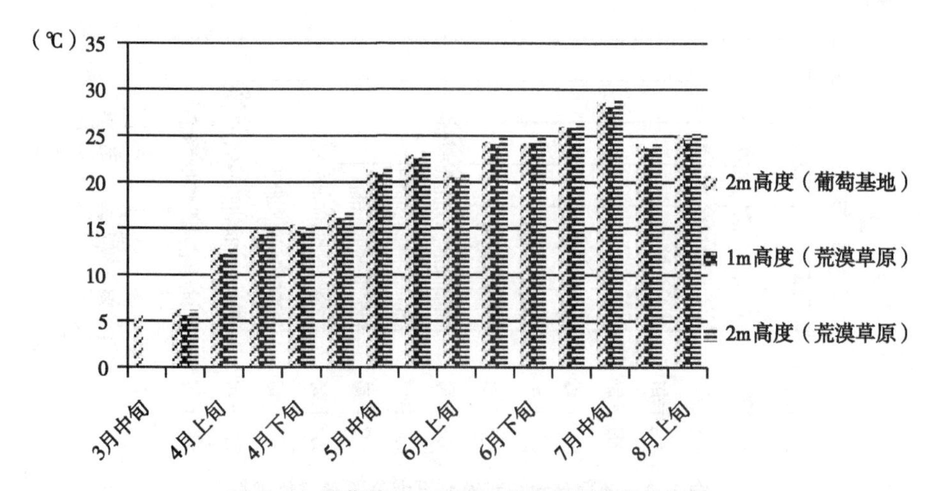


**图7-2　葡萄基地和对照区的大气温度变化规律**

由此可知，在贺兰山地区，大气温度最高可达28℃上下，年平均气温在15℃上下，昼夜温差较大，利于葡萄生长，葡萄林地的大气温度与贺兰山荒漠草原区无显著性差异，但是从对照区不同高度的空间温度分布情况发现，1m高度的温度比2m高度的温度低0.6℃左右。不同高度的大气温度差异性较大，但两个地区的大气温度随季节的变化趋势一致。

（3）葡萄基地建设对空气湿度的影响。空气湿度的变化受降水量、日照时间和光照强度影响较大，同时根据空气湿度的变化可以判断该地区的降水情况和温度变化情况。贺兰山地处宁夏半干旱地区，空气湿度较低，全年空气湿度平均在40%左右。通过对贺兰山地区的荒漠草原和葡萄基地进行湿度监测分析（图7-3），在贺兰山荒漠草原，1m高度的大气湿度与2m高度的大气湿度相比前者比后者低0.8%~1.5%，原因可能与水蒸气的蒸发有关。对葡萄基地的大气湿度分析显示：该地区3月中旬大气湿度为52.03%，在4月中旬大气湿度明显降低，仅为23.87%，4月下旬受降水和光强的影响湿度达到全年最低15.29%，明显低于其他季节的大气湿度，且低于对照区的最低湿度。5月的大气湿度基本保持在23%，6月上旬因为降水和人工补灌该地区湿度达到61.50%，从6月上旬到8月上旬空气湿度适宜，有利于葡萄生长，其中7月下旬湿度高达67.48%。

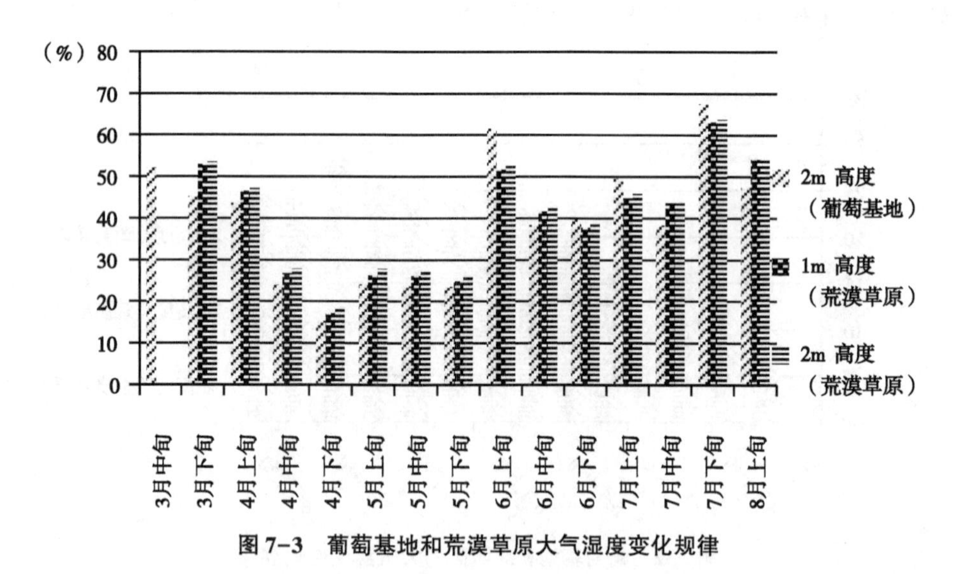


**图7-3 葡萄基地和荒漠草原大气湿度变化规律**

与对照区相比，由于人工补灌，葡萄基地的空气湿度较低，在6月上旬和7月上旬的空气湿度比对照区高，但两个地区空气湿度不存在显著性差异。

5. 葡萄基地降水量和气压变化

根据监测的雨量和当地大气压力的数据（图7-4）：贺兰山地区的大气压力在870~885hPa，该地区降水量较少，在监测时间内，主要降水集中在3月中旬、6月上旬、7月上旬和7月下旬，平均降水量分别为0.0245mm/min、0.0995mm/min、0.0478mm/min、0.1048mm/min；6月上旬和7月上旬为主要降水季节，平均降水量明显高于其他月份；4月和5月为旱季、降水量基本为0，降水的不足使得该地区形成了独特的半干旱气候。因此在葡萄的种植过程中需及时进行补灌，不过通过对该区域的降水量进行检测可以给补灌提供参考，充分合理的利用水资源。

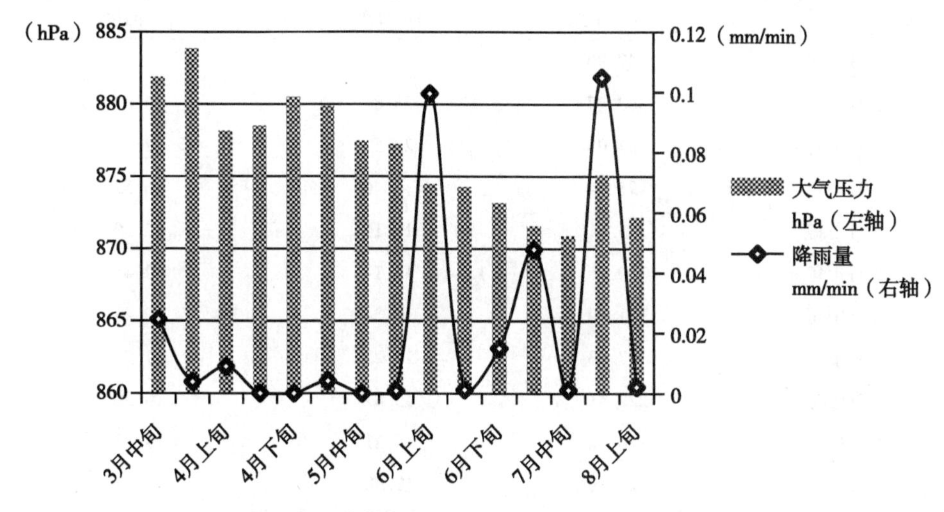


图 7-4　葡萄基地降水量和大气压力变化分析

## 三、葡萄基地建设对空气质量的影响

1. 基地建设对大气 $PM_{2.5}$的影响

$PM_{2.5}$指细颗粒物，又称细粒、细颗粒。直径小于等于 2.5μm。它能较长时间悬浮于空气中，在空气中的含量越高，就代表空气污染越严重。虽然 $PM_{2.5}$只是地球大气成分中含量很少的组分，但它对空气质量和能见度等有着重要的影响。与较粗的大气颗粒物相比，$PM_{2.5}$粒径小，面积大，活性强，易附带有毒、有害物质，且在大气中的停留时间长、输送距离远，因而对人体健康和大气环境质量的影响更大。本次实验通过在贺兰山荒漠草原和葡萄基地设置 $PM_{2.5}$探测仪对该地区的空气质量进行检测分析。

通过表 7-5 分析发现：荒漠草原对照区空气中颗粒悬浮物较少，除了 3 月中下旬和 4 月上旬，$PM_{2.5}$在 20~25μg/m$^3$，其余季节 $PM_{2.5}$较低，4 月中旬仅为 6~8μg/m$^3$，从 4 月上旬开始 $PM_{2.5}$稳定在 10~16μg/m$^3$。由此可知荒漠草原对照区地表植被对地表的保护效果比较明显，空气中有害物质和细沙粒较少。从垂直高度来看，荒漠草原 1m 高度较 2m 高度略高，平均值分别为 14.93μg/m$^3$、14.69μg/m$^3$，差别不大。

表 7-5　葡萄基地和荒漠草原不同高度 $PM_{2.5}$ 变化差异　（μg/m³）

| 监测对象 / 监测时间 | 葡萄基地 | 荒漠草原 | |
|---|---|---|---|
| | 2m 高度 | 1m 高度 | 2m 高度 |
| 3 月中旬 | 747.90 | | |
| 3 月下旬 | 368.47 | 25.81 | 25.04 |
| 4 月上旬 | 337.08 | 22.59 | 22.52 |
| 4 月中旬 | 96.44 | 7.46 | 6.52 |
| 4 月下旬 | 115.81 | 12.11 | 12.50 |
| 5 月上旬 | 190.95 | 13.14 | 12.45 |
| 5 月中旬 | 101.90 | 10.34 | 10.42 |
| 5 月下旬 | 157.93 | 12.23 | 11.72 |
| 6 月上旬 | 222.41 | 15.87 | 15.50 |
| 6 月中旬 | 168.12 | 16.21 | 15.88 |
| 6 月下旬 | 123.89 | 12.38 | 12.47 |
| 7 月上旬 | 215.51 | 13.18 | 13.12 |
| 7 月中旬 | 207.26 | 19.13 | 18.64 |
| 7 月下旬 | 181.83 | 14.48 | 14.39 |
| 8 月上旬 | 163.86 | 14.05 | 14.45 |
| 平均 | 226.62 | 14.93 | 14.69 |

持续的监测分析发现（图 7-5），贺兰山葡萄基地的 $PM_{2.5}$ 明显超过对照区的数值，是对照区的 10~15 倍。数据分析发现，贺兰山的葡萄基地的 $PM_{2.5}$ 在 3 月中旬高达 747.90μg/m³，3 月下旬和 4 月下旬的 $PM_{2.5}$ 分别为 368.47μg/m³ 和 337.08μg/m³，悬浮颗粒较多，空气污染较为严重，从 4 月中旬开始该地区受风力的影响 $PM_{2.5}$ 与 3 月相比显著下降，4 月中旬到 5 月下旬，$PM_{2.5}$ 在 96.44~157.93μg/m³之间，6 月和 7 月 $PM_{2.5}$ 有所上升，6 月中旬为 222.41μg/m³，7 月上、中旬分别为 215.51μg/m³和 207.26μg/m³。

由此可见，葡萄基地与荒漠草原对照区相比存在极显著性差异，主要原因可能在于该地区长期的翻耕使得土壤层松动，在风力的作用下使细沙粒悬浮在空中，因此该地区的空气中含有大量的细沙粒，同时农药和有机肥料的使用以及周边地区的碎石场对葡萄基地的空气质量影响也比较大。

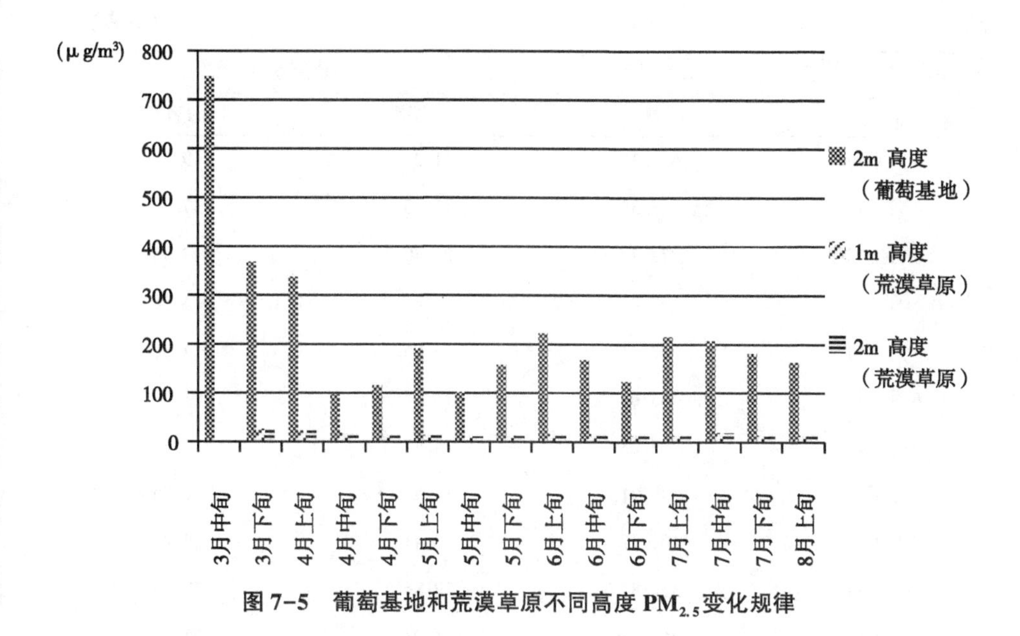


**图 7-5　葡萄基地和荒漠草原不同高度 $PM_{2.5}$变化规律**

2. 葡萄基地建设对大气 $PM_{10}$的影响

$PM_{10}$指直径在 10μm 左右的悬浮颗粒。与 $PM_{2.5}$类似，它能长时间悬浮于空气中，其在空气中含量越高，就代表空气污染越严重。与 $PM_{2.5}$相比，体积较大易于吸附。

根据表 7-6 分析发现，$PM_{10}$的变化规律与 $PM_{2.5}$相似：在荒漠草原对照区的 $PM_{10}$含量低，从监测不同高度的 $PM_{10}$发现 1m 高度的 $PM_{10}$大于 2m 高度的 $PM_{10}$有 0. 2~1. 1μg/m³，但无明显差异，从已有的数据发现在对照区 3 月下旬和 4 月上旬 $PM_{10}$含量分别为 45. 84μg/m³、38. 54μg/m³，4 月中旬到 8 月中旬 $PM_{10}$在 10~30μg/m³波动，但基本保持稳定，由此可知对照区空气质量较好，无其他杂质。

**表 7-6　葡萄基地和荒漠草原不同高度 $PM_{10}$变化规律**　（μg/m³）

| 监测内容 / 监测时间 | 葡萄基地 | 荒漠草原 | |
|---|---|---|---|
| | 2m 高度 | 1m 高度 | 2m 高度 |
| 3 月中旬 | 1205. 37 | | |
| 3 月下旬 | 626. 09 | 47. 97 | 45. 84 |
| 4 月上旬 | 521. 87 | 38. 65 | 38. 54 |

（续表）

| 监测时间 \ 监测内容 | 葡萄基地 | 荒漠草原 | |
|---|---|---|---|
| | 2m 高度 | 1m 高度 | 2m 高度 |
| 4月中旬 | 460.19 | 11.22 | 9.24 |
| 4月下旬 | 227.32 | 17.05 | 17.21 |
| 5月上旬 | 872.29 | 21.40 | 18.95 |
| 5月中旬 | 198.48 | 14.61 | 14.18 |
| 5月下旬 | 503.81 | 19.06 | 17.36 |
| 6月上旬 | 463.61 | 24.57 | 23.30 |
| 6月中旬 | 287.23 | 24.47 | 22.83 |
| 6月下旬 | 193.91 | 17.61 | 16.95 |
| 7月上旬 | 401.27 | 20.43 | 19.41 |
| 7月中旬 | 363.87 | 29.86 | 27.96 |
| 7月下旬 | 266.03 | 21.93 | 21.19 |
| 8月上旬 | 267.18 | 21.66 | 21.66 |
| 平 均 | 457.23 | 23.61 | 22.47 |

葡萄基地的数据显示（图7-6），该地区的空气质量严重污染，在3月中旬$PM_{10}$高达1 205.37μg/m³，严重超标；3月下旬到4月中旬$PM_{10}$在460～630μg/m³，4月下旬（227.32μg/m³）有明显下降趋势，但5月上旬又上升至872.29μg/m³，从5月中旬到8月中旬$PM_{10}$虽然有下降趋势，但各个季节波动较大，这可能与风蚀情况相关，地表粉粒和外来的悬浮颗粒会在风力作用下在该区域汇集，使得该地区的空气中含有大量$PM_{10}$。葡萄基地的$PM_{10}$含量是对照区的10～40倍，存在极显著差异。由此可见，由于葡萄基地的耕作垦植，对周边大气$PM_{10}$增加作用非常明显，环境污染较为严重。

监测数据（表7-7）显示，大气$CO_2$浓度受季节影响较小，全年2m高度的$CO_2$浓度在$550\times10^{-6}$左右。通过葡萄基地和对照区的两组数据分析。

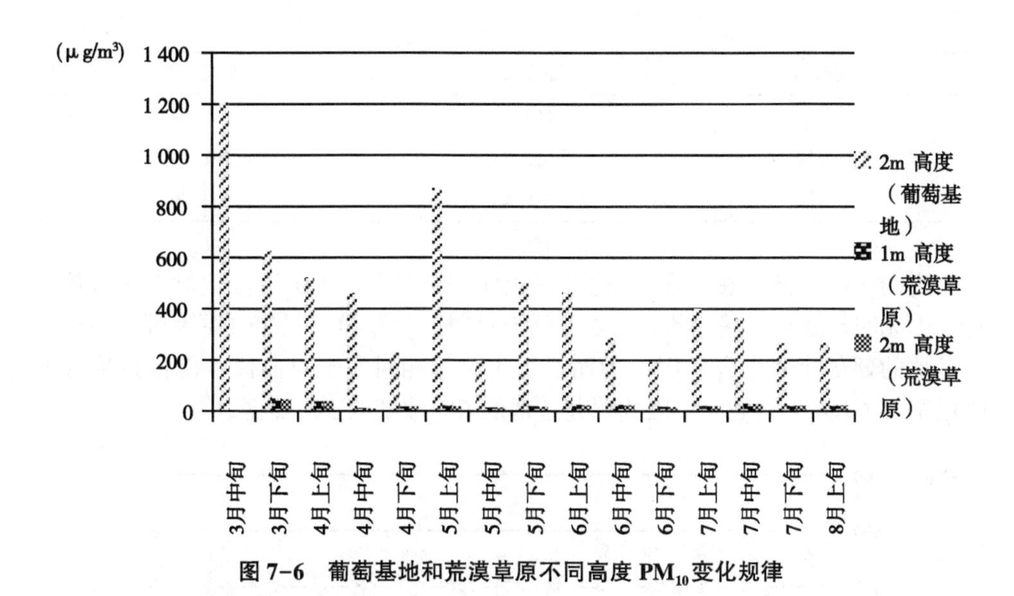


**图 7-6 葡萄基地和荒漠草原不同高度 $PM_{10}$ 变化规律**

3. 葡萄基地建设对大气中 $CO_2$ 浓度的影响

**表 7-7 葡萄基地和荒漠草原 $CO_2$ 浓度变化规律** （$\times10^{-6}$）

| 监测时间 | 葡萄基地 | 荒漠草原 |
| --- | --- | --- |
| 3 月中旬 | 573. 16 | |
| 3 月下旬 | 575. 67 | 629. 67 |
| 4 月上旬 | 555. 26 | 597. 40 |
| 4 月中旬 | 536. 05 | 570. 19 |
| 4 月下旬 | 532. 71 | 588. 43 |
| 5 月上旬 | 545. 41 | 569. 35 |
| 5 月中旬 | 518. 74 | 558. 35 |
| 5 月下旬 | 526. 69 | 536. 85 |
| 6 月上旬 | 566. 92 | 568. 56 |
| 6 月中旬 | 534. 18 | 523. 81 |
| 6 月下旬 | 512. 09 | 541. 30 |
| 7 月上旬 | 541. 36 | 560. 38 |
| 7 月中旬 | 582. 25 | 596. 19 |

（续表）

| 监测时间 | 葡萄基地 | 荒漠草原 |
|---|---|---|
| 7月下旬 | 601.81 | 615.92 |
| 8月上旬 | 539.95 | 548.64 |
| 平　均 | 549.48 | 571.79 |

由图7-7可知，在3月下旬、6月上旬和7月下旬$CO_2$浓度相对高于其他月份，但无明显波动，基地的$CO_2$浓度低于对照区，差异不明显。原因可能在于葡萄基地的葡萄叶片光合作用较为明显，生物量相对高于对照区，使得该地区的$CO_2$固定效率高于对照区，因此葡萄基地的$CO_2$浓度低于对照区。

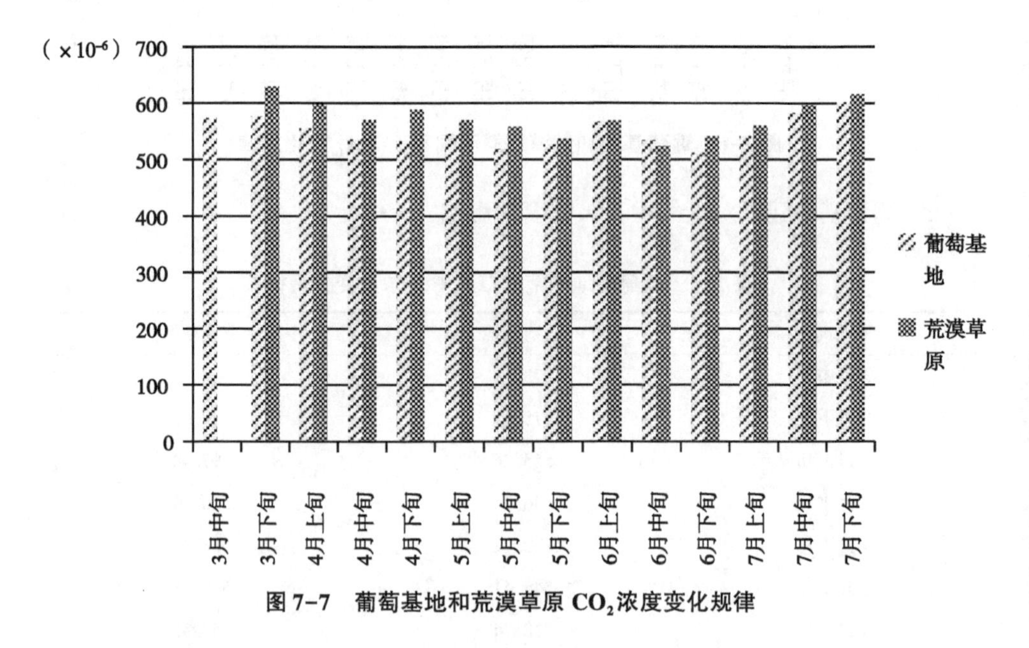


**图7-7　葡萄基地和荒漠草原$CO_2$浓度变化规律**

## 四、葡萄基地建设对土壤环境的影响

1. 葡萄基地建设对土壤温度的影响

以原始地貌荒漠草原为对照区，分别在3年生葡萄农田0cm、20cm、40cm、60cm深度范围内的主要耕作层内设置了土壤表层与耕作层内土壤温度监测探头，在20cm、40cm、60cm深度范围内设置了土壤墒情监测探头。同时，与降水、日照等小气候监测模块配合，每隔30min自动采集数据一次。通过搭载的GPRS远距离数据传输模块，将监测区不同深度内的土壤含水量、土壤温度降水以及日照、灌溉前后土壤墒情动态变化规律进行实时传输，对及时应对干旱、冻害、干热风等各类自然灾害提供准确的监测数据，为制订科学合理的田间管理措施提供参考。同时，也为丰富和补充林地小气候监测提供了评价依据。

（1）荒漠草原对照区不同深度的土壤温度变化规律。在贺兰山的荒漠草原对照区土壤温度探头显示，20cm和80cm深度的土壤温度相差较大。

从4月上旬开始（表7-8、图7-8），地表土温较高，温度差为2～4℃，深度每增加20cm温度降低1℃左右，在4月上旬地表温度为12.01℃，80cm深度的温度与地表温度相比低2.68℃。随光照时间和光照强度的增加，从4月到8月温度逐渐升高，地表温度和不同深度的温度存在较大的差异，到7月中旬温度最高为30.04℃，80cm深度处的土壤温度为25.90℃，温度相差4.14℃，其余季节温度相差3.5℃左右。由此可知在荒漠草原，地表植被的生物量较少，不能有效地形成地表覆盖，使得地表的温度较高，不同深度的土层出现了明显的温度差。

**表7-8　荒漠草原不同深度土壤温度变化**

（℃）

| 监测时间 \ 监测内容 | 20cm 土壤温度 | 40cm 土壤温度 | 60cm 土壤温度 | 80cm 土壤温度 | 平均温度 |
|---|---|---|---|---|---|
| 3月下旬 | 6.92 | 6.61 | 6.36 | 6.10 | 6.50 |
| 4月上旬 | 12.01 | 11.08 | 10.14 | 9.33 | 10.64 |
| 4月中旬 | 14.58 | 13.74 | 12.84 | 12.00 | 13.29 |
| 4月下旬 | 16.51 | 15.70 | 14.84 | 14.00 | 15.26 |
| 5月上旬 | 17.44 | 16.71 | 15.99 | 15.29 | 16.35 |
| 5月中旬 | 21.59 | 20.31 | 19.02 | 17.88 | 19.70 |
| 5月下旬 | 23.72 | 22.62 | 21.44 | 20.31 | 22.02 |
| 6月上旬 | 22.51 | 22.06 | 21.56 | 20.93 | 21.76 |
| 6月中旬 | 24.08 | 23.15 | 22.21 | 21.32 | 22.69 |
| 6月下旬 | 25.71 | 24.73 | 23.66 | 22.66 | 24.19 |
| 7月上旬 | 26.67 | 25.84 | 24.95 | 24.04 | 25.37 |
| 7月中旬 | 30.04 | 28.73 | 27.25 | 25.90 | 27.98 |

（续表）

| 监测时间＼监测内容 | 20cm 土壤温度 | 40cm 土壤温度 | 60cm 土壤温度 | 80cm 土壤温度 | 平均温度 |
| --- | --- | --- | --- | --- | --- |
| 7 月下旬 | 27.04 | 26.69 | 26.24 | 25.64 | 26.40 |
| 8 月上旬 | 26.04 | 25.50 | 24.99 | 24.42 | 25.24 |
| 平　均 | 21.06 | 20.25 | 19.39 | 18.56 | 19.81 |

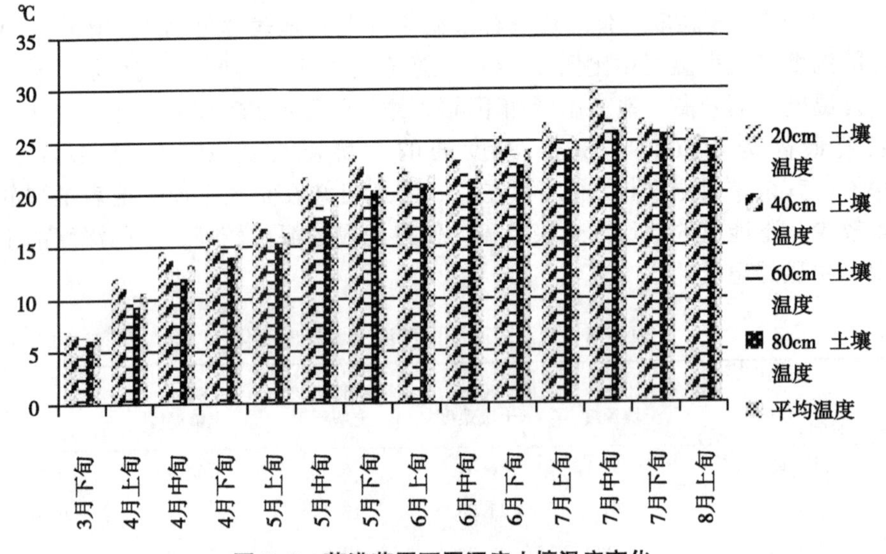


**图 7-8　荒漠草原不同深度土壤温度变化**

（2）葡萄基地不同深度的土壤温度变化规律。在葡萄种植区布设深 20cm、40cm、60cm、80cm 的温度探头，通过探头所监测到的数据分析得，随深度的增大，土壤温度逐渐下降，20cm 处和 80cm 处的温度相比较差 0.3℃左右。

由表 7-9、图 7-9 可知不同深度的温度变化规律较为明显。在 3 月中下旬该地区的平均温度分别为 6.43℃、7.43℃。从 4 月中旬到 7 月中旬，温度从 11.94℃逐渐上升到 26.66℃后开始下降，5 月中旬到 8 月中旬土壤温度均在 20℃以上。该结果有利于葡萄根系的生长和土壤微生物的繁殖，促进葡萄的生长和结果。

表 7-9　葡萄基地不同深度土壤温度变化

（℃）

| 监测时间 | 20cm 土壤温度 | 40cm 土壤温度 | 60cm 土壤温度 | 80cm 土壤温度 | 平均温度 |
| --- | --- | --- | --- | --- | --- |
| 3 月中旬 | 6. 64 | 6. 44 | 6. 34 | 6. 30 | 6. 43 |
| 3 月下旬 | 7. 62 | 7. 43 | 7. 34 | 7. 32 | 7. 43 |
| 4 月上旬 | 12. 60 | 12. 11 | 11. 69 | 11. 37 | 11. 94 |
| 4 月中旬 | 14. 12 | 13. 77 | 13. 46 | 13. 23 | 13. 64 |
| 4 月下旬 | 15. 31 | 15. 05 | 14. 81 | 14. 64 | 14. 95 |
| 5 月上旬 | 16. 49 | 16. 18 | 15. 93 | 15. 76 | 16. 09 |
| 5 月中旬 | 21. 16 | 20. 44 | 19. 79 | 19. 30 | 20. 18 |
| 5 月下旬 | 21. 80 | 21. 44 | 21. 14 | 20. 90 | 21. 32 |
| 6 月上旬 | 20. 68 | 20. 63 | 20. 63 | 20. 65 | 20. 65 |
| 6 月中旬 | 22. 50 | 22. 20 | 21. 90 | 21. 66 | 22. 07 |
| 6 月下旬 | 22. 65 | 22. 44 | 22. 24 | 22. 11 | 22. 36 |
| 7 月上旬 | 24. 69 | 24. 34 | 24. 04 | 23. 83 | 24. 22 |
| 7 月中旬 | 27. 25 | 26. 86 | 26. 44 | 26. 10 | 26. 66 |
| 7 月下旬 | 24. 73 | 24. 70 | 24. 74 | 24. 80 | 24. 74 |
| 8 月上旬 | 24. 52 | 24. 29 | 24. 14 | 24. 06 | 24. 25 |
| 平　均 | 18. 85 | 18. 55 | 18. 31 | 18. 14 | 18. 46 |

（3）葡萄基地与荒漠草原的土壤温度差异性分析。如表 7-10、图 7-10 数据显示，通过计算两个监测区的土壤温度进行对比，两个地区的土壤平均温度随季节变化趋势一致，大多数时间对照区的土壤温度高于葡萄基地的土壤温度，但在 3 月下旬到 4 月中旬，以及 5 月中旬葡萄基地的土壤温度高于对照区，葡萄基地土壤的温度数据分别为 3 月下旬 7. 43℃、4 月上旬 11. 94℃、4 月中旬 13. 64℃、5 月中旬 20. 18℃，而对照区土壤的温度数据分别为 3 月下旬 6. 50℃、4 月上旬 10. 64℃、4 月中旬 13. 29℃、5 月中旬 19. 70℃，可是根据全年的土壤温度变化情况来看，两者无显著性差异。

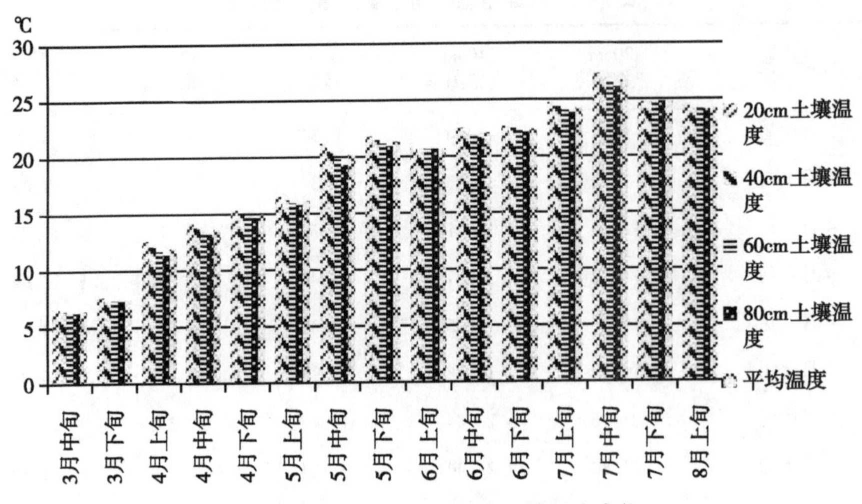


图 7-9　葡萄基地不同深度土壤温度变化

表 7-10　葡萄基地与荒漠草原土壤温度差异性分析　（℃）

| 监测时间＼监测对象 | 葡萄基地土壤温度 | 荒漠草原土壤温度 |
|---|---|---|
| 3 月中旬 | 6.43 | |
| 3 月下旬 | 7.43 | 6.50 |
| 4 月上旬 | 11.94 | 10.64 |
| 4 月中旬 | 13.64 | 13.29 |
| 4 月下旬 | 14.95 | 15.26 |
| 5 月上旬 | 16.09 | 16.35 |
| 5 月中旬 | 20.18 | 19.70 |
| 5 月下旬 | 21.32 | 22.02 |
| 6 月上旬 | 20.65 | 21.76 |
| 6 月中旬 | 22.07 | 22.69 |
| 6 月下旬 | 22.36 | 24.19 |
| 7 月上旬 | 24.22 | 25.37 |
| 7 月中旬 | 26.66 | 27.98 |
| 7 月下旬 | 24.74 | 26.40 |
| 8 月上旬 | 24.25 | 25.24 |
| 平　均 | 18.46 | 19.81 |

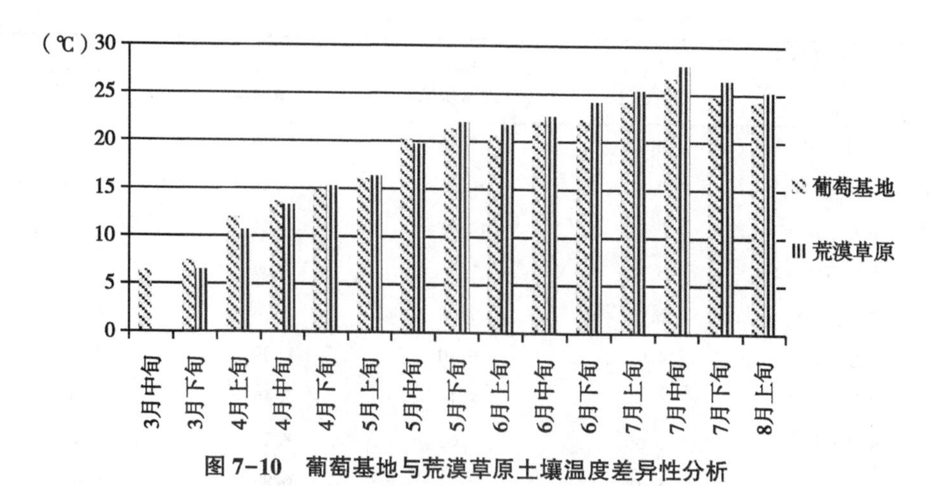


**图 7-10　葡萄基地与荒漠草原土壤温度差异性分析**

根据对照区和葡萄基地的数据比较发现，葡萄基地的土层温度变化幅度与对照区相比较小。葡萄基地的植被覆盖面积较大，土壤墒情较好，有效地避免了太阳光的直接照射，减少了昼夜和季节温差变化幅度，使得该地区地表温度和地层深度的温度相差不大，而对照区的植被覆盖面积较小，土壤墒情较差，地表温度和地层温度的昼夜与季节温度差异较为明显。

2. 葡萄基地建设对土壤湿度的影响

（1）荒漠草原对照区不同深度的土壤湿度变化情况。由荒漠草原对照区的数据表 7-11 分析显示，20cm、40cm、60cm 深度的土壤湿度呈现出低—高—低的分布趋势，40cm 的土壤湿度高于 20cm 和 60cm 的土壤湿度。

**表 7-11　荒漠草原不同深度土壤湿度变化**　（%）

| 监测深度 / 监测时间 | 20cm 土壤湿度 | 40cm 土壤湿度 | 60cm 土壤湿度 | 平均湿度 |
|---|---|---|---|---|
| 3 月下旬 | 5.04 | 5.21 | 5.11 | 5.12 |
| 4 月上旬 | 5.31 | 5.80 | 5.44 | 5.52 |
| 4 月中旬 | 5.39 | 6.08 | 5.59 | 5.69 |
| 4 月下旬 | 5.33 | 6.34 | 5.68 | 5.78 |
| 5 月上旬 | 5.18 | 6.33 | 6.07 | 5.86 |
| 5 月中旬 | 5.25 | 6.96 | 6.53 | 6.25 |

（续表）

| 监测时间＼监测深度 | 20cm<br>土壤湿度 | 40cm<br>土壤湿度 | 60cm<br>土壤湿度 | 平均湿度 |
| --- | --- | --- | --- | --- |
| 5月下旬 | 5.23 | 7.30 | 6.46 | 6.33 |
| 6月上旬 | 7.49 | 10.53 | 8.82 | 8.95 |
| 6月中旬 | 7.20 | 10.71 | 9.11 | 9.01 |
| 6月下旬 | 5.87 | 8.31 | 7.69 | 7.29 |
| 7月上旬 | 6.03 | 7.68 | 6.74 | 6.82 |
| 7月中旬 | 4.97 | 6.10 | 6.39 | 5.82 |
| 7月下旬 | 6.77 | 8.14 | 7.46 | 7.46 |
| 8月上旬 | 5.65 | 7.62 | 8.57 | 7.28 |
| 平　均 | 5.77 | 7.37 | 6.83 | 6.66 |

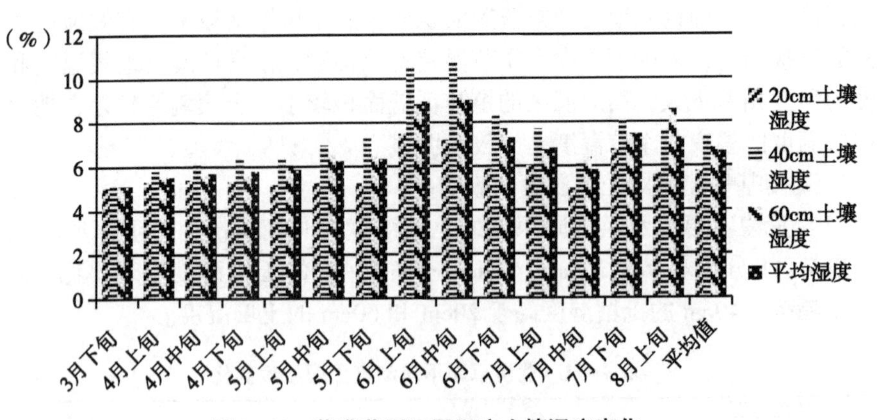


**图 7-11　荒漠草原不同深度土壤湿度变化**

以不同深度的土壤全年平均湿度为例（图 7-11）：20cm 处的土壤湿度为 5.77%，40cm 处的土壤湿度为 7.37%，60cm 处的土壤湿度为 6.83%。对照区地表土壤裸露较多，水分蒸发较为严重，使得该地区的土壤含水量不足，因此该地区的土壤湿度较低。根据不同月份的平均湿度可知，草原对照区土壤严重缺水，3 月下旬到 5 月上旬含水量仅在 5%~6%，5 月中旬开始含水量有所增加，到 6 月上旬、中旬分别达到 8.95%、9.01%为最高值，但土壤湿度依然不足 10%。

（2）葡萄基地不同深度的土壤湿度变化。两个地区分别设置 20cm、40cm、

60cm 三个深度的土壤湿度探头，根据收集的数据分析（表 7-12）：从 20cm 到 60cm 的土壤湿度呈现出高—低—高的变化趋势，以不同深度平均湿度为例，20cm 处土壤湿度为 10.75%、40cm 处土壤湿度为 10.41%、60cm 处土壤湿度为 13.62%，由此可知在 60cm 处土壤储水效果明显，土壤湿度为三个深度中的最大值，土壤含水量丰富，有利于葡萄的长期生长。

**表 7-12　葡萄基地不同深度土壤湿度变化**　　(%)

| 监测深度 / 监测时间 | 20cm 土壤湿度 | 40cm 土壤湿度 | 60cm 土壤湿度 | 平均湿度 |
|---|---|---|---|---|
| 3 月中旬 | 8.68 | 8.19 | 11.38 | 9.42 |
| 3 月下旬 | 8.67 | 8.21 | 11.42 | 9.44 |
| 4 月上旬 | 8.94 | 8.43 | 11.63 | 9.67 |
| 4 月中旬 | 10.61 | 9.44 | 12.28 | 10.78 |
| 4 月下旬 | 11.90 | 11.09 | 14.61 | 12.53 |
| 5 月上旬 | 11.54 | 10.87 | 14.70 | 12.37 |
| 5 月中旬 | 11.37 | 10.73 | 14.72 | 12.27 |
| 5 月下旬 | 11.85 | 11.78 | 15.05 | 12.89 |
| 6 月上旬 | 12.50 | 12.34 | 15.52 | 13.45 |
| 6 月中旬 | 11.93 | 11.87 | 15.24 | 13.02 |
| 6 月下旬 | 11.16 | 11.25 | 14.39 | 12.26 |
| 7 月上旬 | 10.77 | 10.38 | 13.50 | 11.55 |
| 7 月中旬 | 10.32 | 10.56 | 13.35 | 11.41 |
| 7 月下旬 | 11.16 | 10.98 | 13.80 | 11.98 |
| 8 月上旬 | 9.89 | 10.06 | 12.76 | 10.90 |
| 平均值 | 10.75 | 10.41 | 13.62 | 11.60 |

由图 7-12 数据可知，即使在 3 月中旬到 4 月上旬表层土壤湿度较低的情况下（20cm 深度处 3 月中旬 8.68%、3 月下旬 8.67%、4 月上旬 8.94%），60cm 深度处的土壤深度也能保持在 11%以上（3 月中旬 11.38%、3 月下旬 11.42%、4 月上旬 11.63%）。

但是不同的季节、降水量、葡萄生长情况对土壤的湿度影响较大，根据数据显示，3 月中旬到 4 月上旬土壤平均湿度低于 10%，分别为 9.42%、9.44%、

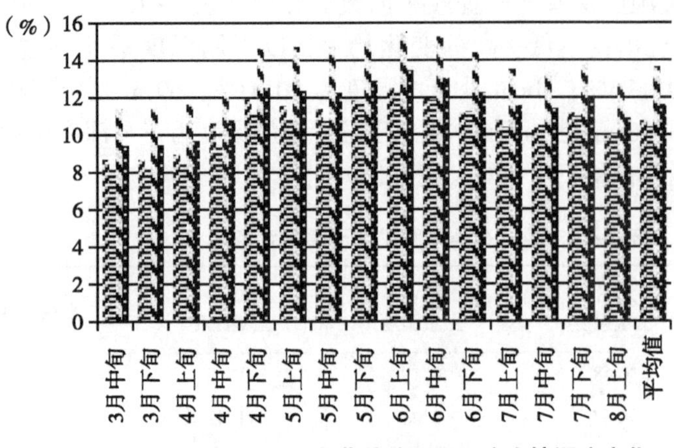


**图 7-12　葡萄基地不同深度土壤湿度变化**

9.67%，4 月中旬到 6 月上旬，土壤平均湿度持续增加，在 5 月下旬到 6 月中旬土壤平均湿度达到最高，分别为 12.98%、13.45%、13.02%，从 6 月下旬开始湿度逐渐降低。

（3）葡萄基地与荒漠草原土壤湿度差异性分析。通过表 7-13 数据显示，贺兰山葡萄基地与草原对照区相比，土壤中的含水量较高，葡萄基地土壤含水量平均在 11.60%、对照区为 6.65%，对照区的土壤湿度比葡萄地低了接近两倍。在 4 月下旬和 5 月下旬土壤湿度差距较大，4 月下旬葡萄地的土壤湿度为 12.53%，对照区的土壤湿度为 5.78%，5 月下旬的葡萄地的土壤湿度为 12.89%，对照区的土壤湿度为 6.33%，两个地区的土壤湿度差距较大，存在显著性差异。

**表 7-13　葡萄基地与荒漠草原土壤湿度差异性分析**　（%）

| 监测时间＼监测对象 | 葡萄基地土壤湿度 | 荒漠草原土壤湿度 |
|---|---|---|
| 3 月中旬 | 9.42 | |
| 3 月下旬 | 9.44 | 5.12 |
| 4 月上旬 | 9.67 | 5.51 |
| 4 月中旬 | 10.78 | 5.69 |
| 4 月下旬 | 12.53 | 5.78 |
| 5 月上旬 | 12.37 | 5.86 |

（续表）

| 监测对象<br>监测时间 | 葡萄基地土壤湿度 | 荒漠草原土壤湿度 |
|---|---|---|
| 5月中旬 | 12.27 | 6.25 |
| 5月下旬 | 12.89 | 6.33 |
| 6月上旬 | 13.45 | 8.95 |
| 6月中旬 | 13.02 | 9.01 |
| 6月下旬 | 12.26 | 7.29 |
| 7月上旬 | 11.55 | 6.82 |
| 7月中旬 | 11.41 | 5.82 |
| 7月下旬 | 11.98 | 7.45 |
| 8月上旬 | 10.90 | 7.28 |
| 平　均 | 11.60 | 6.65 |

分析上述主要原因在于：对照区属于自然干旱区，降水量较少、地表植被盖度较低，使得该地区的土壤水分蒸发较快，光照强度较高，植被的蒸腾作用加快，导致该地区土壤不能有效的储存水分，以至于水分大量流失，即便在雨季土壤湿度也不足10%。

葡萄地在葡萄休眠期地表裸露水分散失较为严重，因此在3月中旬到4月上旬的土壤湿度不足10%，但随着葡萄的生长，能避免太阳光的直射，降低地表水分的蒸发。在葡萄生长期间，会不定期地对葡萄林地进行补水灌溉，补充植株消耗的水分，因此葡萄地土壤湿度相对较大，与对照区存在显著性差异。

## 第二节　贺兰山东麓葡萄基地建设对地表风蚀的影响研究

### 一、研究目标

以酿酒葡萄为重点研究对象，以玉米农田、天然草地、林地等周边主要立地类型为对照，在贺兰山东麓葡萄种植基地开展大面积葡萄基地建设对产区周围生态环境的影响评价研究，从耕地质量、地下水位、风蚀情况、小气候、盐渍化等方面综合评价基地建设带来的正负效应，并找出现有管理模式中对环境质量潜在

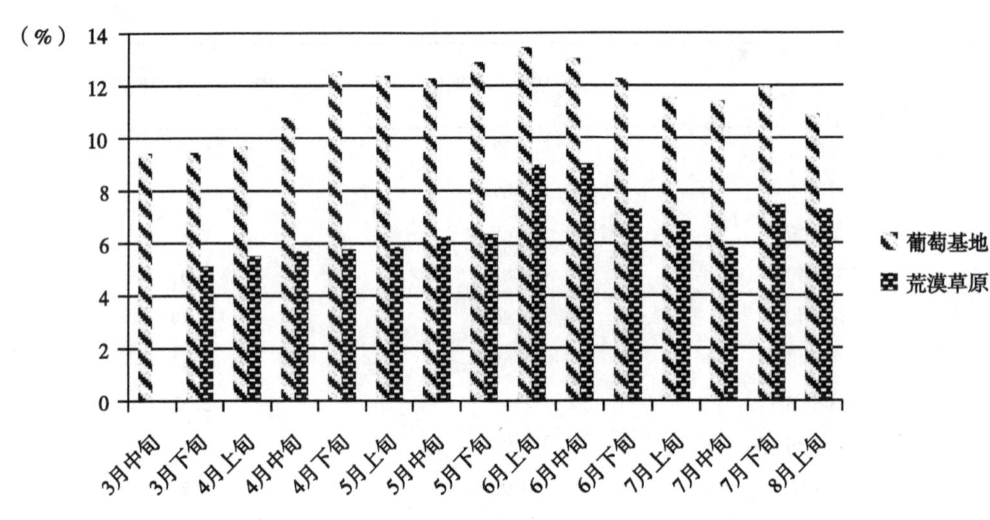


**图 7-13　葡萄基地与荒漠草原土壤湿度差异性分析**

危险的因素，提出解决方案。

## 二、葡萄基地建设对主产区风蚀环境的影响评价研究

贺兰山东麓地处绿洲-荒漠交错带，位于东经 105° 45′ ~ 106° 27′，北纬 37°43′~39°05′，该区属中温带干旱气候区，具典型的大陆性气候特点，光能资源丰富，热量适中，干旱少雨，昼夜温差大，无霜期 160 ~ 170d。该区域地处宁夏黄河冲积平原和贺兰山冲积扇之间，土壤为淡灰钙土，以沙砾土或杂以碎石为主，土壤表面沙面多孔，下层土质紧密、松软。植被为山前荒漠草原。生态严酷，土地荒漠化严重，伴随着生态移民与产业开发，人类活动对退化土地的扰动日益突出。同时，贺兰山东麓由于特殊的冷凉气候与沙质土壤，特别适合酿酒葡萄的栽植，是《宁夏葡萄产业规划》确定的两个重点产业带之一，而且近年来发展速度明显加快。因此，明确不同风蚀环境地表风蚀水平通量，量化不同林龄酿酒葡萄种植基地风蚀特征及相互差异，客观评价葡萄种植基地对周边沙尘暴贡献程度，制定科学合理的管理措施是亟待解决的问题。

为进一步量化和监测评价葡萄基地建设对产区地表风蚀环境的影响程度，制定可行的防控措施。全程监测研究了 1 年、3 年、9 年等不同林龄葡萄基地，以及农田、防护林地、原始荒漠草原地貌、樟子松人工林地、不同季节翻耕整理的新开葡萄基地，以及葡萄地秋埋土春放苗过程中农田地表、垄内等不同风蚀环境条件下的土壤空间风蚀特征，全面开展了葡萄基地建设对产区风蚀环境的影响评价研究工作。主要监测指标包括不同监测高度平均风速、地表粗糙度、摩阻速度、风脉动性、防风效能等主要风蚀特征监测研究。其中风蚀量分别利用诱捕法和集沙仪观测法。不同土地利用类型风蚀环境基本情况如表 7–14 所示。

**表 7–14　不同土地利用类型风蚀环境基本情况**

| 样地类型 | 地貌状况 | 植被状况 |
| --- | --- | --- |
| 道路防护林 | 贺兰山沿山公路边，15 年左右新疆杨防护林，地表有枯枝落叶，杂草覆被较好，无明显地表裸露 | 新疆杨疏透型防护林，5 行，带宽 15m，株行距 1m×3m，林带保存完整，林高 15~16m，林下植被盖度为 20%~45% |
| 人工樟子松林 | 地表有覆盖很少凋落物，植株较稀疏 | 樟子松林，生长状况良好，林下植被盖度为 42% |
| 玉米农田 | 当年秋季翻耕，平整，冬灌水后越冬，地表凝冻，防护林完善 | 林、路、渠道边有较高地表覆盖的植被，农田地表无植被 |
| 3 年葡萄地 | 当年秋季葡萄埋土机耕起垄翻耕，垄高 40cm 左右，土壤含水量较小，地表裸露，覆盖有大量砾石，质地较为疏松，表层略有物理结皮 | 疏透型网格状防护林完善但林带树种较低，未成林，地表基本无植被，基本无杂草等护土植株残留 |
| 9 年葡萄地 | 当年秋季葡萄埋土机耕起垄翻耕，垄高 40cm 左右，土壤含水量较小，地表裸露，由于多年灌溉已形成质地深厚的灌淤土，质地较为疏松，但表层物理结皮明显 | 疏透型成熟网格状防护林完善，林带树种 16~18m 高，完全成林，地表基本无植被，基本无杂草等护土植株残留 |
| 荒漠草原（对照） | 贺兰山原始地貌地表零星分布猪毛蒿、亲蒿，冠芒草等 | 生长状况一般，高度 30~50cm，植被覆盖度为 15%~70% |

自 2016 年 5 月开始，利用诱捕法进行了为期 1 年的风蚀监测工作的基础上，2017 年除了继续利用诱捕法进行风蚀监测外，在项目任务书规定的所有监测地貌类型中均开展了土壤空间风蚀特征研究。利用 2m 高转动式集沙仪，监测高度分别为 10cm、50cm、100cm、150cm、200cm 共 5 组不同垂直高度土壤风蚀情况，每月测定 1 次。对比分析不同风蚀环境地表风蚀量、沙粒粒径分布特征等主要技术参数，量化酿酒葡萄种植基地及周边典型景观地貌风蚀规律及相互差异，明确葡萄基地建设对周边沙尘暴贡献程度提供评价依据。具体如下。

1. 不同土地利用类型风蚀特征研究

（1）诱捕法。

①试验目的。风蚀沙化不但影响风蚀地区农业生产，也威胁着下风地区环境

安全。针对贺兰山东麓地区大面积新开垦的葡萄种植地，持续开展了不同风蚀环境条件下的不同风蚀环境风蚀特征研究，揭示不同土地利用方式对土壤风蚀的影响。从改善环境和发展经济两方面综合考虑，为实施宁夏贺兰山东麓葡萄生态长廊工程提供理论与技术依据，亦为该区域未来生态保护与综合开发建设决策提供参考。

②试验处理。以大面积分布的3年、9年生葡萄农田为重点研究对象，以贺兰山沿山区域玉米农田、天然草地、道路防护林、农田防护林、正在大规模机械整地的葡萄施工基地等周边主要立地类型为对照，从2016年3月至2017年的6月，在该区域的大风季节，每月进行一次各种覆被类型下土壤输沙量的实地监测，每处理重复6次。收集沙粒样品时，将现场发现有动物破坏或异常的样品剔除后，剩余样品数据取其平均数。为对比分析出不同风蚀环境地表风蚀水平通量、沙粒粒径分布特征等主要技术参数，量化酿酒葡萄种植基地及周边典型景观地貌风蚀规律及相互差异，明确葡萄基地建设对周边沙尘暴贡献程度提供评价依据。

③样地选择。在大范围实地调查基础上，选取了代表性的样地。该样地的原生植被是天然荒漠草原，在人为的干扰作用下，开垦农田，植树造林。近年来，由于贺兰山东麓百万亩酿酒葡萄生态长廊工程的实施，同时具备荒漠草原原始地貌、人工林、农田和葡萄种植基地等典型地貌类型。样地地形平坦，各地类位置相邻，处于同一地貌，成土母质和小气候环境等自然地理特征一致。

④监测方法。利用诱捕法，在各观测地内选择平整且保证具有原始地被物覆盖的基础上，同时放置口径7cm的集沙容器，放置时要保证容器口与地表持平，并且把容器周围的空隙填平，尽量使其保持原状，待有风蚀现象时容器对过境沙粒进行收集。期间及时观察容器内沙粒沉降情况。按不同月份及时收集该容器的沙粒，并进行称量，累加记录后对比衡量不同立地类型土壤风蚀量。其中葡萄基地由于当年秋季进行了机械开沟覆土，地貌分地表和垄沟两种，分别进行了取样后，对原始数据进行了平均。

⑤监测结果。2017年监测结果表明（表7-15）：在各监测样地中，不同土地利用类型地表风蚀量从大到小依次为3年葡萄基地>樟子松林地> 9年葡萄基地>道路防护林>荒漠草原（对照）>玉米农田。但道路防护林、樟子松林地、9年葡萄基地之间相差不大，均在964.903~1 028.717t/（$km^2$·年）。与对照组荒漠草原相比，除玉米农田由于冬灌措施和在完善的防护林体系保护下风蚀量相对较小外，3年、9年葡萄基地、道路防护林、樟子松林地等地貌类型风蚀量均明

显较高。其中以3年葡萄地表风蚀量最大，是对照荒漠草原的2.2倍。主要是由于3年葡萄基地秋翻耕覆土后地表机械挠动性大，无植被覆盖，土壤质地疏松，土壤含水量较低，但有相当比例的砾石，防护林网健全但未成林，防护功能不完善。与之相反的是9年葡萄基地虽然机械作业与3年葡萄基地相同，但由于灌溉时间较长，防护林网健全，防护功能完善，林、路、渠网配套后地表残留物覆盖率较高。同时，由于长时间的灌溉形成的灌淤土农田物理结皮明显，风蚀量明显较低。玉米农田由于冬灌后形成了冻凝层和物理结皮、完善的农田防护林网等，风蚀量与9年葡萄基地也较类似，为各监测地貌中最低。

**表7-15　不同土地利用类型地表风蚀量监测结果（诱捕法）**

| 地貌类型＼监测时间 | 12月（g） | 1月（g） | 2月（g） | 3月（g） | 4月（g） | 5月（g） | 6月（g） | 平均（g） | 侵蚀模数［t/（km²·年）］ | 较对照倍数 | 侵蚀强度 |
|---|---|---|---|---|---|---|---|---|---|---|---|
| 道路防护林 | 1.112 | 0.413 | 0.071 | 0.237 | 0.602 | 0.214 | 4.774 | 1.060 | 964.903 | 1.415 | 轻度 |
| 玉米农田 | 0.083 | 0.081 | 0.108 | 0.768 | 0.891 | 0.358 | 1.155 | 0.492 | 447.619 | 0.657 | 轻度 |
| 樟子松林地 | 0.308 | 0.318 | 0.587 | 1.863 | 0.879 | 0.159 | 3.800 | 1.131 | 1 028.717 | 1.509 | 轻度 |
| 3年葡萄基地 | 0.208 | 1.444 | 0.518 | 4.315 | 0.744 | 0.210 | 4.097 | 1.648 | 1 499.607 | 2.200 | 轻度 |
| 9年葡萄基地 | 0.097 | 0.876 | 0.072 | 0.147 | 0.360 | 0.228 | 5.744 | 1.075 | 978.010 | 1.435 | 轻度 |
| 荒漠草原（对照） | 0.770 | 0.133 | 0.082 | 0.523 | 0.545 | 0.037 | 3.155 | 0.749 | 681.767 | 1.000 | 轻度 |

注：土壤侵蚀强度参照《宁夏通志·地理环境卷》，2008

2016年监测结果表明：不同土地利用类型地表风蚀量从大到小依次为葡萄基地新开地> 1年葡萄基地>荒漠草原（对照）>樟子松林地>道路防护林。葡萄基地新开地累计风蚀量高达5 432.60t/km²，远高于葡萄基地累计风蚀量3 863.25 t/km²，也就是说在葡萄基地建立后，随着时间的推移，葡萄基地路、渠、道等地被物越稳定，基地防护林网越完善，地表风蚀越小，对周边沙尘暴防护的贡献率越高。

⑥结论与讨论。两年监测结果表明：新开发的葡萄基地地表风蚀量均明显高于原始地貌荒漠草原（对照），特别是葡萄基地当年新开地和开垦后投入正常使用的1~3年葡萄基地，时间越长，至8~9年后，由于防护林网日趋完善，地表灌淤土日渐形成，地表物理结皮日益明显，地面覆被物相对增多，地表风蚀量也随之越小。

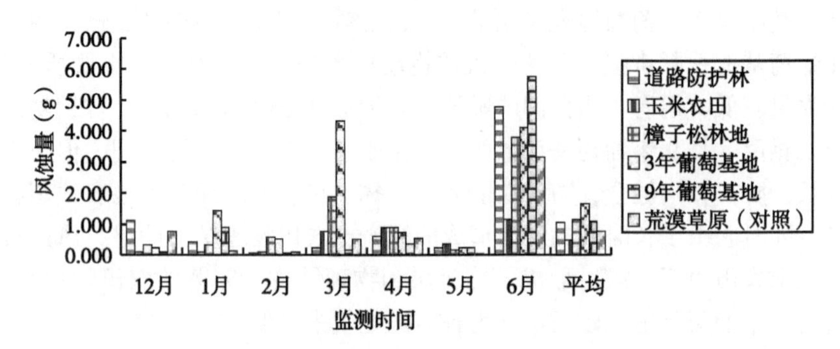


**图 7-14　不同土地利用类型地表风蚀量动态监测（诱捕法）**

通过对全年主要风蚀季节不同时间段诱捕法风蚀量监测结果表明（图 7-14），葡萄基地秋翻耕埋土后到次年 6 月间均是风蚀量易发季节，其中以 3 月、4 月、6 月风蚀量最大，其中 6 月由于采用的诱捕监测法，期间降水量明显影响到了风蚀监测结果，实际收集到的沙粒实际上是风蚀与降水时雨滴溅起的沙粒，而实际监测发现由于降水溅入的沙量明显高于风蚀量，因此实际风蚀量最大产生在 3—4 月，以 3 月为最高。秋埋土后当年 12 月，风蚀量也占有一定比例但不严重。

（2）集沙仪法。

①试验方法。利用 2m 高的转动式集沙仪，自 2017 年 3 月开始，至 6 月结束在多个大风日下监测了不同林龄葡萄基地、玉米农田、樟子松林地、道路防护林等多个风蚀监测点风蚀指标。集沙量监测高度分别为距离地面垂直高度 5cm、50cm、100cm、150cm、200cm，集沙盒入风口长宽分别为 45mm×30mm，集沙盒前部长宽 75mm×30mm，后部长宽 80mm×90mm，装集沙盒架子尾部设有风向标，风蚀过程中可随风向及时调整方向，以保证集沙盒入风口随时面对风向。集沙盒可灵活装取。每供试样地放置集沙仪 3 个，在整个风蚀季节长期放置，每月月底将集沙盒收集到的沙量统一回收。每处理重复 3 次，取其平均数后即可得该监测点的集沙量。

②监测结果。利用集沙仪法监测结果表明（表 7-16），在各监测样地中，不同土地利用类型地表风蚀量从大到小依次为 3 年葡萄基地>荒漠草原（对照）>樟子松林地>玉米农田> 9 年葡萄基地。但玉米农田、樟子松林地、9 年葡萄基地集沙量之间相差不大，均在 0. 145～0. 178g。随着监测高度的增加，每监测点风蚀量均明显减少，说明所有监测点由风蚀产生的流沙量均以就地起沙为主，但 9 年葡萄基地总体集沙量最低，而且 5cm 高度与 50cm、100cm、150cm 和 200cm 监

测高度风蚀量非常接近，说明该样地外来沙粒占有相当比重，就地起沙现象不明显。

**表 7-16　不同土地利用类型不同监测高度地表风蚀量动态监测结果（集沙仪法）**　(g)

| 风蚀环境（监测内容） | 高度（时间） | 3 月 | 4 月 | 5 月 | 6 月 | 平均 |
|---|---|---|---|---|---|---|
| 樟子松防护林 | 5cm | 0. 181 | 0. 636 | 0. 215 | 0. 309 | 0. 335 |
| | 50cm | 0. 000 | 0. 732 | 0. 139 | 0. 203 | 0. 269 |
| | 100cm | 0. 000 | 0. 258 | 0. 145 | 0. 212 | 0. 154 |
| | 150cm | 0. 000 | 0. 000 | 0. 116 | 0. 170 | 0. 071 |
| | 200cm | 0. 000 | 0. 000 | 0. 091 | 0. 155 | 0. 062 |
| | 平均 | 0. 036 | 0. 325 | 0. 141 | 0. 210 | 0. 178 |
| 玉米农田 | 5cm | 0. 907 | 0. 157 | 0. 196 | 0. 338 | 0. 399 |
| | 50cm | 0. 125 | 0. 114 | 0. 118 | 0. 079 | 0. 109 |
| | 100cm | 0. 137 | 0. 089 | 0. 136 | 0. 112 | 0. 119 |
| | 150cm | 0. 083 | 0. 091 | 0. 146 | 0. 111 | 0. 108 |
| | 200cm | 0. 094 | 0. 109 | 0. 168 | 0. 122 | 0. 123 |
| | 平均 | 0. 269 | 0. 112 | 0. 153 | 0. 153 | 0. 172 |
| 3 年葡萄基地 | 5cm | 8. 506 | 1. 488 | 0. 279 | 5. 318 | 3. 898 |
| | 50cm | 0. 920 | 0. 188 | 0. 082 | 0. 268 | 0. 364 |
| | 100cm | 0. 407 | 0. 150 | 0. 054 | 0. 130 | 0. 185 |
| | 150cm | 0. 183 | 0. 162 | 0. 080 | 0. 095 | 0. 130 |
| | 200cm | 0. 101 | 0. 151 | 0. 098 | 0. 211 | 0. 140 |
| | 平均 | 2. 023 | 0. 428 | 0. 118 | 1. 205 | 0. 943 |
| 荒漠草原（原始地貌对照） | 5cm | 2. 212 | 7. 680 | 0. 278 | 2. 455 | 3. 156 |
| | 50cm | 0. 167 | 0. 647 | 0. 210 | 0. 247 | 0. 318 |
| | 100cm | 0. 081 | 0. 411 | 0. 101 | 0. 180 | 0. 193 |
| | 150cm | 0. 000 | 0. 340 | 0. 081 | 0. 148 | 0. 142 |
| | 200cm | 0. 000 | 0. 376 | 0. 130 | 0. 121 | 0. 157 |
| | 平均 | 0. 492 | 1. 891 | 0. 160 | 0. 630 | 0. 793 |

（续表）

| 风蚀环境 \ 监测内容 | 时间 \ 高度 | 3月 | 4月 | 5月 | 6月 | 平均 |
|---|---|---|---|---|---|---|
| 七泉沟9年葡萄 | 5cm | 0.129 | 0.063 | 0.211 | 0.287 | 0.173 |
| | 50cm | 0.095 | 0.077 | 0.210 | 0.296 | 0.169 |
| | 100cm | 0.163 | 0.104 | 0.138 | 0.237 | 0.160 |
| | 150cm | 0.065 | 0.071 | 0.083 | 0.179 | 0.099 |
| | 200cm | 0.129 | 0.065 | 0.140 | 0.164 | 0.124 |
| | 平均 | 0.116 | 0.076 | 0.156 | 0.233 | 0.145 |
| 平均 | 5cm | 2.007 | 3.222 | 0.273 | 1.201 | 1.676 |
| | 50cm | 0.403 | 0.689 | 0.170 | 0.240 | 0.375 |
| | 100cm | 0.179 | 0.235 | 0.123 | 0.188 | 0.181 |
| | 150cm | 0.063 | 0.126 | 0.102 | 0.157 | 0.112 |
| | 200cm | 0.068 | 0.110 | 0.106 | 0.133 | 0.104 |
| | 平均 | 0.544 | 0.877 | 0.155 | 0.384 | 0.490 |

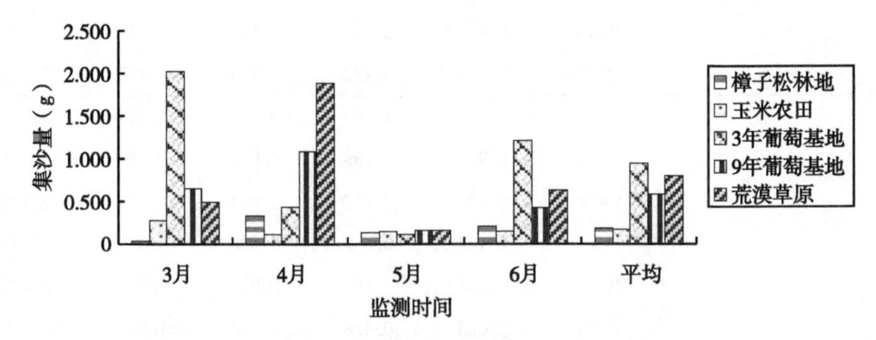


**图 7-15　不同土地利用类型风蚀量监测结果（集沙仪法）**

③不同月份风蚀量差异。从 2017 年集沙仪法监测结果表明（图 7-15），3 月、4 月各处理风蚀量最大，5 月最小。

④不同监测高度集沙量。从不同监测高度集沙量来看（图 7-16），各处理间均以 5cm 高度集沙量最大，且随着监测高度的增加呈规律的递减。其中 5cm、50cm、100cm、150cm 和 200cm 高度分别占总集沙量的 72%、11%、7%、5%和 5%（图 7-17）。

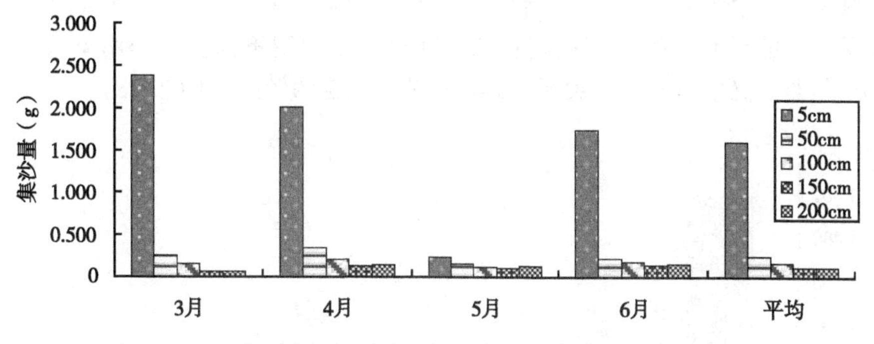


**图 7-16　不同土地利用类型不同监测高度集沙量（集沙仪法）**

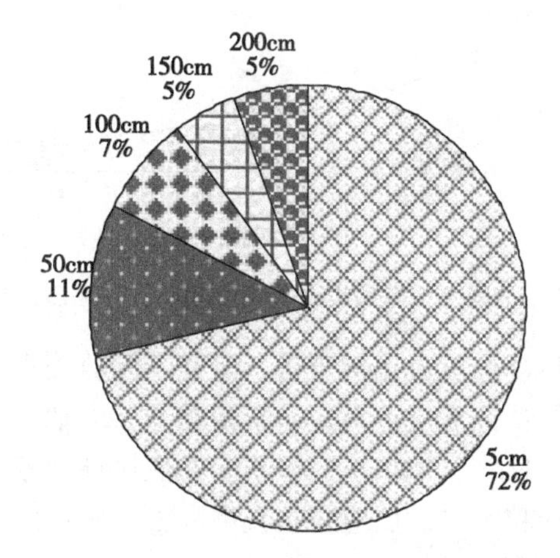


**图 7-17　不同立地类型不同监测高度平均集沙量所占比例**

⑤不同土地利用类型集沙量与监测高度相关性。研究不同土地利用类型集沙量与监测高度之间的相关性，可以明确集沙量与监测高度之间的关系，判断和估测随着高度的规律变化，集沙量随之发生的相关变化，为进一步估测和明确随着距离地表垂直高度的增加，可能会产生的风蚀量，为充分了解和掌握不同土地利用类型垂直梯度内可能产生的风蚀量提供可估判的数学模型。从而为确定该区域风蚀环境沙粒主要来源提供判断依据。在通常情况下，就地起沙现象越明显，底层沙重量百分比越高，并且随着高度的增加集沙量会呈乘幂或多项式规律的递减。如本次试验将所有地貌类型的集沙量进行平均后，利用 Excel 图表中“添加趋势线”功能，分析集沙量与监测高度之间的关系，分别选择线性、对数、多项

式、乘幂、指数等曲线进行拟合后，当选择呈乘幂曲线后，发现集沙量与监测高度相关系数的平方（$R^2$）值最高达到了 0.9061，说明不同土地利用类型集沙量平均值与监测高度符合乘幂关系，并且相关性拟合的较好（图 7-18）。

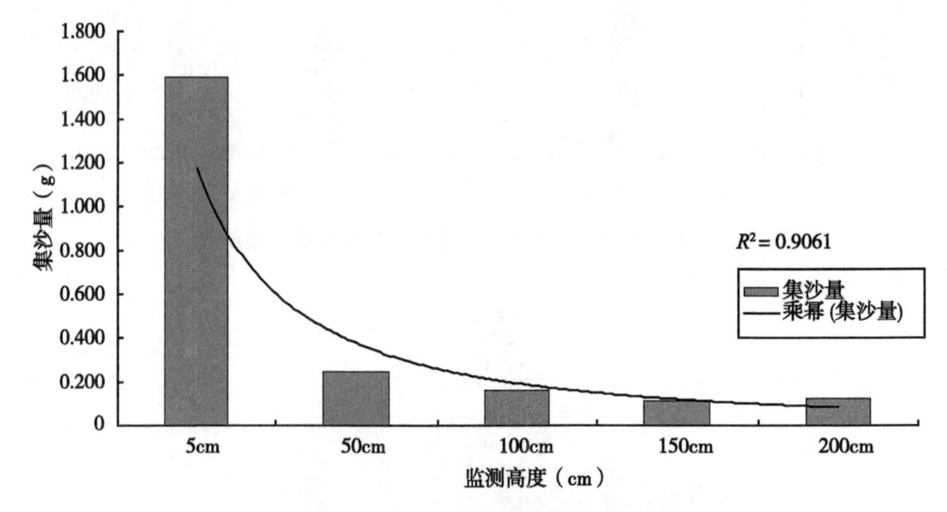


**图 7-18　不同土地利用类型不同监测高度与集沙量相关性**

⑥不同监测高度集沙量所占比例分析。研究不同监测高度对确定该风蚀环境沙粒来源、风沙流结构特征意义重大。通常情况下，就地起沙现象越明显，底层沙量所占百分比越高。反之，如果该区域不易发生风蚀现象，则监测到的集沙量一般以周边环境外来沙粒为主，反应在垂直高度上，则以距离地表较高的部分所占的沙粒重量百分比越高。

分别对宁夏贺兰山 3 年葡萄基地、9 年葡萄基地、玉米农田、樟子松林地、未开发的荒漠草原原始地貌对照区等周边风蚀环境监测表明（图 7-19），3 年葡萄基地、荒漠草原原始地貌对照区距离地表 5cm 垂直高度的集沙量所占比例分别达到了 82%和 79%，说明上述两类监测区域由于地表覆盖度低，农田防护林系统不完善，就地起沙明显。而 3 年葡萄基地 150cm、200cm 较高层集沙量所占比例均都为 3%，荒漠草原原始地貌对照区集沙量所占比例均分别仅为 4%。

与之相反的是，9 年葡萄基地、玉米农田、樟子松林地 5cm 高度集沙量所占比例分别为 24%、46%、38%；150cm 高度集沙量所占比例分别可达 14%、13%、8%；200cm 高度集沙量所占比例分别可达 17%、14%、17%。由于上述风蚀环境中农田防护林体系完善、土壤墒情较好、地表覆盖或质地环境较稳定，地表自身

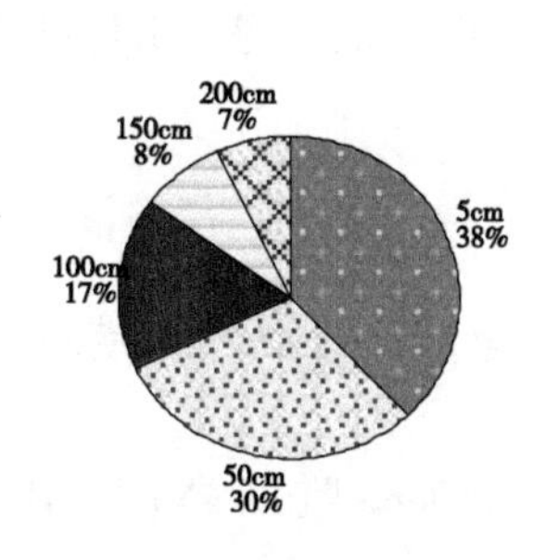


（1）樟子松林地

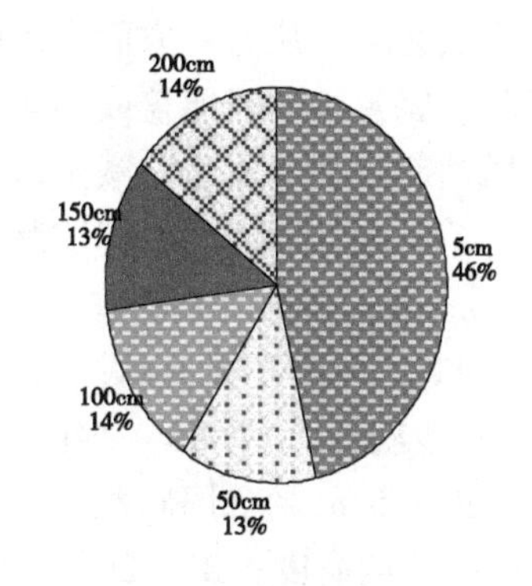


（2）玉米农田

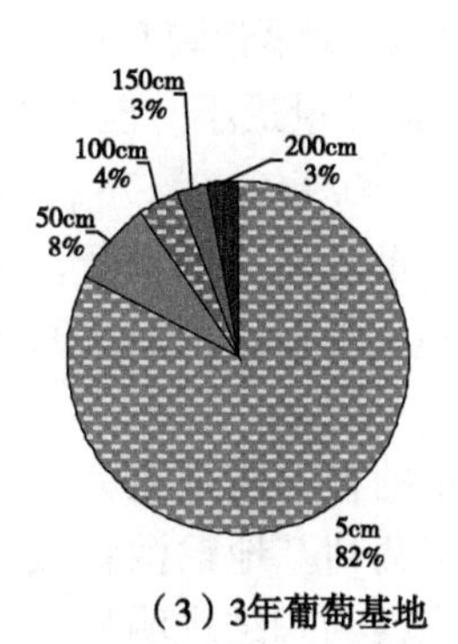


（3）3年葡萄基地

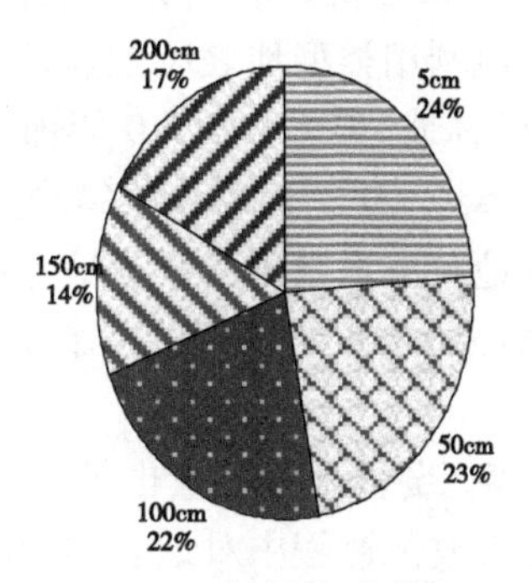


（4）9年葡萄基地

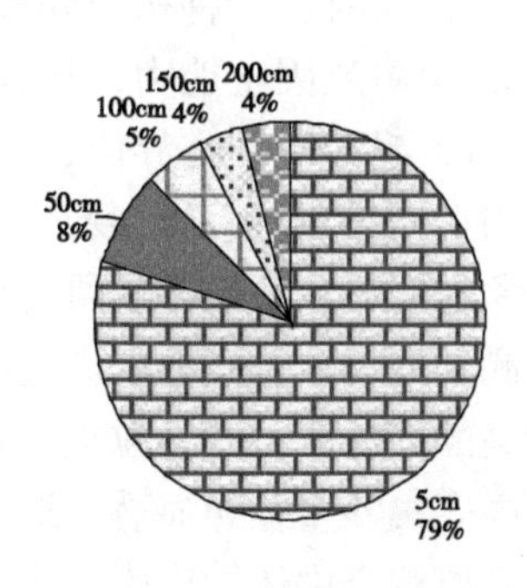


（5）荒漠草原（原始地貌对照区）

**图 7-19　不同立地类型不同监测高度集沙量所占比例**

防风固土能力较强，而周边外来“入侵”沙粒所占比例较大，因此不是风蚀防控重点区域。从另一方面也表明，完整的农田防护林体系、有效地表覆盖或墒情保障、完善的地表覆盖或多年耕种后形成的稳定的物理结皮系统，均可很好的防治风蚀起沙现象发生，减少沙害损失。

⑦不同立地类型不同监测高度集沙量方差分析。

a. 因素名称。

A1：樟子松防护林；A2：玉米农田；A3：3 年葡萄基地；A4：荒漠草原（原始地貌对照）；A5：9 年葡萄基地。

B1：5cm 监测高度；B2：50cm 监测高度；B3：100cm 监测高度；B4：150cm 监测高度；B5：200cm 监测高度。

b. 结果分析。利用集沙仪法监测结果表明（图 7-20），在各监测样地中，不同土地利用类型地表风蚀量从大到小依次为 3 年葡萄基地>荒漠草原（对照）>樟子松林地>玉米农田> 9 年葡萄基地。9 年葡萄基地风蚀量最小。但玉米农田、樟子松林地、9 年葡萄基地集沙量之间差异不显著，均在 0.145~0.178g。而 3 年葡萄基地与玉米农田、樟子松林地、9 年葡萄基地集沙量之间差异显著，荒漠草原（对照）与玉米农田、樟子松林地、9 年葡萄基地和 3 年葡萄基地之间差异不显著。

3 年葡萄基地输沙量也较大，主要是由于生长 3 年的葡萄苗木较大，秋天覆土和春天放苗过程中对地表的影响干扰活动较大；9 年葡萄基地输沙量最小，主要是由于长期的灌水施肥，地表结构趋于好转，土壤表面物理结皮明显，地表黏结力大，抗风蚀能力增强，同时由于种植时间较长，农田防护林系统完善，在风蚀季节充分发挥了防护林网防风固土能力，地表粗糙力与覆盖度明显较大，减少了地表风蚀侵蚀力，提高了起沙风的临界值，输沙量明显减小。

研究不同监测高度对确定该风蚀环境沙粒来源、风沙流结构特征意义重大。通常情况下，就地起沙现象越明显，底层沙量所占百分比越高。反之，如果该区域不易发生风蚀现象，则监测到的集沙量一般以周边环境外来沙粒为主，反应在垂直高度上，则以距离地表较高的部分所占的沙粒重量百分比越高。分析表明：5cm 监测高度集沙量与其他监测高度集沙量差异显著，随着监测高度的增加，每监测点风蚀量均明显减少，说明所有监测点由风蚀产生的流沙量均以就地起沙为主。

⑧结论与讨论。集沙仪法监测结果与诱捕法监测到的 3 年葡萄基地>樟子松林地> 9 年葡萄基地>道路防护林>荒漠草原（对照）>玉米农田结果相比，3 年葡萄基地风蚀集沙量均最大。同时与 2016 年诱捕法监测到的葡萄基地新开地与 1 年葡萄基地风蚀量最大且葡萄基地新开地风蚀量明显大于 1 年葡萄基地的监测结

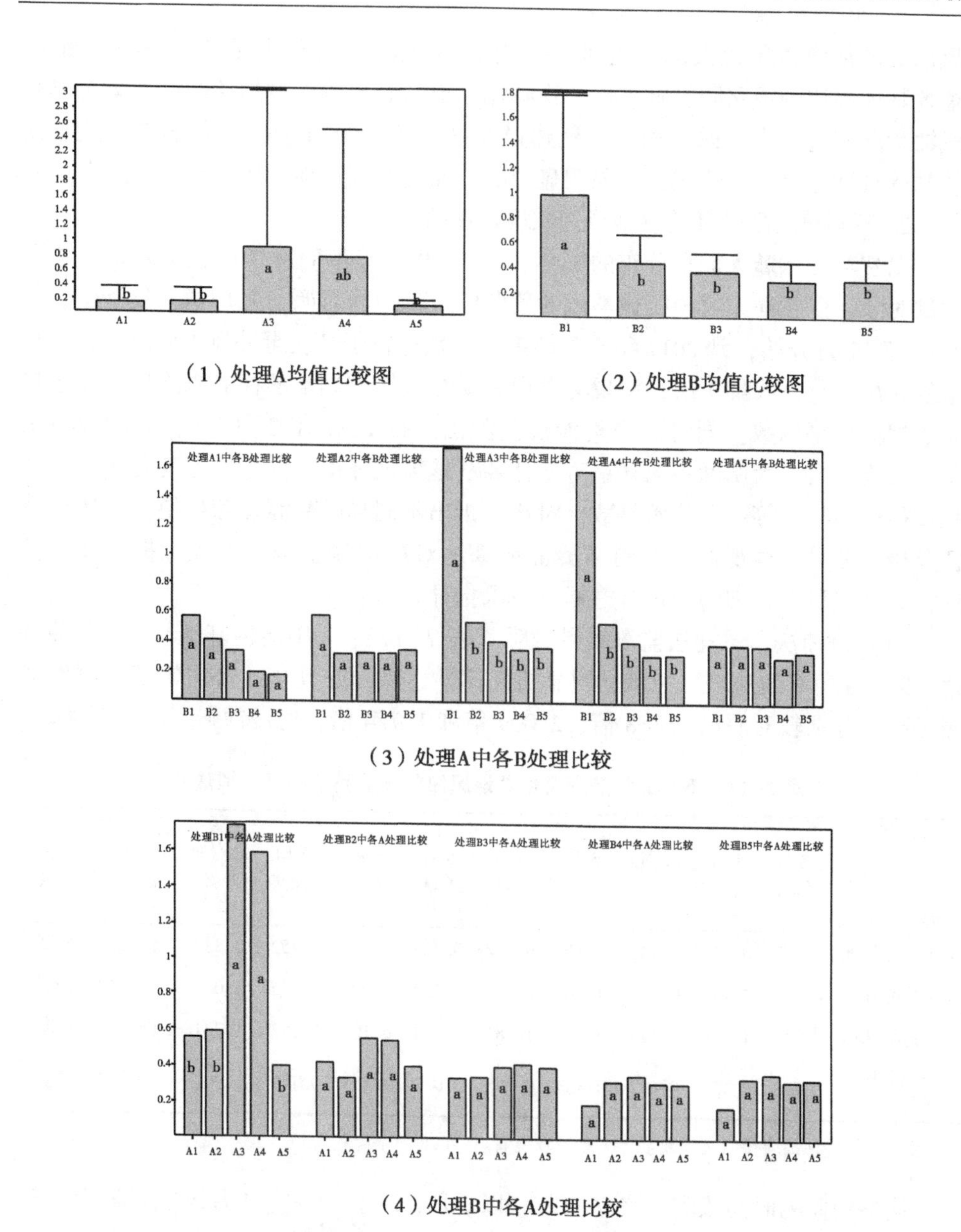


（1）处理A均值比较图

（2）处理B均值比较图

（3）处理A中各B处理比较

（4）处理B中各A处理比较

**图 7-20　不同立地类型不同监测高度集沙量各项指标差异性的双因素方差分析**

果，均完全相符。说明新开垦的葡萄基地和种植年限较短的 1～3 年葡萄基地，风蚀集沙量均明显较大，但达到 8～9 年后，风蚀量就会明显降低。与之相比，葡萄基地周边的道路防护林、樟子松林地、玉米农田等典型地貌与 9 年葡萄基地风蚀状况相差不大，说明葡萄基地建设 8～9 年后，由于基地环境日趋稳定，防护林网日渐完善，地表风蚀现象明显减少，而且与周边地貌风蚀相当或减少。

2. 不同林龄酿酒葡萄基地风蚀状况监测研究

以贺兰山东麓大面积分布的 1 年、3 年、9 年等不同林龄的葡萄基地为主要供试对象，以正在大规模机械整地的葡萄施工基地为对照，采用诱捕集沙法，自 2016 年 11 月开始，到 2017 年 6 月结束，分别进行了 7 次野外风蚀监测，每处理重复 6 次，每月收集 1 次，将现场发现有动物破坏或异常的样品剔除后，剩余样品数据取其平均数。同时利用集沙仪监测法，自 2017 年 3 月开始到 6 月结束，每月收集 1 次。为明确不同开垦时期葡萄基地风蚀环境风蚀量动态变化规律、沙粒粒径分布特征等主要技术参数，对比分析出不同林龄酿酒葡萄种植基地风蚀特征及相互差异，客观评价不同林龄葡萄基地对周边沙尘暴贡献程度提供评价依据，为制定科学合理的管理措施提供技术指导。

（1）诱捕法。诱捕法监测结果表明（表 7-17）：1 年葡萄基地、3 年葡萄基地、9 年葡萄基地地表风蚀量呈明显的规律性递减，并且风蚀量均较荒漠草原对照区高。分别较对照高 2.338 倍、2.009 倍和 1.724 倍，但侵蚀强度均为轻度。

**表 7-17　不同林龄酿酒葡萄基地风蚀状况监测结果（诱捕法）**

| 地貌类型＼监测时间 | 12 月（g） | 1 月（g） | 2 月（g） | 3 月（g） | 4 月（g） | 5 月（g） | 6 月（g） | 平均（g） | 较对照倍数 | 侵蚀模数［t/（km²·年）］ | 侵蚀强度 |
|---|---|---|---|---|---|---|---|---|---|---|---|
| 1 年葡萄基地 | 0.582 | 3.117 | 0.149 | 2.620 | 0.798 | 0.226 | 4.773 | 1.752 | 2.338 | 1 594.252 | 轻度 |
| 3 年葡萄基地 | 0.208 | 1.444 | 0.518 | 4.315 | 0.744 | 0.210 | 3.097 | 1.505 | 2.009 | 1 369.618 | 轻度 |
| 9 年葡萄基地 | 0.113 | 1.010 | 0.118 | 0.198 | 1.181 | 0.320 | 6.100 | 1.292 | 1.724 | 1 175.213 | 轻度 |
| 荒漠草原（对照） | 0.770 | 0.133 | 0.082 | 0.523 | 0.545 | 0.037 | 3.155 | 0.749 | 1.000 | 681.767 | 轻度 |

注：土壤侵蚀强度参照《宁夏通志·地理环境卷》，2008

从不同监测时间段看（图 7-21），以 6 月、3 月、1 月、4 月风蚀量最大，其中 6 月数值主要由于降水与风蚀共同作用的结果，以降水飞溅为主，这也是诱捕法监测地表风蚀技术缺陷之一。因此以 3 月、1 月、4 月风蚀量最大。

（2）集沙仪法。利用 2m 高转动式集沙仪在 2017 年 3—6 月主要风蚀季节，

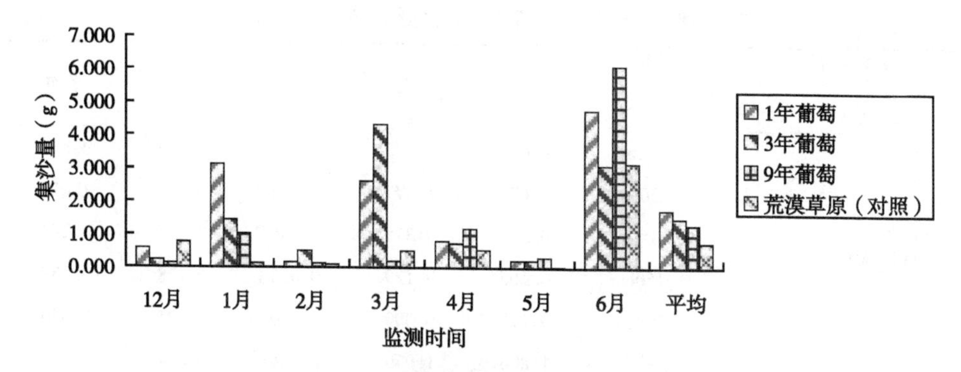


**图 7-21　不同林龄葡萄基地表风蚀量动态监测结果（诱捕法）**

分别对当年春季新开垦基地、1 年葡萄基地、3 年葡萄基地、9 年葡萄基地的不同林龄葡萄基地进行了定位监测，以荒漠草原原始地貌为对照，每月月底收集，每处理重复 3 次，取其平均数。监测高度分别为 5cm、50cm、100cm、150cm、200cm。结果如下。

①集沙量监测。可以看出（表 7-18），输沙量大小顺序依次为：当年春季新开垦地>3 年葡萄基地>荒漠草原>1 年葡萄基地>9 年葡萄基地。当年新开垦葡萄基地地风蚀输沙量最大，9 年葡萄基地风蚀量最小。以荒漠草原地为对照，1 年葡萄基地、9 年葡萄基地的风蚀量分别比对照减少了 20.7%、73.0%，当年新开垦葡萄基地、3 年葡萄基地的风蚀量比荒漠草原原始地貌对照区分别增加了 46.4%、102.95%和 19.0%。当年春开垦基地风蚀输沙量大主要是因为新开垦耕基地深翻疏松，土壤表层变的疏松裸露，原有自然植被均被完全破坏，整个农田由于无防护林网等配套措施，几乎全裸的完全暴露于大自然之中，输沙量最大；3 年葡萄基地输沙量也较大，也明显大于 1 年葡萄基地，主要是由于生长 3 年的葡萄苗木较大，秋天覆土和春天放苗过程中对地表的影响干扰活动较大于 1 年葡萄基地；9 年葡萄基地输沙量最小，主要是由于长期的灌水施肥，地表结构趋于好转，土壤表面物理结皮明显，地表黏结力大，抗风蚀能力增强，同时由于种植时间较长，农田防护林系统完善，在风蚀季节充分发挥了防护林网防风固土能力，地表粗糙力与覆盖度明显较大，减少了地表风蚀侵蚀力，提高了起沙风的临界值，输沙量明显减小。

**表 7-18　不同林龄葡萄基地风蚀量监测（集沙仪法）**　(g)

| 监测内容/地貌类型 | 高度\时间 | 3月 | 4月 | 5月 | 6月 | 平均 |
|---|---|---|---|---|---|---|
| 当年春季新开垦基地 | 5cm | 6.605 | 7.575 | 0.466 | 2.614 | 4.315 |
| | 50cm | 1.626 | 1.877 | 0.172 | 0.375 | 1.013 |
| | 100cm | 0.513 | 0.315 | 0.096 | 0.196 | 0.280 |
| | 150cm | 0.166 | 0.129 | 0.085 | 0.178 | 0.139 |
| | 200cm | 0.119 | 0.000 | 0.000 | 0.105 | 0.056 |
| | 平均 | 1.806 | 1.979 | 0.164 | 0.694 | 1.161 |
| 1年葡萄基地 | 5cm | 7.579 | 0.386 | 0.095 | 1.688 | 2.437 |
| | 50cm | 1.279 | 0.126 | 0.043 | 0.171 | 0.405 |
| | 100cm | 0.386 | 0.212 | 0.021 | 0.157 | 0.194 |
| | 150cm | 0.159 | 0.000 | 0.038 | 0.126 | 0.081 |
| | 200cm | 0.000 | 0.000 | 0.045 | 0.062 | 0.027 |
| | 平均 | 1.881 | 0.145 | 0.048 | 0.441 | 0.629 |
| 3年葡萄基地 | 5cm | 8.506 | 1.488 | 0.279 | 5.318 | 3.898 |
| | 50cm | 0.920 | 0.188 | 0.082 | 0.268 | 0.364 |
| | 100cm | 0.407 | 0.150 | 0.054 | 0.130 | 0.185 |
| | 150cm | 0.183 | 0.162 | 0.080 | 0.095 | 0.130 |
| | 200cm | 0.101 | 0.151 | 0.098 | 0.211 | 0.140 |
| | 平均 | 2.023 | 0.428 | 0.118 | 1.205 | 0.943 |
| 9年葡萄基地 | 5cm | 2.526 | 0.129 | 0.032 | 0.563 | 0.812 |
| | 50cm | 0.426 | 0.042 | 0.014 | 0.057 | 0.135 |
| | 100cm | 0.193 | 0.071 | 0.007 | 0.052 | 0.081 |
| | 150cm | 0.080 | 0.000 | 0.013 | 0.042 | 0.034 |
| | 200cm | 0.000 | 0.000 | 0.015 | 0.021 | 0.009 |
| | 平均 | 0.645 | 0.048 | 0.016 | 0.147 | 0.214 |

（续表）

| 监测内容 时间<br>地貌类型 高度 | | 3月 | 4月 | 5月 | 6月 | 平均 |
|---|---|---|---|---|---|---|
| 荒漠草原原始地貌（对照） | 5cm | 2.212 | 7.680 | 0.278 | 2.455 | 3.156 |
| | 50cm | 0.167 | 0.647 | 0.210 | 0.247 | 0.318 |
| | 100cm | 0.081 | 0.411 | 0.101 | 0.180 | 0.193 |
| | 150cm | 0.000 | 0.340 | 0.081 | 0.148 | 0.142 |
| | 200cm | 0.000 | 0.376 | 0.130 | 0.121 | 0.157 |
| | 平均 | 0.492 | 1.891 | 0.160 | 0.630 | 0.793 |
| 平均 | 5cm | 5.485 | 3.452 | 0.230 | 2.528 | 2.924 |
| | 50cm | 0.884 | 0.576 | 0.104 | 0.224 | 0.447 |
| | 100cm | 0.316 | 0.232 | 0.056 | 0.143 | 0.187 |
| | 150cm | 0.117 | 0.126 | 0.059 | 0.118 | 0.105 |
| | 200cm | 0.044 | 0.105 | 0.058 | 0.104 | 0.078 |
| | 平均 | 1.369 | 0.898 | 0.101 | 0.623 | 0.748 |

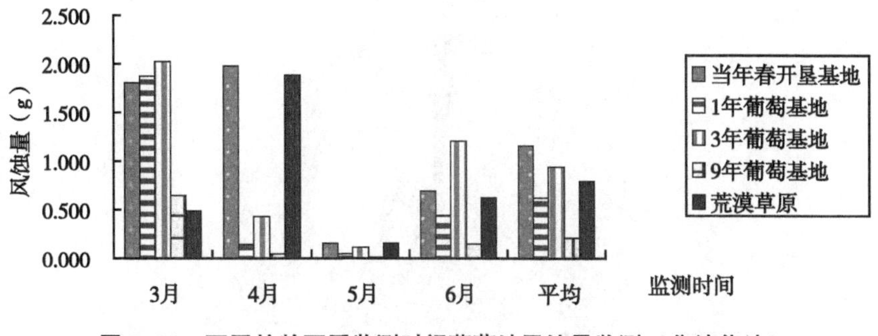


图 7-22　不同林龄不同监测时间葡萄地风蚀量监测（集沙仪法）

②不同监测时间风蚀量分析。从时间跨度来看（图 7-22），1 年葡萄基地、3 年葡萄地、9 年葡萄基地输沙量高峰值出现在 3 月，当年春季新开垦地、荒漠草原原始地貌最大输沙量出现在 4 月。这与田间生产活动相吻合，此时段春暖地融，土表疏松裸露，又是大风多发时段，又无有效降水，地表含水量较低，地表处于裸露状态，很容易发生风蚀现象，则输沙量高；而 5 月份输沙量较小，是因为防护林原始植被等均开始展枝吐叶，地表覆盖度有所增加，对降低风速作用明

显，另外地表开始灌水湿润，土壤表面张力增大，增加了起沙风的临界值，不易发生风蚀，则输沙量低。

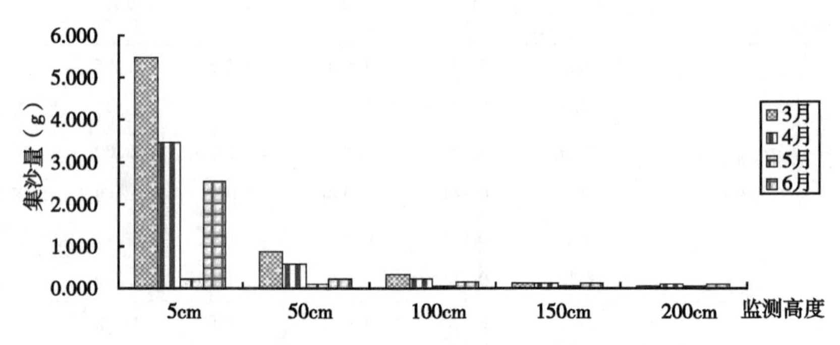


图 7-23　不同林龄不同监测高度葡萄基地表空间风蚀状况（集沙仪法）

③不同监测高度集沙量。各样地的输沙量大小均随监测高度增加而呈规律的递减（图 7-23）。其中 5cm 高度集沙量占各监测样地平均总集沙量的 78%，50cm、100cm、150cm、200cm 高度分别占总集沙量的 12%、5%、3%和 2%（图 7-24）。

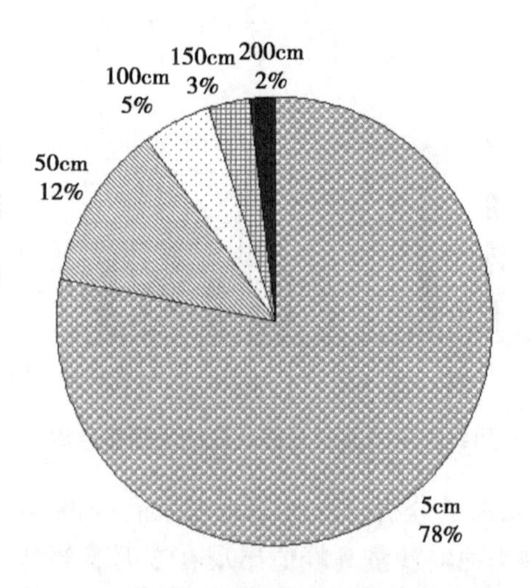


图 7-24　不同监测高度集沙量所占百分比

从不同林龄酿酒葡萄基地风蚀状况检测数据表明（2016 监测数据），累计风蚀强度的对比情况：葡萄新开地 > 1 年葡萄基地 > 3 年葡萄基地 > 荒漠草原 > 9

年葡萄基地。其中 9 年葡萄基地的平均风蚀量仅为 0.4g，总风蚀轻度为 211.88 t/km$^2$。说明葡萄基地建设时间越久，路、渠、道等地被物越稳定，基地防护林网越完善，地表风蚀越小，对周边沙尘暴防护的贡献率越高。

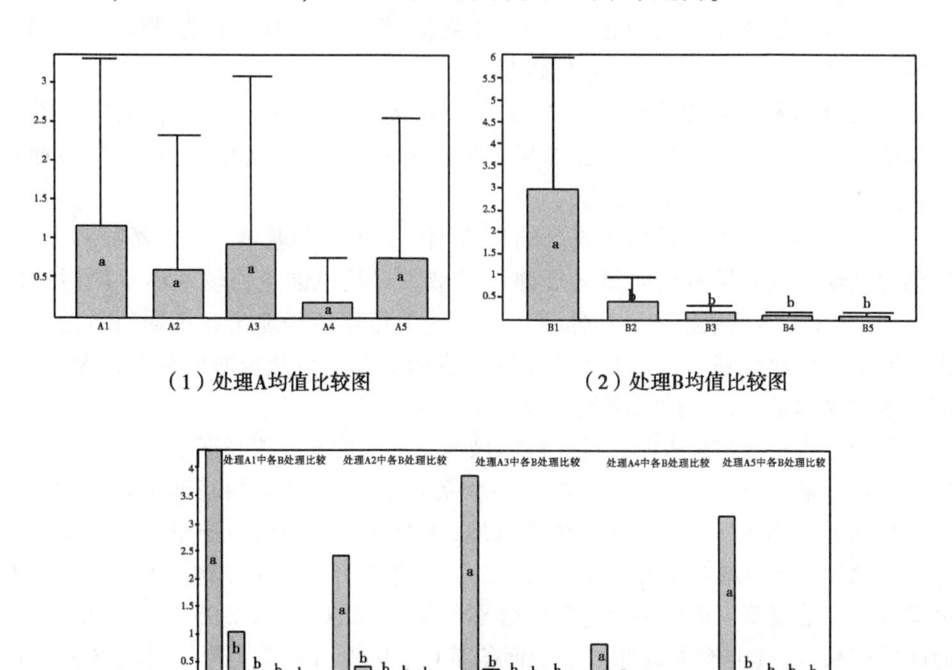


（1）处理A均值比较图

（2）处理B均值比较图

（3）处理A中各B处理比较

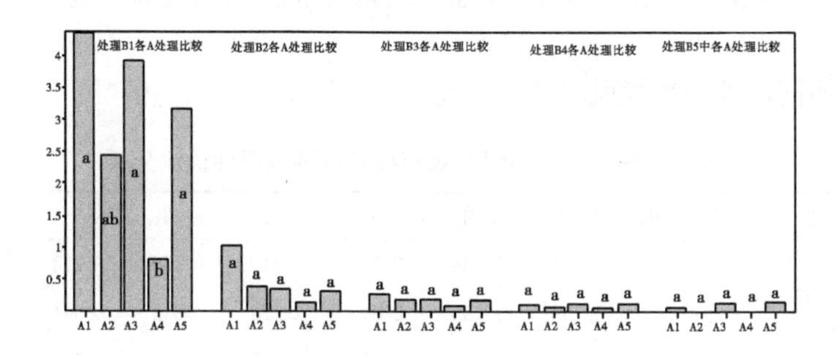


（4）处理B中各A处理比较

**图 7-25　不同林龄葡萄基地各项指标差异性的双因素方差分析**

a. 因素名称。

A1：当年春季新开垦地；A2：1 年葡萄基地；A3：3 年葡萄基地；A4：9 年葡萄基地；A5：荒漠草原（原始地貌对照）。

B1：5cm 监测高度；B2：50cm 监测高度；B3：100cm 监测高度；B4：150cm 监测高度；B5：200cm 监测高度。

b. 结果分析。可以看出（图 7-25），输沙量大小顺序依次为：当年春季新开垦地>3 年葡萄基地>荒漠草原>1 年葡萄基地>9 年葡萄基地。但不同林龄葡萄基地之间风蚀输沙量差异不显著。

（3）结论与讨论。诱捕法监测结果表明：1 年葡萄基地、3 年葡萄基地、9 年葡萄基地地表风蚀量呈明显的规律性递减，并且风蚀量均较荒漠草原对照区高。而 2016 年监测数据表明：葡萄新开地 > 1 年葡萄基地 > 3 年葡萄基地 > 荒漠草原 > 9 年葡萄基地。基本规律相同。说明葡萄基地建设时间越久，路、渠、道等地被物越稳定，防护林网越完善，地表风蚀越小。

集沙仪法监测结果表明：各样地的输沙量大小均随监测高度增加而呈规律的递减。输沙量大小顺序依次为：当年春季新开垦地>3 年葡萄基地>荒漠草原>1 年葡萄基地>9 年葡萄基地。1 年葡萄基地、9 年葡萄基地的风蚀量分别比荒漠草原原始地貌对照区减少了 20.7%、73.0%，当年新开垦葡萄基地、3 年葡萄基地的风蚀量比荒漠草原原始地貌对照区分别增加了 46.4%、102.95%和 19.0%。从时间跨度来看，1 年葡萄基地、3 年葡萄基地、9 年葡萄基地输沙量高峰值出现在 3 月，当年春季新开垦基地、荒漠草原原始地貌最大输沙量出现在 4 月。特别是在 3—5 月强沙尘过程中，由于贺兰山对西北向强劲风力阻挡后，葡萄基地正处于风力加速抬升区域，同时也大面积分布于银川市西北风口处，地表风蚀现象明显。

3. 不同微地貌环境风蚀特征研究

**表 7-19 不同葡萄农田微环境地表风蚀监测分析** （g）

| 立地类型 | 地表微环境 | 12 月 | 1 月 | 2 月 | 3 月 | 4 月 | 5 月 | 6 月 | 平均 |
|---|---|---|---|---|---|---|---|---|---|
| 当年春季新开垦基地 | 地面 | 0.124 | 0.244 | 0.156 | 0.310 | 0.139 | 0.212 | 7.379 | 1.223 |
| | 沟内 | 0.258 | 2.195 | 0.098 | 2.225 | 0.345 | 0.541 | 13.756 | 2.774 |
| | 平均 | 0.191 | 1.219 | 0.127 | 1.267 | 0.242 | 0.377 | 10.568 | 1.998 |

（续表）

| 立地类型 | 地表微环境 | 12月 | 1月 | 2月 | 3月 | 4月 | 5月 | 6月 | 平均 |
|---|---|---|---|---|---|---|---|---|---|
| 上年秋季新开垦基地 | 地面 | 0.250 | 0.162 | 0.100 | 0.192 | 0.484 | 0.179 | 8.340 | 1.387 |
| | 沟内 | 0.289 | 0.404 | 0.199 | 0.236 | 0.535 | 0.263 | 14.825 | 2.393 |
| | 平均 | 0.269 | 0.283 | 0.149 | 0.214 | 0.509 | 0.221 | 11.582 | 1.890 |
| 1年葡萄基地 | 地面 | 0.764 | 1.848 | 0.082 | 4.628 | 0.652 | 0.342 | 4.532 | 1.835 |
| | 沟内 | 0.399 | 4.386 | 0.216 | 0.613 | 0.944 | 0.110 | 5.014 | 1.669 |
| | 平均 | 0.582 | 3.117 | 0.149 | 2.620 | 0.798 | 0.226 | 4.773 | 1.752 |
| 3年葡萄基地 | 地面 | 0.215 | 1.445 | 0.115 | 4.506 | 0.726 | 0.207 | 3.182 | 1.485 |
| | 沟内 | 0.201 | 1.443 | 0.922 | 4.124 | 0.762 | 0.213 | 5.012 | 1.811 |
| | 平均 | 0.208 | 1.444 | 0.518 | 4.315 | 0.744 | 0.210 | 4.097 | 1.648 |
| 9年葡萄基地 | 地面 | 0.097 | 0.876 | 0.072 | 0.147 | 0.360 | 0.228 | 5.744 | 1.075 |
| | 沟内 | 0.130 | 1.143 | 0.164 | 0.249 | 2.003 | 0.413 | 6.456 | 1.508 |
| | 平均 | 0.113 | 1.010 | 0.118 | 0.198 | 1.181 | 0.320 | 6.100 | 1.292 |
| 荒漠草原（对照） | | 0.770 | 0.133 | 0.082 | 0.523 | 0.545 | 0.037 | 3.155 | 0.749 |

综合分析表明（表7-19、图7-26）：除1年葡萄基地外，当年春季新开垦基地、上年秋季新开地等监测样地平均风蚀量均为沟内大于地面，并且均大于荒漠草原对照组，平均风蚀量也均为地面大于沟内。说明由于葡萄种植耕作对增加地表风蚀具有一定增加作用。

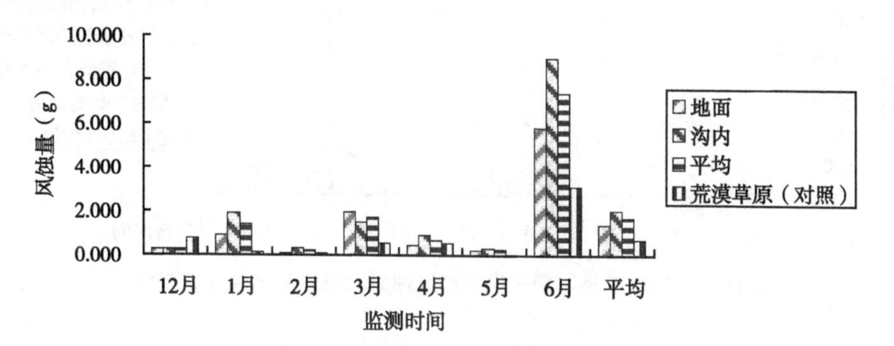


图7-26　不同葡萄农田微环境地表风蚀量监测分析

4. 不同开垦时间诱捕法风蚀特征研究

**表 7-20　葡萄基地不同开垦时间地表风蚀量监测（诱捕法）** (g)

| 监测时间<br>监测对象 | 12 月 | 1 月 | 2 月 | 3 月 | 4 月 | 5 月 | 6 月 | 平均 |
|---|---|---|---|---|---|---|---|---|
| 开垦 3 年未耕种基地 | 0.599 | 0.565 | 0.091 | 0.291 | 2.980 | 0.571 | 7.289 | 1.769 |
| 当年春季新开垦基地 | 0.191 | 1.219 | 0.127 | 1.267 | 0.242 | 0.377 | 10.568 | 1.998 |
| 上年秋季新开垦基地 | 0.269 | 0.283 | 0.149 | 0.214 | 0.509 | 0.221 | 11.582 | 1.890 |
| 种植 9 年葡萄基地 | 0.113 | 1.010 | 0.118 | 0.198 | 1.181 | 0.320 | 6.100 | 1.292 |
| 荒漠草原（对照） | 0.770 | 0.133 | 0.082 | 0.523 | 0.545 | 0.037 | 3.155 | 0.749 |
| 平　均 | 0.388 | 0.642 | 0.113 | 0.499 | 1.091 | 0.305 | 7.739 | 1.540 |

对不同开垦时间诱捕法监测结果表明（表 7-20、图 7-27），平均风蚀量为当年春季新开垦基地>上年秋季新开垦基地>开垦 3 年未耕种基地>种植 9 年葡萄基地>荒漠草原（对照）。表明新开垦葡萄基地风蚀量均普遍大于耕种多年的葡萄样地和荒漠草原（对照）样地。从月变化规律来看，以 6 月最多，主要是由于降水飞溅造成数据偏大，其他月份以 4 月、1 月、3 月、5 月较多。

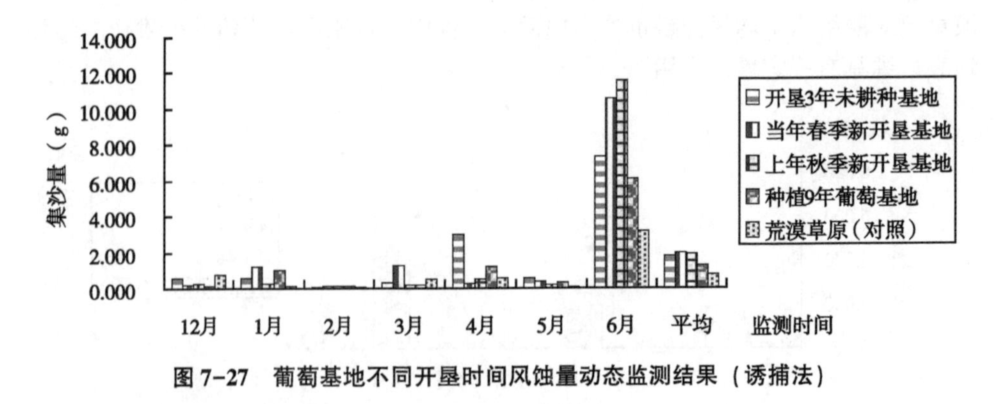


**图 7-27　葡萄基地不同开垦时间风蚀量动态监测结果（诱捕法）**

## 三、结论与讨论

（1）在酿酒葡萄基地建设前期、初期的 1~3 年内，秋覆土春放苗过程中，风蚀量明显较大，地表风蚀量与葡萄林龄相关性不显著。但耕种 8~9 年后，基地防护林基本完善，地表风蚀量与周边的道路防护林、樟子松林地、玉米农田等典型地貌风蚀状况接近或减少，说明葡萄基地建设时间越久，地表风蚀越小。

(2) 当年12月至次年6月，葡萄基地易发生风蚀，春季风蚀量一般均较秋冬季严重。风蚀过程可明显增加地表风蚀集沙量和 $PM_{2.5}$、$PM_{10}$ 等可吸入颗粒，7—10月基本无风蚀现象发生。

(3) 集沙仪法监测结果表明：各样地的输沙量大小均随监测高度增加而呈规律的递减，随着葡萄农田开垦后耕种时间越长，风蚀集沙量越小，到8~9年后风蚀集沙量明显较荒漠草原原始地貌对照组低。

(4) 葡萄基地开发对产区风蚀影响作用明显，特别是新开地和种植3年左右的新基地，对产区风蚀量特别是 $PM_{2.5}$、$PM_{10}$ 增加作用非常明显。其中2m高度 $PM_{2.5}$ 是增加了10~15倍，$PM_{10}$ 增加了10~40倍。但当葡萄林龄达到9年左右，由于地表土壤稳定、防护林系统不断完善，风蚀量明显减少。因此，开发过程中，特别要注重新开地和新基地的风蚀防护，尽可能避开风害严重的3—5月，同时，应该制定配套完善的风蚀防护措施，如开发前期营建完善有效的防护林体系，分区域、分时段逐步开发，以及保证较高的地表墒情等。由此可见，贺兰山葡萄产业开发必须与防护林网建设、整体规律、生态保护等有机结合，才能保证生态、经济与社会效益共赢。

## 主要参考文献

宁夏通志编纂委员会．宁夏通志·地理环境卷［M］. 北京：方志出版社，2008.

# 第八章　国家退耕还林工程在干旱风沙区实施效果监测评价

## 第一节　国家退耕还林工程生态效益监测进展

### 一、退耕还林工程建设意义

长期以来由于人们对生态环境采取重用轻管、急功近利、竭泽而渔等做法，导致全国森林数量和质量不断下降，使土壤涵养水源、保持水土的功能降低，导致了我国水土流失不断加剧、风沙危害日趋严重。生态环境的恶化，加剧了自然灾害，加剧了贫困程度，给国民经济和社会发展造成了极大的危害。退耕还林工程是我国近些年来进行生态修复重大工程之一，是党中央、国务院从国家长远大局出发做出的重大决策，是减少水土流失、减轻洪涝灾害，以及保证大江大河下游地区人民生活长久安定、农民脱贫致富和实现国民经济可持续发展的重要举措，是一项利在当代、功德千秋、惠泽子孙后代的千秋伟业，是人们对自然规律的认识和国民经济发展到一定阶段的必然产物。

作为我国六大林业工程之一，与其他林业工程相比，退耕还林工程是迄今为止中国生态建设中政策性最强、投资量最大、涉及面最广和群众参与程度最高的一项生态建设工程。退耕还林是随着人类社会对生态环境认识水平的提高，特别是因经济发展而导致的各种生态灾难出现频率不断增加，所造成的损失越来越大的环境背景下，为了实现社会经济和生态文明建设的可持续发展，在寻求经济发展与生态环境保护之间的平衡之中采取的生态建设措施。研究与关注的焦点主要集中在：退耕还林（草）工程技术与模式研究、退耕还林利益相关方协调研究、退耕还林工程建设成效监测研究等方面。

### 二、开展退耕还林工程生态效益监测意义

为了加强退耕还林工程效益监测工作，及时、准确地反映退耕还林工程对生

态状况变化及经济与社会发展的影响，科学、全面地评价工程建设成效，为工程管理决策提供依据，推进工程建设健康发展，国家林业局2004年下发了《国家林业局关于做好退耕还林工程效益监测工作的通知》。2013年为回应社会各界对退耕还林的热切关注，科学评估退耕还林生态效益，客观地反映退耕还林对我国生态建设做出的巨大贡献，在国家林业局的统一部署下，国家林业局退耕还林（草）工程管理中心组织中国林业科学研究院等单位相关专家共同参与，启动退耕还林工程生态效益监测评估工作。

开展退耕还林工程生态效益监测评估，有利于推动建立符合生态文明要求的林业发展方式，有利于推进生态文明评价制度的建立，有利于生态文明考核制度的建立，有利于生态文明监管制度的建立。

## 三、退耕还林工程生态监测研究进展

在为期5年多的时间里，国家林业局退耕还林（草）工程管理中心和中国林业科学研究院等单位相关专家在国家林业局有关领导、相关司局的支持下，各工程省份和相关技术支撑单位人员辛勤劳动下，分区域分时段地完成了四期退耕还林工程生态效益监测国家系列报告，分别是《退耕还林工程生态效益监测国家报告（2013）》《退耕还林工程生态效益监测国家报告（2014）》《退耕还林工程生态效益监测国家报告（2015）》和《退耕还林工程生态效益监测国家报告（2016）》。

1.《退耕还林工程生态效益监测国家报告（2013）》

《退耕还林工程生态效益监测国家报告（2013）》首次对河北省、辽宁省、湖北省、湖南省、云南省和甘肃省6个重点监测省份，采用退耕还林工程生态连清体系，开展退耕还林工程生态效益监测评估工作。该报告第一次从国家层面，系统、科学地用“数字”反映退耕还林工程所取得的生态效益，是我国林业重点生态工程绩效评价的重大突破。该报告的发布，标志着我国退耕还林工程生态效益监测进入了统一规划、统一建设、统一管理、统一规范、统一标准的新阶段，对于不断提升退耕还林工程管理的科学化、精细化水平，健全和完善工程建设绩效评估、经验推广、问题反馈的体制机制具有重要意义。退耕还林工程生态效益评估用“数字”说话向人民“报账”，引起社会各界广泛关注。“中国政府网”“人民网”“中国林业网”和《中国绿色时报》等各大媒体、网络争相报道该报告的发布，以及相关的评估结果，有助于巩固现有成果、强化工程管理和促进工程范围的扩大。

2.《退耕还林工程生态效益监测国家报告（2014）》

《退耕还林工程生态效益监测国家报告（2014）》选择了长江中上游和黄河流域中上游流经的13个省份进行评估，在已有的基础上增强监测评估工作完善指标体系的选择，用数字反映退耕还林工程建设成效。该报告在前一本报告的基础上，根据评估区域存在的主要生态环境问题和当前人们广泛关注的大气环境问题，增加了森林防护功能指标，并单独评估了滞纳TSP和$PM_{2.5}$指标，进一步完善退耕还林工程生态连清体系，更有针对性、科学性、应用性的评估退耕还林工程建设生态成效，用实践证明森林生态连清体系是回答习近平总书记关于绿水青山到底价值多少金山银山的最佳科学途径。2015年9月23日中央电视台《朝闻天下》栏目报道了《退耕还林工程生态效益监测国家报告（2014）》的成果，引起强烈的社会反响。

3.《退耕还林工程生态效益监测国家报告（2015）》

（1）主导思想。《退耕还林工程生态效益监测国家报告（2015）》针对北方风沙区进行退耕还林工程生态效益监测评估，与长江、黄河流域中上游退耕还林有所不同，该地区退耕还林的主要目的为防风固沙，通过对北方沙化土地退耕还林工程生态效益的监测评估，有针对性的量化前期退耕还林工程在北方沙化土地实施所取得的生态成效，进一步强化各级林业部门对新一期退耕还林工程的管理与统筹谋划，保障工程建设质量和系统维护的可持续发展。

（2）评估范围。《国家报告》分别选择了黑龙江省、吉林省、辽宁省、河北省、山西省、内蒙古自治区、陕西省、甘肃省、宁夏回族自治区、新疆维吾尔自治区和新疆生产建设兵团10个省（自治区）和新疆建设兵团为评估区域。在数据采集上，利用了北方沙化土地退耕还林工程生态连清数据集、资源连清数据集和社会公共数据集。其中生态连清数据集包括省级区域和生态功能区开展10个省（自治区）和新疆建设兵团的68个市级区域和45个生态功能区的442个县级区域的评估数据。根据职能分工，宁夏农林科学院荒漠化治理研究所、宁夏林业厅退耕还林办公室分别为本书提供了生态资源连清数据和生态连清数据。

（3）评估结果。评估结果表明，截至2015年年底，北方沙化土地退耕还林工程10个省和新疆生产建设兵团物质量评估结果为：防风固沙91 918.66万t/年，吸收污染物41.93万t/年，固碳339.15万t/年，释氧726.78万t/年，涵养水源91 554.64万$m^3$/年，固土11 667.07万t/年。生态系统服务功能总价值量为1 263.07亿元。《国家报告》首次摸清了北方沙化土地退耕还林工程所发挥生态服务功能的物质量和价值量，全面评价了退耕还林工程建设生态成效，提高了人们对退耕还林工程的认知度，为退耕还林成果的巩固和高效推进奠定了基础。

（4）宁夏生态效益评估结果。根据《国家报告》资源连清数据，截至 2015 年年底，宁夏共实施退耕还林工程 86.47 万 $hm^2$。其中退耕还林工程沙化土地 10.72 万 $hm^2$，涉及 3 市 9 县和自治区农垦集团，占总退耕面积的 12.40%。严重沙化土地退耕还林工程 1.71 万 $hm^2$，涉及 2 市 3 县，占总退耕面积的 1.98%。

宁夏退耕还林工程物质量评估结果为：防风固沙 4 272.25万 t/年，吸收污染物 16 070t/年，固碳 12.76 万 t/年，释氧 27.76 万 t/年，涵养水源 1 637.48 万 $m^3$/年，固土 505.85 万 t/年。生态系统服务功能总价值量为 47.07 亿元。同时，作为 2016 年及今年实施退耕还林工程生态效益监测主要技术规范，对外公布了中华人民共和国林业行业标准《退耕还林工程生态效益监测与评估规范》（LY/T 2573—2016）。为进一步规范退耕还林工程监测工作提供了技术操作样本。

4.《退耕还林工程生态效益监测国家报告（2016）》

（1）主导思想。《退耕还林工程生态效益监测国家报告（2016）》首次对我国前一轮退耕还林工程所有涉及的 25 个工程省（自治区、直辖市）和新疆生产建设兵团生态功能的物质量和价值量进行评估，通过运用系统、科学地评价体系向管理决策者和人民提交一份详实的“答卷”，强化和践行“绿水青山就是金山银山”的意识和理念。退耕还林工程生态效益监测评估结果真实地反映了现阶段退耕还林工程的成效和特点，对新一轮退耕还林工程的顺利开展提供了指导，有利于决策部门针对区域主要生态问题，进行顶层设计、整体规划和管理，促进形成符合生态文明要求的发展方式。

（2）评估结果。截至 2015 年，全国退耕还林工程涵养水源总物质量为 385.23 亿 $m^3$/年，其中四川省涵养水源物质量最大，重庆市、湖南省、云南省等位居其下。全国退耕还林工程固土和保肥总物质量为63 355.50万 t/年和2 650.28 万 t/年，四川省固土和保肥物质量都为最大。全国退耕还林工程固碳和释氧为 4 907.85万 t/年和11 690.79万 t/年。其中，四川省、河北省、内蒙古自治区和贵州省固碳物质量大于 300 万 t/年，释氧物质量大于 700 万 t/年。全国退耕还林工程林木积累营养物质总物质量为 107.53 万 t/年，林木积累氮、磷和钾物质量差异较大，最大的省份分别为内蒙古自治区、河南省和内蒙古自治区。全国退耕还林工程提供空气负离子总物质量为 8 389.38×$10^{22}$个/年、吸收污染物总物质量为 314.83 万 t/年、滞尘总物质量为47 616.42万 t/年（其中，滞纳 TSP 38093.16 万 t/年，滞纳 $PM_{10}$ 3 296.35万 t/年，滞纳 $PM_{2.5}$ 1 318.36万 t/年）。全国退耕还林工程森林防护物质量主要针对防风固沙林，防风固沙总物质量为71 225.85万 t/年。

（3）生态价值。按照2016年现价评估，全国退耕还林工程每年产生的生态效益总价值量为13 824.49亿元/年，四川省退耕还林工程生态效益总价值量最大为1 701.65亿元/年，相当于2015年四川省生产总值的5.67%。全国退耕还林工程涵养水源总价值量为4 489.98亿元/年。其中，四川省涵养水源价值量最高，其次是重庆市。全国退耕还林工程保育土壤总价值量为1 145.98亿元/年，其中，四川省和甘肃省保育土壤价值量较高。全国退耕还林工程固碳释氧总价值量为2 198.93亿元/年，其中，四川省最高，河北省次之，均大于200亿元/年。全国退耕还林工程林木积累营养物质总价值量为143.48亿元/年，内蒙古自治区、陕西省、四川省和河南省林木积累营养物质的价值量均大于11亿元/年。全国退耕还林工程净化大气环境总价值量为3 438.06亿元/年。其中，滞纳TSP为367.75亿元/年，滞纳$PM_{10}$为933.95亿元/年，滞纳$PM_{2.5}$为1 387.84亿元/年。全国退耕还林工程生物多样性保护总价值量为1 802.44亿元/年，其中，四川省和重庆市生物多样性保护价值量最高大于190亿元/年。全国退耕还林工程森林防护总价值量为605.62亿元/年，其中，内蒙古自治区最高，为129.33亿元/年，占森林防护总价值量的21.35%。

系列报告全面评价了我国退耕还林工程所有区域的建设成效，提高了人们对退耕还林工程的认知程度，为已有退耕还林成果的巩固和新一轮退耕还林的深入推进奠定了基础，进一步地推动了我国生态文明建设。

退耕还林工程是一项“强农、惠农”的生态建设工程，因地制宜恢复林草植被，达到控制和减轻重点地区水土流失和风沙危害、优化国土利用结构、提高生产力、增加农民收入的目标。退耕还林实施以来，不仅大大加快了水土流失和土地沙化治理步伐，改善生态环境、提高农民生活质量，还带来了农村产业结构调整及地方生态经济协调发展等利民惠民的成效。生态文明建设功在当代、利在千秋，建设生态文明是中华民族永续发展的千年大计。

## 第二节　宁夏退耕还林工程生态效益监测进展

宁夏是全国退耕还林重点省区之一，也是全国生态重点示范建设省区，退耕还林立地类型多样，被誉为中国西北自然生态的盆景，有着典型的三种生态类型区，在宁夏开展退耕还林工程效益监测，具有很强的代表意义。宁南山区自2000年开始实施退耕还林（草）工程，各县都把退耕还林（草）工作作为调整农村产业结构、改善生态环境、增加农民收入的重大举措来抓，按照“严管林、慎用钱、质为先”的要求，通过精心组织，认真实施，较好地完成了国家下达的各项退耕还林工程建设任务。

为动态掌握各类退耕资源面积，进一步加强退耕还林工程生态效益监测工作，提高观测数据质量，客观评价退耕还林工程实施综合效益，为国家及自治区制定相关法律法规提供技术保障，在国家林业局退耕办、中国林业科学院指导与资助下，由宁夏回族自治区退耕还林与三北工作站、宁夏农林科学院荒漠化治理研究所合作开展了此项工作。

## 一、主要工作回顾

（1）动态开展了宁夏全区退耕还林总资源量清查工作。

（2）持续开展了重点监测区域气象资料收集与监测分析。

（3）全面开展了不同类型退耕还林工程林地土壤风蚀、林木生长状况、地表植被调查监测。

（4）开展了宁夏中部干旱带不同退耕还林地林分生长与土壤水分年度变化规律动态监测，为准确评价林地土壤水分提供了监测依据。

（5）开展了不同退耕还林地对土壤养分改良效果评价研究；

（6）开展了宁夏退耕还林工程社会经济效益的监测研究。

①监测研究的目的。获取退耕还林不同实施年限后，典型退耕还林区农业产业结构、农民收入及来源等数据，分析退耕还林工程对农村社会、经济的影响程度。

②监测进展。在各监测站所在地，各选 30 个典型退耕农户，采用问卷调查、半结构式访谈、关键人访谈及统计资料收集等方法，对家庭年度收入情况等进行跟踪调查，采集了监测站所在县、乡的财政收入数据、土地利用结构数据。

## 二、阶段性成果

1. 查清了目前宁夏全区退耕还林总资源量

截至 2017 年年底，宁夏已验收合格登记的退耕还林总资源面积为 86.85 万 $hm^2$，其中退耕还林资源面积 31.19 万 $hm^2$，荒山造林资源面积为 51.39 万 $hm^2$，封山育林资源面积为 4.26 万 $hm^2$。以灌木林为主，在退耕还林、荒山造林、封山育林资源面积中分别为 23.25 万 $hm^2$、42.46 万 $hm^2$、3.82 万 $hm^2$，生态林分别为 7.95 万 $hm^2$、8.59 万 $hm^2$、0.23 万 $hm^2$。

2. 监测基础得到不断补充和完善，基本建成了覆盖全自治区代表区域的退

耕还林监测网络

（1）在全区范围内已完成长期定位监测场11个，其中干旱风沙区7个，工矿型城市园林退耕地1个，黄土丘陵区3个，正在落实第12个监测场建设，已完成设备采购。

（2）完成主要沙生植物蒸散场1个、风蚀监测场3个、径流监测场1个，定期持续开展相关数据收集。

（3）布设水分监测点98个，风蚀监测点21个，植被监测点42个，持续开展了相关研究。

## 三、主要经验和做法

（1）立足长远，全面布局，确保监测工作的全面性、代表性、准确性。

（2）多方整合资金，保证监测工作的顺利实施。自2013年以来，共筹措各类资金101万元，其中专项监测经费55万元，项目整合经费46万元，保证了监测工作的全面开展。

（3）最大可能提高自动化监测程度，提高监测水平，节约劳务投入。

## 四、存在的主要问题与对策

1. 退耕还林工程主要问题

总体来看，监测站所在县退耕还林工作稳步推进，健康发展，对促进宁夏生态环境改善，推动农村产业结构调整，促进农村经济发展和农民增收等方面起到了积极的作用，但退耕还林工作也存在一些不容忽视的问题。

（1）个别乡镇深入学习《退耕还林条例》不够，在全面理解政策上有差距。部分地方对“集中连片规划，统一退耕还林”的原则没有深入掌握，实行利益均摊，任务分散，没有优先安排生态急需治理的区域实施退耕还林。有的地方没有充分兼顾农业产业结构调整和农民增收，只考虑了生态效益，对退耕农户的长期利益考虑不够。有的地方在工程实施中，没有坚持生态优先的原则，把退耕还林工程作为单纯的产业结构调整或扶贫工作来抓。

（2）宣传工作不到位。由于农民在思想和观念上比较落后。因此，任何一项新的政策措施他们接受起来都有一定困难，特别是退耕还林还草工程是对原有生产方式的极大冲击，政府的宣传必须做到让农民真正看到退耕的好处和实惠。农民只关心经济效益，而不会关心生态环境。因此，一旦在政策宣传或是政策执行的过程中出现失误，农民便会重新破坏生态环境，乃至毁坏退耕还林的成果，而保全自己的利益。

（3）工程建设中科技含量不高。

①病虫鼠兔害的科学防治体系不够完善。由于宁夏退还林面积大，工程实施区分散，加上病虫鼠兔害防治两缺（资金欠缺，专业技术人才缺乏），导致病虫鼠兔害防治工作的不到位与不完善（技术服务不到位，病虫害以及鼠、兔害防治预报、报警、预防、治理、保护体系不完善）。

②管抚管护不到位。退耕还林工程的实施，多数由林业部门组织，群众集中连片退耕，退耕还林后续管理责任不明确，部分护林员，身兼多职、素质偏低，不能按要求巡视护林。导致部分地方的林业管护停留在原始管理的基础上，各家各户自造自管，集约化程度低，偷牧现象时有发生，影响了退耕还林工程整体防护功效与经济效益的发挥。

③科技培训工作滞后。退耕还林的实施，得到了群众的大力支持，部分地区提前超额完成退耕还林任务。由于科技培训工作滞后，农民不懂科技，林木后期管理抚育技术不到位，部分地区的退耕还林效益无法体现。如宁夏南部山区的部分地区，群众不能较好地掌握山杏嫁接技术，影响了林果业的发展。

（4）后续产业模式薄弱。近年来，各县结合当地资源环境特点，依托退耕还林工程，按照“集中造林、连片发展”思路，大力发展与壮大优势资源，为退耕还林后续产业贮备了丰富的林业资源，如柠条、沙柳、沙棘、苜蓿、山杏、山桃、红枣等。但是从目前来看，各大林业优势资源后续产业的技术攻关及资金投入不足，除苜蓿草加工产业外，尚未形成较大的开发企业，使退耕还林后续产业发展缓慢，影响了退耕还林工程效益的充分发挥。

2. 退耕还林生态效益监测主要问题

（1）监测内容多、任务重、人员与经费投入不足，如风蚀、水蚀等监测内容季节性强，因此，尽可能应用自动气象监测、自动记录监测、远距离自动数据传输等现代化技术手段，克服各种困难、减少人员投入、提高监测精度。

（2）以项目整合的形式，通过多点布设，重点监测，以空间换取时间，逐步丰富了监测内容，减少了监测经费和人员短缺压力，为科学评价项目效果提供丰富可靠的监测依据。

## 五、下一步工作重点

并按照国家统一技术标准开展监测工作。积极筹措资金，进一步丰富监测设备，补充建设监测场地，完善监测条件，确保监测数据全面、真实、准确。

# 主要参考文献

国家林业局．退耕还林工程生态效益监测国家报告（2013）［M］．北京：中国林业出版社，2014.

国家林业局．退耕还林工程生态效益监测国家报告（2014）［M］．北京：中国林业出版社，2015.

国家林业局．退耕还林工程生态效益监测国家报告（2015）［M］．北京：中国林业出版社，2016.

国家林业局．退耕还林工程生态效益监测国家报告（2016）［M］．北京：中国林业出版社，2018.

# 第九章　宁夏中部干旱带风蚀防治技术应用

## 第一节　免耕对旱作农田风蚀防治效果研究

土壤风蚀是指松散的土壤物质被风吹起、搬运和堆积的过程以及地表物质受到风吹起的颗粒的磨蚀等，是风成过程的全部结果。由于生态环境的日益恶化和沙尘暴的频繁发生，近年来，国内外许多学者从不同角度出发，对干旱、半干旱地区的农田土壤风蚀危害及其防治问题进行了大量研究。结果表明：农田风蚀的实质是在风力的作用下使表层土壤细微颗粒起动、运移与沉积的过程，所产生的直接的生态后果表现为：一是造成表层大量富含营养元素的细微颗粒的损失，致使农田表土层粗化，土壤肥力和土地生产力衰退；二是产生了大量气溶胶颗粒，这些颗粒悬浮于大气中，是造成耕种地乃至周边地区沙尘天气出现的重要尘源。研究还发现，特别是通过沙质农田利用以免耕、少耕为代表的保护性耕作可明显减少表层土壤风蚀、降低土壤水分蒸发、减少径流、增加土壤蓄水量，进而提高作物产量、改善土壤肥力和结构，是减少大气沙尘来源和农田风蚀的有效途径。

关于沙尘暴的成因问题，长期以来，研究者们在植被破坏、草场退化、人口压力、水资源利用不当等，以及气温、降水量等方面关注的较多，而以传统翻耕为代表的耕作制度对沙区农田土壤沙化的影响和免耕对减少沙质农田就地起沙的研究却鲜有报道。鉴于此，以旱作玉米为研究对象，利用免耕与传统耕作两种方式，对次年留茬地土壤萌动期旱作农田就地起沙量及其相关影响因素进行了观测分析，旨在为当地沙区新的耕作制度的建立提供试验依据。

根据中国已加入的《联合国防止荒漠化公约》，要求用10年左右的时间基本遏制荒漠化扩展的趋势。根据《中华人民共和国防沙治沙法（草案）》提出，必须针对中国沙尘天气的特点，研究沙尘天气动态监测方法，加强对沙尘源区环境和沙尘运移规律的研究，特别是沙尘来源区形成的规律。西北地区是中国生态环境极为脆弱的区域，改善和建设好西北地区的生态环境，不仅关系到本地区的可持续发展，也关系到全国的可持续发展。鉴于此，很有必要建立与沙尘危害相关的定点观测场所，长期持久地开展旱作农业与沙尘暴之间的相关性，对比分析不同立地类型及人工治理措施对减少和抑制风蚀扬沙量的影响，量化各相关影响因素的贡献率及其主要成因等。

## 一、试验区基本概况与试验方法

1. 试验区基本概况

盐池县地处宁夏中东部干旱风沙区，属鄂尔多斯台地中南部、毛乌素沙地西南缘，为宁夏中部干旱带的主要的组成部分，主要以天然降量为主要农业水资源来源的旱农作为主。按气候类别划分，属干旱半干旱气候带。年降水量为 230～300mm，降水年变率大，潜在蒸发量为2 100mm，干燥度 3. 1；年均气温 7. 6℃，年温差 31. 2℃，≥10℃积温2 944. 9℃，无霜期 138d；年均风速 2. 8m/s，年均大风日数 25. 2d，主害风为西北风、南风次之，俗有“一年一场风，从春刮到冬”之称；土壤以淡灰钙土和沙壤土为主，主要自然灾害为春夏旱和沙尘暴。农业发展相对滞后，种植结构单一，区域经济十分薄弱，是宁夏生态建设、扶贫攻坚和农村产业结构调整的重要试点区域。农作物主要水源为地下井水、扬黄（河）灌溉和雨养农业三种，从分布范围和面积上看，以雨养农业为代表的旱作农田约占所有农耕地的 70%以上，因此在当地开展沙质旱作农田与沙尘危害相关研究具有非常重要的现实意义和应用价值。

2. 试验观测地主要气象资料及沙尘危害情况

从表 9-1 和表 9-2 可以看出，从当地多年大风日数及其危害的概率来看，沙尘暴主要发生在初春土壤萌动期 3—5 月。而赵景波等也认为：土壤解冻期正是沙尘暴发生的高潮期。据此，重点选择了这一风沙危害的主要时期，作为当地沙尘危害的主要观测与分析研究的时间段。

**表 9-1　盐池县主要气象资料统计**

| 观测月份 | 1 | 2 | 3 | 4 | 5 | 6 | 7 | 8 | 9 | 10 | 11 | 12 |
|---|---|---|---|---|---|---|---|---|---|---|---|---|
| 平均气温（℃） | -8. 3 | -2. 3 | 3. 1 | 0 | 16. 2 | 20. 6 | 22. 2 | 20. 5 | 16. 5 | 8. 5 | 0. 3 | -2. 6 |
| 降水量（mm） | 2. 3 | 0. 1 | 5. 9 | 8. 4 | 47. 6 | 66. 5 | 34. 3 | 60. 4 | 27. 4 | 23. 5 | 3. 5 | 0. 2 |
| 大风日数（d） | 2 | | | 5 | 1 | | 1 | | 1 | | | |
| 沙暴日数（d） | | | | 2 | | | | | | | | |
| 扬沙日数（d） | 1 | 4 | 2 | 10 | 6 | 3 | 2 | 1 | 1 | | | |

**表 9-2　1951—1976 年黄河流域沙暴日**（朱炳海，et al. 1963）

| 地名 | 北京 | 天津 | 石家庄 | 太原 | 开封 | 济南 | 西安 | 兰州 |
|---|---|---|---|---|---|---|---|---|
| 全年 | 3.3 | 3.0 | 17.0 | 4.5 | 27.0 | 1.3 | 31.5 | 10.7 |
| 最多月份 | 3 | 4 | 4 | 4 | 4 | 4.7 | 3 | 5 |

3. 研究目的

为研究不同耕作措施、不同高度在主要风季内就地起沙危害情况，主要针对两种处理对农田集沙量、不同高度间集沙曲线、表层 1cm 深土壤粒径组成等内容进行了重点观测分析。旨在分析不同高度的沙粒重量、粒径以及与风速之间的关系、沙粒重量空间分布及其模拟曲线，量化当地旱作玉米农田扬沙量与观测高度相关性等，探讨旱作农田就地起沙原理、影响因素、防治措施。

4. 主要观测内容与方法

（1）地表粗糙度观测方法。地表粗糙度是反映不同下垫面的固有性质的一个重要物理量。粗糙度体现了地面结构的特征，地面越粗糙，摩擦阻力就越大，相应地风速的零点高度就越高，这样隔绝风蚀不起沙的作用就越大。因此，粗糙度不仅是衡量地表性质的尺度，更是衡量治沙防护效益的最重要的指标之一。粗糙度 $Z_0$ 的确定，通常都是以风速按对数规律分布为依据的。测定任意两高度处 $Z_1$、$Z_2$ 及它们对应的风速 $V_1$、$V_2$，设 $V_2/V_1=A$ 时，则得方程：

$$\log z_0 = \frac{\log Z_2 - A\log Z_1}{1 - A}$$

例如，当 $Z_2=200$，$Z_1=50$，将若干平均风速比 $A=\frac{v_{200}}{v_{50}}$ 代入方程，则可求得地面粗糙度 $Z_0$。

（2）集沙量测定方法。选择地形平坦、无防护林干扰的沙质旱作农耕地片，分别以相邻的上年沙质旱作免耕玉米地和春季传统方式翻耕后耕种玉米地两处理作为观测用地。为减少土壤质地、地貌等客观因素间的差异，两试验地仅相距 20m。利用被动式楔形集沙仪西北向放置并清空集沙袋后，自 2 月下旬至 5 月上旬每半月为一观测时间段。集沙仪高 120cm，设 3 个重复，期间结合气象沙尘预报，及时更换集沙袋，并称其距地表不同高度、不同时间段自然含水量状态下的重量。

（3）土壤粒径组成分析方法。地表土壤粒径组成是反映土壤地面风蚀程度很重要的一个指标，它是地表自有物理特性和自然风力、水力、人为耕种、放牧等综合作用的结果。一般来说，风蚀严重的地面，表层粒径常表现为粗粒化和大粒化的特性，而这种变化对减少地表的深度侵蚀很是有利的。试验对不同地面观测高度收集到的沙粒称重后，分析了各观测时间段内不同观测高度沙量粒径分布特征。为减小试验误差，取了所得数据中各观测月的平均数。

（4）土壤容重分析方法。地表土壤容重也是土壤自我抵御自然侵蚀重要的物理参数之一。地表容重越大，土壤越紧实，抗外界侵蚀能力越强，反之则不同。试验中分别在3—5月中旬左右，利用环刀法在各观测地表垂直各取土一次，利用105℃恒温箱烘烤12h后称重，取其平均数。

## 二、试验结果与分析

1. 地表粗糙度观测结果

按照粗糙度公式中所需观测内容，于2005年5月上旬，利用DEM6型轻便三杯风向风速表3只，在50cm和200cm两观测高度，同时观测各处理两高度的风速值，每处理重复观测5次，测定记录后参照计算公式算出各下垫面的粗糙度。

**表9-3　两种耕作措施对地表风速及地面粗糙度的影响**

| 试验处理 | 观测高（cm） | 观测风速V（m/s） | | | | | | A $V_2/V_1$ | $Z_0$（cm） |
|---|---|---|---|---|---|---|---|---|---|
| | | $V_Ⅰ$ | $V_Ⅱ$ | $V_Ⅲ$ | $V_Ⅳ$ | $V_Ⅴ$ | $\bar{v}$ | | |
| 免　耕 | 50 | 2.08 | 0.56 | 0.39 | 1.72 | 1.82 | 1.314 | 1.547 | 0.559 |
| | 200 | 2.98 | 0.75 | 0.64 | 2.58 | 2.78 | 1.94 | | |
| 传统翻耕 | 50 | 0.71 | 1.10 | 0.76 | 0.78 | 1.18 | 0.906 | 1.476 | 0.430 |
| | 200 | 1.15 | 1.95 | 1.02 | 1.30 | 1.53 | 1.402 | | |

从风速影响来看，免耕在两观测高度内观测值都较同等观测高度传统翻耕的高。从地面粗糙度来看，免耕和翻耕玉米分别为0.559cm和0.430cm。由此可见，免耕玉米地表粗糙度明显较高，与传统翻耕相比，对提高地面粗糙度和扰动度、减少土壤风蚀有较大的贡献。

2. 免耕与传统翻耕玉米地集沙量月间变化

从两种处理组内新复极差分析可以看出，免耕玉米各时间段以3月下半月集沙量最大，各月间差异不显著（表9-4）。与之相反，传统翻耕各时间段集沙量很大，而且差异也较大，以3月下半月最多，可达9 504.38g，是同时间段内免耕玉米地集沙量33.59g的282.95%，差异之大几乎难以让人置信。观测各月间传统翻耕玉米地集沙量都远远大于免耕，说明免耕对减少旱作玉米农田就地起沙的贡献率是非常巨大的，同时也间接反映出旱耕农田是沙区沙尘危害很主要的发源地之一，而以免耕为代表的保护性耕作对农田就地起沙具有非常有效的防治效果，是一项很值得推广的耕作制度。

**表9-4　免耕与传统翻耕玉米地集沙量月间变化新复极差分析**

| 时间 | 免耕玉米 | | | 传统翻耕玉米 | | |
|---|---|---|---|---|---|---|
| | 集沙量（g） | 5%显著性 | 1%极显著性 | 集沙量（g） | 5%显著性 | 1%极显著性 |
| 2月下半月 | 18.00 | a | AB | 3 149.71 | a | A |
| 3月上半月 | 24.41 | ab | AB | 2 649.97 | a | AB |
| 3月下半月 | 33.59 | b | B | 9 504.38 | b | B |
| 4月上半月 | 10.33 | a | A | 1 207.90 | c | CD |
| 4月下半月 | 19.52 | ab | AB | 762.33 | c | D |
| 5月上半月 | 21.04 | ab | AB | 444.89 | c | D |

3. 集沙量与观测高度相关性

（1）不同观测高度集沙量分布。免耕处理后各观测高度的集沙量明显小于传统翻耕，以近地表5cm集沙量最大，而70～100cm处集沙量明显减少，100～120cm处集沙量又明显增多，自下到上整体表现为“多—少—多”的变化趋势，说明近地表60cm以下为沙粒主要来源为农田的就地起沙，而100cm以上，则主要为附近大面积的传统翻耕农田的“外来”沙粒（表9-5）。而传统翻耕地集沙量呈较明显的自下至上的减少趋势。观测中也发现，只要风速在起沙风速以上，传统翻耕地近地表处就有细烟似的流沙源源不断地流动，而免耕地由于地表较为紧实，再加上部分杂草的覆盖等，目测中尚未发现有细沙流动。

**表9-5　观测期内各观测高度月平均集沙量**

| 高度（cm） | 5 | 10 | 15 | 20 | 30 | 40 | 50 | 60 | 70 | 80 | 90 | 100 | 110 | 120 | 总量/g |
|---|---|---|---|---|---|---|---|---|---|---|---|---|---|---|---|
| 免耕（g） | 6.6 | 2.9 | 2.2 | 1.9 | 1.1 | 1.3 | 1.5 | 1.4 | 1.0 | 0.8 | 0.7 | 0.7 | 1.2 | 0.3 | 23.6 |
| 翻耕（g） | 1 090 | 1 038 | 858.3 | 606.3 | 389.8 | 194.2 | 157.3 | 124.4 | 94.7 | 95.5 | 83.9 | 97.2 | 50.3 | 21.6 | 4 901.5 |

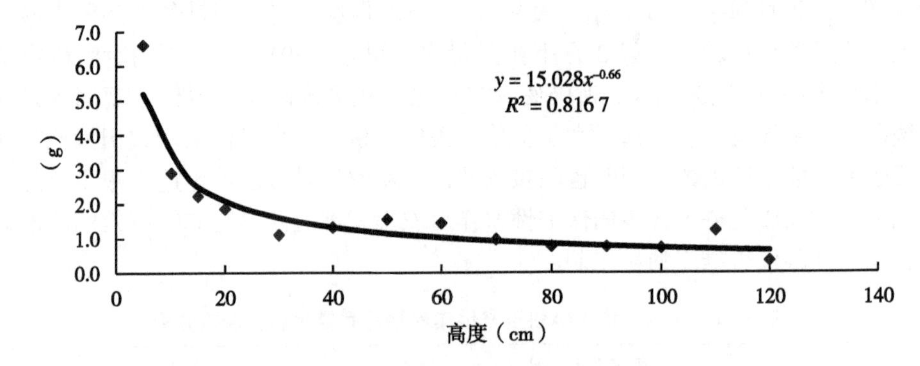


图 9-1　免耕集沙量与高度拟合曲线

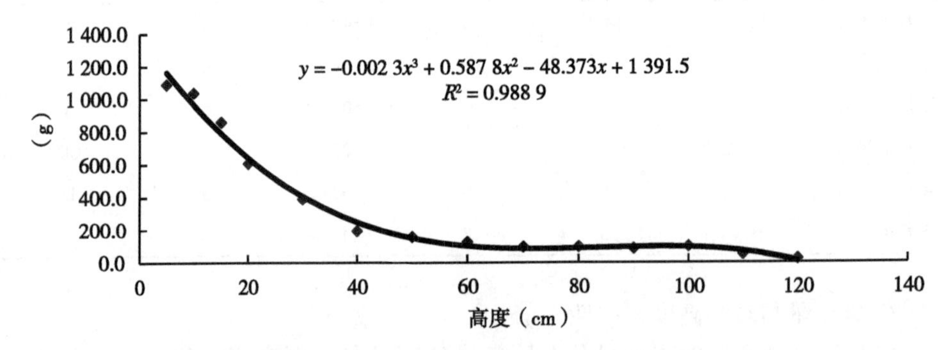


图 9-2　传统翻耕集沙量与高度拟合曲线

（2）集沙量与观测高度曲线拟合。分别选择线性模型（LIN）、对数模型（LOG）、2 次多项式（QUA）、3 次多项式（CUB）、幂指数（POW）和对数（EXP）共 6 种模型，设 $Y$ 为集沙量，$x$ 为观测高度，a、b、c、d 分别为模型的回归系数，利用集沙量与集沙仪高度间趋势线进行模型的曲线拟合，选择相关系数的平方（RSQ）值最高的为准。结果发现，免耕集沙量与高度间乘幂函数关系 $Y=ax^b$ 相关系数的平方 RSQ 值最大，为 0.8167，所求回归方程为 $Y=15.028x^{-0.66}$；传统翻耕集沙量与高度间呈 3 次多项式，即 $Y=1\ 391.5-48.373x+0.587\ 8x^2+0.002\ 3x^3$ 的 RSQ 值最大，为 0.988 9。说明观测地内免耕沙粒运动与高度呈较明显的幂函数关系，而传统翻耕则呈非常明显的 3 次多项式函数关系。

4. 各处理表层土壤粒径组成及土壤容重分析

**表 9-6　不同月份间土壤表层粒径组成**

| 试验处理 | 观测月份 | 表层粒径组成（%） | | | | | | 表层容重 |
|---|---|---|---|---|---|---|---|---|
| | | 1.0mm | 0.5mm | 0.25mm | 0.098mm | 0.05mm | <0.05mm | （g·cm³） |
| 免耕 | 3 | 3.82 | 8.77 | 7.17 | 52.80 | 25.15 | 2.27 | 1.46 |
| | 4 | 4.64 | 10.56 | 12.21 | 53.96 | 15.88 | 2.72 | 1.49 |
| | 5 | 4.09 | 9.60 | 13.46 | 48.46 | 21.42 | 2.94 | 1.48 |
| | 平均 | 4.18 | 9.64 | 10.95 | 51.74 | 20.81 | 2.64 | 1.48 |
| 传统耕作 | 3 | 2.72 | 12.87 | 5.82 | 55.92 | 21.01 | 1.66 | 1.40 |
| | 4 | 3.07 | 16.57 | 19.85 | 48.51 | 11.63 | 0.35 | 1.34 |
| | 5 | 4.72 | 19.99 | 15.40 | 47.94 | 11.51 | 0.40 | 1.39 |
| | 平均 | 3.50 | 16.47 | 13.69 | 50.79 | 14.71 | 0.81 | 1.38 |

免耕与传统翻耕表层 1.0mm 粗粒沙粒在观测期 3—5 月风季内都较明显地趋于粗粒化发展，说明两观测地都存在一定程度的风蚀现象（表 9-6）。而免耕地 1.0mm 月间平均为 4.18%，高于传统翻耕 3.5%，说明免耕表层由于土壤风蚀时间比传统翻耕多作用了一年，粗粒化较明显，但径粗为 0.5mm 及 0.25mm 又较明显低于传统翻翻耕，而与之相反，0.05mm、<0.05mm 的极细粉沙粒免耕地月平均值分别为 20.81%和 2.64%，明显高于传统翻耕的 14.71%和 0.81%，间接反映出免耕对地表土壤风蚀抵抗力高于传统翻耕。从地表容重看，免耕月平均值为 1.48g/cm³，较传统耕作的 1.38g/cm³也高，也间接反映出免耕对地表土壤风蚀自我抵抗力明显高于传统翻耕。

## 三、结论与讨论

（1）免耕旱作玉米具有投入较低、便于机播施肥，是减少干旱、半干旱地区冬春季沙尘暴危害很有效的人为调控手段。根据笔者实测发现免耕玉米产量仅为传统耕作的 88%左右，从减少风沙危害的环保角度来讲，在沙区有必要建立类似于退耕还林还草工程的政府补贴机制，大力提倡劳动力缺乏的沙区农户实行以免耕为代表的“懒汉式”保护性耕作制度。

（2）观测发现，经春季传统翻耕后当年耕种的沙质旱作农田在次年耕种前风季内就地起沙非常严重，间接反映出旱作翻耕地是沙尘暴很主要的来源之一。

今后应注重农田沙化成因、防治与土地沙漠化之间的相关性方面的探讨，同时，针对少耕和地表秸秆覆盖等对作物产量的影响及其效益分析也需进一步精确量化各因子之间的相关性。

(3) 由于免耕尽可能地保护了沙质旱作农田的土壤表层，可明显减少农田风蚀，在当地沙质旱作农田的防风固沙效益是值得肯定的。根据近年来各地的研究报道和示范推广情况来看，技术应用前景广阔。相信随着一些主要矛盾的逐步解决，必将部分取代传统的耕种手段，成为中国沙质旱作农区主要的耕作制度。

(4) 免耕对减少旱作玉米农田就地起沙的贡献率是非常巨大的，间接反映出沙质旱耕农田是很主要的沙源地之一，而以免耕对农田就地起沙的防效特别突出，在干旱风沙区是一项很值得推广的农耕措施。

## 第二节　免耕与传统耕作对旱作玉米产量的影响及其效益分析

干旱、风蚀沙化和土壤肥力下降是制约我国北方大部分地区农业可持续发展的主要因素。由于生态环境的日益恶化和沙尘暴的频繁发生，近年来，国内外许多学者从不同角度出发，对干旱、半干旱地区的农田土壤风蚀危害及其防治问题进行了大量研究。结果表明：农田风蚀的实质是在风力的作用下使表层土壤细微颗粒起动、运移与沉积的过程，所产生的直接的生态后果表现为：一是造成表层大量富含营养元素的细微颗粒的损失，致使农田表土层粗化，土壤肥力和土地生产力衰退；二是产生了大量气溶胶颗粒，这些颗粒悬浮于大气中，是造成耕种地乃至周边地区沙尘天气出现的重要尘源。研究还发现，通过对农田特别是沙质农田利用免耕、少耕和保护性耕作可明显减少表层土壤风蚀、降低土壤水分蒸发、减少径流、增加土壤蓄水量，近而提高作物产量、改善土壤肥力和结构，是减少大气沙尘来源和农田风蚀的有效途径。

保护性耕作是相对于传统翻耕的一种新型耕作技术。它的定义是：“用大量秸秆残茬覆盖地表，将耕作减少到只要能保证种子发芽即可，主要用农药来控制杂草和病虫害的耕作技术”。由于它有利于保水保土、所以称为保护性耕作。主要方式是以尽量减少对土壤的扰动为基本原则，利用较低的能量投入，保持相对较高的作物产量，从而提高农业生产的经济效益和生态效益。基本内容包括免耕、少耕和残茬覆盖，是以少耕和免耕为核心的技术体系。免耕由于取消了传统耕作必有的对原土壤表层的翻耕，是在保留地表覆盖物的前提下进行的免耕播种，是保护性耕作中具有代表性的、完全有别于少耕和传统耕作的一种耕作制度，保留了土壤自我保护和营造机能，被称为人类“由人畜力耕作到传统机械化耕作后的又一次革命”。

在保护性耕作研究结果中，耕作对作物产量的影响分歧很大，但一般认为玉米采用少耕或免耕技术可获得较常规作用更高的产量或者相当于常规耕作的产量”。为此，以旱作玉米为研究对象，通过免耕与传统耕作两种种植方式，对其产量的影响及其效益进行了综合分析，观测及分析结果如下。

## 一、试验材料及方法

1. 试验区基本概况

盐池县地处宁夏中东部干旱风沙区，属鄂尔多斯台地中南部、毛乌素沙地西南缘，是宁夏中部干旱带的主要的组成部分，主要以天然降量为主要农业水资源来源的旱农作为主。按气候类别划分，属干旱半干旱气候带。年降水量为230~300mm，降水年变率大，潜在蒸发量为2 100mm，干燥度3.1；年均气温7.6℃，年温差31.2℃，≥10℃积温2 944.9℃，无霜期138d；年均风速2.8m/s，年均大风日数25.2d，主害风为西北风、南风次之：土壤以淡灰钙土和沙壤土为主，主要自然灾害为春夏旱和沙尘暴。

2. 试验设计

选择地势平坦、肥力相当、杂草为害较轻的旱作农田为试验用地，上茬作物为大豆，试验地总面积4 000$m^2$，均分成两种试验组后分别采用传统耕作和免耕播种两种处理，每处理3次重复，共6小区，每小区60$m^2$。选用当地大面积推广种植的中单2号为参试品种，4月28日播种，播种量为1.5kg/亩。其中传统耕作每公顷施75kg磷酸二铵（美国产），30kg尿素（宁夏化工厂生产），机耕时人工双粒点播，株行距60cm×40cm，在玉米拔节期每公顷追施尿素45kg。免耕播种采用河北“农哈哈”机械有限公司生产的2BYF-3型施肥玉米免耕播种机，播种时每公顷一次性各施入75kg磷酸二铵和75kg尿素，苗期不再追肥。行距60cm，适当密播，出苗后人工除苗，使其株距控制在40cm左右，分别在5月中旬和6月中旬耕除草各1次，9月23日统一调查收获。

3. 调查方式

各处理均采用随机取样进行调查，观测分析不同种植方式下所表现出的性状，把所测样取回后室外行风干后，测定与籽粒相关的其他性状。其中穗粗、穗长、秃尖度、芯重、单株秆鲜重、单株籽重、百粒重和每穗粒数各选择了30株（穗），分

3 组重复，每组 10 株（穗），株高、地径、穗位各随机选择 10 株测得。定植密度、空秆率和双棒率由各小区统一调查所得，籽粒产量为大田收获后实际产量。

## 二、试验结果与分析

1. 玉米籽粒性状比较

主要针对两种试验处理对玉米的保苗率、生育期、株高、单株秆鲜重以及籽粒性状等性状进行了综合分析对比，具体如下。

**表 9-7　玉米保苗率及生育期比较**　（日/月）

| 试验处理 | 保苗率（%） | 播种期 | 出苗期 | 拔节期 | 抽雄期 | 灌浆期 | 成熟期 | 全生育期（d） |
|---|---|---|---|---|---|---|---|---|
| 免耕 | 96 | 28/4 | 8/5 | 19/6 | 26/7 | 23/8 | 16/9 | 131 |
| 传统翻耕 | 82 | 28/4 | 11/5 | 25/6 | 2/8 | 29/8 | 23/9 | 134 |

观测可知，由于免耕减少了春季土壤层的扰动和土壤无效蒸发，致使土壤特别是表层土壤含水量要明显高于传统耕作，另外，免耕机播玉米由于配给了一定量的种肥，幼苗明显旺于传统翻耕，切生长速度也明显较快。同时，由于有较高的土壤含水量，对春雨降水量的依赖程度明显小于传统翻耕，具有出苗早且齐，保苗率要明显高于传统翻耕等特点。从玉米全生育期看，免耕玉米生育期都较传统翻耕的早 5~7d。

**表 9-8　各处理玉米农艺性状对比**　（cm、%、kg）

| 处理 | 株高 | 穗位 | 穗长 | 地径 | 穗粗 | 秃尖度 | 空秆率 | 双棒率 | 单株秆鲜重 |
|---|---|---|---|---|---|---|---|---|---|
| 免耕 | 197.60 | 77.36 | 20.73 | 2.76 | 4.04 | 2.78 | 9.26 | 11.11 | 0.25 |
| 传统耕作 | 212.80 | 103.10 | 21.36 | 3.20 | 4.14 | 2.00 | 8.33 | 6.17 | 0.39 |

**表 9-9　玉米拷种主要性状对比**　（g、cm）

| 处理 | 百粒重 | 芯重 | 芯粗 | 籽行数 | 籽环数 | 单株籽重 | 每穗粒数 |
|---|---|---|---|---|---|---|---|
| 免耕 | 23.53 | 250.0 | 24.61 | 13.80 | 32.63 | 116.77 | 453.73 |
| 传统耕作 | 27.12 | 241.67 | 24.64 | 13.96 | 33.59 | 135.0 | 469.23 |

从表 9-11 可以看出，免耕组除秃尖度和空秆率和双棒率高于传统耕作组外，其他都较明显低于传统耕作组，其中平均株高低 15.2cm，穗位低 25.74cm，单株

秆鲜重较传统耕作组低 0.14kg，说明传统耕作玉米长势均较免耕的好。籽粒性状中除免耕组百粒重较传统耕作低 3.59g 外，其他差异都不大。

从表 9-13 可以看出，免耕和传统耕种对玉米株高、穗位和鲜秆重差异都表现为极显著，地径、秃尖度表现为显著，穗长和穗粗间差异不显著。籽粒性状间差异主要表现为百粒重、芯重和单株籽重差异极显著，其他项差异都不显著。

**表 9-10　主要农艺性状方差分析**

| 处理 | 株高 ** | 穗位 ** | 穗长 | 地径 * | 穗粗 | 秃尖度 * | 单株秆鲜重 ** |
|---|---|---|---|---|---|---|---|
| F 值 | 32.29 | 42.22 | 0.12 | 5.30 | 0.46 | 5.77 | 29.46 |
| $F_{0.05}$对照值 | 4.41 | 4.41 | 4.01 | 4.41 | 4.20 | 4.01 | 7.71 |
| $F_{0.01}$对照值 | 8.29 | 8.29 | — | 8.29 | — | 7.11 | 21.20 |

注："**"项为两处理间性状差异极显著，"*"项为差异性显著

**表 9-11　籽粒性状对比方差分析**

| 处理 | 百粒重 ** | 芯重 ** | 芯粗 | 籽行数 | 籽环数 | 单株籽重 ** | 每穗粒数 |
|---|---|---|---|---|---|---|---|
| F 值 | 35.36 | 30.25 | 0.62 | 5.30 | 0.46 | 5.77 | 29.46 |
| $F_{0.05}$对照值 | 7.71 | 7.71 | 4.20 | 4.41 | 4.20 | 4.01 | 7.71 |
| $F_{0.01}$对照值 | 21.20 | 21.20 | — | 8.29 | — | 7.11 | 21.20 |

注："**"项为两处理间性状差异极显著，"*"项为差异性显著

2. 经济效益分析

参照目前种肥、人力、玉米等市场价格，主要从投入、产量等角度分析如下。

**表 9-12　产量分析**　（株/$hm^2$、%、kg）

| 处理 | 定植密度 | 双棒率 | 空秆率 | 秆鲜重 | 芯干重 | 实测产籽 | 理论产籽 |
|---|---|---|---|---|---|---|---|
| 免耕 | 35 931 | 11.11 | 9.26 | 355.41 | 16.75 | 163.7 | 167.90 |
| 传统耕作 | 39 863 | 5.57 | 8.33 | 647.0 | 19.90 | 185.3 | 184.85 |

免耕由于对土壤表层扰动性小，土壤水分损失率要远远低于传统耕作，因此具有受土壤墒情影响小、易出苗等特点，但试验操作时由于采用机械播种，实际播种量仅用了 12.0kg/$hm^2$的播种量，比传统耕作少，导致定植密度也比传统耕作的低3 900株/$hm^2$左右。

参照市场价格，玉米籽粒、鲜秸秆、玉米芯分别按0.95元/kg、0.05元/kg和0.04元/kg计。磷酸二铵按108元/袋，尿素按57元/袋计算，中耕锄草2次，未使用人工除草剂，由于免耕采用一次性机械播种施肥，苗期未追肥。分析如下。

**表9-13　生产投入**　（kg、元/$hm^2$）

| 处理 | 化肥 | 种子 | 耕地 | 播种 | 锄草 | 追肥 | 收获 | 总投入 |
|---|---|---|---|---|---|---|---|---|
| 免耕 | 270.0 | 90.0 | — | 75.0 | 225.0 | — | 600.0 | 1 260.0 |
| 传统耕作 | 270.0 | 112.5 | 210.0 | 150.0 | 225.0 | 225.0 | 600.0 | 1 792.5 |

从表9-16可知，免耕总投入1 260.0元/$hm^2$，比传统耕作的1 792.5元/$hm^2$少投入532.5元/$hm^2$，主要用于耕地、播种和追肥3项。此结论遵循保护性耕作所具有的"利用较低的能量投入"这一结论。

**表9-14　经济效益分析**　（元/$hm^2$、%）

| 处理 | 籽粒收入 | 秸秆收入 | 芯收入 | 总收入 | 总投入 | 净产值 | 产投比 |
|---|---|---|---|---|---|---|---|
| 免耕 | 2 332.7 | 266.6 | 10.0 | 2 609.3 | 1 260.0 | 1 349.3 | 207.1 |
| 传统耕作 | 2 640.5 | 485.3 | 12.0 | 3 137.8 | 1 792.5 | 1 345.3 | 175.1 |

由表9-17可知，免耕各项收入都较传统耕低，特别是秸秆收入仅为266.6元/$hm^2$，而对照传统耕作为485.3元/$hm^2$，但由于其总投入仅为1 260.0元/$hm^2$，是传统耕作的70.3%，因此净产值比传统耕作高4.0元/$hm^2$，而产投比为207.1%，远高于传统耕作的175.1%。

3. 不同耕作对旱作农田集沙量的影响

分别选择相邻的上年免耕玉米、传统翻耕玉米处理作为观测用地，每处理重复3次。利用有效观测高度为120cm的被动式集沙仪，每集沙层高5cm，后各粘集沙袋一个，自2月1日面对当地主害风向西北向埋入后开始观测，每月上下旬分别置换一次，期间遇沙尘暴集沙袋较满时随时更换新的集沙袋，5月春播前结束。分析不同高度的沙粒重量、粒径以及与风速之间的关系等，从而进一步确定当地沙尘暴的沙粒组成、来源以及与风速、下垫面等的关系，为旱作农田就地起沙起沙原理、影响因素、防治措施等人为调控技术提供试验依据。

（1）免耕与传统翻耕玉米地集沙量月间变化新复极差分析。从两种处理组内新复极差分析可以看出，免耕玉米各时间段以3月上旬集沙量最大，各月间差异不显著。与之相反，传统翻耕各时间段集沙量很大，而且差异也较大，以3月上旬最多，可达9 504.38g，是同时间段、同条件下免耕玉米地集沙量33.59g的0.35%，差异非常之大。除4月下旬外，其他月份间传统翻耕玉米也都明显多于免耕。

**表9-15　免耕与传统翻耕玉米地集沙量月间变化新复极差分析**　(g)

| 时间 | 免耕玉米 | | | 传统翻耕玉米 | | |
|---|---|---|---|---|---|---|
| | 均值 | 5%显著水平 | 1%极显著水平 | 均值 | 5%显著水平 | 1%极显著水平 |
| 2月上旬 | 18.00 | a | AB | 3 149.71 | a | A |
| 2月下旬 | 24.41 | ab | AB | 2 649.97 | a | AB |
| 3月上旬 | 33.59 | b | B | 9 504.38 | b | B |
| 3月下旬 | 10.33 | a | A | 1 207.90 | c | CD |
| 4月上旬 | 19.52 | ab | AB | 762.33 | c | D |
| 4月下旬 | 21.04 | ab | AB | 444.89 | c | D |

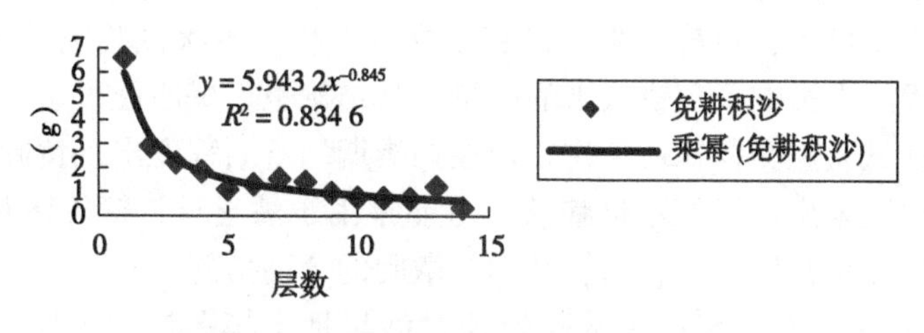


**图9-3　免耕积沙量与高度拟合曲线**

(2) 两种处理集沙量与高度拟合曲线。利用集沙量与集沙仪高度间趋势线拟合后，选择相关系数的平方(RSQ)值最高的为准，结果可知，两种处理集沙量与高度间都呈多项式函数关系 $Y=aX^2+bX+c$，其中 $Y$ 为集沙量，$X$ 为观测高度，$a$、$b$、$c$ 分别为回归系数。各处理相关系数的平方(RSQ)分别为：免耕玉米0.6419，传统翻耕玉米0.9072，相关性都较好。

## 三、主要试验结论

(1) 在沙质旱作农田利用免耕技术种植旱作玉米具有投入较低、便于机械播种，产出却与传统耕作相当的优点，是一项很具有推广前景的保护性耕作

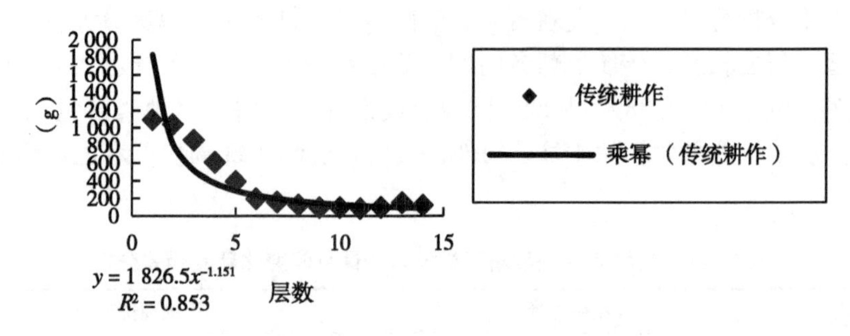


**图 9-4　传统耕作玉米地积沙量与高度拟合曲线**

制度。

（2）由于免耕对土壤的扰动性小，土壤水热和通气状况完全不同于翻耕土壤。所以土壤养分状况与耕翻土壤有明显区别。大量研究表明：免耕对改善土壤结构，具有显著作用，突出表现是增加土壤水稳性、团聚体含量或增加团聚体的稳定性，改善土壤孔隙状况，减少大、中孔隙，增加小孔隙数量，维持土壤毛管孔隙度的相对稳定。

（3）有资料报道，在少施氮肥条件下，免耕玉米与翻耕玉米无明显差异，而在多施氮肥条件下，免耕玉米产量高于常规耕作。本次试验施肥量明显较少，可能从一定程度上影响了免耕玉米的产量，其结论也正好印证了这一观点的前部分。同时，从试验观测得知：免耕玉米在抽雄期均不同程度出现黄叶现象，而施用锌、锰区地段未出现类似不良症状，可能是由于缺乏锌、锰等微量元素所致，说明免耕还需注重常用的氮、磷、钾肥与微肥的合理搭配。

（4）从免耕与传统翻耕两试验处理对沙旱地土壤风蚀程度影响观测可知，免耕对减少沙旱地就地起沙的作用是非常明显的，其贡献之大是除试验外难以想象的。同时，也间接反映出沙尘暴来源与旱作农田特别是沙质旱作农田密切相关，而大力推行以免耕、少耕为主的保护性耕作是解决这一矛盾，减少干旱、半干旱地区冬春季沙尘暴危害很有效的人为调控手段。

综上所述，免耕在当地沙质旱作农田的经济效益是值得肯定的，同时，由于免耕尽可能地保护了沙质旱作农田的土壤表层，可明显减少农田风蚀，因此其生态、社会效益也非常明显。本次试验仅对当地免耕与传统耕作对玉米产量进行的一次初探，其结论的准确性和量化指导仍需进一步探讨。同时，针对少耕和地表秸秆覆盖等对作物产量的影响及其效益分析也需进行专项探讨。根据近年来各地的研究报道和示范推广情况来看，保护性耕作的确是一项很值得推广的农艺措施，相信随着一些主要矛盾的逐步解决，必将部分或完全取代传统的耕种手段，成为我国北方大部分地区特别是沙质旱作农区主要的耕作制度。

## 第三节　风蚀对宁夏中部干旱带砂田老化的影响及其防治

风蚀（wind erosion）又称风力侵蚀，是指一定风速的气流作用于土壤或土壤母质，而使土壤颗粒发生位移，造成土壤结构破坏、土壤物质损失的过程，是塑造地球景观基本地貌过程之一。土壤风蚀是狭义的风蚀，是指松散的土壤物质被风吹起、搬运和堆积过程以及地表物质受到风吹起的颗粒磨蚀过程，实质是在风力的作用下使表层土壤中细沙粒和营养物质吹蚀、搬运与沉积过程。土壤风蚀是我国干旱、半干旱主要自然灾害之一，其发生区域已占国土面积的1/2以上，严重影响这些地区的经济社会持续发展。我国是《联合国防治沙漠化公约》191个缔约国之一，风蚀防治是地方政府、国家乃至国际共同义务。

压沙田是我国西北地区农民群众长期与干旱作斗争的智慧结晶。我国西北部砂田面积约188 500hm$^2$，主要分布在甘、宁、青、晋等省区。同时，在世界上其他降水稀少的地方也有沙田，如法国的Montpellier，美国的Texas、Montana和Colorado，瑞士的Chamoson以及叙利亚、南非等。目前压砂瓜已成为宁夏主要支柱产业。党和国家领导人多次到宁夏压沙瓜基地视察，并倡导地方政府对压沙生产给予高度重视。以“香山硒沙瓜”注册的压沙西甜瓜被认证为A级绿色食品，为北京奥运会和上海世博会指定产品，为群众的增产增收做出巨大贡献。

### 一、研究的意义

压沙主要包括农田压砂和荒山压砂两种类型，是利用河湖沉积或冲积作用产生的卵石作为土壤表面的覆盖物，在地面铺设厚度不同（5~16cm）的覆盖层的农田，是干旱区种植西甜瓜的理想场所。宁夏压沙地主要分布在腾格里沙漠（中国第四大沙漠）南部和东南部的中卫市环香山地区、兴仁镇，以及中宁县的鸣沙镇、喊叫水乡等地。丰富的沙源和干旱的自然环境为砂田老化创造了丰富的沙物质来源。砂田的蓄水保墒作用因铺压年限和砂砾层结构的不同而有很大差异。一般随年限的增长，砂田蓄水保墒性能减弱。现实生产中，在风蚀严重的干旱风沙区，耕作条件很好的旱作农田一旦采用压沙覆盖，将意味着覆沙的农田永远都要伴着石头耕种。而事实上一般的良田采用压沙覆盖后仅可较好的耕作40年左右，之后由于长期风蚀沙粒入侵和人为耕种挠动，农田的保水性和作物产量均会渐受影响，如不及时更新就会大面积变为人造“戈壁滩”。沙田的耕种和风力侵蚀过程，也是沙田逐渐衰退的过程。据此，部分学者对快速推进大面积压沙、特别是良好的旱作农田压砂技术提出质疑。而实事上的压沙技术是老百姓创造、政府主导的区域产业，严重缺乏必要的基础研究理论支撑，但它又是干旱区行之有效的抗旱技术。因此，很有必要在这一系列矛盾中寻求切实可行的技术结合点，以期达到综合效益共赢。

## 二、宁夏压沙地及其风蚀研究现状

1. 宁夏风蚀与防沙治沙主要研究机构与国际交流情况

宁夏是中国沙尘暴主要发生地和途径地之一，自新中国成立以后，由于历年严重的沙尘暴危害，使各级政府深刻认识到风沙防治的重要性。因此，投入的研究力量也明显较周边省份相对雄厚，有中科院沙坡头试验站、宁夏农科院荒漠所、宁夏大学西部生态中心、北方民族大学、宁夏防沙治沙与葡萄酒职业技术学院等。在经济、政治日益全球化的大背景下，近年来，宁夏在防沙治沙领域国际性活动日益增多，大量的基础理论研究显得尤为必要。其中，由宁夏农科院荒漠所负责承担的每年一期的国家商务部援外培训“阿拉伯国家防沙治沙技术培训班”第 11 期（2018 年）已获批实施，也是每年一届“中国和阿盟国家经贸论坛”的重要组成部分。在腾格里沙漠边缘建设的“联合国环境规划署 UNEP/中国防沙治沙大学”（宁夏防沙治沙与葡萄酒职业技术学院）已投入使用。另外，自治区政府依托黄河金岸——中卫市沙波头旅游区申报的“宁夏国际沙漠博览园”项目已经获国家发改委批准立项。依托上述国际活动平台，本研究的开展将对进一步提高区域性风蚀防治理论研究水平和专业人才的培养，提升宁夏乃至中国在国际防沙治沙技术领域的影响力均有重要意义。

2. 压沙地研究现状

宁夏中部干旱带在国际上被认为是不适宜农耕的地区，是我国规模最大的沙田西甜瓜生产基地，是目前我国沙田分布最集中的地区。有关资料表明，截至 2011 年宁夏压沙地已发展到 7. 25 万 $hm^2$（108. 75 万亩），约占宁夏旱耕地总面积的 8. 14%，并且每年都以 1 万~2 万 $hm^2$的速度在递增。而现有研究一般都仅限于沙田增温保墒、高产栽培、品种、连作等方面。

3. 风蚀与压砂地老化相关性研究进展

在砂田老化与风蚀方面，多数学者仅对研究的重要性提出了一些建议，未能深究。如冯锡鸿等提出：砂田老化原因主要有三，一是大风卷土入砂，导致沙砂相混；二是耕作不细；三是砂田灌溉时水、泥相溶。中科院寒旱所提出，弃耕后的砂田裸露地易受风蚀。闫立宏、冯锡鸿等认为，当沙土混合到1∶3时，砂田保墒作用几乎丧失。杨来胜、马学峰等提出无序的采挖砂石，加剧了植被破坏和风蚀发生。周海燕通过风洞模拟风蚀指出，对农田及荒山压砂后，可明显减少地表风蚀。

关于砾石覆盖方面的研究，谢忠奎指出大于0.84mm的砾石覆盖砂田，风蚀现象相对较弱；砂田的集沙量远远低于裸田，可极显著地减少扬尘量。风洞试验结果显示，随机铺压的砾石（1~4cm的黄河卵石）较条带状铺压的砾石抑沙效应大，直立植物和砾石覆盖的组合可以提高风蚀防治效果，粗戈壁、细戈壁风蚀速率远低于流沙。由此可见，砾石覆盖对抑制干旱区地表风蚀和粉尘输送具有积极的防治作用。

风蚀沙粒与砂田老化方面，蒋齐指出随着压砂年限的增加砂田内的粗砂及细砂粒显著增加，其中粗砂粒（1~0.25mm）1年、20年、25年之间差异显著，细砂粒（0.25~0.05mm）1年、5年、15年间差异显著，而15年、20年、25年之间差异不显著。并且指出<0.05mm的粉沙粒含量在15年以后比压砂初期增加了近一倍，是导致压砂后期（25年以后）砂田保墒蓄水能力减弱的重要原因之一。但未开展砂田老化与风蚀相关性研究。由此可见，粉沙及细沙在砂田老化中起着非常重要的作用，是砂田老化主导因素之一。李丁仁指出在现有管理条件下，到2018年宁夏目前的压砂地将全部成为老砂地，面临着弃耕撂荒的危险。因此加强砂田衰老机制研究，在明确其衰老原因基上采用有针对性的耕作栽培技术措施，减缓砂田老化及其更新改造，是应深入研究的课题。

## 三、砂田老化防治与更新主要技术措施

1. 生产方面

一是在大规模采石覆砂的地区，要有组织地开展砂石采挖，防止无序乱采乱挖加剧植被的破坏和的风蚀发生。二是要长期进行机械中耕挠动，保持砂田良好的保水性能，同时，在耕作时，要尽量保持砂田原状，尽可能避免将砂石下面及周边的细土带入砂田表层，尽可能防治机械作业时对地面碾压、挠动等造成的砂沙相混。三是普及利用高浓度、高肥力农家肥，减少农家肥中外来沙土携带对砂田保水结构的破坏；四是在砂田灌溉时，保持灌溉水的纯净，避免水、泥相溶。

2. 规划与利用方面

（1）土地规划。由于风蚀路径是一般均是直线的、大规模的，因此在大尺

图 9-5　砂沙相混的老化压砂田地貌

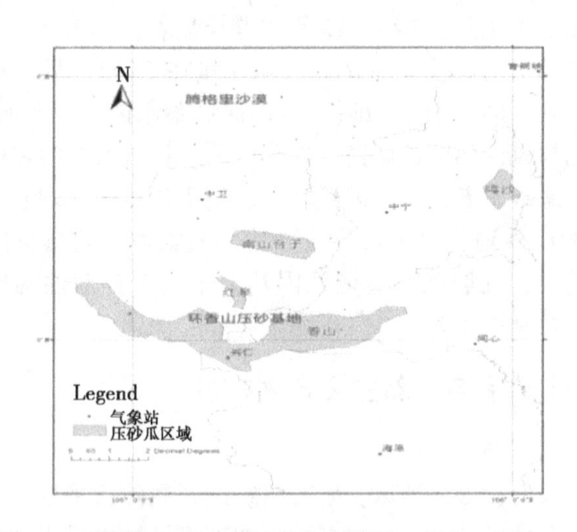


图 9-6　宁夏中卫压砂基地分布平面图（蒋齐，et al. 2013）

度空间内，进行砂田布局规划时，因尽量集中布设有规模、有规则的地貌景观，否则外露在沙田中的砂田在强劲风力侵蚀过程中，很容易产生沙砂相混现象，导致砂田老化。特别应避免个别农户在大面积农田分布区对优良农田进行压砂利用现象。同时，在大规模分布的压砂田周围，应充分发挥乡土树种优势，布设具有一定规模的高树干、大树冠、耐旱型经果林网农田防护林带（如枣树、大沙枣、苹果、李子、梨树等），或在砂田特定距离内布设一定规模的防护林带，结合渗灌滴灌等高效补灌措施，最大可能的减少风蚀对砂田老化的影响，协助砂田轮作倒茬，延缓砂田使用寿命。

（2）水源保障。干旱是农业生产中主要自然灾害之一，近些年来，随着压砂地范围逐步扩大，水资源的缺乏与压砂农田需水量之间的矛盾日益突出，虽然近些年国家各部门建设了一些补水设施，但涉及范围仅占压砂农田的30%左右。因此，要加大基础性水源灌溉保障投入力度，提高砂田抗旱补灌保障能力，确保压砂瓜品质，实现增产增收。

3. 研究方面

（1）应注重沙化机理研究。应加大风与砂田老化相关性机理研究，探明风蚀与砂田老化相关性机理。应以沙漠边缘区的风蚀过程为主要切入点，分别以砂田边缘区的沙地、传统旱作翻耕农田和荒山为对照，通过多个典型大风日野外监测和风蚀模拟，运用风沙物理学、景观生态学和地统计学的部分理论将之解析，量化监测区不同风蚀强度、监测高度、监测距离下垫面的风沙流结构、风蚀量、起沙风速等风蚀特征。明确风蚀对砂田老化间的影响程度，探明风蚀对砂田老化的影响程度。同时，利用插值分析法，揭示大尺度空间压砂斑块边缘区、过渡区和中心区地表风蚀特征，估算出不同监测区年输沙强度，确定出不同风蚀斑块区划依据与具体指标，分类确定出压砂田周边不同风蚀环境对砂田老化的影响程度。为制定合理的压砂地空间布局，有效防治砂田老化，确保干旱风沙区压砂产业可持续发展提供理论依据。

（2）应加大砂田更新利用综合技术研究。

①加大品种引选力度。目前，压砂地西甜瓜种植面积占总面积的95%以上。研究上因加大砂田西瓜、甜瓜品种的引进与开发，在耐旱性、耐连作性、耐贮藏、耐运输，口感品质等进行重点突破，防止品种退化，提高经济效益。

②加大砂田专用机械开发力度，缓解砂田老化速度。砂田一旦老化如不及时更新将很快变为“人造戈壁”。配套机械筛选与研发是开展砂田老化整治工作重点。一是研制开发适宜砂田环境深松机械，改善砂田土壤通透性和保水性。二是通过有效借鉴目前市场上大范围使用的深耕性中药材采挖机械，通过对入土深度、震动频度、筛选分级、机械耐用性等关键部位进行优化，研制开发适宜老化砂田更新的砂土分离机，满足大面积老化砂田更新利用需求。

压砂是我国西北干旱区传统而独特的保墒方式，是地方政府主导的特色产业之一，约占宁夏旱耕地总面积的8.14%。风蚀是加速砂田老化、降低砂田保墒能力的主因之一。因此建议以有效防治风蚀为主，通过专用机械研制、品种引选、农艺耕作、防护林布设、统筹规划等综合手段，进行砂田老化防治。同时，加大砂田老化机理性方面的研究，以明确风蚀与砂田老化间主要影响因素，显著提高砂田经济效益，延缓砂田风蚀老化，确保砂田高效永续利用。

通过对国内外风蚀、压砂田及风蚀与砂田老化相关性研究进展进行了综合分析。指出风蚀是砂田老化的主要因素之一。同时提出了通过统筹规划、农艺耕作、防护林布设、专用机械研制等综合手段，进行砂田老化防治。同时，建议加大砂田老化机理研究，明确风蚀与压砂田老化间关系与主要影响因素，以期达到科学指导生产，延缓砂田老化，确保砂田高效永续利用等目的。

## 主要参考文献

陈洁 . 2006. 宁夏压砂地黑美人西瓜无公害栽培技术［J］. 中国瓜菜，（1）：37-38.

陈士辉，谢忠奎，王亚军，等 . 2005. 砂田西瓜不同粒径砂砾石覆盖的水分效应研究［J］. 中国沙漠，25（3）：433-436.

陈正新，尉恩风，史世斌，等 . 2002. 内蒙古阴山北麓农牧交错带退化草地复壮对策［J］. 水土保持研究，9（1）：41-45.

董光荣，李长治，高尚玉，等 . 1987. 关于土壤风蚀风洞模拟试验的某些结果［J］. 科学通报，（4）：297-301.

董光荣 . 1987. 关于土壤风蚀风洞试验的若干结果［J］. 科学通报，32（2）：297-301.

董治宝，高尚玉，Fryrear DW. 2000. 直立植物—砾石覆盖组合措施的防风蚀作用［J］. 水土保持学报，14（1）：7-11.

冯锡鸿，吴大康 . 2007. 漫话砂田栽培西瓜甜瓜［J］. 中国瓜菜，（1）：57-58.

高卫东，姜巍 . 2002. 塔克拉玛干沙漠西部和南部沙尘暴的形成及危害［J］. 干旱区资源与环境 . 16（3）：64-70.

哈斯，陈渭南 . 1996. 耕作方式对土壤风蚀的影响［J］. 土壤侵蚀与水土保持学报，2（1）：10-16.

哈斯 . 1997. 河北坝上高原土壤风蚀物垂直分布的初步研究［J］. 中国沙漠，

17（1）：9-13.
贾彦宙，王俊英，庞黄亚，等. 2002. 土壤保护性耕作技术应用研究［J］. 内蒙古农业科技，(6)：12-13.
蒋齐，王占军，何建龙. 2013. 压砂地衰退机制及生态系统综合评价［M］. 银川：黄河出版传媒集团阳光出版社.
李丁仁，鲁长才，周旋，等. 2011. 宁夏压砂地生产现状与可持续发展建议［J］. 宁夏农林科技，52（1）：1-3，42.
刘连友，刘玉璋，李小雁，等. 1999. 砾石覆盖对土壤吹蚀的抑制效应［J］. 中国沙漠，19（1）：60-62.
刘巽浩. 1993. 中国耕作制度［M］. 北京：农业出版社.
马世威，马玉明，姚洪林，等. 1998. 沙漠学［M］. 呼和浩特：内蒙古人民出版社.
马学峰，陈洁，马海轮. 2006. 试论宁夏香山地区压砂地栽培的持续发展［J］. 宁夏农林科学，(2)：48.
申向东，姬宝霖，王晓飞，等. 2003. 阴山北部农牧交错带沙尘暴特性分析［J］. 干旱区地理，26（4）：345-348.
宋春晖，方小敏，师永民，等. 2000. 青海湖西岸风成沙丘特征及成因［J］. 中国沙漠，20（4）：443-445.
宋维峰. 2004. 甘肃砂田［J］. 甘肃水利水电技术，(2)：56-58.
王菲，王建宇，贺婧，等. 2015. 压砂瓜连作对土壤酶活性及理化性质影响［J］. 干旱地区农业研究，33（5）：108-114.
王亚军，谢忠奎，张志山，等. 2003. 甘肃砂田西瓜覆膜补灌效应研究［J］. 中国沙漠，23（3）：300-305.
吴波. 2001. 中国荒漠化现状、动态与成因［J］. 林业科学研究，14（2）：195-202.
吴春玲，鲁长才，张玉蓉，等. 2011. 宁夏中卫压砂地与甘肃压砂地的对比与思考［J］. 中国蔬菜.（11）：11-14.
谢忠奎，王亚军，陈士辉，等. 2003. 黄土高原西北部砂田西瓜集雨补灌效应研究［J］. 生态学报，23（10）：2033-2039.
徐斌，刘新民，赵学勇. 1993. 内蒙古奈曼旗中部农田土壤风蚀及其防治［J］. 水土保持学报，7（2）：75-88.
许强，强力，吴宏亮，等. 2009. 砂田水热及减尘效应研究［J］. 宁夏大学学报：自然科学版，30（2）：180-182.
闫立宏 . 2007. 宁夏压砂地建设的几个技术要点［J］. 宁夏农林科技，（3）：80-81.
杨来胜，席正英，李玲，等 . 2005. 砂田的发展及其应用研究（综述）［J］. 甘肃农业，（7）：72.
张国平，刘纪远，张增祥，等 . 2002. 1995—2000 年中国沙地空间格局变化的遥感研究［J］. 生态学报，20（4）：1500-1506.
张华，李锋瑞，张铜会，等 . 2002. 春季裸露沙质农田土壤风蚀量动态与变异特征［J］. 水土保持学报 . 16（1）：29-33.
张玉兰，郑有飞 . 2006. 西瓜砂田不同覆盖方式的增温保墒效应初探［J］. 中国农业气象，27（4）：323-325.
赵哈林，黄学文 . 1993. 科尔沁沙地农田沙漠化机理研究［A］; 刘新民，赵哈林 . 科尔沁沙地生态环境综合整治研究［C］. 兰州：甘肃科学技术出版社，164-200.
赵景波，杜娟，黄春长 . 2002. 沙尘暴发生的条件和影响因素［J］. 干旱区研究，19（1）：58-62.
赵燕，李成军，康建宏，等 . 2009. 砂田的发展及其在宁夏的应用研究［J］. 农业科学研究，30（2）：35-38，52.
郑大玮 . 2000. 内蒙古阴山北麓旱农区综合治理与增产配套技术［M］. 呼和浩特：内蒙古出版社 .
周海燕，王瑛珏，樊恒文，等 . 2013. 宁夏中部干旱带砂田抗风蚀性能研究［J］. 土壤学报，50（1）：41-49.
朱炳海 . 1963. 中国气候［M］. 北京：科学出版社 .
朱朝云，丁国栋，杨明远 . 1992. 风沙物理学［M］. 北京：中国林业出版社 .
朱震达，陈广庭 . 1994. 中国土地沙质荒漠化［M］. 北京：科学出版社 .
邹学勇，刘玉璋，吴丹，等 . 1994. 若干特殊地表风蚀的风洞试验研究［J］. 地理研究，13（2）：41-48.
Fryrear DW. 1980. Tillage influences monthly wind erodibility of dryland sandy soils［J］. Transactions of the ASAE，28：445-448.
Fryrear DW. 1985. Soil cover and wind erosion［J］. Transactions of the ASAE，28（3）：781-784.

Gary Tibke. 1988. Basic principles of wind erosion control [J]. Agriculture, Ecosystems and Environment, 22/23: 103-122.

Hagen LJ. Armbrust DV. 1992. Aerodynamic roughness and saltation trapping efficiency of tilled ridges [J]. Trans. ASAE, 35: 1179-1184.

# 第十章　宁夏中部干旱带退化沙地植被恢复主要技术

## 第一节　生态移民迁出区退化沙地植被恢复技术

### 一、技术原理

充分利用生态移民迁出区千载难逢的历史机遇，应用恢复生态学原理，充分发挥土壤种子库在恢复生态、生物多样性保护方面的重要作用，以天然植被恢复为主要技术措施，适度借助人工补植干预，按照宜林地立适地适树地类型划分的基本原则，通过封育管护和适度的人工补植干预，建立以干燥型流动沙丘、半湿润型缓坡流动沙丘、湿润型平覆沙地植被恢复综合技术模式。同时，充分借助示范内现有防风固沙林、农田防护林、草原防护林、饲料灌木林、道路绿化林等生态防护林种，新建树种多样、结构稳定的干旱风沙区生态移民迁出区天然草场保育防护网络体系。集成示范半干旱风沙区生态移民迁出区不同立地类型天然草场植被恢复综合技术模式。

### 二、适宜树种

适宜沙地的造林树种主要有：花棒、杨柴、柠条、沙木蓼、沙拐枣、沙柳、沙地柏、白刺、柽柳、沙冬青、新疆杨、旱柳、刺槐、国槐、臭椿、白蜡、榆树、沙棘、紫穗槐、枣、侧柏、桧柏、沙枣、沙蒿、油蒿、樟子松等。

### 三、适宜草种

适宜沙地改良补播的草种主要有：草木樨、沙打旺、苜蓿、沙米、草木樨状黄芪等。

## 四、主要治理措施

在沙丘重度活化地段，采用天然草场自然修复与适度人为干预种植灌木林相结合的措施固定沙丘，改变地表环境，为发展优良稳定的天然植被恢复环境创造条件。按照适地适树的基本治理原则，主要包括以下几种类型。

1. 流动沙丘植苗造林技术示范

（1）苗木保护。起苗前1~2d应进行最后一次灌溉，即使苗木吸足水分，以增强抵抗起苗后的失水，软化根部土壤，利于起苗。起苗时防止主根劈裂，边起、边拣、边假植，然后立即分级，使根部在保证湿润的前提下包装运输。

（2）苗木定植。

①较大灌木苗定植：将健壮的、失水少的苗木舒展地植于湿润的沙层内，使根系与沙层紧密接触，以利于吸水，一般不少于60cm。定植时将假植苗随植随取，根茎应低于沙表5cm，用脚踏实，再填湿沙至坑满，再踏实，最后在穴表面覆一层干沙，以减少水分蒸发。

②较小灌木苗定植：可采取“缝植法”进行栽植，具体为，先扒去表层干沙，用直锨插入沙层深约50cm，然后前后推拉成口宽15cm以上的裂缝，将苗木放入缝中，将苗木提至要求深度后，先拉后推使植苗缝隙挤实，用脚踩实地表，同时，将直锨取出，再将表土踏平。

（3）沙障区植苗固沙。流动沙丘迎风坡，一般采取生物与工程相结合的固沙治理措施，植苗应在沙障保护的前提下进行植苗造林，减少地表土壤流动，保持地表土壤墒情，以提高苗木成苗率和保苗率。

（4）适宜树种。

**表10-1　流动沙地植苗造林技术要点**

| 树种 | 苗龄（年） | 苗高（m） | 行距（m） | 株距（m） | 主根长度（cm） | 地径（cm） | 适宜区域 |
|---|---|---|---|---|---|---|---|
| 柠条 | 1 | ≥0.3 | 3 | 2 | 25~30 | 0.2~0.4 | 所有沙地 |
| 毛条 | 1 | ≥0.3 | 3 | 2 | 25~30 | 0.2~0.4 | 所有沙地 |
| 花棒 | 1 | ≥0.3 | 1 | 2 | 25~40 | 0.3~0.7 | 所有沙地 |
| 杨柴 | 1 | ≥0.3 | 1 | 2 | 25~40 | 0.3~0.7 | 所有沙地 |
| 沙木蓼 | 1~2年生种条 | 50~60cm | 1~3 | 1~2 | 生根粉水浸1~3d | 0.3~0.5 | 所有沙地 |

（续表）

| 树种 | 苗龄（年） | 苗高（m） | 行距（m） | 株距（m） | 主根长度（cm） | 地径（cm） | 适宜区域 |
|---|---|---|---|---|---|---|---|
| 沙柳 | 1~2年生种条 | 60~70cm | 3 | 1~2 | 生根粉水浸1~3d | 0.3~0.5 | 所有沙地 |
| 红柳 | 1~2年生种条 | ≥50cm | 3 | 1~2 | 生根粉水浸1~3d | 0.3~0.5 | 盐碱地或丘间低地 |
| 乌柳 | 1~2年生种条 | ≥50cm | 3 | 1~2 | 生根粉水浸1~3d | 0.3~0.5 | 盐碱地或丘间低地 |
| 旱柳 | 3年以上 | ≥150cm | 5~6 | 3~4 | 生根粉水浸1~3d | ≥5cm | 丘间低地 |
| 榆树 | 2~3年 | ≥120cm | 5~6 | 3~4 | 生根粉水浸1~3d | ≥4cm | 丘间低地 |
| 樟子松 | 3~5年 | ≥80cm | 3~5 | 3~4 | 带土移栽或及时移栽 | ≥4cm | 沙害不严重的所有沙地 |
| 侧柏 | 3~5年 | ≥80cm | 3~5 | 3~4 | 带土移栽或及时移栽 | ≥4cm | 沙害不严重的所有沙地 |
| 沙枣 | 1~2年 | ≥0.6 | 3~5 | 3~4 | 生根粉水浸1~3d | 0.3~0.7 | 丘间低地 |

2. 流动沙丘补播造林技术示范

（1）适林地选择。在具有相对集中连片的宜林沙荒地，宜播面积应占总补播面积70%以上，播区植被覆盖率<15%。植被覆盖度大的区域补播造林效果不明显。

（2）播区调查。

①播区自然条件调查。采用样线或随机样地实测的方法，以播区内划分的小班为单位，调查播区范围内的地形、地势、气候、土壤、植被及森林火灾和病、虫、鼠、兔害等。草本样地面积4$m^2$，样地数量按小班面积设定：<3$hm^2$设2个，4~7$hm^2$设3个，8~12$hm^2$设4个，>13$hm^2$设5个以上。也可以利用近期天然草地资源调查成果确定播区范围。

②播区社会经济调查。调查播区范围内人口分布，交通情况，土地权属，农林牧业生产建设状况，农村畜牧种群数量、载畜量、草牧场紧缺程度、放牧习惯、播后全封期牲畜出路、当地相关的劳动生产定额、当地政府和群众对机械播种或飞播的认识和要求以及附近可使用机场等情况。

（3）树种、草种的选择、配置及播量。

①树种、草种选择。树种选择：选择自然更新能力强、耐干旱、耐瘠薄、耐

沙埋、种源丰富的灌木树种花棒、杨柴、沙蒿、柠条等。

草种选择：选择具有抗风蚀、耐沙埋、根系发达、株丛高大稠密、固沙效果好且具有一定经济价值的多年生草种草木樨、沙打旺、沙米等。

②树种、草种配置及播量。树种、草种的单播、混播配置和播量见表 10-2。

**表 10-2　不同树种、草种配置及播种量参照**

| 配置模式 | 组合 | 播量（kg/hm²） |
|---|---|---|
| 灌木纯播 | 杨柴或花棒 | 5.0~7.5 |
| 灌木混播 | 杨柴、花棒 | 5.0~7.5（1∶1 或 2∶1） |
| 灌木混播 | 杨柴、花棒、白沙蒿 | 5.0~6.0（3∶2∶1 或 4∶3∶1） |
| 灌木混播 | 杨柴、花棒、柠条、白沙蒿 | 7.5~9.0（3∶2∶2∶1 或 3∶3∶2∶1） |
| 灌草混播 | 杨柴、花棒、沙打旺、白沙蒿 | 7.0（3.0+2.5+0.75+0.75） |
| 灌草混播 | 杨柴、花棒、草木樨、白沙蒿 | 7.0（3.0+2.5+0.75+0.75） |

（4）播种期。适宜的播期为 5 月中旬至 7 月中旬。

（5）补播种子要求。

①种子质量。补播灌木种子、草种种子质量参照表 10-3 执行。

**表 10-3　沙地适生灌木抗旱播造林种子质量**

| 植物种 | 千粒重（g） | 净度（%） | 发芽率（%） | 种子含水率（%） |
|---|---|---|---|---|
| 花棒 *Hedysarum scoparium* | 25.0~28.0 | ≥85.0 | ≥65.0 | ≤12.0 |
| 杨柴 *Hedysarum mongolicum Turez* | 13.0~18.0 | ≥85.0 | ≥65.0 | ≤12.0 |
| 柠条 *Caragana intermedia* | 32.0~37.0 | ≥95.0 | ≥95.0 | ≤12.0 |
| 白沙蒿 *Artemisia sphaerocephala* | 0.8~1.0 | ≥95.0 | ≥95.0 | ≤12.0 |
| 草木樨 *Melilotus suaveolens* | 1.9~2.5 | ≥95.0 | ≥70.0 | ≤12.0 |
| 沙打旺 *Astragalus adsurgens* | 1.5~1.8 | ≥95.0 | ≥95.0 | ≤12.0 |

②种子检疫及贮藏。种子的检验、检疫及贮藏，执行 GB 2772—1999、GB/T 10016—1988、GB/T 2930.6—2001 的规定。

③种子准备。根据补播作业设计，按树（草）种、数量、质量将种子准备到位，种子要求按照 GB 7908—1999、GB/T 2930.6—2001 执行。

④种子处理。硬实化种子处理：具有硬实化豆科种子，播种前要进行碾磨、

酸化等破硬实处理。

种子大粒化处理：对易漂移的花棒种子，将种子净化后，用1：100的比例，将榆皮粉和水搅拌均匀，把待大粒化的种子倒入其中浸泡3~5min捞出，将种子与粉碎的黏土面滚拌，使种子表面粘有一层黏土，制成种子丸，种子与黏土的比例为（1：1.16）~（1：1.18）。水中可掺加菌根剂和驱避剂，按照说明书要求配比用量。

种子包衣处理：选用根瘤菌（豆科植物种子）、菌根剂、保水剂、驱避剂、植物生长调节剂等材料制成包衣剂，按照说明书要求用量配比，用拌种机拌种包衣，使种子重量增加0.6~1倍。

⑤装种。将花棒、杨柴、白沙蒿、沙打旺等种子按预定的单播或混播的要求分类装袋，混播按树种、草种的配置比例混合均匀。

⑥播种方式。种子混合方式：为提高补播效果，增加草种丰富度，在作业设备、种源、人工可保障的前提下，提倡混播。

作业方式：根据作业面积，可提供的人工保障程度，机械化保障经济水平等，一般单片作业面积在200hm$^2$及以上时可采用飞播或机械补播，作业面积小于200hm$^2$时，可采用拖拉机机械补播或人工撒播，作业面积小于3hm$^2$时，建议采用人工撒播方式。

⑦补播作业要求。飞播作业要求：参照DB64/T 1142—2015执行。

拖拉机机械补播作业要求：有条件播前最好机械整地，整地深度25~30cm，雨前完成。雨后机械补播，开沟5~7cm，覆土1~3cm，豆科种子建议覆土深度1~2cm。播行尽可能通直，不得有漏播、重播。

人工撒播：选择多人，“一”字形排列，每人负责6~10m宽，往复式进行。允许有15%左右的重复区域，但漏播重播区域不得超过15%。

⑧其他要求。人工撒播时，风速不得大于5m/s，否则停止作业，确保补播质量。机械补播每单趟结束后，要及时检查机械设备、播种深度、下种情况等，评价本次作业质量，并及时纠正发现的问题。飞播要准确把握播种时机与气象预报。

⑨播后经营管护。补播造林后，对于达不到合格标准的播区地块应适时进行人工补种。补播后应连续封育2~3年。期间，制定封育管护制度，落实管护机构和人员，签订管护合同，落实管护责任。同时，做好新造林区的病虫害防治工作，做到早发现、早防治。

3. 出苗保苗质量检查

（1）调查时间。分别于当年6—7月进行成苗调查，播后第二年秋季8—9月调查补播树草种保苗率。

（2）调查内容。重点调查补播后单位面积内有效灌草种类、密度、株高及病、虫、鼠、兔为害情况。

（3）调查方法。根据补播小班面积进行调查，以播区为总体，调查样地按照待调查样地补播面积分类进行，连片面积小于或等于33.33hm$^2$，设为一个调查小班，33.33~200hm$^2$，设3个调查小班，大于200hm$^2$，设5个调查小班。调查时，不集中连片的待调查样地占本次总调查样地面积<10%时不单独设置调查小班，≥10%需单独设置调查小班。调查时将每个小班划分5片，每片内采用“X”形5点采样法，用测距仪将样地长边三等份，短边两等份，每点以样方布点的调查方法进行成效调查，测定等分后的中线距离处补播出苗及保苗情况，样方5m×5m（补播植物种子无灌木，仅有草本时按照1m×1m样方进行），以等分后的点为中点，随机设置样方方向，进行抽查，调查样方内的灌木及草本植物补播成苗情况。

①补播成效等级评定。补播后，要及时明确林地管护责任人，并及时准确掌握林地管护效果，包括林地主要病、虫、草、鼠害调查等发生与为害情况等。防止偷牧、农耕、采矿、交通碾压、生态旅游等直接或间接破坏林地行为。

补播当年的出苗评价：补播造林后2周左右，进行当年调查结果进行出苗评价，具体评定等级标准见表10-4。

②补播保苗与成苗效果调查。补播后2~3月内，对播区进行保苗与成效调查。调查的主要内容见表10-5。

③补播最终成效调查。在补播后的1~2年内，进行人工补播最终成效评价。具体评价标准见表10-5。

**表10-4　干旱风沙沙区退化草地补播造林当年成苗等级评定标准**（蒋齐，et al. 2015）

| 有苗样地频度（%） | 效果评定 | |
|---|---|---|
| >70 | 优 | |
| 50~70 | 良 | 合格 |
| 30~49 | 可 | |
| <0.30 | 差 | 不合格 |

④补播最终成效评价。补播后次年秋季8—9月对播区进行成效调查评价。

**表 10-5　干旱风沙区退化草地人工补播造林保苗率成效等级评价**（蒋齐，et al. 2015）

| 等级 | 有苗样地频度（%） | 盖度（%） | 效果评定 |
|---|---|---|---|
| 1 | >50 | >70 | 优 |
| 2 | 25~50 | 50~70 | 良 |
| 3 | 15~24 | 30~49 | 可 |
| 4 | <15 | <30 | 不合格 |

4. 档案管理

以播区为单位在建立实物档案的同时建立电子技术档案，主要包括上级部门的批复函、初期调查设计、会议记录、作业记录、技术档案、成效调查、质量验收报告等。同时，应及时对所有的生产经营活动及效益、经验教训等进行连续性记载。技术档案应由业务领导和技术负责人审查签字，由建设单位保存管理。

## 第二节　干旱风沙区退化沙地抗旱造林主要修复技术

### 一、干旱风沙区沙地适生大苗深栽抗旱造林技术

1. 主要技术措施

结合示范区沙的流动性和有限的水分补给条件，集成示范合理密植技术、抢墒造林技术、节水钵抗旱植苗技术、大苗深栽技术、小管出流抗旱渗灌节水技术、苗木遮阳抗旱防寒技术、苗木整形防抽干保苗技术、地膜覆盖保墒技术、容器育苗带土移栽技术，以及中华鼢鼠和兔害防治为重点的鼠兔害综合防治等综合抗旱造林技术示范。构建生态移民安置区育苗创收、周边沙化土地生态绿化美化增收、生态移民迁出区天然草场植被恢复与重建良性循环的可持续生态林业发展模式，改变生态移民安置区内现有以玉米种植为主的传统农业种植结构，拓宽群众增收致富渠道。为大面积治沙抗旱造林提供优良苗木保障和技术储备。

2. 造林地选择

选择植被盖度较低的缓坡覆沙地、低山丘陵缓坡地段为宜林地，起到防风固沙、绿化美化，充分发挥常绿树种、多刺树种的吸尘降土作用，彰显生态脆弱区林木多种功能。

3. 整地技术

根据实际地形，在春季采取机械穴状整地的方式，乔木种植穴规格 1.0m×1.0m×1.0m 左右，灌木根据实际地形，在春季采取穴状或带状机械整地的方式，种植穴 0.5m×0.5m×0.5m。

4. 造林密度

按照造林后期水分可能供给条件选择，乔木一般为 30~70 株/亩，有灌溉条件的可选择 100 株/亩以上，可选择树种有樟子松、油松、侧柏、旱柳、河北杨、新疆杨、刺槐、国槐、臭椿等，株行距相等或行距略大于株距；小乔木：可选择山杏、金叶榆、丝棉木、美人梅、紫叶李、海棠、暴马丁香、丝棉木等，造林密度为 50~100 株/亩，有补灌条件的可选择 200 株/亩以上。

5. 乔木地表覆盖与化学调控抗旱技术

在种植穴栽植乔木苗木和浇水后，地表面用地膜进行覆盖，进行保墒，减少水分蒸发，提高苗木成活率。同时，对所有裸根苗木采用“翠尔”生根粉，按照每 500 克对水 80~100 千克进行蘸根处理，促进苗木生根和生长。

6. 小管出流节水灌溉抗旱造林技术应用

项目生态修复区位于宁夏中部干旱带，采用小管出流节水灌溉技术，节约用水，降低生产成本。养护期内设有专人进行管护，做好补水、抹芽、深翻除草、施肥、修剪等工序，并防止人畜为害。

## 二、雨季抢墒直播适宜密度抗旱造林技术

1. 主要技术措施

以柠条、花棒、杨柴、沙蒿等为主要造林树种，在干旱风沙区 8 月中旬前，在前期完成机械整地后，待有效降水入渗深度达到 15cm 以上，5cm 以上表土手捏可成团的前提下，可应用直播抗旱造林技术。直播时，可适度考虑混播沙打旺、草木樨、苜蓿、草木樨状黄芪等多年生草木，以降低种子成本，加速植被恢复。播种时用播种机进行条播，每带播两行，每行宽 1m 左右，考虑到当地自然降水能力、土壤供水能力与林木需水平衡能力，柠条带宽设计为 8m，222 株左右，对部分保苗率低的地段，在当年 8 月中旬以前雨后进行补播。

2. 播种技术流程

土地选择—整地（在雨季前整地）—播种—管护。

3. 造林方法

播种前种子一般不处理，以雨季前抢墒浅播最好，8 月上旬以前必须播完，

否则幼苗不能安全越冬。采取点播法，在前一年整好的种植带上，用播种机进行条播，每带播两行，播深 2～3cm，墒好时可适当浅播，播后稍加镇压，覆土 1.5～2cm，亩播量 0.6kg。柠条播种后 3 年内生长缓慢，易被牲畜毁坏，要封禁林地，不许放牧，播后第 4 年进行平茬。柠条播种后，其种子易遭受鼠、鸟为害，要采取预防措施，降低危害。如出苗率低且不齐，断苗严重，可在当年 8 月中旬以前进行补播，或在第二年雨季前后进行补播。

## 三、"增彩延绿"型多功能多树种园林绿化造林技术

1. 主要技术措施

以多功能林地营建为主导思想，以"增彩延绿"为主要目标，以园林绿化为主要造林设计方式，在交通要道、旅游景区、城镇公园、移民新村等人类活动密集的重点绿化区域，重点筛选具有叶彩、长绿、花艳、果硕等显著特征的乡土树种为主要造林树种，通过多树种、乔、灌、草结合，充分考虑应用彩色植物，提升林地景观的质量，构建乡土植物元素，营造美丽生态景观，为项目区提供更多自然、健康、和谐、多彩的生活环境，增加林地的生物多样性。借以丰富植物色彩、延长植物绿期，改善林地景观和生态功能，充分发挥区域整体生态景观效果，满足人们日益增长的经济社会需求，实现生态林地从"绿化"向"彩化、美化"转变。

2. 主要造林树种

樟子松、侧柏、油松、垂柳、龙须柳、山杏、金叶榆、丝棉木、榆叶梅、美人梅、紫叶李、海棠、暴马丁香、紫丁香、红瑞木等赏花、观叶、长绿树种。乔灌结合，多树种混交，点缀搭配。

3. 沙地特色经济林培育技术

以滴灌、小管出流等高效补灌为主要抗旱措施，通过营建适宜密度的黄杏、苹果、核桃、长枣等林果苗木，培育优良品种，发展特色林果产业，丰富当地林果产业品种，引导和发展城郊休闲型林果采摘产业，有效带动周边群众脱贫、就业，最终实现集采摘、种植、养殖、旅游、生态防护等"五位一体"功能，向"六位一体"技术模式过渡。

## 四、退化沙地生态修复与林地综合功能提升技术

以适地适树为基本指导思想，以小管出流为主要高效节水补灌方式，通过对现有幼龄期林地的适度补灌、补播补植和封育管护，满足幼林地关键生育期水分

需要，保持平衡稳定的土壤水分生产条件，保障林木的成活和正常生长。同时，充分借助示范区内现有防风固沙林、农田防护林、道路绿化林、特色经济林、适生花灌林等多功能生态经济林种，应用恢复生态学原理，充分发挥土壤种子库在恢复生态、生物多样性保护方面的重要作用，构建物种丰富、功能多样、乔灌草结合、生态系统稳定的荒漠化低山丘陵退化生态系统修复综合技术。探索发展集森林康养、旅游观光、林果采摘、休闲娱乐、防风固沙、绿化美化为一体的城郊农家乐旅游型产业化经营模式，显著提升干旱区林地功能。改善林分结构，实现退化沙地及缓坡丘陵区不同立地类型的树种丰富、功能多样、结构稳定，达到生态治理、经济发展、产业脱贫有机结合的目的，为同类地区生态综合治理工程提供技术支撑。

## 主要参考文献

蒋齐，王占军，何建龙，等．宁夏沙区飞播造林技术规程（DB64/T 1142—2015）．